朱彦鹏 袁中夏 王秀丽 杨 鹏 / 著

湿陷性黄土地区
油气管线和
站场灾害防治研究

SHIXIANXING HUANGTU DIQU
YOUQI GUANXIAN HE
ZHANCHANG ZAIHAI FANGZHI YANJIU

科学出版社

北 京

内 容 简 介

本书是作者团队 20 多年土木工程防灾减灾研究成果在湿陷性黄土地区油气管线和油气站场应用的总结，通过介绍湿陷性黄土地区油气管线和站场灾害的基本情况、湿陷性黄土地区管线和站场风险分析、既有管线和站场灾害分析与处置、新建管线和站场的灾害防治以及湿陷性黄土地区油气管线和站场防灾减灾的工程应用情况，帮助读者了解湿陷性黄土地区油气管线和站场的灾害类型、危害等级、工程防治方法，掌握各种防治工程的分析设计计算方法和施工要点。

本书内容系统、理论与实践结合，可供油气储运、地质灾害防治和土木工程类专业师生，以及设计、施工等工程技术人员参考。

图书在版编目（CIP）数据

湿陷性黄土地区油气管线和站场灾害防治研究/朱彦鹏等著. —北京：科学出版社，2017

 ISBN 978-7-03-048748-3

 Ⅰ.①湿⋯ Ⅱ.①朱⋯ Ⅲ.①湿陷性黄土-黄土区-石油管道-管道施工-研究②湿陷性黄土-黄土区-石油管道-站场-灾害防治-研究 Ⅳ.①TE973.8

中国版本图书馆 CIP 数据核字（2016）第 131786 号

责任编辑：马琦杰　陈晓萍 / 责任校对：刘玉靖
责任印制：吕春珉 / 封面设计：祎　祎

科 学 出 版 社 出版
北京东黄城根北街 16 号
邮政编码：100717
http://www.sciencep.com

三河市骏杰印刷有限公司印刷
科学出版社发行　　各地新华书店经销
*

2017 年 8 月第 一 版　　开本：787×1092　1/16
2017 年 8 月第一次印刷　　印张：24 1/2
字数：500 000
定价：99.00 元
（如有印装质量问题，我社负责调换〈骏杰〉）
销售部电话 010-62136230　编辑部电话 010-62151821

前　言

西部黄土地区是我国能源东送的大通道，有多条油气管线通过该地区，由于黄土地区山地较多，黄土又具有湿陷性，致使油气管线和站场灾害频发，每年用于灾害防治的费用十分巨大，防治效果总体较差，给管线运营安全带来很大的威胁。作者有湿陷性黄土地区 30 多年土木工程防灾减灾的理论研究和工程经验积累，相信本书的出版能使黄土地区油气管线和油气站场的防灾减灾理论和工程防治上升到更高的水平，对提高油气管线和站场的安全运营水平，减少灾害造成的损失提供更多的帮助。

湿陷性黄土地区油气管线和站场湿陷灾害风险分析及其等级划分是一个新的研究课题，本书根据油气管线和站场所处的地形地貌、地质环境、黄土湿陷等级和致灾后的环境影响及经济损失等方面入手，用模糊数学方法研究了湿陷性黄土地区油气管线和站场的灾害风险等级划分方法，使防治工作更具针对性。湿陷性黄土地区油气站场和阀室普遍存在黄土湿陷灾害，本书研究了油气站场和阀室地基的湿陷性消除方法，给出了不同场地环境条件下的地基处理方法、设计施工技术措施和质量控制要求；另外，还给出了既有站场和阀室黄土湿陷工程事故分析与工程处理方法。黄土地区地形复杂，油气管线的敷设和站场建设当中必然存在各种边坡，而边坡的稳定性直接关系到管线和站场的安全，故本书还研究了油气管线和站场黄土边坡的各种稳定性加固措施和分析设计方法。湿陷性黄土地区管线的灾害还有水毁和泥石流，其防治方法主要是拦淤和排导。本书给出各种防治水毁和泥石流的拦挡、排导结构的设计计算方法。结合各种防治方法，本书都给出了工程案例，以便工程技术人员学习时参考。

本人及所在团队从 20 世纪 90 年代中期开始从事湿陷性黄土地区土木工程防灾减灾研究，涉及湿陷性黄土地基处理、地基工程事故分析与处理、柔性支挡结构的静动力稳定性和滑坡泥石流防治等方面。本人指导的多位博士和硕士均以上述各种黄土防灾项目作为选题，特别是 2013 年得到了教育部长江学者创新团队发展计划"西北恶劣环境下土木工程防灾减灾研究"（IRT13068）和中石油科技计划项目"西气东输油气管道黄土灾害防治及方案预测研究"（GDGS-KJZX-2014-FW-287）的支持，使我们能够更深入地进行湿陷性黄土地区油气管线和站场的防灾减灾研究，为本书的出版奠定了坚实的基础。

本书由朱彦鹏、袁中夏、王秀丽、朱桥川及博士生杨鹏共同完成，第 1、5、6 章和第 4.2～4.6 节由朱彦鹏完成，第 7 章由王秀丽完成，第 3 章和第 4.1、4.9～4.11 节由袁中夏完成，第 2 章由杨鹏完成，第 4.7、4.8 节由西安长庆科技工程有限责任公司朱桥川完成，全书由朱彦鹏统稿整理。中国石油管道公司科技研究中心机械自动化研究所谭东杰所长、李亮亮工程师为本书提供了大量的调研资料；博士生王雪浪、何永强、杨校辉，硕士生张贵文的研究成果对本书有较大贡献；硕士生周欣海、刘延杰、高青云、郭亚峰、陈少博和赵忠忠参与了本书的图形绘制和参考资料的整理工作，在此对他们的工作表示衷心感谢。

由于著者水平有限，书中难免存在不足之处，敬请广大读者批评指正。

朱彦鹏

2016 年 12 月 15 日

目　　录

1 绪 论

国内外对黄土的湿陷机理研究已经有很长的历史，研究方法和研究的成果不一而足。20 世纪 50～80 年代结合当时的基本建设，对黄土的时代成因、基本性质、变形强度特性、湿陷变形特性、湿陷类型及评价标准、黄土地基的承载力与变形及黄土地基处理方法都取得了诸多研究成果，解决了许多实际工程问题。早期黄土湿陷机制研究主要是从黄土地质成因和微观结构方面进行的。黄土湿陷机制的微观结构理论是围绕黄土"浸水沉陷"这一传统湿陷概念开展研究的，而没有具体考虑黄土湿陷的力学机制及变形特征。因此，这种研究将湿陷性与黄土特殊的地质成因和结构特征相联系，在于回答黄土为什么湿陷，而不关注怎样湿陷。

20 世纪 80～90 年代对黄土的微结构进行了深入研究，指出黄土的骨架颗粒成分、形态、排列方式、孔隙特征、胶结物种类以及胶结程度等，对黄土的工程地质性质有着重要影响，并从微结构特征阐明黄土的结构强度与湿陷性本质；对黄土在静动载荷作用下的应力应变关系和本构模型，在不同湿度、密度条件下的震陷与动强度特性等的研究也取得了一批创新成果。总结所取得的研究成果和实践经验，制订了《湿陷性黄土地区建筑规范》（GB 50025）[1]（1966 版、1978 版、1990 版、2004 版），该规范反映了新中国成立几十年来对黄土工程性质的研究成果与实践经验。

黄土是典型的非饱和土，其湿陷实际上是非饱和状态下土的力学行为，故 20 世纪 90 年代以后，基于非饱和土力学的黄土湿陷性研究成为黄土湿陷变形机制和力学特性研究的重要手段。诸如对非饱和土力学特性的理论和基质吸力测试技术的研究；湿陷性黄土增减湿度后湿陷性的变化和结构强度的研究；Q_2 黄土层的湿陷性和流变性及湿陷性黄土地基处理新技术研究等都取得令人瞩目的成果。与此同时，基于广义塑性力学的黄土湿陷性机理研究也取得了一些新的认识。相较而言，国外对黄土的性质研究虽然较早，但多偏重于黄土湿陷特性和水土流失规律的研究，对黄土工程性质研究成果较少。

对油气管线而言，自 20 世纪 70 年代以来，积累了大量工程病害的经验，但是黄土湿陷的危害性决定于黄土的湿陷性、周围环境（浸水条件及边坡特征）和管线的特征。目前还缺乏联系这三者的评价方法，造成黄土湿陷性对油气管线的危害性也难以准确评价。

随着我国国民经济的快速发展和国家综合经济实力的迅速增强，长输管线在经济建设中发挥着越来越重要的作用，已建或在建的输油、输气、输水等重大工程项目涉及国民经济的方方面面，遍及国内诸多省份，仅在面积达 44 万 km² 的黄土连续分布地区，就有多条管线穿过，如：中石油管道公司的马惠宁、西气东输一/二线、西部管道分公司涩宁兰、陕京线等。这些已建管线对经济增长起到了巨大的促进作用，但也面临着一系列的黄土灾害问题[2, 3]。

不管从沉积厚度还是分布范围看，我国的黄土地区在全球都是最典型的敏感地区，也是全国乃至世界上地质灾害和水土流失最严重的地区之一。由于在长期风成松散堆积的情况下，黄土沉积厚度大，具有大孔隙、散粒状结构的特点，并处于欠压密状态，抗剪强度低，湿陷性强烈，抗水蚀能力弱，自稳定性差。同时，由于我国黄土地区主要处于青藏高原与鄂尔多斯高原的过渡地带，受第四纪以来新构造运动的影响，地震及差异升降作用频繁，引起了一系列的块体运动，并使区内大部分斜坡处于极限平衡状态，因而，在季节性暴雨和洪水的作用下，极易诱发水土流失、滑坡、泥石流等地质灾害。据不完全统计，区内有大小滑坡六万余处、泥石流沟道数千条，侵蚀模数达 $2000\sim3000\text{m}^3/\text{km}^2$，是长期以来制约经济增长、自然灾害是造成区域贫困的主要原因之一。

事实上，过去凡在黄土地区进行的任何一项工程建设，无一不受到黄土灾害的困扰和严重影响，造成了重大的经济损失和大量预算外资金投入，不仅延长了工程建设周期，而且长期困扰各类工程的正常运营，像公路、铁路、工矿企业等方面的例子不胜枚举。20 世纪 70 年代建成的马惠宁输油管线便是一个生动的例子，马惠宁输油管线全长 269km，从北向南穿越黄河谷地、戈壁沙漠、黄土山区等自然地貌区，经过的黄土地段主要集中在马惠段，即马岭到杜家沟之间的 140km 范围内，由于区内的地表物质结构疏松，黏聚力差，水敏性强，在长期内外地质营力的作用下呈沟壑发育、地表破碎，给线形构筑物——管道的敷设和维护带来了很大的困难[4]。

涩宁兰一、二线以及西宁、刘化支线中约有 414.5km 的管线穿过湿陷性黄土或黄土状土场地，据 2010 年调查统计，管道沿线发育有各类水毁、黄土湿陷、管沟塌陷、滑坡、泥石流等灾害共计 212 处，分布密度约 0.51 处/km，其中高易发区段分布密度超过 0.63 处/km。黄土湿陷主要发育于湟黄谷地的西宁—兰州段，管道大多埋置于黄土中，由于土体黏聚力差、密实度低、结构疏松和具有自重湿陷性等特点，加之管沟回填密实度不足，降水、农田灌溉水渗入，沿管沟发生渗流潜蚀破坏，形成串珠状分布的暗洞，进一步发展成为管沟塌陷，使管道发生露管或悬空。涩宁兰二线建成时间相对较短，随着时间的推移，也逐渐发育更多的黄土湿陷灾害，危及管道安全。

表 1.1 是对马惠宁、中银、石兰、涩宁兰以及兰郑长四条管线的黄土湿陷灾害调查统计，虽然黄土湿陷灾害只占总灾害数的 4.5%，但值得注意的是比例最大的坡面水毁与台田地水毁在很大程度上是直接或间接由于黄土的湿陷性引起的[5]。

表 1.1 黄土地区油气站场和管线灾害调查表

管线	黄土湿陷灾害	总灾害	比例	坡面水毁、台田地水毁	调查日期
马惠宁、中银	15	89	16.9%	17 处，约占 19.1%	2011
石兰	7	192	3.6%	34 处，约占 17.7%	2011
涩宁兰	37	1389	2.7%	802 处，约占 57.7%	2010
兰郑长	23	156	14.7%	123 处，约占 78.8%	2011

在中石油管道郑州输油气分公司提交的管道风险评价报告中重点提及了黄土灾害

对管道的危害作用，其近半数里程管道敷设于黄土丘陵地带，土层多为全新世黄土和马兰黄土，具有不同程度的湿陷性，遇到极端降雨，管道上方易湿陷，形成大面积塌陷，容易造成管道裸露和悬空。在西安输油气分公司提交的管道风险评价报告中，认为管道风险主要由第三方损坏、地质灾害引起，其中地质灾害引起的威胁中黄土湿陷灾害排在首要，在地质灾害高风险地段中，黄土冲刷、孔洞和沉降威胁约占50%，对管道的安全运营构成了严重的威胁。

随着西部大开发步伐的加快，黄土地区的管线建设会越来越多。黄土地区类似长输管线的线状构筑物如铁路、公路等的上述研究已开展多年，形成了一整套行之有效的技术规范或条例，但像长输油气管线这样的构筑物，国内外缺少可借鉴的资料，因而黄土环境和灾害的研究深度及其防护工程等问题已成为我国管道行业亟待解决的重大课题。

1.1 湿陷性黄土地区油气站场和管线的灾害研究和实践中存在的问题

1.1.1 缺乏黄土湿陷性对油气站场和管线的危害性评价方法

黄土湿陷性对油气站场和管线的危害性评价是确定油气站场和管线黄土湿陷防治方案、设计工程防治技术措施的前提。目前，虽然对于黄土湿陷性等级已经有了比较成熟的评价方法，但是具体到油气站场和管道的工程特点及安全要求，单凭场地湿陷等级评价，既不能反映站场和管线受灾深度，也不能反映环境条件对于诱发黄土湿陷及边坡失稳等方面的影响。因此，综合考虑黄土湿陷等级、边坡条件、浸水条件、站场等级和位置、管线特征、环境和经济等方面因素，并快速评判黄土湿陷给站场和管道安全运营带来的危害是目前油气管道灾害防治需要解决的技术问题，也是明确湿陷造成站场和管道危害特点和等级分类，制定更有针对性的预防和治理措施的前提。

1.1.2 黄土湿陷性对油气站场和管道安全威胁较大

湿陷性黄土遇水浸湿时，强度明显降低，在附加压力与土的自重压力下引起湿陷变形，是一种沉降量大、沉降速度快的失稳性变形，容易引起站场等建筑物基础的不均匀沉降，对站场建筑物危害性极大。

站场是油气管道的控制中枢和关键节点。站场的安全和正常运作是油气管道正常运行的基本保障和有效管控的核心。在湿陷性黄土地区，已建油气站场的地基病害难于处理。站场内建设有各种功能性构筑物并安放重型机械设备，部分站场还设有储油/储气罐，对地基沉降要求较高。油气站场是管道衔接、分叉的重要组成部分，一般规模较大有首站、末站，规模中等的分输站、加热站，还有规模较小的阀室、监测点等。站场的黄土湿陷灾害较为普遍，有些地方甚至相当严重，出现了明显的围墙倾斜、配电室及相关设备地基不均匀沉降、办公楼墙体裂缝、场内地平出现长裂缝等现象。若在站场建设期，未对湿陷性黄土做必要处理，随着站场运行时间的推移，站场地基可能会发生不同程度的不均匀沉降，很容易祸及管道、储罐等各种对地基沉降有严格要求的设备，轻者导致墙体开裂，重者可引起站内管体屈曲、关键设备倾斜、浸水甚至发生设备及管道功能失效事故。近年来，马惠线、石兰线以及惠银线输油管道的 16 处站场和阀室出现了黄土地基湿陷引起的站场地基沉降和墙体开裂现象，其中个别站场场内建筑物发生了倾斜，有的还出现了深达半米的沉陷坑。2012 年中石油管道长庆输油气分公司投入近 100 万元进行治理。同时，站场功能的多样性使得站场对地基的安全要求不限于普通民用建筑主要考虑的承载力和变形要求。站场地基不仅是站场设备的承载场地，而且也是站场管道安全的环境保障，管道安全、储罐附加应力、含油污水的排放要求以及必要的环境安全要求使得站场地基处理也应该同时考虑地基土的渗透性、腐蚀性、土压力等要素。在油气站场湿陷性黄土地基处理中充分考虑管道安全的多种要求，综合考虑地基土压力、腐蚀性等多个安全指标，既是油气管道建设技术水平发展的要求，也是提高站场地基处理投资效益、弥补常规地基处理方法在站场地基处理应用中缺陷需要解决的技术瓶颈。

通过对沿线站场的调研发现，几乎全部站场都存在不同程度的场地局部沉降（见图 1.1）、墙体开裂等黄土湿陷灾害（图 1.2～图 1.6）。这反映了输油气管道相关单位对黄土湿陷灾害认识严重不足的问题。因为管道的选线远离市区，部分站场选择在地势起伏的山丘地区修建，场地一般进行过挖填方处理，加之建站之前多数未对场地湿陷性采取预处理，甚至有些站场为了应付检查，突击施工为日后场站内湿陷灾害埋下隐患。相比较而言，石空输油气站在 20 世纪 70 年代建站之前，对厂区内的黄土地基采取了预浸水法的处理措施，并且及时修复站内小的塌陷、落水洞等灾害点，调研过程中几乎未发现明显的黄土湿陷灾害。这说明只要对该类问题给予足够的重视，对相关场地采取必要的整治措施，及时监控快速响应，就可以从根本上预防油气站场的黄土湿陷灾害。黄土湿陷的特性决定了它对水的敏感程度较高。水是诱发黄土地基湿陷的直接原因。通过此次调研发现，因为防静电的要求，全部站场内的作业区须铺设碎石层，这就为雨水的汇聚提供了可能。即使是生活区，场地内的水泥地坪裂缝明显，也为雨水灌入提供了可能，由此引起的场地黄土湿陷极为平常。

图 1.1 阀室由于黄土湿陷产生的洞穴

图1.2 黄土湿陷造成站场办公楼地面不均匀沉降

图1.3 黄土湿陷造成站场室外地面不均匀沉降

图1.4 站场室外不均匀沉降路面拉裂

图1.5 站场不均匀沉降散水拉裂

图1.6 站场不均匀沉降硬化地面拉裂

　　湿陷性黄土对管沟的影响主要体现在易形成管沟塌陷和管周孔洞。据长庆输油气分公司 2012 年汛期水毁抢修统计,因黄土湿陷性引起的管沟塌陷和孔洞威胁有 72 处,约占总数的 39%。涩宁兰一线 K762+626、K836+600、K076+600 等斜坡地段曾发生过长度 100～200m 的管沟塌陷,严重威胁管道安全。湿陷性黄土土层的固结程度差,垂直节理发育,遇水易发生湿陷和崩解,抗水流冲蚀和潜蚀的能力差,水稳性性差,且极易被水流搬运带走,容易形成管沟塌陷和管周孔洞。同时由于管道的施工,当管沟内的回填土结构疏松,固结程度差,部分区段基本上呈散体状堆积于管沟内,这些结构松散、固结程度差的回填土遇水极易发生沿管沟方向延伸的塌陷。尤其在有一定坡度的黄土斜坡地段,当上部有较大的汇水面积或大片的灌溉农田时,大气降水、灌溉水渗入地下后易沿斜坡段的管沟流动,而且借助坡势产生的水力坡度较大,渗透潜蚀作用强烈,侵蚀管沟土体大量流向坡下,甚至产生泥流和小型滑塌。另外,在微地形上,如果地表水或灌溉水的浸泡形成了凹陷的负地形,地表水体便向管沟方向汇聚,最终形成股状水流涌向管沟两侧或管沟内松散的土体,通过溶解、潜蚀及黄土自身的湿陷等作用形成管沟塌陷灾害,导致管沟下沉塌陷,使管道发生露管或悬空现象,对管线的正常运营造成严重威胁(图1.7和图1.8)。

图1.7　湿陷冲刷造成管线悬空　　　　图1.8　黄土湿陷造成管线悬空

　　油气管道的管沟发生黄土湿陷水毁由多个因素造成。地质灾害容易发生的不利地形,如丘陵、山地、经常灌溉的农田村落以及河沟、崾岘等。经过黄土地区的油气管线多经过以上复杂地形地貌,加上黄土易湿陷、易流失的特点,使得管道安全运行颇受黄土灾害的困扰,总结主要的破坏因素如下。

　　(1)雨水汇聚浸泡黄土湿陷破坏与雨水汇流冲刷湿陷破坏

　　雨水造成的管道水毁灾害可以根据雨水汇集和作用的特点分为"雨水汇聚浸泡湿陷破坏"和"雨水汇流冲刷破坏"两类。这两种破坏的作用机理不同,造成的危害也有区别。前者是由于管道敷设沿线地势起伏,局部低洼,汇聚水流,长时间浸泡引发黄土湿陷破坏,典型灾害为较大的落水洞(塌陷直径1~5m,深度1~2.5m)以及由此导致的露管、管道下空穴、光缆裸露、光缆扯断等(图1.9和图1.0)。而"雨水汇流冲刷破坏"多发生在管道顺坡敷设地段,其原因是管沟土回填密实度不够,雨水在坡面汇流或山洪泥、石流等作用下,管沟土被水流冲蚀,引发露管、漂管、管道偏移、光缆损毁等灾害,其灾害沿管沟长度分布较长距离,如石兰线2#检测高点东侧管沟冲刷水毁长度近400~500m(图1.1)。

图 1.9　黄土湿陷形成的落水洞

图 1.10　湿陷形成的连续落水洞

图 1.11　黄土沿管沟湿陷破坏

　　认识水毁作用的不同机理,可以加深对灾害的认识,采取针对性治理措施。例如,2#检测高点西侧一段,管道沿山腰水平东西方向敷设,在管道高低两侧设置了沿管道方向的截水墙,相距约12～15m。但是管沟土仍出现了较大的落水洞(图1.12和　图1.13)。造成灾害的原因是较低一侧的截水墙截流了部分顺坡流下的雨水,位于两道截水墙之间的管沟成了低洼,发生了"雨水汇聚浸泡湿陷破坏"。这种情况下,高侧截水墙虽然拦截了坡面汇流,减少了冲刷破坏,但是低侧截水墙又使得管沟形成了汇水面。基于对此情况的认识，可以改进管线防护结构的设计。

图 1.12　管沟旁截水墙局部冲毁　　　　　　图 1.13　管沟截水墙湿陷形成落水洞

（2）坡度在雨水汇流冲刷过程中的作用明显

在对 2#检测高点东侧管沟水毁段的调查中发现，管道出监测站后即沿陡坡敷设，坡度约 45°～55°，坡高 10～12m，之后沿缓坡敷设，坡度约 15°～30°，坡长约 400～500m。对比发现，陡坡段管沟的冲蚀较缓坡段严重，塌陷和裂缝的体量均明显严重于缓坡段。究其原因：一是管沟换填过程中陡坡段无法使用工程机械，人工作业也存在难度，回填质量不好，填土不密实；而缓坡段便于施工，回填质量相对较高；二是坡度较大，雨水汇聚冲刷的流速相对较快，对沿管沟的微小裂缝冲蚀作用强烈，而缓坡段雨水汇流速度较慢，对管沟土的冲蚀作用也相对较弱（图 1.14 和图 1.15）。

图 1.14　缓坡汇流雨水对管沟冲蚀较弱　　　　图 1.15　缓坡汇流对有裂缝的管沟冲蚀强烈

（3）河沟道洪水破坏对管沟的破坏

油气管线不可避免地要沿河沟道敷设或穿越河谷。这些地段主要的灾害威胁包括河流或洪水对管道埋设区域的冲蚀、下切破坏。这种冲切破坏的作用不仅强度极高而且可以在很短时间内发生，一次持续时间较长的中雨导致的河流暴涨和洪水泛滥就可以将岸边的浆砌石护岸挡墙彻底冲垮，并沿河岸曲线的法线方向外扩 6～7m，逼近管道敷设的区域（图 1.16 和图 1.17）。

图 1.16　河道洪水冲刷严重

图 1.17　浆砌片石护岸冲毁

（4）管沟灾害也可以由鼠穴根孔诱发

在地表数米以内，有时存在鼠穴和腐烂树根的根孔，这些孔穴在一定条件下可能诱发更大的黄土湿陷灾害。由于管线有一定的保温措施，使得鼠类喜欢沿管线打洞。惠宁线沿线鼠害对管道的危害较为典型，在 K102+800 段，鼠穴的分布极为密集。当雨水沿鼠穴灌入，就会产生落水洞（18）。惠宁线每年因鼠穴引发的管沟土陷落多达数十起，由于事先难以发现只能是灾害发生后被动回填夯实。

图 1.18　鼠穴使黄土湿陷管线破坏

1.1.3　油气管道黄土灾害防护方案决策水平较低

在油气管道黄土灾害防护方案决策中，涉及的影响因素众多，有地质因素、工程因素、经济因素及环境影响因素等。由于设计方法、理论不甚完善，工程技术措施不到位，导致无相关设计施工经验。对于缺少工程经验的设计人员来说，对灾害的勘察设计和治理方案的确定上具有较大的主观性，甚至极个别设计和施工单位出于设计费和工程费用等因素考虑，盲目扩大设计和工程规模等级，导致一些防护工程越做越大，这样无形之中加大了经营成本的压力，造成治理投资费用过高，而实际治理和防护效果达不到预期的目的。另外，在灾害点的治理和防护方案的设计、审查等方面较侧重于依赖管道系统外的单位，由于治理防护理念差异——以保护管道为目标还是以单点全面治理为目的——造成的治理方案存在问题，整治项目的决策部门没有有效的技术手段对治理和防护方案的优劣进行判定，造成项目决策的独立性下降。因此，如何有效降低长输油气管道黄土灾害的勘察设计以及施工成本，为管道的安全运营提供快速、准确的灾害防护优化与决策，对于管道运营方来说是一个紧迫任务。

综上所述，长输油气管道穿越黄土地区主要面临着黄土陷穴和管道潜蚀空穴、油气站场湿陷性地基不均匀沉降和管沟塌陷等主要威胁，同时灾害防治方案还存在着决策水平低下等问题。因此，急需开展黄土湿陷性对油气管道危害评价、油气站场和管沟黄土湿陷性防护方法以及黄土灾害防护方案决策等生产亟需问题。

1.2 管道黄土灾害处置措施

管道工程中常用的防护措施，应根据其所建设的时间，发挥的作用划分为"主动防护措施"和"被动防护措施"。所谓"主动防护措施"，即在灾害发生之前已存在，持续的承担抵抗灾害的作用，灾害不发生时，主动防护措施已经开始产生防护效果的工程治理措施；所谓"被动防护措施"，即在灾害发生之前并不存在，灾害发生后为抑制灾害继续恶化而采用的防护手段，一经设置就开始承担抵御灾害的工程治理措施。

对于部分工程治理措施而言，可以明确的划分为"主动防护措施"或"被动防治措施"。例如，在建油气站场之前，对黄土地基采用预浸水法、强夯法等地基处理措施可视为"主动防护措施"；而在管沟塌陷之后采用水泥土或灰土夯填则可视为"被动防护措施"。但还有很多工程手段无法进行明确区分，如河沟道内的护岸挡墙、泥石流排导渠等，因为不知道其建设与灾害发生的先后时间关系。但是，大体上可以根据其对灾害治理的主动性将部分防护措施进行划分。

（1）主动防护措施

① 站场地基处理：主要有预浸水法、换填法、挤密法、强夯法和黄土化学改良法等。

② 管沟截水墙措施：水泥土、灰土、浆砌石和钢丝石笼（格宾坝）等。

③ 河岸边管沟防护：浆砌石挡墙、钢筋混凝土挡墙和钢丝石笼挡墙等。

④ 管沟穿越泥石流沟防护：泥石流拦挡坝、泥石流渡槽和泥石流排导渠等。

（2）被动防护措施

① 既有站场黄土灾害处理：灰土换填、膨胀法挤密顶升、黄土化学改良和静压桩挤密等。

② 管沟防护措施：管沟夯填、边坡支护、边坡和埋填后的管沟植草以及排水措施等。

③ 既有管沟黄土水毁和湿陷灾害防治：改良土填埋、结构防护、截水及排水措施等。

1.2.1 截水墙防护效果

通过此次实地调研发现，沿农田或缓坡敷设的油气管道，每隔一定长度须设置截水墙，其作用为防止管沟土沿缓坡冲蚀破坏。虽然很多地方都依据规定设置截水墙，但因为采用材料不同，也体现出不同的防治效果。总体上讲，浆砌石截水墙好于水泥土截水墙；水泥土截水墙好于灰土截水墙；灰土截水墙好于素土截水墙。

1.2.2 河沟道护岸挡墙效果

石兰线、惠宁线均有管道沿河沟敷设的情况，并且通过询问了解发现，河沟道水工防护措施多采用护岸挡墙的形式。调研通过对水工防护效果的对比发现，钢丝石笼护岸挡墙的防护效果要明显好于浆砌石护岸挡墙（图1.19～图1.21）。首先钢丝石笼挡墙的稳定性好，重量较大，不易被冲走；其次，随着使用时间的增加，其防护效果会出现稳定的增长；最后，一经设置，钢丝石笼不需要特别的监控和维修，节约使用成本。

图1.19 浆砌石挡墙不同程度的损坏　　　　　图1.20 钢丝石笼护岸基本完好

图1.21 钢丝石笼护岸在洪水冲刷后完好

1.2.3 泥石流排导渠的效果

石兰线 K215 段所设置的洪水泥石流排导渠规模较大，据相关负责人介绍，该工程自投入使用以来，对于排泄山洪，防治洪水和泥石流在管道敷设区域的汇聚起到明显的作用（图 1.22）。对比排导渠修建前后管道水毁的情况，可以发现洪水泥石流排导渠对减少管沟土水毁的作用十分明显（图 1.23 和图 1.24）。

图 1.22　排导渠防止管沟水毁的作用明显

图 1.23　管沟上带消能护墙排导渠防洪

图 1.24　管沟上排导渠防洪

1.2.4 黄土灾害的常规工程中处置措施

油气管道的黄土灾害分布较广，局部地区灾害程度较为严重，所以相关单位从未间断对该类灾害的监控和防治。此次调研发现了一些较为成熟的治理措施，如针对管沟土塌陷所采取的夯填法、沿梯田地埂设置的水泥土或石灰土截水墙、管道上下坡敷设时采取的浆砌石护坡等，都取得了良好的防护效果；部分区段在管沟土回填过程中采用回填土高于两边地平的做法，并在回填土表面植草，对于保持水土，减少灾害起到了较为明显的作用（图 1.25）。

同时，调研中也发现了一些治理措施的效果仍须进一步分析验证，如有局部区段的河道浆砌石护岸挡墙在经历了一场中雨后被完全冲毁；针对山洪、泥石流所采用的排导渠等防治措施，总体上起到了排泄洪水，减少水流在管道沿线汇聚的作用，但工程本身的耐久性和稳定性存在隐患，相关单位也在连年改进，效果须进一步观察。

图 1.25 管沟上部植草可起到很好的防灾作用

1.2.5 结论

黄土地区油气站场和管线由黄土湿陷引起的灾害非常普遍，给管线的安全运行带来了很大的隐患，总结存在的问题和经验教训，可有以下几点：

① 黄土地区站场设计规范缺乏，多数场地的设计和施工未按照黄土湿陷特性进行设计施工是带来大量灾害的根本原因，因此，制定黄土地区油气站场设计和施工规程迫在眉睫。

② 工程和生物防治措施可很好地起到防止黄土湿陷灾害的有效措施，但是，目前的工程防治方法很需进一步发展和完善，特别是形成设计施工规范或者指南极为必要，新的防治措施还需进一步研究。

③ 既有管线和既有站场的灾害处置必须形成一套成熟可靠的方法并编制成处置指南，以便紧急处置灾害使用，这样可起到有效的防灾和减小经济损失的作用。

④ 传统的水毁机制应进一步细分为"雨水浸泡湿陷破坏"和"雨水汇流冲刷破坏"并有针对性地进行防治。

⑤ 对管线的生物致灾和冻融灾害应给与足够重视，并研究一套防治方法和措施。对站场内盐渍土的腐蚀要足够重视，并有相应的防治措施，以提高站场的耐久性。

⑥ 传统的河沟道水毁治理措施应推广"钢丝石笼"法，洪水泥石流防治应多采用排导渠、渡槽和拦挡坝等工程措施，以确保管线的运行安全。

参 考 文 献

[1] 陕西省建筑科学研究设计院. 湿陷性黄土地区建筑规范(GB 50025—2004) [S]. 北京：中国建筑工业出版社，2004.

[2] 陈耕. 石油工业改革开放 30 年回顾与思考[J]. 国际石油经济，2008（11）：1-7.

[3] 吴宏. 西气东输管道工程介绍[J]. 天然气工业，2003，11（23）：117-119.

[4] 赵忠刚，姚安林，赵学芬，张俊良.长输管道地质灾害的类型、防控措施和预防方法[J] .石油工程建设，2006，2（31）：7-10.

[5] 中石油管道技术中心. 涩宁兰、马惠宁、长庆等油输气管线和油气站场黄土灾害调研报告[R]. 2013-2015.

2 黄土湿陷变形对油气管道和站场的危害性评价方法研究

2.1 概　述

"西气东输"一、二、三线管道贯通以来，总体运行情况良好。管道横跨祖国东西陆路全长，铺设总里程之长，跨越省份之多，惠及人口之众都刷新了国内外记录[1]。同时，也应该清醒地认识到中国是一个地形地貌复杂，东西向海拔落差较大，地质灾害频发的国家，尤其在西北（如青海、甘肃、宁夏等）黄土地区的崇山峻岭中，黄土湿陷、滑坡、泥石流、水毁等地质灾害对输油气管道安全运营存在严峻挑战。考虑到该地区同时也是油气管道敷设的密集区，认真研究湿陷性黄土地区管道危害性的评价方法，对保证油气稳定供应，实施西部大开发，缩小东西部区域发展差距，实现全国经济社会协调发展具有重大的意义。

国民经济的快速发展使石油天然气管道的建设也进入了高潮期。截至 2010 年底，我国已建油气管道总长度约 8.5 万 km，其中天然气管道 4.5 万 km，原油管道 2.2 万 km，成品油管道 1.8 万 km，形成了横跨东西、纵贯南北、覆盖全国、连通海外的油气管网格局[2]。中国地下已建成的油气管道几乎可以环绕地球一周半。未来 10 年内，随着"西气东输""西油东送"等新工程的开工建设，"地下长城"的主干线、支线增加的长度将可能再绕地球一到两周。油气管道的迅速上马来自于中国日益增长的能源需求。中国能源供给、需求的特殊性在于，供给地比较集中，消费地分散，这一客观现状使得管道传输相比公路、铁路运输更显经济性而成为首选。

随着中国进入油气管道建设的高峰期，如何保障动辄穿越几千公里、贯穿中国大地的油气管道的安全，成为越来越突出的问题，因为油气管道事故往往会造成灾难性的后果。

2.1.1 油气管道事故会造成巨大的经济损失

管道的主要危害因素包括管道的腐蚀危害、设计与施工缺陷、第三方损伤、自然灾害、材料及设备缺陷、错误操作等[3]。不论是腐蚀危害还是自然灾害都会带来油气泄漏、钢材失效以及其他巨大的直接经济损失。由于油气的易燃、易爆及毒性等特点，一旦系统发生事故，容易引起火灾及爆炸，特别在人口稠密地区，此类事故往往会造成人员严重伤亡。此外，管道事故还会引发上游的油气田和下游的工矿企业停工减产。特别是输气管道直接担负大中城市居民的生活供气，一旦中断供气，将影响千家万户的生活和社会的正常秩序，造成巨大影响和损失。

2.1.2　油气管道事故会造成严重的环境影响

油气管道的泄漏还会造成严重的环境污染。汽油、柴油、原油、等油品泄漏会对土壤、河流等造成无法彻底清除的影响，对作物收成和植物生长产生严重后果。同时，天然气的泄漏不仅会污染空气，还会因为闪爆、燃烧等对周边环境产生影响。

2.1.3　油气管道事故会造成恶劣的社会影响

油气管道事故在给社会造成巨大经济损失的同时，还会带来恶劣的社会及政治影响。"以人为本"是我国的国策，始终要把人民群众的生命财产和职工的健康安全放在第一位。随着社会舆论对环境及公共安全的重视和要求日益提高，在经济和政治全球化日益发展的今天，管道事故的社会和政治影响程度也在增大。

油气管线沿途将不可避免地穿越各种地貌单元，遇到不同的工程地质问题，各种自然灾害严重影响着管道安全运行[4]。规划中"西气东输"、"西油东送"将建设七条管线，从已建成的一线、二线、三线运行情况看[5]（图2.1），运行当中存在着种种问题，特别是通过甘肃、宁夏和陕西的黄土与湿陷性黄土地区存在黄土湿陷、滑坡、泥石流和水毁等对管线安全运行的威胁。

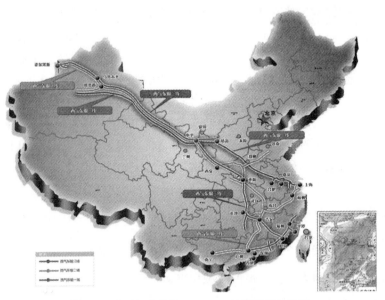

图2.1　"西气东输"一、二、三线工程示意图

对已建工程的灾害现场调研发现，黄土灾害的致灾因素较为复杂，包括地形、土质、水文、气候、施工、生物等多个方面[6]。对某一处灾害点而言，其致灾因素往往是多种因素的叠加，其危害性的影响因素较为难以界定。又因为其敷设距离长，沿线穿越农田、村镇等人员密集地区，管道很难与周围场地彻底隔绝，人员、车辆、施工、河道等造成

管道危害的可能性较大；有的地方又远离城镇，黄土危害发生后很难及时发现，造成原有危害的加剧和次生危害的发生。虽然有巡线人员的巡逻，黄土灾害还是时有发生，不同程度的灾害点在几千公里的敷设距离上仍然随处可见。

本研究问题的意义在于，通过灾害点的现场调研，对管道黄土灾害的致灾因素进行筛查。通过层次分析法[7-11]或专家打分法[12-16]确定各致灾因素的权重，从而对管道发生黄土灾害的可能性进行评估。在此基础上，评估管道发生损毁后造成的环境、经济、社会影响，从而综合评价管道发生黄土灾害的危害性。立足于评价方法的可靠性与适用性，设计评价软件，借助网络平台推广应用，使一线技术人员可以通过现场采集并输入参数即可获得对危害评价的定量结果，并以此作为勘察选线、危害评价、维修治理的依据。

2.2　管道黄土灾害的现场调研

在对黄土灾害进行评价之前，首先需要对灾害的类型、程度、数量等进行调研。于2013 年 7～8 月和 2014 年 9～10 月间，分别对青海、甘肃、宁夏境内的部分灾害点进行了两次现场调研，其中 2014 年对石兰线的灾害点调研最为全面具体。通过现场调研，不仅了解了工程中常用的治理方法，也对油气管道的致灾因素有了深入的了解，明确了黄土湿陷、水毁危害对管道的两种作用机理。

2.2.1　调研涉及的管道及线路

本次调研主要涉及管道为中国石油长庆油田的石兰线(宁夏回族自治区石空镇—兰州)和马惠线（马岭—惠安堡）。针对石兰线的调研西起兰州市皋兰县的 2#检测高点，东至中卫市中宁县石空输油站，途经西岔加热站、1#检测高点、景泰输油站和红湾输油站。针对马惠线的调研主要涉及黄土分布较广、灾害较为典型的惠安堡输油站和山城输油站（沙坡头输油站主要为砂土地基，此次调研未涉及）。线路全长约 450km，途经油气站场8 座，徒步勘察线路灾害典型路段约 40km。此次调研涵盖了该条管道在黄土区敷设、运行过程中的绝大部分灾害类型，也调研了该区域黄土灾害的工程治理措施。

2.2.2　调研所针对的黄土灾害

通过此次调研发现，针对管道的黄土灾害类型较为丰富，水毁灾害只是管道黄土灾害的一个重要方面。沿线调研中发现了不少因雨水浸泡或雨水冲刷造成的管沟土湿陷或流失。同时，在西部季节性冻土区域敷设的油气管道还遭受到冻土威胁和生物灾害的威胁。因为冻土的存在致使管沟回填土在冬季冻结、进入春夏季节消融后出现管沟土的开裂或塌陷，现场调研过程中巡线工人带领调研组参观了几处冬季过后因地表消融致使管沟土开裂的灾害点。同时，生物致灾（鼠害）对管道的危害不容忽视，在红湾输油站前后沿线的管道灾害调研中发现，鼠穴沿管沟分布密集，入夏后会造成雨水灌入，形成局部塌陷，其他地区也有此类问题的存在。所以在评价管道黄土灾害的过程中，应对冻土危害和鼠害给予足够的关注。

2.2.3 工程中对黄土灾害的常规处置措施

油气管道的黄土灾害分布较广，局部地区灾害程度较为严重，所以相关单位从未间断对该类灾害的监控和防治。此次调研发现了一些较为成熟的治理措施，如针对管沟土塌陷所采取的夯填法、沿梯田地埂设置的水泥土或石灰土截水墙、管道上下坡敷设时采取的浆砌石护坡等，都取得了良好的防护效果；部分区段在管沟土回填过程中采用回填土高于两边地平的做法，并在回填土表面植草，对于保持水土，减少灾害起到了较为明显的作用。同时，调研中也发现了一些治理措施的效果仍须进一步分析验证，如局部区段的河道浆砌石护岸挡墙在经历了一场中雨后被完全冲毁；针对山洪、泥石流所采用的排导渠等防治措施，总体上起到了排泄洪水，减少水流在管道沿线汇聚的作用，但工程本身的耐久性和稳定性尚存在隐患，相关单位也在连年改进，效果尚须观察。

2.3 油气站场和管道黄土灾害机制分析

2.3.1 站场发生黄土灾害的几个原因

油气站场是管道衔接、分叉的重要组成部分，此次管道黄土灾害的调研也涉及一些站场灾害的调研，主要包括一些规模较大的首站、末站；规模中等的分输站、加热站；还有规模较小的阀室、监测点等。站场的黄土湿陷灾害较为普遍，有些地方甚至比较严重，出现了明显的围墙倾斜、配电室及相关设备不均匀沉降、办公楼墙体裂缝、场内地平出现长裂缝等现象。通过分析出现该类情况的原因，总结了站场黄土湿陷灾害发生的几个主要原因。

（1）建站前一般未对地基湿陷性采取处理措施

通过对沿线站场的调研发现，几乎全部站场存在不同程度的场地局部湿陷、墙体开裂等黄土湿陷灾害。这反映了输油气管道相关单位对黄土湿陷灾害认识严重不足的问题。因为管道的选线远离市区，部分站场选择在地势起伏的山丘地区修建，场地一般进行过挖填方处理，加之建站之前多数未对场地湿陷性采取预处理，甚至有些站场为了应付检查，突击施工站内地平，为日后场站内湿陷灾害留下隐患。相比较而言，石空输油气站在20世纪70年代建站之前，对厂区内的黄土地基采取了预浸水法的处理措施，并且及时修复站内小的塌陷、落水洞等灾害点，调研过程中几乎未发现明显的黄土湿陷灾害。这说明只要对该类问题给予足够的重视，对相关场地采取必要的整治措施，及时监控快速响应，就可以从根本上预防油气站场的黄土湿陷灾害。

（2）雨水浸泡或冲刷

黄土湿陷的特性决定了它对水的敏感程度较高。水是诱发黄土地基湿陷的直接原因。通过此次调研发现，为达到防静电的要求，所有站场内的作业区须铺设碎石层，这就为雨水的汇聚提供了可能。即使是生活区,场地内的水泥地坪裂缝明显,也为雨水灌入提供可能,由此引起的场地黄土湿陷极为平常。

(3)站内生活废水排泄不畅

站内生活废水的排泄诱发的地基湿陷在一些地区极为严重。此次调研所涉及的西岔加热站,是沿线调研过程中黄土湿陷灾害最为严重的站场。通过询问发现,站内办公楼修建过程中下水管道存在缺失或损毁,生活污水直接排泄入地基,同时站内的污水池积满后,也只是通过水泵将污水排出院墙,由此引发的污水入渗对场地的湿陷灾害起到极为重要的作用。

2.3.2　管沟黄土湿陷和水毁破坏的几个原因

管沟水毁破坏是很多因素综合作用引起的。通过此次调研发现,管道多沿起伏不平的丘陵和山地敷设,部分区段穿过了农田、民宅等场地,局部穿越河沟、崾岘等不良地质。沿线场地地形地貌极为复杂,加上黄土特有的易湿陷、易流失等特点,就为沿线管道的安全运行造成严峻的挑战,其主要的破坏因素包括以下几个方面。

(1)雨水汇聚浸泡湿陷破坏

调研发现,应将雨水造成的管道水毁灾害细分为"雨水汇聚浸泡湿陷破坏"和"雨水汇流冲刷破坏"两种类型。通过对石兰线2#检测高点沿线灾害的调研发现,两种破坏的作用机理不同,造成的危害也有区别。"雨水汇聚浸泡湿陷破坏"主要是因为管道敷设沿线地势起伏,局部形成低洼,容易汇聚水流,长时间浸泡引发黄土湿陷破坏,典型灾害为管沟土出现较大的落水洞(塌陷直径1～5m,深度1～2.5m),引发的管道危害为露管、管道下出现洞穴、光缆裸露、光缆扯断等。

(2)雨水汇流冲刷破坏

"雨水汇流冲刷破坏"多发生在管道顺坡敷设区段,其破坏机理为管沟土回填不密实,在雨水坡面汇流,或山洪泥、石流等灾害发生时,管沟土被水流冲蚀,引发露管、漂管、管道偏移、光缆损毁等灾害,其管沟的冲蚀损毁长度一般较长,沿线调研发现的石兰线2#检测高点东侧管沟冲刷水毁长度400～500m。

对管沟土水毁作用机理的细分,有助于认清灾害发生的原因,在采取相应治理措施的过程中就会起到对症下药的作用。例如,2#检测高点西侧一段,管道沿山腰水平东西方向敷设,在管道高低两侧设置了沿管道方向的截水墙,相距约12～15m。但从实际效果来看,管沟土仍出现了较大的落水洞。究其原因,是较低一侧的截水墙截流了部分顺坡流下的雨水,正好管沟位于两道截水墙之间的低洼地势,形成了"雨水汇聚浸泡湿陷破坏",虽然高侧截水墙起到了拦截坡面汇流,减少冲刷破坏的作用,但是低侧截水墙又对管沟形成了汇水面,产生了不必要的浸泡破坏。所以,此次调研发现,很有必要细分水毁作用机理,为今后的水毁防治措施提供设计依据。

(3)坡度在雨水汇流冲刷过程中的作用明显

在对2#检测高点东侧管沟水毁段的调查中发现,管道出监测站后即沿斜陡坡敷设,坡度 45°～55°，坡高 10～12m，之后沿缓坡敷设，坡度 15°～30°，斜坡长 400～500m。对比发现，陡坡段管沟的冲蚀较缓坡段严重，塌陷和裂缝的体量均明显严重与缓坡段。究其原因：一是管沟换填过程中陡坡段无法使用工程机械，人工作业也存在难度，回填质量不好，填土不密实；而缓坡段便于施工，回填质量相对较高；二是坡度较大，雨水汇聚冲刷的流速相对较快，对沿管沟的微小裂缝冲蚀作用强烈，而缓坡段雨水汇流速度较低，对管沟土的冲蚀作用也相对较弱。

（4）河沟道洪水破坏

部分管道沿河沟道敷设或穿越河谷。其主要的灾害威胁包括季节性降雨引发的河流或洪水对河岸管道埋设区域的冲刷、切割破坏。如石兰线 K211+50 段，这种冲切破坏的作用的强度极高，一场中雨汇聚形成的河流就可以将岸边的浆砌石护岸挡墙彻底冲垮，并沿河岸曲线的法线方向外扩 6～7m，逼近管道敷设的区域。

2.3.3 管沟生物致灾机理分析

通过对惠宁线沿线的调研，发现鼠害对管道的危害不容忽视，尤其是 K102+800 段，鼠穴的分布极为密集，局部地区的密度为 4～5 孔/m²，由此引起的雨水灌入，产生落水洞的情况较为普遍。据当地巡线工人的反映，每年因鼠穴引发的管沟土陷落多达数十起，所采用的治理措施也只是被动回填夯实。究其原因，是因为管道在运送油气的过程中会保持约 20℃的恒温，在冬季老鼠会选择沿管道打洞栖息，进入夏秋季节后，雨水会沿鼠穴灌入管沟，造成落水洞，大的落水洞会造成管道裸露，光缆外露，对管道正常运行产生影响。所以，需要对管道沿线防鼠提高认识。

2.3.4 管沟土冻融破坏

调研发现部分站场场地具有冻胀破坏，其特点是经历了一个冻融循环之后站场内的混凝土硬化层出现不同程度的开裂、起翘，沥青灌缝处出现不均匀沉降。

2.3.5 管道黄土灾害处置措施效果分析

管道工程中常用的防护措施，应根据其所建设的时间，发挥的作用划分为"主动防护措施"和"被动防护措施"。所谓"主动防护措施"，即在灾害发生之前业已存在，持续的承担抵抗灾害的作用，灾害不发生时，主动防护措施已经开始产生防护效果的工程治理措施；所谓"被动防护措施"，即在灾害发生之前并不存在，灾害发生后为抑制灾害继续恶化而采用的防护手段，一经设置就开始承担抵御灾害的工程治理措施。

对于部分工程治理措施而言，可以明确的划分为"主动防护措施"或"被动防治措施"，各种防护措施见表 2.1。例如，在建油气站场之前，对黄土地基采用预浸水法、强夯法等地基处理措施可视为"主动防护措施"；而在管沟塌陷之后采用水泥土或灰土夯填则可视为"被动防护措施"。但还有很多工程手段无法直观的进行区分，如河沟道内的护岸挡墙、泥石流排导渠等，因为不知道其建设与灾害发生的先后时间关系。但是，大体上可以根据其对灾害治理特征对部分防护措施进行划分。

表 2.1 管道黄土灾害防治措施

主动防护措施	地基处理	预浸水法
		挤密桩法
		夯法等
	截水墙措施	水泥土
		灰土
		浆砌石
	护岸挡墙	浆砌石
		钢筋混凝土
		钢丝石笼
	泥石流排导渠	浆砌石
		混凝土
被动防护	夯填法	
	边坡支护	
	边坡植草	
	排水工程	

（1）截水墙防护效果的对比

通过此次实地调研发现，沿农田或缓坡敷设的油气管道，每隔一定长度须设置截水墙，其作用为防止管沟土沿缓坡冲蚀破坏。虽然很多地方都依据规定设置的截水墙，但因为采用材料不同，也体现处不同的防治效果。总体上讲，浆砌石截水墙好于水泥土截水墙；水泥土截水墙好于灰土截水墙；灰土截水墙好于素土截水墙。

（2）河沟道护岸挡墙效果对比

石兰线、惠宁线均有管道沿河沟敷设的情况，并且通过询问了解发现，河沟道水工防护措施多采用护岸挡墙的形式。调研通过针对水工防护效果的对比发现，钢丝石笼作为护岸挡墙的防护效果要明显好于浆砌石护岸挡墙。首先石笼挡墙的稳定性好，重量较大，不易被冲走，其次，随着使用时间的增加，其防护效果会出现稳定的增长，再次，一经设置，钢丝石笼不需要特别的监控和维修，节约使用成本。

（3）泥石流排导渠的效果分析

石兰线 K215 段所设置的洪水泥石流排导渠规模较大，据相关负责人介绍，该工程自投入使用以来，对于排泄山洪，防治洪水、泥石流在管道敷设区域的汇聚起到明显的作用。但排导渠本身因为施工质量等问题须连年检修。对比排导渠修建前后管道水毁情况可以发现，洪水泥石流排导渠对较少管沟土水毁作用十分明显。

通过现场调研，对管道黄土灾害的致灾因素进行了梳理，明确了诱发黄土灾害的具体因素，这将为下一步建立管道黄土危害评价方法的数学模型提供重要的参数。

2.4　评价方法数学建模

油气管道湿陷性黄土的危害性评价，所涉及的影响因素很多，既包括湿陷性黄土特有的工程病害对管道造成损毁的评价，又包括管道损毁造成的环境、社会、经济效益的危害性评价，是一个环环相扣，连续跟进的系统问题。而事实上，这些影响因素的评价多具有主观性和模糊性，有些因素很难明确的定义为"好"或者"不好"，"有利"或者"有害"，尤其是一些社会、环境和经济指标，不同领域的专家学者对其的认识和判定也不尽相同，因素本身缺乏严格的数学定义。要将这些主观的、模糊的影响因素进行科学合理的分类识别，形成综合评判，就必须使用一些特定的数学工具，如模糊数学等方法。

模糊数学又称 Fuzzy 数学[17]，是研究和处理模糊性现象的一种数学理论和方法，它是 1965 年以后，在模糊集合、模糊逻辑的基础上发展起来的模糊拓扑、模糊测度论等数学领域的统称，是研究现实世界中许多界限不分明甚至是很模糊的问题的数学工具，在模式识别、人工智能等方面有广泛的应用。1965 年美国控制论学者 L.A.扎德发表论文《模糊集合》，标志着这门新学科的诞生。现代数学建立在集合论的基础上。一组对象确定一组属性，人们可以通过指明属性来说明概念，也可以通过指明对象来说明。符合概念的那些对象的全体叫作这个概念的外延，外延实际上就是集合。一切现实的理论系统都有可能纳入集合描述的数学框架。经典的集合论只把自己的表现力限制在那些有明确外延的概念和事物上，它明确地规定：每一个集合都必须由确定的元素所构成，元素对集合的隶属关系必须是明确的。对模糊性的数学处理是以将经典的集合论扩展为模糊集合论为基础的，乘积空间中的模糊子集就给出了一对元素间的模糊关系。对模糊现象的数学处理就是在这个基础上展开的。

模糊数学发展的主流是在它的应用方面。由于模糊性概念已经找到了模糊集的描述方式，人们运用概念进行判断、评价、推理、决策和控制的过程也可以用模糊性数学的方法来描述。例如模糊聚类分析、模糊模式识别、模糊综合评判、模糊决策与模糊预测、模糊控制、模糊信息处理等。这些方法构成了一种模糊性系统理论，构成了一种思辨数学的雏形，它已经在医学、气象、心理、经济管理、石油、地质、环境、生物、农业、林业、化工、语言、控制、遥感、教育、体育等方面取得具体的研究成果[18-28]。模糊数学最重要的应用领域应是计算机智能。它已经被用于专家系统和知识工程等方面，在各个领域中发挥着非常重要的作用，并已获得巨大的经济效益。

本次研究将借助于模糊数学方法，通过实地调研工程病害案例、咨询专家及一线技术人员的方法来建立相关因素隶属度函数，并确定各因素的权重，运用数学手段来进行综合评价试验研究。

2.4.1　管道黄土湿陷性危害的影响因素

本次研究主要对黄土湿陷性造成的石油管道危害程度指标进行研究。选取危害的影响因素并进行定性或定量化分析，使其合理化且便于综合评价过程中选取应用。通过对已有资料的查阅及油气管道黄土湿陷性危害典型事故资料统计，建立影响指标与危害等级之间的模糊对应关系。

2.4.2　管道黄土湿陷性危害评价思路分析[17]

对一件事物进行评价，就是应用事物自身属性通过逻辑推理评定事物所属的状态。首先，要建立评语集，如评价机器运转状况用{良好、正常、非正常}，评价人的身高用{高、矮}；其次，选取概念明确的物理量作为评价的基准，要求该物理量的信息易于获取，且与评语具有合理的逻辑关系，如身高可直接测量人的身高尺寸，并定义身高大于175cm为"高"，身高小于175cm为"矮"。最后，当建立了评语集和评语基准以后，就可以对事物做出评判。

油气管道的黄土湿陷性危害影响因素的选取，其研究对象是管道损毁泄漏之后造成的经济、环境、社会效应的负面影响，是个多因素构成的复杂的评价体系。对整体危害性的评价必然需要考虑上述各方面的因素，即危害性的高低应该是对各个独立的影响进行科学合理评价的组合。

由此分析，管道黄土湿陷性危害评价研究的关键内容包括三部分：第一部分是根据已有研究理论及典型事故，找到影响管道黄土湿陷性危害的因素，明确每个因素与危害之间的相互关系；第二部分是对各影响因素进行权重的分配，可通过"层次分析法"或者"专家咨询法"获得各影响因素的权重；第三步在明确了影响因素与危害程度的相互关系以及各影响因素的权重之后，形成综合评价，实现对油气管道黄土湿陷性危害的总体评价。

2.4.3　危害性影响因子的选取

管道危害性的影响因素较多，而且因素之间又具有相互的关联和影响，当一种次要因素的危害性发展到极限时，往往可能替代主要因素而变得显著。由此分析，对管道黄土湿陷性危害性评价研究中，指标的选取及评价过程中包含的影响因子过多，问题的解决将会变得更复杂，不利于该问题的研究。因此，在管道黄土湿陷危害性影响因子选取及影响因子体系建立的过程中，提取负面效应较高的因素为重要影响因子，考虑可发展转化为重要影响因子的次要因子，忽略不足以影响危害性评价结果的次要影响因子。

根据以上对危害性影响因子选择分析，并结合实地调研资料及典型事故经验，对管道黄土湿陷危害性评价影响因子选择如下：

一级：{A：技术因子；B:经济因子；C：环境因子；D：社会因子}

二级：如因子 A 还包括{A_1：土质；A_1：地形；A_1：水文；A_1：气候；A_1：施工}等。

一级中的影响因子对管道黄土湿陷性危害评价影响最为直接和重要的，在评价研究中予以重要研究。一级因子还可以细分为若干个二级因子，需加以详细研究。

2.4.4 管道湿陷性黄土危害等级评语

对影响因子进行危害性评价研究时，首先要对评价结果选择合理的状态评语，这样才使得评价研究具有意义。依据管道损毁泄漏之后造成的社会经济危害的严重程度，将危害性等级划分为 5 个等级：无危害、轻微危害、中等危害、危害、严重危害。具体划分标准如下：

无危害：泄漏管道管径小于 100mm，场地无湿陷，敷设位置位于偏远地区，周边无水源，气候条件较好，单次降雨量极小，维修补救成本低，无环境危害，社会关注度不高；

轻微危害：泄漏管道管径在 100～300mm，场地无湿陷或湿陷等级较低，敷设位置位于偏远地区或农村、半农村，周边有灌溉及小溪小河，气候条件较好，单次降雨量不大，维修成本较低，对农作物及周边植被有影响，社会关注度不高；

中等危害：泄漏管道管径在 300～500mm，场地中等湿陷，敷设位置位于工业区或城市郊区，周边水文条件较复杂，气候条件较恶劣，单次降雨量大，维修成本较高，施工作业有一定技术难度，对环境危害程度一般，社会关注度一般；

危害：泄漏管道管径在 500～800mm，场地湿陷等级较高，敷设位置位于城市居民区，周边水文条件较复杂，气候条件较恶劣，单次降雨量较大，建（构）筑物多，维修成本高，施工作业难度大，对环境危害程度严重，社会关注度高；

严重危害：泄漏管道管径大于 800mm，场地湿陷等级高，敷设位置位于高层建筑或商业区，周边水文条件较复杂，气候条件十分恶劣，单次降雨量极大，维修成本极高，施工作业难度极大，对环境危害程度极严重，社会关注度极高；

通过构建危害性等级评语，可以将对危害性的模糊的概念与之后要建立的各单因素对危害的数量评价相对应，从而建立起可定量的综合评价体系。

（1）技术因子对危害性评价影响的研究

技术因子主要指可能造成管道在黄土区发生损坏泄漏的条件因素，其直接关乎管道发生损毁泄漏的可能性，是评价管道黄土场地的首要因素，其在所有评价因子中所占的权重也是最大的。技术因子包含着若干个子因子，分别为土质、地形、水文、气候和施工。

① 土质条件对整体危害性评价的影响研究：黄土湿陷的原因是黄土工程地质领域的一个复杂问题。学者们对黄土的湿陷机理提出过许多假说解释黄土的湿陷特性。"苏联"从 20 世纪 30 年代到 50 年代曾有过比较系统的论述，美国在一些论文中也有所涉及，但观点不明确。我国在 20 世纪 50 年代曾有一段时间发表讨论湿陷性黄土原因的论文，之后从 70 年代到 80 年代又有讨论黄土湿陷原因的论文相继发表，并以 X 衍射和高分辨率的电子扫描等先进仪器，对黄土的微观结构进行了研究，取得了一些成果。张炜、

张苏民[29]对湿陷性黄土在增湿（并非一定达到饱和）和减湿时强度和变形性质的变化进行了深入研究，对黄土的结构特性进行了探讨；曾国红、裘以惠[30]通过湿陷性黄土变含水量情况下的室内试验，提出了变形分界含水量、变形分界压力的概念，将它们与湿陷起始含水量、湿陷起始压力做了比较；赵景波、陈云对黄土的湿陷性在垂直方向上的变化规律和区域上的变形进行了研究；郭敏霞、张少宏、邢义川等[31]通过用改装的应力-应变控制式三轴仪，对等应力比条件下的非饱和原状黄土进行了"分级浸水"研究；张爱军、邢义川[32]通过非饱和原状黄土湿陷增湿及孔隙压力特性试验得到的黄土增湿过程中的有效应力-应变关系；高凌霞、赵天雁[33]通过对黄土湿陷性影响因素的综合分析，探讨了黄土湿陷系数与物性指标的定量关系；李敏、马登科[34]从分析影响黄土湿陷性的主要因素着手，系统研究了湿陷性黄土在含水量（包括浸水含水量和初始含水量两种）、压力等变化时的湿陷特性；孙强、秦四清[35]等对黄土湿陷建立了以黄土含水量和荷载微变量的湿陷性系数预测L-S曲线；郭见扬[36]曾用加入不同溶液研究黄土的湿陷性，相关文章从黄土的本构关系入手研究黄土的湿陷性。

　　总结已有的黄土湿陷性危害程度指标的评价方法，尚需要建立起黄土湿陷系数与危害等级的模糊关系，实现通过黄土湿陷系数等试验指标评价管道湿陷危害可能性的目标。

　　② 地形地貌条件对整体危害性评价的影响研究：管道自身的安全程度除了与场地黄土的湿陷等级有关外，还与其敷设场地的地形地貌条件有关。如果管道敷设在山坡，人工边坡，沟壑，高地等不利地形时，其自身的安全程度肯定会受到一定的影响，引发事故并造成危害的可能性也就越高。所以，在评价管道黄土湿陷危害程度高低时，须明确场地条件对管道安全运营产生的影响，建立起场地条件与危害性评语建立模糊的对应关系，以便于在评价危害过程中充分考虑地形地貌的作用。

　　③ 水文条件对整体危害性评价的影响研究：管道自身的安全程度除了与场地黄土的湿陷等级有关外，还与其敷设场地的水文条件有关。如管道敷设在靠近或穿越河流谷底等不利地形时，其自身的安全程度肯定会受到一定的影响，引发事故并造成危害的可能性也就越高。所以，将埋管水文条件与危害性评语建立模糊的对应关系，对评价其危害性具有重要意义。

　　④ 气候条件对整体危害性评价的影响研究：黄土分布地区，一般气候干燥、降雨量少，蒸发量大，属于干旱、半干旱气候类型，年平均降水量在250～500mm。黄土在自重或一定荷重作用下受水浸湿后，其结构迅速破坏而发生显著附加下沉，以致在其上的建筑物遭到破坏。埋管的气候条件对整体危害性评价的影响研究十分重要，在评价管道黄土湿陷危害的过程中，须以"年降雨量"或"单次最大降雨量"为指标，研究其与危害程度之间的模糊数学关系。

　　⑤ 施工条件对整体危害性评价的影响研究：石油化工管道将各种化工管道互贯通而构成一个整体，是化工生产装置中非常重要的部分。由于生产工艺的要求，石油化工管道一般属于压力管道，最高工作压力可达42MPa（表压），而且管道连接点较多，很

容易引起爆炸事故，直接影响财产安全；另外管道内输送的介质大多是有毒、有害、易燃、易爆的，一旦泄露，就有生命危险。

通过对以往石油化工管道事故的分析，管道与设备连接点、管道变径和弯头处、阀门等部位容易发生泄露，从而导致重大事故的发生。而导致管道事故的因素除了设计、材料、工艺以及外来环境因素外，还包括加工不良、焊接质量低劣，焊接裂纹等管道施工因素。因此，在石油化工管道施工时要严格按照要求，防止事故的发生。本次研究将施工过程中管沟土的压实度，上覆盖层厚度，有无标识，地表有无防水措施等作为考察的因素，建立施工条件与管道黄土危害之间的模糊数学关系，用以评价管道的整体危害。

（2）经济因子对危害性评价影响的研究

油气管道泄漏首先会造成直接经济损失，即油气资源的浪费。对其经济损失的定量评价目前尚无明确的标准，但是可以通过描述其泄漏量来确定其经济损失。油气管道泄漏还造成间接经济损失，即油气停输对实体工业产值的影响，同样，这方面目前也无明确的定量评价的标准，但可以通过描述油气停输的时长来确定其经济损失。以此作为管道泄漏造成的经济损失的评价方法。

（3）环境因子对危害性评价影响的研究

油气管道的泄漏事故往往同时伴随有闪爆、燃烧等污染行为。要综合评价事故引发的环境污染程度，就需要考虑到环境污染指数。环境污染指数只以参加评价的各种污染物浓度值难以判断其对环境造成的危害。因此，需要进一步区分各种污染物的分数值（某污染物浓度与该污染物评价标准浓度之比），即表示水体、大气、土壤污染程度的环境质量单要素评价指数，进而可采用均权叠加法、加权评价法等对环境污染做出定量的综合评价。

（4）社会因子对危害性评价影响的研究

危机事件的社会影响评估作为危机管理研究的重要内容，当前尚无有效的评价测量方法。可从危机事件的人员损失、公共性、新闻性和持续时间四个指标构建危机事件的社会影响评价指标体系。我国《国家突发公共事件总体应急预案》[37]中把突发公共事件划分为自然灾害、事故灾难、公共卫生、社会安全事件四种类别。关于公共危机事件引起的社会影响度评估，国内外当前还没有很好的研究。而对于自然灾害或者公共危机引起的财产损失，当前的研究比较充分。其评价指标包括以下几个方面。

① 人员损失：该指标主要衡量直接受到危机影响的群体的范围。

② 公共性：该指标主要评估受危机事件间接影响的群体的范围。其中，危机事件公共性的衡量需要从关联性和可选择性两个方面进行评估。

③ 新闻性：该指标能够反映社会公众对危机事态的关注程度，其可用来衡量关注危机事态群体的反应。

④ 持续时间：该指标的长短是衡量危机影响的另一个因素。

2.4.5 模糊综合评价模型理论

1965 年，美国加利福尼亚大学控制论专家扎德（L.A.Zadeh）发表了论文《模糊集合》，标志着模糊数学的诞生。经过五十多年的研究进展，模糊数学已经广泛应用于科学技术、经济管理、社会科学等领域，理论研究及实际应用研究都取得很好的探索进展。

模糊数学是研究和处理模糊性现象的数学方法。它研究的主要内容包括以下三个方面：一是模糊数学的理论研究；二是模糊语言学及模糊逻辑关系研究；三是模糊数学的实际应用。

（1）权重值的确定及调整方法

在模糊综合评价过程中，权重的确定是至关重要的，它直接反应了各个因素在综合评价中所起的重要程度，直接影响到综合决策的结果。确定权值的方法大致包括如下 4 种。

1）方法一——应用统计方法确定权重：

① 专家估测法：首先，请专家根据经验知识给出各因素的权重值；然后，收集专家信息，对各因素权重值加和平均作为其权重。

② 加权统计方法：首先，请专家根据经验对各因素给出认为最合理的权重；然后，收集专家信息，进行统计试验，统计同一因素相同权重值出现频率，按公式（2.1）计算权重值。

$$a_k = \sum_i^s \omega_i x_i \tag{2.1}$$

式中，x_i ——专家评价的权重值；

ω_i ——权重 x 出现的频率；

s ——不同权重值 x 的个数。

③ 频数统计法：首先，请专家或富有经验的人给出因素的权重值；然后收集专家信息，对信息进行统计试验，步骤如下。

第一步：在单个因素权重值收集的信息中，找出最大值和最小值；

第二步：将最大值与最小值的差，平均分成适当的 n 等组；

第三步：计算落在每组内权重值的频数与频率；

第四步：选取最大频率所在组的组中值为因素的权重。

2）方法二——模糊协调决策法确定权重：

已知单因素评判的模糊映射和综合评判结果，从一组权重方案中选取最优的权重方案。首先，根据单因素模糊映射关系和权重方案中的待选权重，进行综合评判，分别得出评判结果；然后，检验求得的一组评判结果与已知综合评判结果的贴近度，贴近程度最好的即为最优权重方案。

3）方法三——模糊关系方程法确定权重：

模糊关系方程 $X_{1 \times n} \cdot R_{n \times m} = B_{1 \times m}$ 中，已知模糊矩阵 R 和 B，求解出矩阵 X 即为求得的因素权重值。

4）方法四——层次分析法确定权重：

层次分析法（analytic hierarchy process，简称 AHP）是美国运筹学家萨蒂（T.L.Saaty）于 20 世纪 70 年代提出的对复杂问题做出决策的一种简明有效的方法，可以有效处理模糊问题的定量分析研究，具体步骤如下。

第一步：明确问题，建立层次结构。根据问题所包含因素及其相互关系，建立系统的层次结构、一目标层、准则层和方案层，必要时建立子准则层。

第二步：构造判断矩阵。对于同一层次的各因素相对上一层某一因素的重要性进行两两比较，重要性量化按表 2.2 赋值，构造判断矩阵。

表 2.2　两两比较重要性赋值表

x_i 比 x_j	相同	稍强	强	很强	绝对强	稍弱	弱	很弱	绝对弱
a_{ij}	1	3	5	7	9	1/3	1/5	1/7	1/9

注：相邻程度的中间值取 2、4、6、8。

第三步：层次单排序及一致性检验。构造出判断矩阵 A 之后，求出判断矩阵 A 的最大（绝对值）特征值 λ_{max}，再利用它对应的特征方程求解相应的特征向量 W，然后将特征向量 W 归一化，即为同一层次的各因素相对上一层中某一因素的重要性权重。

第四步：层次总排序及其组合一致性检验。计算出方案层总的各因素对于目标层的相对重要性权重，并检验总排序是否具有满意的一致性。

（2）油气管道危害因素的权重确定方法

管道黄土危害综合评价反应的是所研究对象管道受到多方面灾害发生损毁造成的整体损失。管道的损毁受多方面因素影响，各因素对管道损毁概率和程度不等，故引入了权重的概念表述各因素对管道危害作用的大小。

目前，常用的权重确定方法在 2.3.5 节中（1）进行了介绍，应用层次分析法初步确定影响因素对管道危害作用的权重值，初步确定的权重值在实际问题的解决中并不能得出很理想的结果。因为应用层次分析法求得权重值的过程中，进行两两比较其重要性时的假设条件是因素的性能条件处在同一水平，这在实际问题中是不合实际的。因此本次研究中，我们应用层次分析法初步求得影响因子的权重值，然后根据各个影响因子的自身性能条件对权重值进行调整。

管道的黄土危害问题可以应用"木桶原理"进行分析，认为管道的完整性能（安全性）即为木桶容纳水量的大小，管道黄土危害的影响因素为木桶的木板。一个木桶由许多块木板组成，如果组成木桶的这些木板长短不一，那么这个木桶的最大容量不取决于长的木板，而取决于最短的那块木板。由此，我们认为对管道的安全性能而言，单因素安全性能的提高并不能有效地提管道的安全性能，反而单因素安全性能的降低将会很大影响甚至决定管道的安全性。该问题反映在权重值上，即认为单因素性能条件的提高对权重值的影响不大，单因素性能条件的变差则会增大该因素的权重值。

具体调整方法如下：

首先，假设各因素的性能条件水平相等，仅考虑各因素对整体评价的重要性，应用层次分析法，求得权重向量 $\boldsymbol{\alpha}^{\mathrm{T}} = (\alpha_1, \alpha_2, \cdots, \alpha_n)$；

然后，根据各因素的实际性能条件水平的优劣，按照性能越差的因素对整体性能影响越大的原则，应用层次分析法，求得权重向量 $\boldsymbol{\beta}^{\mathrm{T}} = (\beta_1, \beta_2, \cdots, \beta_n)$；

最后，定义最终的权重向量 $\boldsymbol{W}^{\mathrm{T}} = (w_1, w_2, \cdots, w_n)$，其中，$w_i = \dfrac{\alpha_i \beta_i}{\boldsymbol{\alpha}^{\mathrm{T}} \cdot \boldsymbol{\beta}^{\mathrm{T}}}$。

对于各因素性能水平均衡的情况下，$\boldsymbol{W}^{\mathrm{T}} = \boldsymbol{\alpha}^{\mathrm{T}}$。

（3）评价方法及步骤

1）第一步——影响因子集的建立；

根据之前对油气管道黄土湿陷性危害研究的分析，这里选取 4 个危害性影响因子：u_1（技术因子），u_2（环境因子），u_3（经济因子），u_4（社会因子），建立管道黄土湿陷性危害的影响因子集：

$$U = \{u_1, u_2, u_3, u_4\} \tag{2.2}$$

评价因素子因素的建立：

$u_1 = (u_{11}, u_{12}, u_{13}, u_{14}, u_{15})$ =（土质，水文，场地，气候，施工）

$u_2 = (u_{21}, u_{22}, u_{23},)$ =（空气污染，水污染，土壤污染）

$u_3 = (u_{31}, u_{32},)$ =（直接经济损失，间接经济损失）

$u_4 = (u_{41}, u_{42}, u_{43}, u_{44})$ =（人员损失，公共性，新闻性，持续时间）

2）第二步——各因素权重分配：

对于管道危害性的整体评价，此处选取了 4 个影响因素，u_1 为管道危害；u_2 为环境因素；u_3 为经济损失；u_4 为社会影响。应用层次分析法，确定 4 个影响因素对油气管道黄土湿陷性危害的权重值，层次结构如图 2.2 所示。

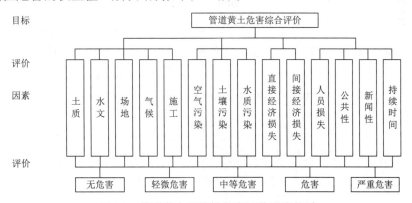

图 2.2　管道黄土湿陷性危害评价因素体系

构造判断矩阵，假设 u_1、u_2、u_3、u_4 的危害性处在同一水平，应用两两比较法，构造判断矩阵 $V = (v_{ij})_{4 \times 4}$，其中 v_{ij} 的逻辑取值按表 2.2 中取值。以 A 表示目标，u_i、$u_j(i, j = 1, 2, \cdots, n)$ 表示因素。u_{ij} 表示 u_i 对 u_j 的相对重要性数值。并由 u_{ij} 组成 $A - U$ 判断矩阵 $\boldsymbol{P}$。

$$P = \begin{pmatrix} u_{11} & u_{12} & \cdots & u_{1n} \\ u_{21} & u_{22} & \cdots & u_{2n} \\ \vdots & \vdots & & \vdots \\ u_{n1} & u_{n2} & \cdots & u_{nn} \end{pmatrix} \qquad (2.3)$$

在获得了以上的判断矩阵之后，须进行重要性排序计算，即对各因素的重要程度进行排序。具体方法为根据判断矩阵，求出其最大特征根 $\lambda_{\max}$ 所对应的特征向量 $\boldsymbol{w}$。方程如下：

$$p_w = \lambda_{\max} \boldsymbol{w} \qquad (2.4)$$

以上得到的权重分配是否合理，需要对判断矩阵进行一致性检验。检验使用公式

$$CR = CI/RI \qquad (2.5)$$

式中，CR 为判断矩阵的随机一致性比率；CI 为判断矩阵的一般一致性指标。它由下式给出：

$$CI = (\lambda_{\max} - n)/(n - 1) \qquad (2.6)$$

RI 为判断矩阵的平均随机一致性指标，1～9 阶的判断矩阵的 RI 值参见表 2.3。

表 2.3　平均随机一致性指标 RI 的值

n	1	2	3	4	5	6	7	8	9
RI	0	0	0.58	0.90	1.12	1.24	1.32	1.41	1.45

当判断矩阵 P 的 $CR<0.1$ 时或者 $\lambda_{\max}=n$，$CI=0$ 时，认为 P 具有满意的一致性，否则需要调整 P 中的元素以使其具有满意的一致性。实际应用中，根据 u_1、u_2、u_3、u_4 的危害性水平，重复上述步骤求得权重值 $\boldsymbol{\beta}_v^{\mathrm{T}} = (\beta_1, \beta_2, \cdots, \beta_n)$，然后求得最终的权重值 $\boldsymbol{W}_v^{\mathrm{T}} = (w_1, w_2, \cdots, w_n)$，其中，$w_i = \dfrac{\alpha_i \beta_i}{\boldsymbol{\alpha}^{\mathrm{T}} \cdot \boldsymbol{\beta}^{\mathrm{T}}}$。对于每种影响因子子因素权重的确定可采用专家打分的方法，如"管道危害"包括：土质、水文、气候、场地、施工五个方面，这些因素的显著性排序怎么样，就需要建立各评价因素子因素的权重分配 A_{ij}，如通过专家打分法，可得到"管道危害"因子的子因素的权重分配矩阵为

$$A_1 = (a_{11}, a_{12}, a_{13}, a_{14}, a_{15}) = (0.3, 0.3, 0.2, 0.1, 0.1)$$

环境污染因子的子因素的权重分配为

$$A_2 = (a_{21}, a_{22}, a_{23}) = (0.2, 0.3, 0.5)$$

经济损失因子的子因素的权重分配为

$$A_3 = (a_{31}, a_{32}) = (0.6, 0.4)$$

社会影响因子的子因素的权重分配为

$$A = \{a_1, a_2, a_3, a_4\} = (0.5, 0.2, 0.2, 0.1)$$

3）第三步——建立评价矩阵 $\boldsymbol{R}_i$：

第 1 章的研究中，建立了影响因子与危害等级的模糊对应关系，即已经取得了危害等级作为评语对影响因子的评价。

危害等级表述的危害程度大小可以用危害指数进行数值化的描述，即可以将危害程

度视为危害指数论域：

$$R = (好，较好，中等，较差，差) \qquad (2.7)$$

对于不同的各因素子因素的评判也不相同，描述措辞之间有差异，由专家及一线人员评判时会给出不同的评判标准，方便其理解并进行打分。具体参见下列各因素对危害性评价的表格。

u_1：管道危害 $= (u_{11}, u_{12}, u_{13}, u_{14}, u_{15}) = （土质，水文，场地，气候，施工）$

u_{11}：土质以湿陷系数标值描述。

各因素与危害等级之间的模糊关系取值如表 2.4～表 2.15 所示。

表2.4　湿陷系数与危害等级间模糊关系

危害程度预测				
无危害	轻微危害	中等危害	危害	严重危害
$\delta_s \leqslant 0.015$	$0.015 < \delta_s \leqslant 0.03$	$0.03 < \delta_s \leqslant 0.05$	$0.05 < \delta_s \leqslant 0.07$	$\delta_s > 0.07$

注：参照《湿陷性黄土地区建筑规范》（GB 50025—2004）[38]相关规定。其中 4.4.2 条规定湿性黄土的湿陷程度，可根据湿陷系数 δ_s 值的大小分为下列三种：

① 当 $0.015 \leqslant \delta_s \leqslant 0.03$ 时，湿陷性轻微；

② 当 $0.03 < \delta_s \leqslant 0.07$ 时，湿陷性中等；

③ 当 $\delta_s > 0.07$ 时，湿陷性强烈。

表2.5　水文条件与危害等级间模糊关系

危害程度预测				
无危害	轻微危害	中等危害	危害	严重危害
完全无地表水源；地下水位埋深大于50m	周边无地表水源地下水位埋深在30～50m	周边有季节性地表径流或地下水位埋深在10～30m	周边有常年地表径流或地下水位埋深在5～10m	周边临界或穿越河流或地下水位埋深小于5m

表2.6　地形地貌条件与危害等级间模糊关系

危害程度预测				
无危害	轻微危害	中等危害	危害	严重危害
地形平坦；周边无边坡；	场地坡度小于10°；边无边坡；	场地斜坡介于10°～20°；临近边坡；	场地斜坡介于20°～40°；临近边坡；	场地斜坡大于40°；或临界陡坡；

注：参照《湿陷性黄土地区建筑规范》（GB 50025—2004）[38]相关规定。其中 4.1.5 场地工程地质条件的复杂程度，可分为以下三类：

① 简单场地：地形平缓，地貌、地层简单，场地湿陷类型单一，地基湿陷等级变化不大；

② 中等复杂场地：地形起伏较大，地貌、地层较复杂，局部有不良地质现象发育，场地湿陷类型、地基湿陷等级变化较复杂；

③ 复杂场地：地形起伏很大，地貌、地层复杂，不良地质现象广泛发育，场地湿陷类型、地基湿陷等级分布复杂，地下水位变化幅度大或变化趋势不利。

表 2.7　气候条件与危害等级间模糊关系

多年平均日最大降雨量/mm				
无危害	轻微危害	中等危害	危害	严重危害
<45	45～70	70～95	95～120	>120

注：参照《地质灾害危险性评估技术规范》(DB11/T 893—2012)[39]附件 C。

表 2.8　施工条件与危害等级间模糊关系

危害程度预测				
无危害	轻微危害	中等危害	危害	严重危害
管沟土压实度在 0.98 以上 上覆土层厚度在 2.0m 以上 有明显标识 地表防水良好	管沟土压实度在 0.95～0.98 上覆土层厚度在 2.0～1.5m 有标识 有地表防水	管沟土压实度在 0.92～0.95 上覆土层厚度在 1.5～1.0m 有标识 有地表防水	管沟土压实度在 0.90～0.92 上覆土层厚度在 1.0～0.5m 无明显标识 无明显地表防水	管沟土压实度在 0.90 以下上覆土层厚度在 0.5m 以下完全无标识 完全无地表防水

注：参照《湿陷性黄土地区建筑规范》(GB 50025—2004)[38]相关规定。其中 8.5.2 条、8.5.4 条、8.5.13 条规定了管沟土回填的压实度要求。

8.5.2　施工管道及其附属构筑物的地基与基础时，应将基槽底夯实不少于 3 遍，并应采取快速分段流水作业，迅速完成各分段的全部工序。管道敷设完毕，应及时回填。

8.5.4　施工水池、检漏管沟、检漏井和检查井等，必须确保砌体砂浆饱满、混凝土浇捣密实、防水层严密不漏水。穿过池(或井、沟)壁的管道和预埋件，应预先设置，不得打洞。铺设盖板前，应将池(或井、沟)底清理干净。池(或井、沟)壁与基槽间，应用素土或灰土分层回填夯实，其压实系数不应小于 0.95。

8.5.13　对埋地管道的沟槽，应分层回填夯实。在管道外缘的上方 0.50m 范围内应仔细回填，压实系数不得小于 0.90，其他部位回填土的压实系数不得小于 0.93。

表 2.9　空气污染与危害等级间模糊关系

输气管道损毁导致的气体泄漏量/kg				
无危害	轻微危害	中等危害	危害	严重危害
<2 270	2 270～22 700	22 700～227 000	227 000～2 270 000	>2 270 000

注：参照《油气管道地质灾害风险管理技术规范》(SYT 6828—2011)[40]附录 B.3.3。

表 2.10　土壤污染与危害等级间模糊关系

输油管道损毁导致的液体泄漏量/kg				
无危害	轻微危害	中等危害	危害	严重危害
<450	450～4 500	4 500～45 000	45 000～450 000	>450 000

注：参照《油气管道地质灾害风险管理技术规范》(SYT 6828—2011)[40]附录 B.3.3。

表 2.11　水体污染与危害等级间模糊关系

输油管道泄漏扩散情况划分				
无危害	轻微危害	中等危害	危害	严重危害
周围 1 000m 内无流动水系与静止水系	周围 1 000m 内有静止水系	周围 500m 内有静止水系	周围 500m 内有流动水系	临近流动水系

注：参照《油气管道地质灾害风险管理技术规范》(SYT 6828—2011)[40]附录 B.3.4。

表 2.12　直接经济损失与危害等级间模糊关系

油气管道损毁泄漏造成的维修治理等直接经济损失/万元				
无危害	轻微危害	中等危害	危害	严重危害
<100	100~1 000	1 000~5 000	5 000~10 000	>10 000

注：参照中华人民共和国国务院令第 493 号《生产安全事故报告和调查处理条例》自 2007 年 6 月 1 日起施行。其中第三条规定：根据生产安全事故（以下简称事故）造成的人员伤亡或者直接经济损失，事故一般分为以下等级：

（1）特别重大事故，是指造成 30 人以上死亡，或者 100 人以上重伤（包括急性工业中毒，下同），或者 1 亿元以上直接经济损失的事故；

（2）重大事故，是指造成 10 人以上 30 人以下死亡，或者 50 人以上 100 人以下重伤，或者 5 000 万元以上 1 亿元以下直接经济损失的事故；

（3）较大事故，是指造成 3 人以上 10 人以下死亡，或者 10 人以上 50 人以下重伤，或者 1000 万元以上 5000 万元以下直接经济损失的事故；

（4）一般事故，是指造成 3 人以下死亡，或者 10 人以下重伤，或者 1000 万元以下直接经济损失的事故。

国务院安全生产监督管理部门可以会同国务院有关部门，制定事故等级划分的补充性规定。本条第一款所称的"以上"包括本数，所称的"以下"不包括本数。

表 2.13　间接经济损失与危害等级间模糊关系

管道停输时长与危害等级模糊关系/h				
无危害	轻微危害	中等危害	危害	严重危害
<1	1~3	3~10	10~24	>24

表 2.14　社会影响评判方法

指标	等级	分值	解释
人员损失	极高	5	人员伤亡 30 人以上
	高	3	人员伤亡人 10~30 人
	较高	2	人员伤亡 3~10 人
	中	1	人员伤亡 1~3 人
	低	0	无人员伤亡
公共性	极高	5	发生在不可排他且不可选择性较强的区域
	高	3	发生在不可排他或不可选择性较强的区域
	较高	2	发生在难以排他且不可选择性较强的区域
	中	1	发生在难排他或不可选择性较强的区域
	低	0	易排他且具有较大选择性的区域
新闻性	极高	5	类似事件每年发生 1 次以下
	高	3	类似事件每年发生 1~3 次
	较高	2	类似事件每年发生 3~6 次
	中	1	类似事件每年发生 6~12 次
	低	0	类似事件每年发生 12 次以上

续表

指标	等级	分值	解释
	极高	5	持续时间 60 天以上
	高	3	持续时间 30~60 天以上
持续时间	较高	2	持续时间 10~30 天
	中	1	持续时间 3~10 天
	低	0	持续时间 1~3 天

注：参照表 2.13 的评分标准对危机事件进行评分，然后把各个指标的得分进行汇总。根据危机事件的总得分情况，参照表 2.14 划分等级。

表 2.15　社会影响与危害等级间模糊关系[37]

等级	得分	说明	危害程度
5	>15	社会影响巨大，对整个社会的价值观念造成冲击	无危害
4	12~15	社会影响很大，对社会中大部分 成员的心理造成严重影响	轻微无害
3	8~12	社会影响较大，对较大规模的社会公众造成影响	中等危害
2	4~8	社会影响一般，影响范围限定在特定组织或者区域中	危害
1	0~3	社会影响较小，影响范围限定在特定组织或者区域中	严重危害

注：参照国务院 2006 年 1 月 8 日颁布的《国家突发公共事件总体应急预案》。

4）第四步——求各因素评价矩阵：

根据公式 $B_i = A_i \cdot R_i$ 求出各因素的评价矩阵 B_i。式中，A_i 为权重分配矩阵；R_i 为专家打分评价矩阵，两矩阵相乘得出评价矩阵 B_i。

5）第五步——归一化处理：

以上经过计算可能会使得评价结果不归一，若结果不归一则以各项除以总和，以求得归一结果，以下步骤称为归一化处理：

根据公式 $\omega_i = \dfrac{\omega_i}{\sum\limits_{i=1}^{n} \omega_i}$ 对评价矩阵 B_i 进行归一化处理；建立总评价矩阵 R；将所求得各评价矩阵 B_i 组成总评价矩阵 R，即

$$R = (B_1, B_2, B_3, B_4)^{\mathrm{T}} \tag{2.8}$$

6）第六步——求综合因素评价矩阵：

由公式 $B = A \cdot R$ 求出综合因素评价矩阵。

式中，A 为总权重分配矩阵；R 为专总评价矩阵，两矩阵相乘得出总评价矩阵 B。

7）第七步——求油气管道黄土湿陷性危害模糊数学评价总得分：

上述评价结果 B_i 是一个等级模糊子集，为了充分利用 B_i 所反映的信息，我们不采用"最大隶属度"取最大的 b_j 所对应的等级 v_j 作为评价结果，而是决择评语集中各等级

v_j的参数向量 $\textbf{\textit{C}}$（即建立一个辅助矩阵）：

$$\textbf{\textit{C}}=\{c_1,c_2,c_3,c_4,c_5\}=(95,\ 80,\ 65,\ 45,\ 30) \tag{2.9}$$

油气管道黄土湿陷性危害模糊数学评价总得分为

$$\textbf{\textit{W}}=\textbf{\textit{B}}_i\cdot\textbf{\textit{C}}^{\mathrm{T}}$$

将得到的总得分，依据表 2.16 进行划分，得到最终的油气管道黄土湿陷性危害模糊数学评价。

表 2.16 油气管道危害评价级别

分数（W）	>90	80~90	60~79	40~59	<40
危害等级	无危害	轻微危害	中等危害	危害	严重危害

注：以上 4～7 步骤在算例中有案例说明。

（4）结果与分析

模糊数学理论可以用于油气管道黄土湿陷性危害模糊数学评价，它使得油气管道黄土湿陷性危害评价这一本身带有不确定性和不精确性的比较复杂的系统工程，使其危害性评价实现了定量化，具体的讲就是用数学方法将油气管道黄土湿陷性危害评价这一自身带有模糊性的系统工程数量化。运用该方法对油气管道黄土湿陷性危害进行评价既简便又比较合乎实际，评价结果客观科学。另外，需要指出以下两点：

本研究只是抽取了油气管道黄土湿陷性危害评价影响的 4 个主要方面进行了多层次的评价分析，事实上油气管道黄土湿陷性危害评价涉及方方面面，还有许多影响评价的偶然因素未考虑进去，因而在实际应用中，因素集的选取必须适当，因素权重的确定必须合理，同时参加评价的人数不能太少，且必须具有代表性和实践检验。

本研究对油气管道黄土湿陷性危害进行综合评价，除了此处所应用的专家评定法以外，我们还可以用其他的客观方法进行评价。

2.5 工 程 算 例

基于已建的油气管道黄土危害模糊数学评价方法，对灾害调研过程中发现的一些典型灾害进行评价。总共对沿线 14 个不同程度的灾害点进行模糊数学评价，将评价结果与实际危害情况对照，发现几乎全部案例的评价结果与实际情况相符。

2.5.1 案例一

石兰线末站长庆油气西岔加热站位于兰州市皋兰县西北部西岔镇内，该加热站场站不均匀沉降严重，建筑内沉降裂缝明显，建筑物发生倾斜，散水开裂，后院篮球场出现一条 10cm 左右的裂缝，场站院墙倾斜明显，如图 2.3 所示。

图 2.3　石兰线末站长庆油气西岔加热站黄土湿陷现场照片

1）第一步——影响因子集的建立：

根据对危害管道主要因素的分析，这里选取 4 个危害性影响因子：u_1（管道危害），u_2（环境因素），u_3（经济损失），u_4（社会影响），建立管道黄土湿陷性危害的影响因子集：$U = \{u_1, u_2, u_3, u_4\}$。

评价因素子因素的建立：

$$u_1 = (u_{11}, u_{12}, u_{13}, u_{14}, u_{15}) = (土质，水文，场地，气候，施工)$$

$$u_2 = (u_{21}, u_{22}, u_{23}) = (空气污染，水污染，土壤污染)$$

$$u_3 = (u_{31}, u_{32}) = (直接经济损失，间接经济损失)$$

$$u_4 = (u_{41}, \quad u_{42}, \quad u_{43}, \quad u_{44}) = (人员损失，公共性，新闻性，持续时间)$$

2）第二步——各因素权重分配：

权重由专家及一线工作人员通过两两比较法打分确定，将权重确定如下

$$A = \{a_1, a_2, a_3, a_4\} = (0.5, 0.2, 0.2, 0.1)$$

建立各评价因素的子因素的权重分配 A_{ij}

$$A_1 = (a_{11}, a_{12}, a_{13}, a_{14}, a_{15}) = (0.3, 0.3, 0.2, 0.1, 0.1)$$

$$A_2 = (a_{21}, a_{22}, a_{23}) = (0.2, 0.3, 0.5)$$

$$A_3 = (a_{31}, a_{32}) = (0.6, 0.4)$$

$$A_4 = (a_{11}, a_{12}, a_{13}, a_{14}, a_{15}) = (0.4, 0.3, 0.2, 0.1)$$

3）第三步——建立评价矩阵 R_i：

$$R = (好，较好，中等，较差，差)$$

由专家及一线工作人员打分，得出评价矩阵 R_i。

评价矩阵 R_1、R_2、R_3、R_4 分别对应因素 u_1、u_2、u_3、u_4，R_i 的行数对应因素 u_i 的个数，例如 R_1 有五行对应 u_1 的五个因素，列数对应评价矩阵的五个评语（好，较好，中等，较差，差），其数值由专家打分确定。数字表示的意义即该因素（行数）对于该评语（列数）的隶属度。

$$R_1 = \begin{bmatrix} 0 & 0 & 0.2 & 0.3 & 0.5 \\ 0 & 0 & 0.2 & 0.3 & 0.5 \\ 0 & 0.1 & 0.2 & 0.3 & 0.4 \\ 0 & 0.1 & 0.2 & 0.3 & 0.4 \\ 0 & 0.1 & 0.2 & 0.3 & 0.4 \end{bmatrix}$$

$$管道危害因素评价矩阵 = \begin{bmatrix} 土质因素危害评价集 \\ 水文因素危害评价集 \\ 场地因素危害评价集 \\ 气候因素危害评价集 \\ 施工因素危害评价集 \end{bmatrix}$$

$$R_2 = \begin{bmatrix} 0 & 0.3 & 0.4 & 0.1 & 0.2 \\ 0.1 & 0.1 & 0.4 & 0.3 & 0.1 \\ 0.1 & 0.2 & 0.3 & 0.3 & 0.1 \end{bmatrix}$$

$$环境因素评价矩阵 = \begin{bmatrix} 空气污染因素危害评价集 \\ 水污染因素危害评价集 \\ 土壤污染因素危害评价集 \end{bmatrix}$$

$$R_3 = \begin{bmatrix} 0 & 0.2 & 0.3 & 0.3 & 0.2 \\ 0 & 0.2 & 0.4 & 0.3 & 0.2 \end{bmatrix}$$

$$经济损失因素评价矩阵 = \begin{bmatrix} 直接经济损失因素危害评价集 \\ 间接经济损失因素危害评价集 \end{bmatrix}$$

$$R_4 = \begin{bmatrix} 0 & 0 & 0.2 & 0.3 & 0.5 \\ 0 & 0.1 & 0.2 & 0.3 & 0.4 \\ 0 & 0.1 & 0.2 & 0.3 & 0.4 \\ 0 & 0.1 & 0.2 & 0.3 & 0.4 \end{bmatrix}$$

$$社会影响因素评价矩阵 = \begin{bmatrix} 人员损失因素危害评价集 \\ 公共性因素危害评价集 \\ 新闻性因素危害评价集 \\ 持续时间因素危害评价集 \end{bmatrix}$$

4）第四步——求各因素评价矩阵：

根据公式 $B_i = A_i \cdot R_i$ 求出各因素的评价矩阵 B_i 如下

$$B_1 = A_1 \cdot R_1 = [0.3,0.3,0.2,0.1,0.1] \cdot \begin{bmatrix} 0 & 0 & 0.2 & 0.3 & 0.5 \\ 0 & 0 & 0.2 & 0.3 & 0.5 \\ 0 & 0.1 & 0.2 & 0.3 & 0.4 \\ 0 & 0.1 & 0.2 & 0.3 & 0.4 \\ 0 & 0.1 & 0.2 & 0.3 & 0.4 \end{bmatrix} = [0,0.04,0.2,0.3,0.46]$$

$$B_2 = A_2 \cdot R_2 = [0.2,0.3,0.5] \cdot \begin{bmatrix} 0 & 0.3 & 0.4 & 0.1 & 0.2 \\ 0.1 & 0.1 & 0.4 & 0.3 & 0.1 \\ 0.1 & 0.2 & 0.3 & 0.3 & 0.1 \end{bmatrix} = [0.08,0.19,0.35,0.26,0.12]$$

$$B_3 = A_3 \cdot R_3 = [0.6,0.4] \cdot \begin{bmatrix} 0 & 0.2 & 0.3 & 0.3 & 0.2 \\ 0 & 0.2 & 0.4 & 0.3 & 0.2 \end{bmatrix} = [0,0.16,0.34,0.3,0.2]$$

$$B_4 = A_4 \cdot R_4 = [0.4,0.3,0.2,0.1] \cdot \begin{bmatrix} 0 & 0 & 0.2 & 0.3 & 0.5 \\ 0 & 0.1 & 0.2 & 0.3 & 0.4 \\ 0 & 0.1 & 0.2 & 0.3 & 0.4 \\ 0 & 0.1 & 0.2 & 0.3 & 0.4 \end{bmatrix} = [0,0.06,0.2,0.3,0.44]$$

5）第五步——归一化处理：

根据公式 $\omega_i = \dfrac{\omega_i}{\sum\limits_{i=1}^{n} \omega_i}$ 对评价矩阵 B_i 进行归一化处理，归一化处理结果如下：

$$B_1 = [0,0.04,0.2,0.3,0.46]$$
$$B_2 = [0.08,0.19,0.35,0.26,0.12]$$
$$B_3 = [0,0.16,0.34,0.3,0.2]$$
$$B_4 = [0,0.06,0.2,0.3,0.44]$$

建立总评价矩阵 R

$$R = (B_1,B_2,B_3,B_4)^T = \begin{bmatrix} 0 & 0.04 & 0.2 & 0.3 & 0.46 \\ 0.08 & 0.19 & 0.35 & 0.26 & 0.12 \\ 0 & 0.16 & 0.34 & 0.3 & 0.2 \\ 0 & 0.06 & 0.2 & 0.3 & 0.44 \end{bmatrix}$$

6）第六步——求综合因素评价矩阵：

由公式 $B = A \cdot R$ 求出综合因素评价矩阵

$$B = A \cdot R = (0.5,0.2,0.2,0.1) \cdot \begin{bmatrix} 0 & 0.04 & 0.2 & 0.3 & 0.46 \\ 0.08 & 0.19 & 0.35 & 0.26 & 0.12 \\ 0 & 0.16 & 0.34 & 0.3 & 0.2 \\ 0 & 0.06 & 0.2 & 0.3 & 0.44 \end{bmatrix}$$

$$= [0.016,0.096,0.258,0.292,0.338]$$

7）第七步——求油气管道黄土湿陷性危害模糊数学评价总得分：

令 $C = \{c_1,c_2,c_3,c_4,c_5\} = (95,80,65,45,30)$

$$W = B_i \cdot C^{\mathrm{T}} = (0.016, 0.096, 0.258, 0.292, 0.338) \cdot \begin{bmatrix} 95 \\ 80 \\ 65 \\ 45 \\ 30 \end{bmatrix} = 49.25$$

将得到的总得分，依据表 2.16 进行划分，得到最终的油气管道黄土湿陷性危害模糊数学评价。

西岔加热站油气管道模糊数学总得分为 49.25，对照危害等级评价级别表（表 2.16）可知，该处的危害等级为：危害，属于黄土湿陷危害情况较为严重的灾害点，该评价与实际情况相符。

2.5.2 案例二——石兰线 k178+186 段管线湿陷安全评价

石兰线 k178+186 段，该标段管沟沉降明显，下沉厚度约 20～30cm。现场如图 2.4 所示。

图 2.4 石兰线 k178+186 段管线黄土湿陷现场照片

1）第一步——影响因子集的建立：

根据对危害管道主要因素的分析，这里选取 4 个危害性影响因子：u_1（管道危害），u_2（环境因素），u_3（经济损失），u_4（社会影响），建立管道黄土湿陷性危害的影响因子集 $U = \{u_1, u_2, u_3, u_4\}$。

评价因素子因素的建立：

$$u_1 = (u_{11}, u_{12}, u_{13}, u_{14}, u_{15}) = （土质，水文，场地，气候，施工）$$

$$u_2 = (u_{21}, u_{22}, u_{23}) = （空气污染，水污染，土壤污染）$$

$$u_3 = (u_{31}, u_{32}) = （直接经济损失，间接经济损失）$$

$$u_4 = (u_{41}, u_{42}, u_{43}, u_{44}) = （人员损失，公共性，新闻性，持续时间）$$

2）第二步——各因素权重分配：

权重由专家及一线工作人员通过两两比较法打分确定，将权重确定如下：

$$A = \{a_1, a_2, a_3, a_4\} = (0.5, 0.2, 0.2, 0.1)$$

建立各评价因素的子因素的权重分配 A_{ij}

$$A_1 = (a_{11}, a_{12}, a_{13}, a_{14}, a_{15}) = (0.3, 0.3, 0.2, 0.1, 0.1)$$

$$A_2 = (a_{21}, a_{22}, a_{23}) = (0.2, 0.3, 0.5)$$

$$A_3 = (a_{31}, a_{32}) = (0.6, 0.4)$$

$$A_4 = (a_{11}, a_{12}, a_{13}, a_{14}, a_{15}) = (0.4, 0.3, 0.2, 0.1)$$

3）第三步——建立评价矩阵 R_i：

$$R = （好，较好，中等，较差，差）$$

由专家及一线工作人员打分，得出评价矩阵 R_i。

评价矩阵 R_1、R_2、R_3、R_4 分别对应因素 u_1、u_2、u_3、u_4，R_i 的行数对应因素 u_i 的个数，例如 R_1 有五行对应 u_1 的五个因素，列数对应评价矩阵的五个评语（好，较好，中等，较差，差），其数值由专家打分确定。数字表示的意义即该因素（行数）对于该评语（列数）的隶属度。

$$R_1 = \begin{bmatrix} 0 & 0.2 & 0.3 & 0.3 & 0.2 \\ 0 & 0.2 & 0.3 & 0.3 & 0.2 \\ 0 & 0.1 & 0.4 & 0.3 & 0.2 \\ 0 & 0.1 & 0.4 & 0.3 & 0.2 \\ 0 & 0.1 & 0.4 & 0.2 & 0.2 \end{bmatrix}$$

$$管道危害因素评价矩阵 = \begin{bmatrix} 土质因素危害评价集 \\ 水文因素危害评价集 \\ 场地因素危害评价集 \\ 气候因素危害评价集 \\ 施工因素危害评价集 \end{bmatrix}$$

$$R_2 = \begin{bmatrix} 0 & 0.3 & 0.3 & 0.2 & 0.2 \\ 0.1 & 0.1 & 0.4 & 0.3 & 0.1 \\ 0.1 & 0.2 & 0.3 & 0.3 & 0.1 \end{bmatrix}$$

$$环境因素评价矩阵 = \begin{bmatrix} 空气污染因素危害评价集 \\ 水污染因素危害评价集 \\ 土壤污染因素危害评价集 \end{bmatrix}$$

$$R_3 = \begin{bmatrix} 0 & 0.2 & 0.3 & 0.3 & 0.2 \\ 0 & 0.1 & 0.4 & 0.3 & 0.2 \end{bmatrix}$$

$$\text{经济损失因素评价矩阵} = \begin{bmatrix} \text{直接经济损失因素危害评价集} \\ \text{间接经济损失因素危害评价集} \end{bmatrix}$$

$$R_4 = \begin{bmatrix} 0 & 0.2 & 0.1 & 0.5 & 0.2 \\ 0 & 0.1 & 0.4 & 0.3 & 0.2 \\ 0 & 0.1 & 0.2 & 0.4 & 0.3 \\ 0 & 0.1 & 0.2 & 0.4 & 0.3 \end{bmatrix}$$

$$\text{社会影响因素评价矩阵} = \begin{bmatrix} \text{人员损失因素危害评价集} \\ \text{公共性因素危害评价集} \\ \text{新闻性因素危害评价集} \\ \text{持续时间因素危害评价集} \end{bmatrix}$$

4）第四步——求各因素评价矩阵：

根据公式 $B_i = A_i \cdot R_i$ 求出各因素的评价矩阵 B_i 如下

$$B_1 = A_1 \cdot R_1 = [0.3, 0.3, 0.2, 0.1, 0.1] \cdot \begin{bmatrix} 0 & 0.2 & 0.3 & 0.3 & 0.2 \\ 0 & 0.2 & 0.3 & 0.3 & 0.2 \\ 0 & 0.1 & 0.4 & 0.3 & 0.2 \\ 0 & 0.1 & 0.4 & 0.3 & 0.2 \\ 0 & 0.2 & 0.4 & 0.2 & 0.2 \end{bmatrix} = [0, 0.17, 0.34, 0.29, 0.2]$$

$$B_2 = A_2 \cdot R_2 = [0.2, 0.3, 0.5] \cdot \begin{bmatrix} 0 & 0.3 & 0.3 & 0.2 & 0.2 \\ 0.1 & 0.1 & 0.4 & 0.3 & 0.1 \\ 0.1 & 0.2 & 0.3 & 0.3 & 0.1 \end{bmatrix} = [0.08, 0.19, 0.33, 0.28, 0.12]$$

$$B_3 = A_3 \cdot R_3 = [0.6, 0.4] \cdot \begin{bmatrix} 0 & 0.2 & 0.3 & 0.3 & 0.2 \\ 0 & 0.2 & 0.4 & 0.3 & 0.2 \end{bmatrix} = [0, 0.16, 0.34, 0.3, 0.2]$$

$$B_4 = A_4 \cdot R_4 = [0.4, 0.3, 0.2, 0.1] \cdot \begin{bmatrix} 0 & 0.2 & 0.1 & 0.5 & 0.2 \\ 0 & 0.1 & 0.4 & 0.3 & 0.2 \\ 0 & 0.1 & 0.2 & 0.4 & 0.3 \\ 0 & 0.1 & 0.2 & 0.4 & 0.3 \end{bmatrix} = [0, 0.14, 0.22, 0.41, 0.23]$$

5）第五步——归一化处理：

根据公式 $\omega_i = \dfrac{\omega_i}{\sum\limits_{i=1}^{n} \omega_i}$ 对评价矩阵 B_i 进行归一化处理，归一化处理结果如下

$B_1 = [0, 0.17, 0.34, 0.29, 0.2]$

$B_2 = [0.08, 0.19, 0.33, 0.28, 0.12]$

$B_3 = [0, 0.16, 0.34, 0.3, 0.2]$

$B_4 = [0, 0.14, 0.22, 0.41, 0.23]$

建立总评价矩阵 R

$$R = (B_1, B_2, B_3, B_4)^{\mathrm{T}} = \begin{bmatrix} 0 & 0.17 & 0.34 & 0.29 & 0.12 \\ 0.08 & 0.19 & 0.33 & 0.28 & 0.12 \\ 0 & 0.16 & 0.34 & 0.3 & 0.2 \\ 0 & 0.14 & 0.22 & 0.41 & 0.23 \end{bmatrix}$$

6）第六步——求综合因素评价矩阵：

由公式 $\boldsymbol{B} = \boldsymbol{A} \cdot \boldsymbol{R}$ 求出综合因素评价矩阵

$$\boldsymbol{B} = \boldsymbol{A} \cdot \boldsymbol{R} = [0.5, 0.2, 0.2, 0.1] \cdot \begin{bmatrix} 0 & 0.17 & 0.34 & 0.29 & 0.12 \\ 0.08 & 0.19 & 0.33 & 0.28 & 0.12 \\ 0 & 0.16 & 0.34 & 0.3 & 0.2 \\ 0 & 0.14 & 0.22 & 0.41 & 0.23 \end{bmatrix}$$

$$= [0.016, 0.169, 0.326, 0.302, 0.147]$$

7）第七步——求油气管道黄土湿陷性危害模糊数学评价总得分：

令 $\boldsymbol{C} = \{c_1, c_2, c_3, c_4, c_5\} = (95, 80, 65, 45, 30)$

$$\boldsymbol{W} = \boldsymbol{B}_i \cdot \boldsymbol{C}^{\mathrm{T}} = [0.016, 0.169, 0.326, 0.302, 0.147] \cdot \begin{bmatrix} 95 \\ 80 \\ 65 \\ 45 \\ 30 \end{bmatrix} = 54.23$$

将得到的总得分，依据表 2.16 进行划分，得到最终的油气管道黄土湿陷性危害模糊数学评价。

石兰线 k178+186 段油气管道模糊数学总得分为 54.23，对照危害等级评价级别表（见表 2.16）可知，该处的危害等级为：危害，属于黄土湿陷危害情况较为严重的灾害点，该评价与实际情况相符。

2.6　评价方法的软件编制

对以上模糊数学的评价方法进行软件编程，基于 JAVA 程序语言，B/C 构架，可实现布置与网页直接调取使用的要求，软件源代码文件如下。

```
pom.xml
<project xmlns="http://maven.apache.org/POM/4.0.0" xmlns:xsi="http:
//www.w3.org/2001/XMLSchema-instance"
    xsi:schemaLocation="http://maven.apache.org/POM/4.0.0
http://maven.apache.org/maven-v4_0_0.xsd">
    <modelVersion>4.0.0</modelVersion>
    <groupId>edu.lut</groupId>
    <artifactId>yangpeng</artifactId>
    <packaging>war</packaging>
    <version>0.0.1-SNAPSHOT</version>
```

```xml
<name>yangpeng Maven Webapp</name>
<url>http://maven.apache.org</url>

<properties>
<java.version>6</java.version>
<project.build.sourceEncoding>UTF-8</project.build.sourceEncoding>
<spring.version>4.0.6.RELEASE</spring.version>
<spring-boot.version>1.1.3.RELEASE</spring-boot.version>
<logback.version>1.1.2</logback.version>
<slf4j.version>1.7.7</slf4j.version>
</properties>

<dependencies>
<dependency>
<groupId>org.jscience</groupId>
<artifactId>jscience</artifactId>
<version>4.3.1</version>
</dependency>

<dependency>
<groupId>junit</groupId>
<artifactId>junit</artifactId>
<version>3.8.1</version>
<scope>test</scope>
</dependency>
</dependencies>

<build>
<finalName>yangpeng</finalName>
<plugins>
<plugin>
<groupId>org.apache.maven.plugins</groupId>
<artifactId>maven-compiler-plugin</artifactId>
<version>3.1</version>
<configuration>
<source>${java.version}</source>
<target>${java.version}</target>
<project.build.sourceEncoding>${project.build.sourceEncoding}</pr
oject.build.sourceEncoding>
</configuration>
</plugin>
<plugin>
<groupId>org.apache.maven.plugins</groupId>
<artifactId>maven-war-plugin</artifactId>
<version>2.4</version>
```

```
<configuration>
<failOnMissingWebXml>false</failOnMissingWebXml>
<encoding>${project.build.sourceEncoding}</encoding>
</configuration>
</plugin>
</plugins>
</build>

</project>
EvaluationServlet.java
package edu.lut.yangpeng;

import java.io.IOException;
import java.io.PrintWriter;
import java.util.Map;
import java.util.Map.Entry;
import java.util.Set;

import javax.servlet.ServletException;
import javax.servlet.http.HttpServlet;
import javax.servlet.http.HttpServletRequest;
import javax.servlet.http.HttpServletResponse;

/**
 * Servlet implementation class EvaluationServlet
 */
public class EvaluationServlet extends HttpServlet {
private static final long serialVersionUID = 1L;

    /**
     * Default constructor.
     */
    public EvaluationServlet() {
    }

    /**
     * @see HttpServlet#doGet(HttpServletRequest request, HttpServlet-
Response response)
     */
    protected void doGet(HttpServletRequest request, HttpServletResponse
response) throws ServletException, IOException {
        request.getRequestDispatcher("/evaluation.jsp").forward(request,
response);
    }
```

```
/**
 * @see HttpServlet#doPost(HttpServletRequest request, HttpServlet-
Response response)
 */
@SuppressWarnings({ "unchecked", "rawtypes" })
protected void doPost(HttpServletRequest request, HttpServlet-
Response response) throws ServletException, IOException {
Map _parameters = request.getParameterMap();
EvaluationHandler _evaluationHandler = new EvaluationHandler();
for (Entry<String, String[]> _entry : (Set<Map.Entry<String,
String[]>>) _parameters.entrySet()) {
_evaluationHandler.add(Factor.of(_entry.getKey()),
EvaluationLevel.fromVal(_entry.getValue()[0]));
}
response.setCharacterEncoding("utf-8");
PrintWriter _out = response.getWriter();
_out.print(_evaluationHandler.calc());
_out.flush();
_out.close();
}

}
EvaluationHandler.java
package edu.lut.yangpeng;

import java.util.HashMap;
import java.util.Map;
import java.util.Map.Entry;

public class EvaluationHandler {
private Map<String, Double> _result = new HashMap<String, Double>();
public Double calc() {
Double _answer = 0.0;
for (Entry<String, Double> _entry : _result.entrySet()) {
_answer += _entry.getValue() * Factor.of(_entry.getKey()).weight();
}
return _answer;
}

public void add(Factor factor, EvaluationLevel level) {
String _prefix = factor.name().substring(0, 2);
if (!_result.containsKey(_prefix)) {
_result.put(_prefix, 0.0);
}
_result.put(_prefix, _result.get(_prefix) + level.lv() * factor.
```

```
weight());
        }
        }


        EvaluationLevel.java
        package edu.lut.yangpeng;

        public enum EvaluationLevel {
        NONE(1),
        SMALL(2),
        MEDIUM(3),
        NORMAL(4),
        HEAVY(5),
        ;
        private int lv;
        private EvaluationLevel(int lv) {
        this.lv = lv;
        }
        public int lv() {
        return lv;
        }

        public static EvaluationLevel fromVal(Object lv) {
        for (EvaluationLevel _level : values()) {
        if (_level.lv == Integer.parseInt(lv + "")) {
        return _level;
        }
        }
        return NONE;
        }


        }



        Factor.java
        package edu.lut.yangpeng;

        public enum Factor {
        A1(0.55),
        A11(0.25),
        A12(0.15),
        A13(0.15),
        A14(0.15),
        A15(0.30),
```

```
A2(0.15),
A21(1.0/3),
A22(1.0/3),
A23(1.0/3),

A3(0.15),
A31(0.5),
A32(0.5),

A4(0.15),
A41(0.25),
A42(0.25),
A43(0.25),
A44(0.25),
;
private double weight;
private Factor(double weight) {
this.weight = weight;
}

public double weight() {
return weight;
}

public static Factor of(String name) {
return valueOf(name.toUpperCase());
}
}
```

```
bower.json
{
  "name": "webapp",
  "version": "0.0.0",
  "ignore": [
    "**/.*",
    "node_modules",
    "bower_components",
    "test",
    "tests"
  ],
  "dependencies": {
    "normalize.css": "~3.0.3",
    "bootstrap": "~3.0.4",
    "jquery":"~1.10"
```

```
        }
    }


    evaluation.jsp
    <%@ page contentType="text/html;charset=utf8" %>
    <%@ page import="java.util.*" %>
    <%@ page import="edu.lut.yangpeng.*" %>
    <html>
    <head>
    <link rel="stylesheet" href="bower_components/bootstrap/dist/css/
bootstrap.css">
        <link    rel="stylesheet"    href="bower_components/normalize.css/
normalize.css">
    <style>
    .form-group {
    margin-bottom: 10px;
    }
    </style>
    </head>
    <body>
    <div class="container">
    <h2>Calculator</h2>
    <form name="evaluation" class="form">
    <legend>技术因子</legend>
    <div class="form-group">
    <label class="col-md-1 control-label" for="textinput">土质</label>
    <blockquote class="col-md-11">
    <pre>参照《湿陷性黄土地区建筑规范》(GB 50025—2004)相关规定。其中 4.4.2 条规
定湿性黄土的湿陷程度，可根据湿陷系数 δ_s 值的大小分为下列三种：
    1 当 0.015≤δ_s≤0.03 时，湿陷性轻微；
    2.当 0.03<δ_s≤0.07 时，湿陷性中等；
    3.当 δ_s>0.07 时，湿陷性强烈</pre>
    </blockquote>
    <div class="col-md-12">
    <select id="a11" name="a11" class="form-control">
    <option value="1">δs≤0.015</option>
    <option value="2">0.015<δs≤0.03</option>
    <option value="3">0.03<δs≤0.05</option>
    <option value="4">0.05<δs≤0.07</option>
    <option value="5">δs>0.07</option>
    </select>
    </div>
    <div class="clearfix"></div>
    </div>
```

```
<hr>
<div class="form-group">
<label class="col-md-1 control-label" for="textinput">水文</label>
<blockquote class="col-md-11">
</blockquote>
<div class="col-md-12">
<select id="a12" name="a12" class="form-control">
<option value="1">完全无地表水源或地下水位埋深大于50m</option>
<option value="2">周边无地表水源地下水位埋深在30～50m</option>
<option value="3">周边有季节性地表径流或地下水位埋深在10～30m</option>
<option value="4">周边有常年地表径流或地下水位埋深在5～10m</option>
<option value="5">周边临界或穿越河流或地下水位埋深小于5m</option>
</select>
</div>
<div class="clearfix"></div>
</div>
<hr>
<div class="form-group">
<label class="col-md-1 control-label" for="textinput">场地</label>
<blockquote class="col-md-11">
<pre>参照《湿陷性黄土地区建筑规范》(GB 50025—2004)相关规定。其中 4.1.5 场
地工程地质条件的复杂程度，可分为以下三类：
    1 简单场地：地形平缓，地貌、地层简单，场地湿陷类型单一，地基湿陷等级变化不大；
    2 中等复杂场地：地形起伏较大，地貌、地层较复杂，局部有不良地质现象发育，场地湿
陷类型、地基湿陷等级变化较复杂；
    3 复杂场地：地形起伏很大，地貌、地层复杂，不良地质现象广泛发育，场地湿陷类型、
地基湿陷等级分布复杂，地下水位变化幅度大或变化趋势不利。
</pre>
</blockquote>
<div class="col-md-12">
<select id="a13" name="a13" class="form-control">
<option value="1">地形平坦或周边无边坡；</option>
<option value="2">场地坡度小于10°或周边无边坡；</option>
<option value="3">场地斜坡介于10°～20°或临近边坡；</option>
<option value="4">场地斜坡介于20°～40°或临近边坡；</option>
<option value="5">场地斜坡大于40°或临界陡坡；</option>
</select>
</div>
<div class="clearfix"></div>
</div>
<hr>
<div class="form-group">
<label class="col-md-1 control-label" for="textinput">气候</label>
<blockquote>
<pre>参照《地质灾害危险性评估技术规范》（DB11/T 893-2012）附件 C。</pre>
```

```
</blockquote>
<div class="col-md-12">
<select id="a14" name="a14" class="form-control">
<option value="1"><45mm</option>
<option value="2">45~70mm</option>
<option value="3">70~95mm</option>
<option value="4">95~120mm</option>
<option value="5">>120mm</option>
</select>
</div>
<div class="clearfix"></div>
</div>
<hr>
<div class="form-group">
<label class="col-md-1 control-label" for="textinput">施工</label>
<blockquote class="col-md-11">
<pre>参照《湿陷性黄土地区建筑规范》(GB50025—2004)相关规定。其中8.5.2条、
8.5.4条、8.5.13条规定了管沟土回填的压实度要求。
        8.5.2 施工管道及其附属构筑物的地基与基础时，应将基槽底夯实不少于3遍，并应采取
快速分段流水作业，迅速完成各分段的全部工序。管道敷设完毕，应及时回填。
        8.5.4 施工水池、检漏管沟、检漏井和检查井等，必须确保砌体砂浆饱满、混凝土浇捣密
实、防水层严密不漏水。穿过池（或井、沟）壁的管道和预埋件，应预先设置，不得打洞。铺设盖板
前，应将池（或井、沟）底清理干净。池（或井、沟）壁与基槽间，应用素土或灰土分层回填夯实，
其压实系数不应小于0.95。
        8.5.13 对埋地管道的沟槽，应分层回填夯实。在管道外缘的上方0.50m范围内应仔细回
填，压实系数不得小于0.90，其他部位回填土的压实系数不得小于0.93</pre>
</blockquote>
<div class="col-md-12">
<select id="a15" name="a15" class="form-control">
<option value="1">管沟土压实度在0.98以上;上覆土层厚度在2.0m以上;有明显标
识;地表防水良好</option>
<option value="2">管沟土压实度在0.95~0.98;上覆土层厚度在2.0~1.5m;有标
识;有地表防水</option>
<option value="3">管沟土压实度在0.92~0.95上覆土层厚度在1.5~1.0m有标识
有地表防水</option>
<option value="4">管沟土压实度在0.90~0.92上覆土层厚度在1.0~0.5m无明显
标识无明显地表防水</option>
<option value="5">管沟土压实度在0.90以下上覆土层厚度在0.5m以下完全无标识
完全无地表防水</option>
</select>
</div>
</div>
<div class="clearfix"></div>
<hr>
<legend>环境因子</legend>
```

```
<div class="form-group">
<label class="col-md-1 control-label" for="textinput">空气</label>
<blockquote class="col-md-11">
<pre>参照《油气管道地质灾害风险管理技术规范》(SYT 6828—2011)附录B.3.3。</pre>
</blockquote>
<div class="col-md-12">
<select id="a21" name="a21" class="form-control">
<option value="1">＜2270kg</option>
<option value="2">2270kg～22700kg</option>
<option value="3">22700kg～227000kg</option>
<option value="4">227000kg～2270000kg</option>
<option value="5">＞2270000kg</option>
</select>
</div>
<div class="clearfix"></div>
</div>
<hr>
<div class="form-group">
<label class="col-md-1 control-label" for="textinput">土</label>
<blockquote class="col-md-11">
<pre>输气管道损毁导致的气体泄漏量（kg）。参照《油气管道地质灾害风险管理技术规范》
(SYT 6828—2011)附录B.3.3。</pre>
</blockquote>
<div class="col-md-12">
<select id="a22" name="a22" class="form-control">
<option value="1">＜450kg</option>
<option value="2">450kg～4500kg</option>
<option value="3">4500kg～45000kg</option>
<option value="4">45000kg～450000kg</option>
<option value="5">＞450000kg</option>
</select>
</div>
<div class="clearfix"></div>
</div>
<hr>
<div class="form-group">
<label class="col-md-1 control-label" for="textinput">水</label>
<blockquote class="col-md-11">
<pre>输油管道损毁导致的液体泄漏量（kg）。参照《油气管道地质灾害风险管理技术规范》
(SYT 6828—2011)附录B.3.4。</pre>
</blockquote>
<div class="col-md-12">
<select id="a23" name="a23" class="form-control">
<option value="1">周围1000m内无流动水系与静止水系</option>
<option value="2">周围1000m内有静止水系</option>
```

```
<option value="3">周围 500m 内有静止水系</option>
<option value="4">周围 500m 内有流动水系</option>
<option value="5">临近流动水系</option>
</select>
</div>
</div>
<div class="clearfix"></div>
<hr>
<legend>经济因子</legend>
<div class="form-group">
<label class="col-md-1 control-label" for="textinput">直接</label>
<blockquote class="col-md-11">
<pre>油气管道损毁泄漏造成的维修治理等直接经济损失（万元）</pre>
<pre>中华人民共和国国务院令第 493 号《生产安全事故报告和调查处理条例》自 2007
年 6 月 1 日起施行。
    第三条：根据生产安全事故（以下简称事故）造成的人员伤亡或者直接经济损失，事故一
般分为以下等级：
    （一）特别重大事故，是指造成 30 人以上死亡，或者 100 人以上重伤（包括急性工业中毒，
下同），或者 1 亿元以上直接经济损失的事故；
    （二）重大事故，是指造成 10 人以上 30 人以下死亡，或者 50 人以上 100 人以下重伤，或
者 5000 万元以上 1 亿元以下直接经济损失的事故；
    （三）较大事故，是指造成 3 人以上 10 人以下死亡，或者 10 人以上 50 人以下重伤，或者
1000 万元以上 5000 万元以下直接经济损失的事故；
    （四）一般事故，是指造成 3 人以下死亡，或者 10 人以下重伤，或者 1000 万元以下直接
经济损失的事故。
    国务院安全生产监督管理部门可以会同国务院有关部门，制定事故等级划分的补充性规定。
本条第一款所称的"以上"包括本数，所称的"以下"不包括本数。</pre>
</blockquote>
<div class="col-md-12">
<select id="a31" name="a31" class="form-control">
<option value="1"><100 万元</option>
<option value="2">100 万元～1000 万元</option>
<option value="3">1000 万元～5000 万元</option>
<option value="4">5000 万元～10000 万元</option>
<option value="5">>10000 万元</option>
</select>
</div>
<div class="clearfix"></div>
</div>
<hr>
<div class="form-group">
<label class="col-md-1 control-label" for="textinput">间接</label>
<blockquote class="col-md-11">
<pre>管道停输时长（h）。</pre>
</blockquote>
```

```
<div class="col-md-12">
<select id="a32" name="a32" class="form-control">
<option value="1">＜1h</option>
<option value="2">1h～3h</option>
<option value="3">3h～10h</option>
<option value="4">10h～24h</option>
<option value="5">＞24h</option>
</select>
</div>
</div>
<div class="clearfix"></div>
<hr>
<legend>社会因子</legend>
<div class="form-group">
<label class="col-md-1 control-label" for="textinput">人员损失</label>
<div class="col-md-11">
<select id="a41" name="a41" class="form-control">
<option value="1">无人员伤亡</option>
<option value="2">人员伤亡 1～3 人</option>
<option value="3">人员伤亡 3～10 人</option>
<option value="4">人员伤亡人 10～30 人</option>
<option value="5">人员伤亡 30 人以上</option>
</select>
</div>
<div class="clearfix"></div>
</div>
<hr>
<div class="form-group">
<label class="col-md-1 control-label" for="textinput">公共性</label>
<div class="col-md-11">
<select id="a42" name="a42" class="form-control">
<option value="1">易排他且具有较大选择性的区域</option>
<option value="2">发生在难排他或不可选择性较强的区域</option>
<option value="3">发生在难以排他且不可选择性较强的区域</option>
<option value="4">发生在不可排他或不可选择性较强的区域</option>
<option value="5">发生在不可排他且不可选择性较强的区域</option>
</select>
</div>
<div class="clearfix"></div>
</div>
<hr>
<div class="form-group">
<label class="col-md-1 control-label" for="textinput">新闻性</label>
<div class="col-md-11">
<select id="a43" name="a43" class="form-control">
```

```
<option value="1">类似事件每年发生 12 次以上</option>
<option value="2">类似事件每年发生 6～12 次</option>
<option value="3">类似事件每年发生 3～6 次</option>
<option value="4">类似事件每年发生 1～3 次</option>
<option value="5">类似事件每年发生 1 次以下</option>
</select>
</div>
<div class="clearfix"></div>
</div>
<hr>
<div class="form-group">
<label class="col-md-1 control-label" for="textinput"> 持 续 时 间
</label>
<div class="col-md-11">
<select id="a44" name="a44" class="form-control">
<option value="1">持续时间 1～3 天</option>
<option value="2">持续时间 3～10 天</option>
<option value="3">持续时间 10～30 天</option>
<option value="4">持续时间 30～60 天以上</option>
<option value="5">持续时间 60 天以上</option>
</select>
</div>
</div>
<div class="clearfix"></div>
<hr>
<div class="form-group text-right">
<button class="btn btn-success submit">计算</button>
</div>
<div class="well">
Result: 
<span class="result"></span>
</div>
</form>
</div>
<script type="text/javascript" src="bower_components/jquery/dist/
jquery.js"></script>
<script type="text/javascript">
$(function() {
$('.submit').on('click', function (event) {
event.preventDefault();
$.post("evaluation", $('.form').serialize(), function (data) {
var _result = parseInt(data);
if (_result > 0 && _result <= 1.5) $('.result').text("无危害");
if (_result > 1.5 && _result <= 2.5) $('.result').text("轻微危害");
if (_result > 2.5 && _result <= 3.5) $('.result').text("中等危害");
```

```
if (_result > 3.5 && _result <= 4.5) $('.result').text("危害");
if (_result > 4.5 && _result <= 5.0) $('.result').text("严重危害");
});
});
});
</script>
</body>
</html>
```

参 考 文 献

[1] 俞乐群. 滑坡地区的管道建设[J]. 油气储运, 1989（6）：60-64.

[2] 陈耕. 石油工业改革开放 30 年回顾与思考[J]. 国际石油经济, 2008（11）：1-7.

[3] 赵志程, 赵玉落, 任洪奇.天然气管道安全运行危害因素及防范措施[J]. 煤气与热力, 2011, 9（31）：41-44.

[4] 赵忠刚, 姚安林, 赵学芬, 等. 长输管道地质灾害的类型、防控措施和预防方法[J].石油工程建设, 2006, 2（31）：7-10.

[5] 吴宏. 西气东输管道工程介绍[J]. 天然气工业, 2003, 11（23）：117-119.

[6] 郑津洋, 马夏康, 尹谢平. 长输管道安全风险辨识评价控制[M].北京：化学工业出版社, 2004.

[7] 余纳新, 韩传峰, 杨金平. 基于层次分析法的化工城市致灾因子研究[J]. 灾害学, 2011, 26(4)：98-102.

[8] 王凤凰, 王幸荣.用层次分析法分析与评价煤系硫铁矿的安全[J]. 中国矿山工程, 2009, 38(4)：41-44.

[9] 金菊良, 魏一鸣, 付强, 等. 改进的层次分析法及其在自然灾害风险识别中的应用[J]. 自然灾害学报, 2002, 11(2): 20-24.

[10] 郭金玉, 张忠彬, 孙庆云.层次分析法在安全科学研究中的应用[J]. 中国安全生产科学技术, 2008, 4(2):69-73.

[11] 刘莉, 谢礼立. 层次分析法在城市防震减灾能力评估中的应用[J]. 自然灾害学报, 2008, 17(2): 48-52.

[12] 吴立志. 城市火灾风险评价的数学模型及其应用研究[C]//中国消防协会. 展望新世纪消防学术研讨会论文集, 2001.

[13] 王馨. 基于定性和半定量法的某医院建筑火灾风险评价[C]//中国消防协会. 2014 中国消防协会科学技术年会论文集, 2014.

[14] 李兴高. 基于区间分析理论的地表沉降风险评价[C]//中国力学学会岩土力学专业委员会. 第九届全国岩土力学数值分析与解析方法研讨会论文集, 2007.

[15] 王炳兴. 环境因子的定义及其统计推断[J]. 强度与环境, 1998(4)：24-30.

[16] 冯静. 小子样复杂系统可靠性信息融合方法与应用研究[D]. 国防科学技术大学, 2004.

[17] 谢季坚, 刘承平. 模糊数学方法及其应用[M]. 武汉：华中科技大学出版社, 2008.

[18] 郭静静, 郑张丽, 朱林, 等.基于模糊的高层建筑施工安全评价研究[J]. 价值工程, 2015(9)：153-154.

[19] 邱新法, 汪朋, 金有杰, 李树军.基于 GIS 潍坊市暴雨洪涝灾害损失评估方法研究[J]. 气象科学, 2015, 35(2)：189-194.

[20] 张晨, 陈剑平, 王清, 等. 乌东德地区泥石流危险范围预测模型[J]. 吉林大学学报（地球科学版）, 2010, 40(6)：1365-1370.

[21] 裴润和, 蒲春生, 吴飞鹏, 等. 胡尖山油田水力压裂效果模糊综合评判模型[J]. 特种油气藏, 2010, 17(2): 109-119.

[22] 魏小梅, 刘敏榕. 竞争情报质量评估模型[J]. 农业图书情报学刊, 2010, 22(1)：115-117.

[23] 张永恒, 范广洲, 马清云, 等. 浙江省台风灾害影响评估模型[J]. 应用气象学报. 2009, 20(6)：772-776.

[24] 刘薇, 任立良, 徐静, 等. 基于新安江模型的降雨不确定性传播[J]. 水资源保护, 2009, 25(6)：33-36.

[25] 吴青. 基于利益主体关系的房地产市场均衡协调发展研究[D]. 同济大学, 2008.

[26] 李如忠. 水质评价理论模式研究进展及趋势分析[J]. 合肥工业大学学报（自然科学版）, 2005, 28(4)：369-373.

[27] 涂向阳, 高学平. 模糊数学在海水入侵地下水水质评价中的应用[J]. 水利学报, 2003, 34(8)：64-69.

[28] 左伟, 王桥, 王文杰, 等. 区域生态安全综合评价模型分析[J]. 地理科学, 2005, 25(2)：209-214.

[29] 张炜, 张苏民. 我国黄土工程性质研究的发展[J]. 岩土工程学报, 1995, 17(6)：80-86.

[30] 曾国红, 孟宪, 裘以惠. 关于黄土湿陷起始压力、湿陷起始含水量的探讨[J]. 太原工业大学学报, 1997, 28 (S1): 17-21.

[31] 郭敏霞, 张少宏, 邢义川. 非饱和原状黄土湿陷变形及孔隙压力特性[J]. 岩石力学与工程学报, 2000, 19(6): 785-788.

[32] 李振, 邢义川, 张爱军. 膨胀土的浸水变形特性[J]. 水利学报, 2005, 36(11): 1385-1391.

[33] 高凌霞, 赵天雁. 黄土湿陷系数与物性指标间的定量关系[J]. 大连民族学院学报, 2004, 6(5): 63-65.

[34] 李敏, 马登科. 黄土湿陷性的影响因素及其综合分析[J]. 浙江水利水电专科学校学报, 2005, 17(2): 14-17.

[35] 薛雷, 孙强, 秦四清, 等. 非均质边坡强度折减法折减范围研究[J]. 岩土工程学报, 2011, 33 (2): 275-280.

[36] 杨志强, 郭见扬. 石灰处理土的物理力学性质及其微观机理的研究[J]. 岩土力学, 1991, 12(3): 11-23.

[37] 中华人民共和国国务院. 国家突发公共事件总体应急预案. 北京: 中国法制出版社, 2006.

[38] 陕西省建筑科学研究设计院. 湿陷性黄土地区建筑规范 (GB 50025—2004) [S]. 北京: 中国建筑工业出版社, 2004.

[39] 中航勘察设计研究院有限公司, 等. 地质灾害危险性评估技术规范 (DB11/T 893—2012) [S]. 北京市质量技术监督局, 2008.

[40] 中国石油天然气股份有限公司管道分公司, 等. 油气管道地质灾害风险管理技术规范 (SYT 6828—2011) [S]. 北京: 国家能源局, 2011.

3   油气站场和阀室黄土湿陷灾害及其处理方法分类

湿陷性黄土地基容易发生地质灾害。对于建设在湿陷性黄土地区的油气站场和阀室，如何科学有效地进行湿陷性地基处理，减少地质灾害对管线和站场的危害是一项重要的科学研究工作。基于对油气站场和阀室黄土地基病害的调查和相关资料分析，对油气站场的湿陷性黄土地基处理方法效果进行分析，并针对油气站场和阀室地基功能的差异，提出了黄土地基湿陷性多指标处理技术要求，以及黄土地基土结构的改良方法。

3.1   概   述

进入 21 世纪以来，我国汽车拥有量以接近两位数的速度增长，同时我国环保措施的加强刺激了对天然气等清洁能源的需求。如图 3.1 所示，2000 年以来，我国天然气消费量逐年显著增长。2013 年已经达到了 1676 亿 m^3，2015 年达到 1932 亿 m^3。根据国家能源局的预测，到 2020 年，我国天然气消费量将达到 4410 亿 m^3。与此同时，2013 年以后，我国天然气产量和消费量之间的差距也逐渐增大，2013 年我国进口天然气 530 亿 m^3，占当年消费量的 31.6%（图 3.1）。我国的原油表观消费量也从 2000 年的 2.22 亿 t，增加到了 2015 年的 5.43 亿 t，平均年增长率约 3.2%。2015 年原油进口量达到 3.355 亿 t，对外原油依存度达到 60.6%。

我国巨大的天然气和原油的消费量和进口量，需要相应的油气输运手段。在此背景下，我国的油气管线建设也突飞猛进。继"西气东输"一线和二线工程取得巨大的经济效益和社会发展效益之后，在"西气东输"三线以及"西油东送""北油南运"等相关项目的带动下，我国的油气管道长度近 10 年来每年以 10%～15% 的速度增长（图 3.2），目前中国油气管道总长已经超过 9 万 km。预期到 2015 年我国油气管道总长度将接近 15 万 km。

我国西部不仅是主要的天然气产区，而且也是进口油气输送的主要区域。按照规划，我国的中"西气东输""西油东送"将建设七条管线，目前已建成一线和二线，三线建设刚刚开始，从已建成的一线、二线运行情况看，运行当中存在着种种问题，特别是通过甘肃、宁夏和陕西的湿陷性黄土地区，存在湿陷、滑坡、泥石流和水毁等对管线安全运行存在威胁的各类灾害。不仅在油气管线的勘察建设阶段，而且在其运营期间，各类工程地质病害所造成的工程造价和运行维护费用的增加也是相当可观的。

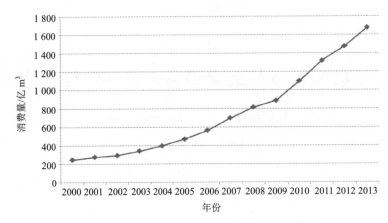

图 3.1　中国 2000—2013 年天然气消费量

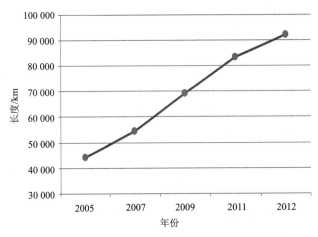

图 3.2　2005—2012 年中国油气管道总长度

　　我国西北黄土地区既是目前油气管线分布密集的地区（图 3.3，椭圆内为主要的黄土分布地区），也是管线工程病害较为严重的地区。黄土是一种工程性质不良的特殊土类，加上黄土地区气候干燥、土质疏松、沟壑侵蚀严重，造成油气管线经过黄土地区时经常面临滑坡、沉降、陷穴等工程病害。我国建成较早的马惠宁输油管道全线经过黄土高原，该地区是我国湿陷性黄土分布最广、湿陷性最强烈、对工程建设危害性最大的地区。该条管道自 20 世纪 70 年代末期投产以来，多次出现洪水冲断管道和泵站地基湿陷下沉、房屋墙体开裂事故，每年都要投入巨资用于地质灾害治理。造成事故的原因是当时对湿陷性黄土的危害性认识不足，在管沟、站房基础施工中，未严格采取地基处理措施。黄土在雨季受水浸泡后极易流失、沉陷，管道上覆土层流失即裸露、悬空，洪水一来，即将管道冲断（周亮臣，《关于防治地质灾害确保油气管道安全的建议》，http://wenku.baidu.com/view/3dd98b1f650 e52ea5518989f.html?from=search）。

　　鉴于目前既缺乏针对油气管道和站场的黄土灾害实用评价方法，也尚未形成该领域的黄土灾害治理技术标准，因此开展这方面的科研工作，既是黄土灾害及防治研究的新领域，而且也是具有显著工程实用价值的科学问题。

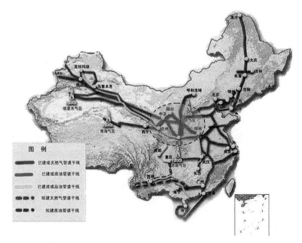

图 3.3　中国主要油气管线分布图

（引自中国新闻网：http://money.163.com/11/0221/08/6TDFJ49N002524SO.html）

3.2　油气站场和阀室湿陷性黄土地基病害调查

3.2.1　调查基本情况

调查主要涉及涩宁兰油气管线西宁到兰州段，兰郑长输油线兰州到通渭马营段以及兰成/兰成渝输油线兰州到陇西段典型场地。调查采用现场咨询和观察取证的方式。基本的灾害情况和站场技术参数通过询问站场技术人员获得。调查人员同时对站场和管道沿线场地及部分结构物进行了观察，对破坏情况进行了拍照。为了保证调查信息的可比性，调查采用了标准的调查表格。

初步调研共完成的调查点有 52 个，如表 3.1 所示，这些调查点可以分为三类：站场/阀室、地质灾害治理点和管道经过典型场地。站场和阀室是油气管线的关键环节，一旦发生灾害损失较大。地质灾害治理点是建设时采取的黄土灾害——主要是黄土滑坡——的治理措施。而典型场地则是管道经过的容易发生黄土灾害的场地，

表 3.1　调查点类型分类

调查点类型	数量/处
站场/阀室	23
地质灾害治理点	12
管道经过场地	17

一般如河谷、山坡及大厚度黄土或者回填黄土场地。以上各调查点的分布如图 3.4 所示。这些调查点涉及涩宁兰输气管线、兰郑长输油管线、兰成渝和兰成输油管线、兰银线及相关支线，全部调查行程超过 2000km，跨甘青宁三省。

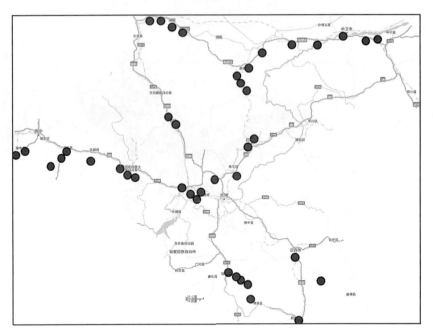

图 3.4   油气管线黄土灾害调查点分布图

3.2.2   湿陷性黄土场地病害情况

　　根据黄土湿陷及滑坡灾害对油气管道和站场的影响,将调查点灾害等级分为严重危害、危害、中等危害、轻微/无危害。灾害等级达到严重就是指场地已经发生或者持续发生湿陷及滑坡灾害,灾害造成的损失比较大,对油气管道及站场的正常运行带来影响,维修恢复费用比较大,或者维修比较频繁。灾害等级为危害,是指场地遭受实质性的危害,造成一定危害且需要及时维护。中等是指场地有发生湿陷和滑坡,但湿陷和滑坡的对油气管道和站场的影响不大,单次维护成本不高或者维修频率不是太高。灾害等级为轻微或者无危害是指场地发生轻微的湿陷沉降或者很小的崩塌,只需简单维护,对油气管道和站场没有直接影响,或者场地基本安全可以不考虑湿陷问题。

　　在调查的 50 多个场地上,有 17 处场地灾害严重,8 处场地属于危害等级,12 处场地属于中等危害等级,其余场地黄土灾害为轻微。可见,灾害为中等及以上等级的比例达到 71%,超过 2/3,说明黄土场地上油气管道和站场的灾害总体是比较严重的(表 3.2)。

表 3.2   调查点灾害等级概况

灾害等级	数量/处	比例/%
严重	17	33
危害	8	15
中等危害	12	23
轻微/无危害	15	29

　　就站场而言,灾害比较严重而且至今未能完全治理好的是关山站。该站是兰郑长线首站,站内设备较多(图 3.5)。场地在投入使用后即发生黄土地基沉降。为此对部分场地采用 6m 深的水泥土桩处理,地面为 300mm 厚的素混凝土。但是处理后在冬季发生冻胀,春季黄土场地沉降开裂。受场地沉降影响,部

分建筑物的墙体和台阶开裂（图3.6），而且对变电站基础也产生了一定程度的影响。加上周边存在一定的滑坡危险，如果不及时进行灾害防治，可能对关山输油站的正常运行带来影响。该站灾害之所以严重，除了与地基土层不良有关之外，还与选址有关。该场地局部为大厚度回填黄土，原地基未作处理，且回填后深处部分填土饱水形成橡皮土。而选址时对地下水未能足够重视，迄今场区地下水渗透，使得病害治理比较困难。

临洮站 3#阀室和 5#阀室都出现过比较大的湿陷落水洞。由于管沟夯实不好或者鼠穴，使得土层大量积水，随后发生湿陷。据技术人员讲，湿陷坑最深超过 2m，迫使兰成线施工方对两个阀室重新进行地基处理和设备安装，大大增加了阀室的建设成本。

西宁站也面临着一定程度的黄土灾害威胁。湿陷沉降造成宿舍外墙开裂，另多处台阶和墙角处有沉降裂缝（图3.7）。该场地为回填素土，加上检修维护时开挖场地，而回填时又没有进行专门的压实处理，造成新回填处容易发生沉降。西宁站所处场地海拔高，气候寒冷湿润，冬春季土层冻融，场地容易发生冻胀开裂。目前，黄土场地灾害虽然对运行没有太大的影响，但是多次治理仍没有完全解决问题，这给场站运行带来不利影响。

河口站（图3.8）、临洮站、定西站和马营镇阀室黄土灾害也都达到了中等。这些站场黄土湿陷虽然没有带来严重影响，但是湿陷灾害不断发生，使得维护频繁，长期下来，费用不少，而且如果处理不当或者排水问题不及时处理，灾害有加重的可能。

图 3.5　关山站部分设备图

图 3.6　关山站室内沉降

图 3.7　西宁站地面沉降

图 3.8　河口站台阶沉降

另外，长庆公司西岔站、兰白线白银站、平安 24# 阀室、景泰 5# 阀室、兰成线兰州砂梁子首站、古浪西靖站输油站、古浪压气一站和二站也都遭受比较严重的湿陷性黄土灾害，其中西岔分输站进行重新维护支出超过 200 万元。

总体而言，23 个站场/阀室中有 14 个存在中等以上黄土灾害，可见黄土灾害治理问题在黄土区站场比较普遍。只有陇西分输站和涩宁兰线兰州末站灾害轻微，这主要是两个站场所处位置相对较高，地形平坦，站场排水通畅。

黄土滑坡，特别当滑动方向与管道布设方向横切时，对油气管道的影响较大。因为油气管道为钢制，一般能承受较大的拉和压变形，但是扭转变形一旦过大，就可能造成管道破裂，引起灾害。在调查点中，青海民和马场垣、乐都岗沟镇东岗村以及临洮窑店镇徐家铺四个地点发育黄土滑坡或黄土与第三纪红砂岩/红黏土切层滑坡。其中，马场垣和东岗村滑坡经削坡和挡土墙防护后稳定性较好，但临洮徐家铺滑坡因治理面积较小，其上砂岩中等风化，裂隙发育，而上部缺乏足够的排水措施，因此在长时间降雨条件下，斜坡仍然有局部失稳的可能。而多数站场在选址时基本上都避开了滑坡危险。但关山站因地下渗水，黄土边坡稳定性较差，局部边坡蠕滑仍在持续。

3.2.3 油气站场和管道主要致灾因素

根据调查，可以将油气站场和管道黄土灾害主要致灾因素总结如下。

（1）水

水是黄土湿陷和黄土滑坡最活跃的因素。水不仅是黄土湿陷的条件，也是诱发黄土斜坡失稳以及导致不良地基的重要因素。关山站作为受灾严重的站场，灾害在很大程度上是因为场地存在大量地下渗水，渗水导致填土饱和并影响边坡稳定。西宁站、临洮站也是因为渗水或者积水引起场地发生湿陷沉降。

诱发黄土场地灾害的水的因素有四种情况：一是地下渗水。如果场地附近存在地下水露头，地下渗水引起的场地病害通常比较严重而且难以治理。二是降雨形成的积水。有些场地因为处理不好，土质疏松加上地形不平整，造成雨水汇集，下渗，局部发生湿陷。如果场地上存在洞穴比如鼠穴、未填实的管沟，情况可能会更加严重。临洮站 3# 和 5# 阀室就是因为管沟回填不实及鼠穴引起大量雨水渗积，发生湿陷。三是排水渗漏。西宁站黄土场地冻胀基本发生在排水管附近。排水系统存在渗漏或者排水距离场地太近都会导致场地湿陷、冻胀等病害。四是周围的河流侵蚀或者水塘浸泡引起的黄土边坡失稳。青海民和县马场垣的黄土边坡失稳除了该处位于沟口，雨季洪水冲蚀而外，附近翠泉砖厂建了比较大的水池长时间蓄水，弱化了坡脚也是造成滑坡的原因之一。同样在乐都县岗沟镇东岗村的黄土边坡失稳也与附近的砌块砖厂蓄水有关。而民和县松树乡湖拉海村的边坡则是受附近季节性洪水沟侵蚀影响。

（2）黄土

因为站场结构或荷载较小，或采用独立基础，所以多数情况下，站场场地无需开挖，多建在马兰黄土或新近次生黄土土层之上。因为这两类土都具有一定的湿陷性，对场地进行严格的压密处理是必要的。但是就目前来看，站场建设时对不承重的场地并没有这样做或者缺乏相关技术要求，这就给后面发生湿陷带来隐患。还有一种情况是进行站场设备维修时，将场地开挖，然后简单回填，这也造成开挖的部分土质疏松。总之，建在湿陷性黄土场地上的站场，都应至少进行黄土的压密处理，否则黄土湿陷灾害难以避免。而考虑到站场的多种安全要求，有必要针对油气站场提供更加科学黄土场地处理方法。

（3）地形

站场的地形对其场地安全性有很大影响。比较发现，凡是站场地形较周边高，而且地形平坦的，黄土灾害较轻。比如河口站、涩宁兰兰州末站等。相反，地形较低的临洮站、关山站场地黄土灾害就相对严重。因此，站场的选址很关键。好的选址可以降低建设成本和后期维护费用。

（4）气候

西北黄土地区，大多气候干燥，但是不同地区气候仍然存在差异。总体而言，气候湿润的地区，场地黄土灾害相对严重。西宁、临洮两站气候相对湿润，黄土湿陷灾害容易发生。而河口、兰州末站以及定西站气候相对干燥，黄土湿陷灾害相对较轻微。

（5）施工和维护

站场在建设时期的施工以及建成后的维护也与黄土灾害的发生存在联系。如果建设时场地未经严格处理或者管沟填埋时未压实，如果有降雨积水等诱发因素，黄土场地就容易发生湿陷沉降。还有，建设时期没有按照一定的技术标准修建，也可能使得建成后存在工程隐患，典型的就是临洮站 3#和 5#阀室。另外，建成后对场地要进行必要的维护，防止出现洞穴，并对排水系统进行及时维护，防止漏水。长时间疏于维护则可能加重站场的黄土灾害，甚至对站场结构和设备安全带来严重影响。

3.2.4 目前湿陷性黄土场地上油气站场和阀室建设和运营中存在的问题

通过调研以及对目前油气管线建设相关技术规范的梳理，发现引起目前油气管线黄土灾害相对严重而灾害治理缺乏有效技术手段主要有以下几个问题。

（1）缺乏黄土灾害防治相关技术标准

通过文献调研，对现存的输油气管道及场站方面的规范标准进行了整理。目前，油气管道相关规范和技术标准和管理规定共有 80 多种。这些规范标准可以分为油气管道和站场设计和建设施工规范标准、油气监控和测量设备规范、管道防护和标识规范标准、管道防火防爆防雷安全规范标准以及管道附属设施的标准。除了油气管道、站场设计、建设施工和验收规范标准而外，其他规范标准均不涉及工程地质病害。目前，主要的油气管道设计、建设、验收及安全要求很少涉及湿陷性黄土灾害防治问题（表 3.3）。即便就工程地质灾害而言，也仅仅集中在管沟开挖回填和站场选址两个方面。

管沟开挖工程涉及黄土主要是考虑施工过程中的安全，为此对黄土地区管沟的深度和坡度进行了规定。管沟回填主要对回填土的粒度有规定，多数情况下均笼统要求压实，并没有对压实系数有明确规定。《石油天然气站内工艺管道工程施工规范》

（GB 50540—2009）[2]仅要求回填土压实到原土密度的90%，这个标准对于湿陷性黄土场地而言显然很低。按照《湿陷性黄土地区建筑规范》（GB 50025—2004）[3]消除黄土湿陷的地基处理标准一般都是压实系数达到0.93以上。而以击实试验结果对比，通常原状土的密实度多在0.65～0.85之间，那么如果压实处理后要求达到原土密度的90%时，相应的密实度在0.58～0.77之间，远小于压实系数0.93的湿陷性黄土地基处理标准。明确的要求无论是粒度还是压实标准都不足以消除黄土的湿陷性，甚至扰动后回填黄土的湿陷性比原场地更强。

表3.3　油气管道建设主要规范和技术要求及湿陷性黄土灾害防治要求

序号	技术标准	主要内容	黄土灾害防治	等级
1	输油管道工程设计规范（GB 50253—2003）[4]	管道输送工艺、管道施工、选线、站场技术要求	4.1，6.1条中有笼统要求	国家规范
2	油气长输管道工程施工及验收规范（GB 50369—2006）[5]	管道材料、管沟开挖及穿越、管道工艺、附属工程	12.2条有管沟填实笼统要求	国家规范
3	输气管道工程设计规范（GB 50251—2015）[6]	输气工艺、选线、管道工艺、输气站、监控和调度、储气库	4.1条线路选择，6.1条有避开工程地质灾害要求	国家规范
4	石油天然气站内工艺管道工程施工规范（GB 50540—2009）[2]	管道材料、管道安装、管沟开挖、管道保护	8.3条管沟回填密度达原土的90%	国家规范
5	油气集输设计规范（GB 50350—2005）[7]	油气集输及净化处理、集输管道、计量监控、站场设计	11.3条湿陷性黄土地面坡度和排水要求	国家规范
6	石油天然气建设工程施工验收规范——输油输气管道线路工程（SY 4208—2008）[8]	管沟开外、管道施工、管道工艺及保护、阀室工程	9.2条管沟回填笼统要求	行业规范
7	油气田集输管道施工技术规范（SY/T 0422—2010）[9]	管道工艺、管沟开外、管道附属工程	13.4条管沟回填笼统要求	行业规范
8	石油天然气管道安全规程（SY6186—2007）[10]	设计资质、设计标准、管道施工、管道运行安全	未涉及	行业规范
9	工业金属管道工程施工质量验收规范（GB50184—2011）[11]	管道加工、安装、检测和清理	未涉及	国家规范
10	西气东输管道线路工程施工及验收规范（Q/SY XQ1 2003）[12]	管道材料、线路测量、管沟开挖、管道工艺、管道测试、管道附属工程	15.2条管沟回填笼统要求	企业规范
11	油气管道工程初步设计工作内容及深度规定	油气管道工程初涉要求及深度	9.2.2线路工程和站场工程涉及简易工程地质勘查，对黄土灾害未提及	企业规范

　　油气管道建设和验收规范中，对站场的工程地质灾害普遍都有规定。但这些规定一方面基于线路工程本身比较宽松的勘察要求，另一方面规范多以"避开""查明"等笼统的要求提出，这就使得没有明确的工程勘察基础来确定黄土灾害的危险性、没有相应的技术措施来防治湿陷性黄土灾害。由于油气管线工程的管理方式和工程特点，一般的民用工程勘察规范和建筑地基处理规范并没有要求必须遵守。这就造成了站场建设中黄土灾害评价和防治的管理和技术空白。实际上，油气管线建设中的安全和技术标

准以优先满足油气集输、施工和设备工艺安全需求为主，对后期运营和场地条件变化时可能引起的工程灾害特别是湿陷性黄土灾害考虑不多。

如果照搬民用建筑领域的湿陷性黄土地基处理和湿陷性黄土灾害防治技术规范，对于管道工程而言成本太高，工期也会延长很多，并不可行。而对于有各类设备、构筑物和结构的站场而言，目前的黄土地基处理规范和黄土灾害防治技术缺乏针对性，可能有些规定过于严格，而有些规定又达不到安全要求。这是因为油气管道、集输设备和站场构筑物对湿陷性灾害的适应性差异很大。某些精密的阀门几乎不允许地基沉降变形，而具有柔性的管道又可以有较大的容许变形。还有各类构筑物，它们对地基沉降的适应能力目前还缺少足够的工程资料。因此，开展针对油气管道和站场的黄土灾害危险性评级和黄土灾害防治技术研究最终形成相关技术标准是十分必要的。

（2）运营中缺乏灾害预防管理措施

在黄土地区，洪水积聚、地下渗水、流水侵蚀、重力侵蚀以及削坡扰动等都有可能导致黄土灾害的发生。而在站场内，生活用水排放、维护后场地回填等环节如果处理不当，也是造成黄土灾害发生的原因。而目前的站场运营管理对黄土灾害并没有足够的重视。几乎所有调查的站场都有严格运营管理和安全规定，也设有专门负责安全的安全员。但这些安全管理主要涉及油气爆炸、泄漏以及人工操作流程、设备运维等方面，对于渐发性的工程地质灾害引起的安全问题并没有必要的考虑。多个站场如西宁、河口、定西均反映出由于生活排水不当或者泄漏以及维修后的管沟回填不当造成了地基下沉，轻微者则造成附近地面沉降，严重者则造成结构开裂、设备扭曲。等黄土灾害发生以后再去处理，不仅费钱费工，而且如果浸水深度较深，或者影响到了关键设备，往往难以处理。如关山站在运营初期对地下水问题没有及时处理，而后投入上百万元治理后效果依然欠佳。这是因为渗水很深，而且影响到了一些设备和结构，很多地方处理很难进行。实际上，运营期的湿陷性黄土灾害很多情况下可以通过合理设计和预先防护来避免。即便这些措施引起一些额外的费用，但与事后的治理相比，还是值得的。

（3）目前的站场湿陷性黄土灾害治理方法不当

从调查情况来看，站场发生湿陷性黄土灾害后采取的治理措施主要有两种情况：一种是站场工作人员自行采取的回填和防水措施，另一种是专业岩土灾害治理公司采取的工程措施。前者如回填和防水能够减缓黄土灾害和暂时防止灾害发生，但是因为人工简单回填达不到标准，排水措施缺乏系统设计，在季节性变化以及地基沉降发生时，管道可能重新破裂，因此并不是特别有效。后者在站场黄土灾害较为严重的情况下采用，一般所需经费较大。以关山站为例，采用水泥土桩和表层混凝土覆盖后只是暂时解决了问题。因为下层已经形成了橡皮土，季节性冻胀使得处理后的场地重新开裂。这说明，目前很多情况下，对站场黄土灾害的防治如果缺乏对站场本身特点的认识以及工程地质条件的综合分析，即便采取工程措施，也不一定等达到预期的效果。站场内设备、构筑物与普通民用建筑存在很大差别，因此相应的湿陷性黄土灾害防治技术需要反映站场的特点及要求，这就要求站场的黄土地基处理方法要考虑综合的安全问题，而且还要提供更灵活多样的处理方法。就此而言，目前还缺乏针对性的站场黄土地基处理技术标准。

3.3 油气站场和阀室湿陷性黄土地基处理分类

油气站场和阀室湿陷性黄土地基处理与普通民用建筑相比涉及的结构、设备更复杂，而一旦场地发生问题，严重时对整个管线的运营会带来影响，甚至造成巨大损失。因为站场和阀室条件的复杂性和地形地貌、土层条件的多样性，使得针对油气站场和阀室的湿陷性黄土地基处理不能一概而论而要有明确的针对性。为此在确定油气站场和阀室湿陷性黄土地基处理的时候，同时要明确处于问题中心的结构设施对场地的要求以及场地地基处理的施工条件和施工成本因素。前者就是要对地基服务的对象有所明确，不同的设备和结构的容许地基沉降存在很大差异，只有了解该对象，才能制订合理的地基处理方案。后者是要考虑到管线分布广泛，场地条件复杂，油气站场和阀室湿陷性黄土地基问题不能仅仅在建设中才考虑，而是要贯穿勘察、设计、建设和维护全过程。只有这样才能以最小的代价和最有效的方法处理好湿陷性黄土地基问题。通过管线湿陷性黄土地基调查也发现，站场和阀室湿陷性黄土地基病害既有选址不当的问题，也有建设中处理方法和处理标准未达到要求的问题，还有运维阶段缺乏必要的湿陷性处理措施的问题。因此，油气站场和阀室湿陷性黄土地基处理覆盖广泛，对象多样，需要对其进行合理的分类以便进行后期针对性的研究并提出相应的处理技术。

3.3.1 按照处理场地功能的油气站场和阀室湿陷性黄土地基处理分类

油气站场湿陷性黄土地基处理涵盖建筑场地处理、设备埋设场地处理等。由于地基承载力和允许变形差别较大，因此提出根据场地设备和建筑的不同功能对湿陷性黄土地基进行分类。分类后按照各自的要求提出处理技术建议。

按照这个思路油气站场和阀室按照场地功能可以分为建筑场地湿陷性黄土地基处理、设备场地湿陷性黄土地基处理和空旷场地湿陷性黄土地基处理。

建筑场地湿陷性黄土地基处理是指站场和阀室上建筑物所在场地的地基处理。按照建筑物种类又可以分为三类：民用建筑场地湿陷性黄土地基处理、功能性建筑场地湿陷性黄土地基处理和附属建筑场地湿陷性黄土地基处理。民用建筑是指作为办公或者住宿的建筑，其主要功能是供员工生活和办公使用，因此相应的黄土地基处理技术要求应该和《湿陷性黄土地区建筑规范》（GB 50025—2004）保持一致。功能性建筑是阀室等设备安装建筑以及主要的仓储建筑。这类建筑视内部设备和存储物的差异对湿陷性黄土地基处理的要求各不相同，需要根据设备和仓储物的不同具体确定地基处理方法。附属建筑场地是指站场和阀室既非生活和办公场地，也非主要功能和仓储场地的临时性建筑以及避雨挡风等建筑。这类建筑场地的安全要求较低，多数情况下只要场地不发生严重的湿陷变形即可，因此对该类场地的处理只要消除严重的黄土地基湿陷性或者做好防渗和排水措施即可。

设备场地是指安装和埋设设备的场地。按照设备的差异又可以分为承载类设备场地处理和埋设类设备场地处理。承载类设备如各类储藏罐等，其特点是重量大，对地基承载力有严格的要求，视其对变形的适应能力，对沉降变形也存在一定要求。埋设类设备其自身的重量不大，湿陷性黄土地基处理主要是防止过大的变形对管道和泵阀等设备损坏。

空旷场地是指站场和阀室内的草地花坛和院落道路。这类场地对湿陷性黄土场地地基处理的要求相对较低。根据其使用差异，也可以分为两类。一类是草地花坛，另一类是院落道路。草地花坛大多数情况下无需进行处理。但是要防止出现落水洞，因此要对地下的裂隙进行填补并防止过度积水。院落道路因为有通行要求，当场地湿陷性在中等以上时需要处理。但处理一般消除表层土的湿陷性即可，另外需要按照场地通行荷载的要求采用混凝土、石块等敷设，以保持场地的平整并满足承载要求。另外就是要保证排水通畅，避免因院落道路发生湿陷对周围建筑造成影响。

总体的按照场地功能的油气站场和阀室湿陷性黄土地基处理分类如表 3.4 所示。

表 3.4　按照场地功能的油气站场和阀室湿陷性黄土地基处理分类

黄土地基处理分类	次级分类	处理要求	技术指标
建筑场地处理	民用建筑场地处理	参考国家规范 GB 50025—2004[3]	承载力和变形
	功能性建筑场地处理	参考构筑物及内部设备要求	承载力和变形
	附属建筑场地处理	参考国家规范 GB 50025—2004[3]，丁类建筑	较低的技术标准
设备场地处理	承载类设备场地处理	针对性处理	承载力和变形
	埋设类设备场地处理	针对性处理	变形为主
空旷场地处理	草地花坛	多数情况下不处理	防治落水洞
	院落道路	简单处理	消除表层土湿陷性

总而言之，油气站场和阀室湿陷性黄土地基处理除了建筑场地基本参照《湿陷性黄土地区建筑规范》（GB 50025—2004）的要求而外，而对于设备场地，则要根据设备容许变形能力及其他指标进行针对性的处理，同时考虑场地处理后土压力、腐蚀性的变化。

3.3.2　按照油气站场和阀室场地所处阶段的湿陷性黄土地基处理分类

湿陷性黄土地基病害的成因多样，也发生在油气站场和阀室的不同阶段。要以较低成本有效处理湿陷性黄土地基，黄土地基湿陷性防止应当贯穿整个过程。按照这样的思路，油气站场和阀室湿陷性黄土地基病害处理分为三个阶段：勘察选址期处理、建设期处理和运营期处理。三个阶段所要采取的处理技术措施和处理要各不相同，如表 3.5 所示。

表3.5　按照场地所处阶段的油气站场和阀室湿陷性黄土地基处理分类

黄土地基处理分类	处理要求	考虑因素
勘察选址期处理	工程勘察规范、管道建设技术标准	湿陷性、水文条件、地形
建设期处理	参考地基处理规范或针对性处理	湿陷性、地基承载力、地基沉降
运营期处理	减少扰动，排水防渗	排水、防渗、回填土

勘察选址期：主要是通过合理的选址避让湿陷性强烈的场地，或者避开造成大面积严重湿陷的外界诱发因素，如地形、地裂缝等造成大量积水、渗水。油气场站和阀室选址一是对场地黄土的自重和非自重湿陷要有初步的判断，二是对场地的水文地质条件、地形和周围环境因素进行考虑。如果在勘察选址阶段处理不当，后期造成的湿陷性黄土场地病害的治理往往成本高昂而且处理效果也未必理想。勘察期处理就是剔除那些危险性较高以及建设期湿陷性处理成本较高的场地。

建设期：根据场地功能选择适当的处理方法。具体参考前面对于不同场地处理的要求。建设期湿陷性黄土地基处理主要是采取目前常用的湿陷性黄土地基处理方法进行处理，并按照建筑物、设备等的差异进行分别处理。前面按照功能的湿陷性黄土地基处理大部分都属于这个范畴。对民用建筑目前很多地基处理技术标准都可以参考，但是针对设备则需要按照设备的差异考虑选择适当的湿陷性黄土地基处理方法。

运营期：以土结构改良和简便处理为主。运营期处理就是防治在埋设设备发生故障需要开挖以及平时防渗和排水方面可能导致的湿陷性黄土地基病害。运营期内回填场地应当采用碾压、换土垫层、防渗处理以及土结构改良等措施处理，防止病害发生。运营期的湿陷性黄土地基处理一是保证场地排水通畅，没有大量的渗水进入，二是当场地因运维需要进行开挖后，要回填并尽量减少土层扰动。

3.4　湿陷性黄土地区油气站场和阀室场地勘察设计的基本要求

在很长时间内黄土的湿陷性一直是土力学的一个研究热点。20世纪60年代后期以来，新的土力学理论的引入使得对黄土湿陷性的研究获得了许多新的进展，对其认识也逐渐一致。通过对试验数据的深入分析，并引入新的土力学理论来对黄土湿陷问题做一个综合的讨论，以期有助于更好地认识黄土湿陷性问题。

3.4.1　勘察要求的黄土湿陷性评价

湿陷性是黄土及黄土状土的主要工程特性之一，影响黄土湿陷的因素可归结为内因和外因两个方面。内因主要是由于土本身的结构和粒度组成，外因则是水和上覆压力。

（1）黄土微结构

在结构上，黄土是由许多单粒和集合体共同组成，而黏粒、腐殖质、易溶盐与水形成的"溶液"，与淀积在该处的碳酸钙、硫酸钙一起形成胶结物，其聚集的形式随地区而不同，差异较大。黄河中游黄土总的趋势是西北部黏粒含量少而东南部较多，前者胶结物以薄膜状、镶嵌状为主，后者以团聚状为主。相应地前者湿陷性强，而后者湿陷性弱。

不同湿陷类型黄土的结构单元中水分稳性集粒的类型和含量不同。非湿陷性黄土的水稳性集粒含量较高，非自重湿陷性黄土的水稳性集粒含量较前者略低，自重湿陷性黄土的水稳性集粒含量最低。在压力作用和湿陷发生过程中，黄土的集粒也会发生不同程度的变化。自重湿陷性黄土在湿陷后由于大于 0.01mm 的集粒被破坏，致使整个土体结构破坏，湿陷表现强烈；非自重湿陷性黄土在水和压力作用下，大于 0.05mm 的集粒遭到破坏而致使发生湿陷；非湿陷性黄土在浸水加压时只有大于 0.1mm 的集粒发生破坏，变形很小。总的来看，不同湿陷类型的黄土，其大于 0.05mm 的水稳性集粒的含量不同，作为结构类型也就不同；黄土浸水后其水稳性集粒被破坏的越多，湿陷性表现越强。

另外，黄土的结构因其沉积环境和粉粒为主的特点，使得黄土中存在大孔隙结构，或者称架空孔隙。这类孔隙在黄土生成以后随着沉积年代的增加逐渐丧失。但是在湿陷性黄土中仍然存在。这类孔隙结构在没有诱发因素作用下，能够承担较高的竖向压力，但是一旦有水渗入就会破坏而引起湿陷。

（2）黄土粒度组成

一般情况下，黄土中黏粒含量越多，湿陷性越弱，但有时还与小于 0.001mm 颗粒的含量及其赋存状态有关。在黏粒含量中，对湿陷性影响较大的是小于 0.001mm 的颗粒含量，就赋存状态来看，主要是看黄土黏粒是否均匀分布大于骨架颗粒之间，则能起到很好的"胶结"作用。

对黄土湿陷性有明显影响的化学成分主要是碳酸钙、石膏与其他易溶盐的含量及其赋存状态。就赋存状态而言，要看其是起骨架作用还是起胶结作用，若它是以薄膜状分布或与黏粒混在一起构成集合体时，它就是胶结物的一个重要部分，从而影响黄土的湿陷性。

（3）孔隙比

一般来说，在某一定值压力的作用下，黄土的孔隙比越大，湿陷系数也越大。但黄土孔隙比与黄土湿陷性的定量关系仍是需要研究的问题。这是因为一方面黄土类土的这一工程性质不仅与孔隙的总体积有关，而且与孔隙的大小和形状密切相关。另一方面决定黄土湿陷性的还有土的微结构和物质条件因素。这些必须在一定的压力范畴内去进行衡量和比较。

（4）含水量

在干旱半干旱地区黄土的含水量一般处于偏低或过低的状态，换言之，存在不同程度的负孔隙水压力效应，有时能达到很高的值，它在土浸水的瞬间消失表现为土的崩解。它亦是所谓的土对浸水湿陷的"灵敏度"的一种合理解释。

3.4.2　黄土湿陷性的基础是黄土的大孔隙弱胶结结构

　　国外学者认为黄土之所以具有湿陷性是因为黄土的结构是亚稳态（Metastable）的。所谓亚稳态结构就是条件不变时，结构基本是稳定的。即便存在向稳定结构转化的过程，但其进度非常缓慢，如同在空气中钻石向石磨转化一样，在分析中可不予考虑。可是，一旦条件变化，亚稳态结构就会快速向稳定结构变化，从而引起原结构的破坏。

　　对于亚稳态结构的实质，国外学者如英国的 Dijkstra 和 Smalley 采用了我国苗天德等人的观点，认为是因为黄土中存在随机松散排列（Random Loose Packing）[13] [图 3.9（a）]。这种结构事实上就是国内所称的架空孔隙。在湿陷过程中架空孔隙发生变化，成为随机封闭排列（Random Closed Packing）[图 3.9（b）]，其实就是架空孔隙遭到破坏，形成更加稳定的粒间孔隙。如图 3.9（b）所示。

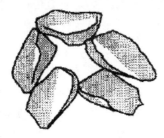 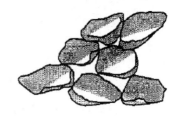

（a）开放颗粒排列结构　　　　　　　　　　（b）封闭颗粒排列结构

图 3.9　黄土中的不同颗粒排列结构（Dijkstra 等，1995）

　　黄土的结构也可以从其粒度组成来认识。黄土的主要颗粒组成为粉粒，在其沉积过程中受较弱的重力的控制，同时各种扰动作用和颗粒之间作用力也会有一定影响。粉粒在重力作用下沉降而相互接触，但是由于颗粒之间的作用力已经足以影响重力作用，所以一些颗粒只会停留在最初的接触点上，而不是较稳定的位置，因此，颗粒排列比较松散。当数个处在不稳定位置的粉粒相互连接，就可能形成直径远大于粉粒的孔隙，也就是架空孔隙。在后期固结作用下，架空孔隙会逐渐向稳定结构转化而部分丧失。但是，在湿陷性黄土中通常都存在一些架空孔隙。黄土的结构特性是黄土具有湿陷性的物质基础。黄土湿陷性其实就是破坏了黄土亚稳态结构的平衡，从而促使它向新的平衡发展，并因之产生大的结构破坏性变形。

　　架空孔隙是数个粉粒处于不稳定的初次接触点而形成的尺寸远大于构成此类孔隙的粉粒的孔隙。但是，黄土中经常存在一定的砂粒成分。砂粒由于其颗粒较大，在沉积过程中粉粒容易附着在砂粒周围形成以砂粒为核心以粉粒和黏粒胶结或吸附的团粒（集粒），这样就不利于架空孔隙的形成。因此，砂粒含量高的黄土，其湿陷性一般较低（图 3.10）。

　　图 3.10 表明在砂粒含量较低的情况下，粉粒之间可以形成较多的架空孔隙，其湿陷性较强。反之，当砂粒含量较高，多数粉粒会吸附或者与黏粒一起胶结在砂粒周围形成

团粒而不利于架空孔隙的形成，由此导致黄土的湿陷性也较弱。

　　需要说明的是图 3.10 的结果并不是绝对的。它仅仅是研究范围内数据分析的结果。因为，孤立地考虑砂粒的影响还不全面。因为砂粒、粉粒和黏粒三者对架空孔隙形成及强度共同作用。

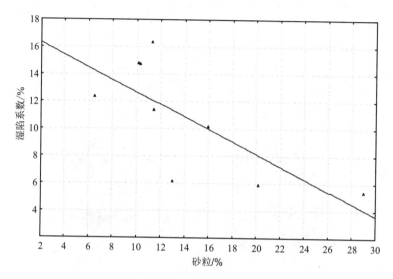

图 3.10　砂粒含量对黄土湿陷性的影响

　　实际上还必须考虑黏粒的含量。黏粒对湿陷性的影响是一个驼峰曲线（A.M. Assallay，1998）[14]。图 3.11 的结果是在模拟黄土颗粒组成的条件下进行的。因此，不存在结构和其他因素的影响，所以得到比较规律的结果。

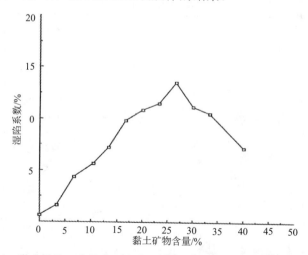

图 3.11　黏土矿物（高岭土）含量对湿陷性的影响（Assallay, 1998）

　　这说明黏粒对黄土湿陷性的影响具有"二分性"。当黏粒含量较低时，黏粒在黄土结构中起到类似"润滑剂"的作用。当浸水后，黏粒由于其亲水性而发生活动性变化，从而使结构的强度降低。所以在黏粒含量较低的情况下，黏粒越高，黄土的湿陷性反而增强。但是，当黏粒含量较高时，黏粒在黄土结构中起到胶结的作用。黏粒含量越高，黄土结构的胶结性越强，黄土结构越稳定，湿陷性越小。至于为什么会有这种情况，作者认为这可能与不同含量时黏粒在黄土中的赋存有关（图 3.12）。当黏粒含量很低时，黏粒和小粉粒一起附着在大颗粒（砂粒和大粉粒）的接触点附近。平时它起到一定的胶结作用，但是因为黏粒含量较低，在遇水情况下，它容易发生活动。而在黏粒含量较高时，它要么以黏粒团要么以黏粒粉粒团的形式存在于大颗粒周围，这个时候它除了存在于大颗粒接触点附近外，也填充了孔隙，使得结构的凝聚力增强。此时，即便浸水，因为相当一部分黏粒处于封闭空间或者被其他颗粒所覆盖，所以它的胶结性仍然会存在。因此，在这种情况下，黏粒含量越高，黄土的湿陷性也越低。

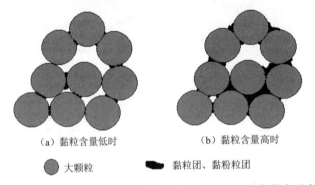

　　（a）黏粒含量低时　　　　　　　（b）黏粒含量高时

⬤ 大颗粒　　　　　　　　▰ 黏粒团、黏粉粒团

图 3.12　不同黏粒含量情况下黏粒在黄土结构中的赋存状态示意图

同时考虑砂粒和黏粒的影响，分析得到如图 3.13 所示的结果。在分析中，为了简便

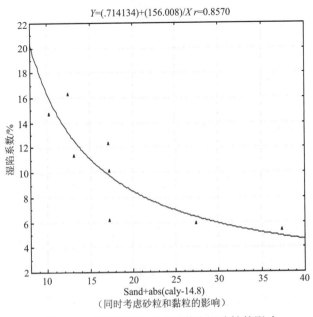

图 3.13　砂粒和黏粒含量对黄土湿陷性的影响

起见将砂粒含量与黏粒含量减去 14.8 的绝对值求和作为独立变量进行分析。这样做是因为，研究中发现影响湿陷性的黄土黏粒含量驼峰曲线的最高点约为 14.8%。从上面的分析看出，二者对黄土湿陷性的影响都是负相关的。为方便起见，本书将这个值称为砂粒黏粒黄土湿陷影响指数，简称"影响指数"。

图 3.13 的结果表明，当影响指数较小时（本研究中为<20%），影响指数增大时，黄土湿陷性降低比较明显。当影响指数较大时，影响指数对湿陷性的影响不太明显。

不可否认黄土中易溶盐的存在也会对其湿陷性有一定影响。但是一般黄土含盐量在 1%以下，此时，根据苏联学者穆斯塔伐耶夫（Ларионов）[15]和高国瑞[16]的看法，即便黄土中含水量在 10%左右，易溶盐也是以溶解状态存在于溶液之中。因此多数情况下，其对湿陷性的影响并不显著。仅当以下两种情况才会考虑易溶盐的影响：①易溶盐含量很高，超出一般黄土易溶盐含量较多；②易溶盐为结构胶结的重要组成部分时，才有易溶盐对黄土的湿陷性影响问题。所以，易溶盐对黄土湿陷性有影响，但多数情况下不是考虑的主要问题。

因此，从微结构角度来看，黄土湿陷性是因为其亚稳态结构遇水后发生了变化，从而引起大的残余变形。而黄土结构的亚稳态特征是因为黄土沉积中形成了不太稳定的架空孔隙结构，同时也与其弱胶结有关。黄土中粉砂粒和黏粒分别对架空孔隙形成的数量和其胶结程度起到一定作用，因此也会对黄土的湿陷性存在重要的影响。

3.4.3 黄土自重和非自重湿陷性的特点

上文试图从黄土微结构的方面说明黄土的湿陷性。但是需要说明的是，分析所采用的都 200kPa 下的黄土湿陷性数据。因为，与自重湿陷相比，200kPa 下黄土的湿陷性较少受先期应力历史的影响，从而可以得到比较统一的结果。实际中，黄土的湿陷分为自重湿陷和非自重湿陷。前者是黄土在无外加荷载条件下发生的湿陷，后者则是在施加一定荷载后发生的湿陷。自然地，前者表征自然土层的湿陷性，后者则可以对有附加荷载或者经过处理的黄土场地的湿陷性予以评价。

对于黄土的自重湿陷性而言，结构性对其影响比较明显。这样的结果是，在结构性因素无法剔除的情况下，其他因素对黄土自重湿陷性的影响难以得到准确的结果。对 7 个分别在甘肃、陕西和山西的场地上黄土自重湿陷的分析发现，多数情况下黄土自重湿陷系数的变化一般随深度、含水量和土层年代有规律发展。具体有如下情况：①当场地黄土土质比较均一时，黄土的自重湿陷系数会随着深度而减小。在 7 个场地中兰州连城场地、山西孝义和河津场地均如此。这其实反映了上覆土压力造成的结构差异对自重湿陷性的影响。上覆压力越大，黄土结构性强，自重湿陷系数也小。②当土层年代相同，但场地表层土受降雨等水文条件影响较大时，一般近地表黄土含水量较高，其自重湿陷系数较小，而随着深度增加，含水量降低，自重湿陷系数有所增加。但这种现象只存在于地表数米以内。③当土层年代不同时，不同年代土层的黄土湿陷性有明显差异。一般地层年代越老，其自重湿陷性越弱。

　　对比发现，对黄土的自重湿陷系数而言，它和深度、土层以及含水量/饱和度的关系比较密切。前者一定程度上表明了黄土结构特征，而后者表明含水量越高的黄土，其结构的水敏性越低，因而湿陷系数越小。而 200kPa 下黄土的湿陷试验中，因为在加荷过程中，原状黄土的结构遭到一定程度的破坏。而弱结构性使得 200kPa 下湿陷系数与饱和度相关性要好于自重湿陷系数（图 3.14）。

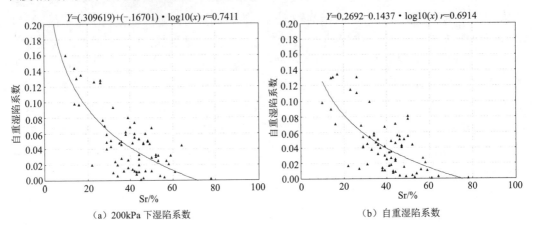

（a）200kPa 下湿陷系数　　　　（b）自重湿陷系数

图 3.14　饱和度对 7 个场地黄土湿陷系数的影响

3.4.4　吸力丧失是黄土湿陷发生的主要机制

　　黄土发生湿陷性的物质基础，或者说内在因素是其亚稳态结构。但是无论是黄土的自重湿陷还是非自重湿陷，在不排除其他因素的影响情况下，都与饱和度有较好的相关性。这说明黄土湿陷的发生还有一个很重要的外因。这个外因就是浸水后非饱和黄土吸力的丧失。

　　黄土是一种非饱和土。在其结构强度中，吸力的贡献不容忽视。图 3.15 表示了饱和黄土和非饱和黄土强度包络线的差异。根据扈胜霞[17]等的研究，在含水量 10% 左右时，黄土的吸力可以达到 100kPa 以上，最大时可以达到 400kPa。此时吸力对黄土抗剪强度的贡献已经相当大了。反过来，如果非饱和黄土的含水量增加，吸力丧失而使黄土抗剪强度的损失也是很大的。

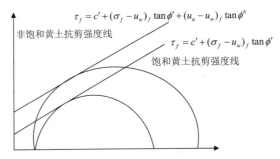

$$\tau_f = c' + (\sigma_f - u_w)_f \tan\phi' + (u_a - u_w)_f \tan\phi^b$$

非饱和黄土抗剪强度线

$$\tau_f = c' + (\sigma_f - u_w)_f \tan\phi'$$

饱和黄土抗剪强度线

图 3.15　饱和与非饱和黄土抗剪强度差异

　　虽然，非饱和土力学研究中土-水特征曲线多用饱和度/重力含水量-吸力关系来表示，但是作者认为用液性指数来表示吸力变换也有一定的特点甚至优点。①从物理意义上讲，液性指数为 1 时，表示土处于完全流态，此时当然不会存在负孔隙压力，而且孔隙压力应该是一个正值。液性指数可以很好地表示孔隙压力从负到正的变换，而饱和度是孔隙中充满水时的含水量。从物理意义上讲，它在较高端和孔隙压力不一定有密切的联系。②实际试验表明，黄土吸力的丧失一般在较低的含水量范围内（20%左右），更接近液限含水量。利用液性指数可以比较准确地反映黄土土-水特征。而饱和度值的范围过大，应用起来对非饱和土吸力无多大意义的盲值范围也就较大。③液限含水量相对于100%饱和含水量的比例对于不同孔隙比的黄土，该值并不相同（图 3.16）。孔隙比越高，该数值越低。这是因为，许多封闭小孔隙是不能进水的，而理论饱和含水量假设所有孔隙都进水，这点与实际也有一定差异。因此，采用液性指数来表示黄土吸力随含水量的变化有一定的优势。本书后面的研究将采用液性指数作为相对吸力变化的指标。

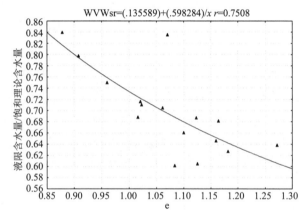

图 3.16　不同孔隙比时液限含水量相对于 100%饱和含水量的比例

因为液性指数可以用来表示吸力的大小，因此湿陷性黄土试样的液性指数越低，其吸力越大，而黄土湿陷时由于吸力丧失而产生的强度丧失也越大，相应地湿陷系数也越大（图 3.17）。

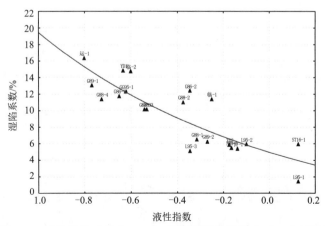

图 3.17　液性指数对黄土 200kPa 下湿陷系数的影响（20 个试样）

图 3.17 中采用 200kPa 下湿陷试验数据，这样可以降低黄土结构性的影响。同时，因为所用的试样来自甘肃、陕西、山西等不同省份，而且试验不是同一次进行，所以其结果具有一定的代表性。

但仅仅考虑液性指数还只是考虑了相对吸力。根据土-水特征曲线趋势，液性指数的大小可以间接表示基质吸力的大小，但是因为不同的黄土其土-水特征曲线，其变化梯度不同，所以液性指数表示的吸力大小应该只是相对吸力的大小，即相对于真实吸力值的吸力大小的比例。

对不同的黄土来说，绝对吸力还与其结构等因素相关。其中孔隙比和颗粒大小对绝对吸力的大小有着重要影响。孔隙比越高，一定液性指数下，非饱和土的吸力越高。而非饱和土的平均粒径越大，其非饱和吸力越小。因为黄土中粉粒占多数，其粒径变化范围较小，因此，砂粒的含量对平均粒径的影响更为显著，因此，砂粒含量可以作为间接衡量黄土平均粒径的一个指标。如果考虑这两方面，增加绝对吸力因子可以更加明确吸力对黄土湿陷性影响。

而另一方面，孔隙比和砂粒含量也表征了黄土湿陷的内在因素。孔隙比和架空孔隙的多少有关，孔隙比越高架空孔隙的数量也越多。如前面已经提到，砂粒的含量对架空孔隙的形成起到负面影响。砂粒含量越高，粉粒更可能围绕砂粒分布和黏结，不易生成架空孔隙。考虑砂粒的含量一定程度上影响架空孔隙的相对数量。

考虑它们的不同效果，用孔隙比除以砂粒含量作为绝对吸力因子，进而用此进行吸力对黄土湿陷性影响的分析。事实上这样做是相对吸力（饱和度或者液性指数）的一种校正，让不同黄土试样之间具有更好的可比性。利用包含绝对吸力因子的吸力表达来拟合吸力同湿陷系数之间的关系得到如图 3.18 所示的结果。显然，吸力同黄土湿陷性之间的相关性有所增加。需要说明的是，图 3.18 中所分析的试样是图 3.17 中有相应数据的试样共 9 个。

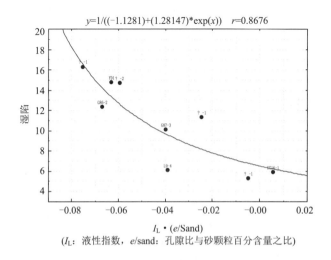

$(I_L$：液性指数，e/sand：孔隙比与砂颗粒百分含量之比）

图 3.18　湿陷前吸力指标和黄土湿陷系数之间的关系

综上所述，黄土湿陷的主要作用机制是浸水后吸力而引起的黄土强度降低而亚稳态结构破坏引起的较大残余变形。跟外力作用下黄土的残余变形不同，此时，吸力丧失作用发生在黄土结构内部，相当于施加了一个与有效应力作用相反的结构剪切作用，这种作用对黄土结构的破坏效果较之外力作用更为明显，其破坏性更强。这就好比一个充气的气球，从外面施加力使之变形和从内部放气使之变形相比较为困难一样。

3.4.5　从颗粒作用力角度对黄土湿陷性的讨论[18]

自从 20 世纪以来，将土看作一种颗粒材料，从研究颗粒间作用进而认识土的力学性质的研究取得了一些进展。美国的 J.S. Santamarina[19]将土的颗粒间力分为三类：边界荷载（通过土骨架传递，成为骨架力）、颗粒作用力（重力、浮力和水动力）和接触作用力（毛细力、电力和胶结作用）。粗粒土的性质主要由骨架力所决定，而土颗粒越细，接触作用力（如毛细力和电力）的作用越明显。

对黄土而言，其骨架不是完全由大颗粒的砂粒构成的，而是由砂粒和粗粉粒构成的。除了在出现架空孔隙的部位以外，这种土的骨架相对而言还是比较稳定的。黄土基质吸力是一种接触作用力。但是其强度不如黏土颗粒间电性作用那么强，而且对含水量比较敏感。在含水量增加时，这种接触作用力会逐渐减弱以至丧失或者其作用力方向发生变化。外部荷载作用下黄土发生残余变形时，其作用力主要通过骨架传递。因为黄土的砂和粗粉粒骨架强度较高，它承担了大部分外部荷载引起的应力增量，而只传递很少一部分应力增量给周边颗粒而产生剪切力。同时，外部荷载对黄土变形的作用效果还同时受到围压的影响，围压越大，其作用效果越低。因此，外部荷载作用下黄土不容易发生变形。而黄土湿陷时，吸力丧失效应主要相当于增加了很大的内部颗粒间剪切力。而且围压对这种吸力丧失效果的影响不大或者是正效应，因此，黄土结构较之外力作用更容易发生变形。因此，黄土湿陷过程主要是颗粒接触作用力发生了内部变化，相对外部荷载作用下的黄土结构变化这种变化更容易发生，当发生时变形量更大。这就是黄土发生湿陷的颗粒作用力实质。

3.4.6　黄土"水力等效"原理

由于黄土湿陷性在机制上与吸力丧失存在关系。而黄土最终发生湿陷量的大小很大程度上与黄土吸水和吸水后的状态差别有关。如果黄土吸水后压缩系数变化不大，则黄土一般不会发生湿陷或者湿陷量很小，反之则表明黄土的湿陷性极强。

出于计算的方便，因为在一定的应力状态下，变形稳定状态的湿陷性黄土，只增大应力水平或增大含水量时，均可使黄土出现变形增大或强度破坏现象，可以认为浸水起着与附加荷载等效的作用。其原理可用图 3.19 说明。

天然含水量为 w_0 的黄土在力 p_0 作用下产生稳定变形 s_0，然后增加含水量至 w_1，产生附加变形为 Δs。对于初始应力状态 p_0，起始含水量 w_0 下增加一个附加力荷载 Δp，同样可以产生大小为 Δs 的附加变形。二者的区别仅在于前者为力荷载未变，只有增湿，后者湿度未变，只有荷载，这个 Δp 就称之为增湿 Δw 时的等效力。

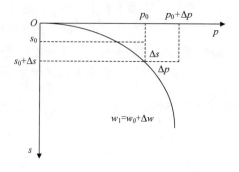

图 3.19 "水力等效" 原理图解

根据以往研究[20]表明增湿等效力 p_w 是初始含水量 w_0、增湿压力 p_0、增湿含水量 w、初始干重度 γ_{d0} 等的函数：

$$p_w = (w_0, p_0, w, \gamma_{d0}) \tag{3.1}$$

魏成国等通过一系列试验得出等效力与增湿之间的函数关系式[21]：

$$p_w = \alpha \left(\frac{w - w_0}{w_p} \right)^{\beta} p_0 \quad (w \leqslant w_p) \tag{3.2}$$

$$p_w = \frac{w - w_p}{a(w - w_p) + b} + p_{wp} \quad (w > w_p) \tag{3.3}$$

式中，α, β —— $p_w/p_0 \sim \Delta w/w_p$ 函数的参数，均随 γ_{d0} 而变化；

a, b —— 试验参数，均随 p_0 的增大而减小；

p_{wp} —— $w = w_p$ 时的等效压力。

通过试验发现，当其含水量超过塑限含水量以后，随着含水量的逐渐增大，黄土对水的敏感性迅速降低，增湿引起的等效压力值相对不大，不考虑 $w > w_p$ 时的增湿等效压力的影响，也不会造成较大的误差。因此，本书只考虑 $w \leqslant w_p$ 的情况。

黄土之所以在受水浸湿后，土的湿陷性的变化也与其压缩性相关，是由非自重湿陷性黄土本身的特点所决定。非自重湿陷性黄土尽管浸水达到饱和状态，仅受自重压力时土的结构强度并未完全破坏，故其湿陷不会发生，土的大孔隙骨架仍能完整保留，但孔隙间的联结却因水的溶解作用而变得十分脆弱，只要有很小的附加应力，就会产生较大的沉降，有湿陷性黄土浸水形成的饱和黄土的压密变形模量，包括了由湿陷性转化来的那一部分，所以这种饱和黄土的压缩性比湿陷性黄土更高，多为高压缩性土，甚至超高压缩性土。自重湿陷性黄土浸水后，也有一部分湿陷性会转化为压缩性。

由试验统计资料，黄土的湿陷系数与浸水饱和后压缩系数的关系：

$$\alpha_{1-2} = \alpha'_{1-2} + \frac{10(1+e)}{3} \delta_s \tag{3.4}$$

式中，α_{1-2} —— 饱和黄土在 100~200kPa 压力下的压缩系数（MPa^{-1}）；

α'_{1-2} —— 湿陷性黄土浸水前的压缩系数（MPa^{-1}）；

δ_s——湿陷性黄土在 200kPa 压力下浸水后测得的湿陷性系数。

上式实际上反映了湿陷前后黄土的压缩系数的差异大小与黄土的湿陷性密切相关。简言之，如果湿陷前后黄土的压缩系数差别较大，这表明黄土吸水后其结构特征变化很大，因此湿陷程度更强烈。

将式（3.2）和式（3.4）代入 Terzaghi 一维固结理论公式可得黄土浸水湿陷变形：

$$s(z,T_V)=\frac{lp_w}{1+e_0}\left[a'_{1-2}+\frac{10(1+e)}{3}\delta_s\right]\left[1-\frac{z}{l}-\sum_{m=0}^{\infty}\frac{2}{M^2}e^{M^2T_V\cos\left(\frac{Mz}{l}\right)}\right] \tag{3.5}$$

其中，$M=(2m+1)\dfrac{\pi}{2}$，m 为非负整数

式中，l ——土层厚度；

T_V——时间因子，$T_V=\dfrac{C_Vt}{l^2}$，C_V 为固结系数。

3.4.7 结论

综上所述，可以认为：

① 黄土湿陷的内在因素是因为它具有特殊的亚稳态结构。这种结构的形成主要与架空孔隙的存在有关，这是由黄土颗粒特征和沉积条件下生成的一种孔隙结构。这种孔隙结构遇水容易失稳，但在上覆压力作用下一般具有较高的强度。

② 黄土中不同颗粒对黄土的湿陷性具有一定影响。高粉粒含量下黄土容易发生湿陷，这是因为粉粒含量高时，黄土中的架空孔隙也相对较多。高砂粒含量可以降低黄土的湿陷性，这是因为当粉粒依附粒径较大的砂粒而结聚时，不利于架空孔隙的生成。而黏粒对黄土湿陷性具有"二分性"的影响。当黏粒含量较低时（本研究中试样数据分析得到临界值为 14.8%），黏粒含量的增加将增大黄土的湿陷性，而高黏粒含量条件下，黏粒含量的增加将降低黄土的湿陷性。作者认为，在低黏粒含量的情况下，黏粒一般以薄层形式附着在大颗粒的接触点周围，当含水量增加时，黏粒活性增强，其胶结性变弱，黄土结构稳定性降低；在高黏粒含量情况下，相当一部分黏粒充填了大颗粒接触空间，形成胶结，而水膜不会影响到内部黏粒的胶结，所以在含水量增加时，虽然外部聚结黏粒受到影响，但是充填黏粒的胶结性基本不受影响，所以黏粒含量越高，充填大颗粒孔隙越多，黄土的结构稳定性越强。

③ 黄土的自重湿陷性受结构和土层条件影响较大。而黄土的非自重湿陷性，特别是较高压力下的湿陷则受原状结构和赋存条件影响较小。因此，较高压力下黄土的湿陷性数据可以利用来研究其他条件对黄土湿陷性的影响。

④ 造成黄土发生湿陷的作用机制是吸力的丧失。黄土是一种非饱和土，其吸力在结构强度中占有不可忽视的作用。当黄土浸水时，其吸力丧失，孔隙水压力由负值逐渐变成正值，从而引起黄土亚稳态结构的破坏。

⑤ 既然，黄土湿陷性的内因是其成因复杂的亚稳态结构，而黄土发生湿陷的主要

作用机制是吸力丧失，那么在考虑黄土湿陷性处理时，应该根据实际情况，选择对这两方面进行改良以降低或者消除黄土的湿陷性。

⑥ 黄土吸力丧失的过程相当于增加了内剪力，在计算中可以等效为应力增加。黄土湿陷量的大小与湿陷前后黄土的变形特性变化有关，这可以用压缩系数来表示。如果该湿陷前后压缩系数差别较大则意味着黄土的变形较大。反之亦然。

参 考 文 献

[1] 田春荣，2015 年中国石油进出口状况分析[J]. 国际石油经济. 2016，24（3）：44-109.

[2] 中国石油天然气集团公司. 石油天然气站内工艺管道工程施工规范（GB 50540—2009）[S]. 北京：中国计划出版社，2012.

[3] 陕西省建筑科学研究设计院. 湿陷性黄土地区建筑规范（GB 50025—2004）[S]. 北京：中国建筑工业出版社，2004.

[4] 中国石油天然气集团公司. 输油管道工程设计规范（GB 50253—2003）[S]. 北京：中国计划出版社，2003.

[5] 中国石油天然气集团公司. 油气长输管道工程施工及验收规范（GB 50369—2006）[S]. 北京：中国计划出版社，2006.

[6] 油气田及管道建设标准化委员会. 输气管道工程设计规范（GB 50251—2003）[S]. 北京：中国计划出版社，2003.

[7] 中国石油天然气集团公司. 油气集输设计规范（GB 50350—2005）[S]. 北京：中国计划出版社，2005.

[8] 中国石油天然气管道局. 石油天然气建设工程施工验收规范（SY 4208—2008）[S]. 北京：中国轻工业出版社，2008.

[9] 中国石油天然气集团公司. 油气田集输管道施工技术规范（SY/T 0422—2010）[S]. 北京：石油工业出版社，2010.

[10] 石油工业安全专业标准化委员会. 石油天然气管道安全规程（SY/T 6186—2007）[S]. 北京：中国计划出版社，2008.

[11] 中国工程建设标准化委员会化工分会. 工业金属管道工程施工质量验收规范（GB 50184—2011）[S]. 北京：石油工业出版社，2010.

[12] 中国石油西气东输管道分公司. 西气东输管道线路工程施工及验收规范（Q/SY XQ1 2003）[S]. 北京：2003.

[13] Dijkstra, I. J. Smalley and C. D. F. Rogers. Particle packing in loess deposit and the problem of structure collapse and hydroconsolidation, T. A. Engineering Geology, 1995, 468:49-63.

[14] A.M. Assallay, I.F. Jefferson, C.D.F. Rogers & I.J. Smalley. Fragipan formation in loess soils: development of the Bryant hydroconsolidation hypothesis, Geoderma, 1998, 83:1-16.

[15] 穆斯塔伐耶夫. 湿陷性黄土上地基与基础的计算（中译本）[M]. 北京：中国水利电力出版社，1984.

[16] 高国瑞. 黄土湿陷变形的结构理论[J]. 岩土工程学报，1990，12(4): 2-10.

[17] 扈胜霞. 吸力对原状黄土强度、变形和水分变化的影响及其应用[D]. 西北农林科技大学，2002.

[18] 袁中夏，王兰民，王峻. 考虑非饱和土与结构特征的黄土湿陷性讨论[J]. 地震工程学报，2007，29（1）：12-17.

[19] J. Carlos Santamarina. Soil behavior at the microscale: particle forces, Proc. Symposium on Soil Behavior and Soft Ground Construction, in honor of Charles C. Ladd, Massachusetts Institute of Technology, 2001.

[20] 刘祖典. 黄土力学与工程[M]. 西安：陕西科学技术出版社，1997.

[21] 魏成国，张志辉，梁文正，顾宗昂. 湿陷性黄土充分浸水沉降计算公式的推导[J]. 建筑结构. 2011，41（S2）：419-421.

4 湿陷性黄土地区油气站场和阀室的地基处理方法

几十年来，随着建设规模的不断扩大，在各行各业的工程建设中，愈来愈多地遇到不良地基问题，国内外在地基处理技术方面发展十分迅速。中国建筑科学研究院会同有关高校和科研单位，组织编写了两版《建筑地基处理技术规范》（JGJ 79—2012）[1]。上海、天津、广东、浙江、福建、成都等地已经编制了地区性地基处理规范，根据各自的情况，因地制宜把一些地基处理方法编入规范，使传统方法得到改进，新的技术不断得到推广应用。而针对油气管道及配套设施的湿陷性黄土地基处理方法及措施研究却不多，很多工程实际问题尚未解决。由于油气管道工程的特殊性，常常由于管道的设备基础埋置太深，处理不当等原因导致房屋开裂、基础不均匀沉降、管道上浮等情况，对管道和站场安全运营构成潜在威胁。随着能源开发力度的不断加大，油气管道及配套设施已成为国家的能源命脉，其安全性要求越来越高。针对油气站场地基处理面临的问题，结合湿陷性黄土的特点，提出针对性的地基处理的方法。

经过国内外学者从不同角度的研究，一致认为黄土含水量低，大孔、多孔，有利于吸收水分，因而为浸水和发生化学和物理化学作用创造了条件，浸水时结构强度降低，是因为发生化学和物理化学作用从而导致了内部联结力降低，这是发生湿陷的基本原因。大孔、多孔是发生湿陷变形的基本条件，还决定了湿陷类型。从力学角度认为，湿陷与否取决于湿陷土体界面上的抗剪强度。当湿陷土体的应力大于抗剪强度时，则产生湿陷，反之则不产生湿陷。兰州地区黄土由于浸水时 C 值锐减，在浸水土体自重应力作用下便可发生湿陷。

4.1 常用的湿陷性黄土地基处理方法

黄土和黄土状土，是一种天然状态下结构比较强的土质，常处于欠压密状态，弹性变形极小，主要为压密变形，而压密变形又表现为压缩变形和湿陷变形，而湿陷变形在浸水后发展很快，量也很大，对建筑物有较大的危害性，是位于黄土和黄土状土地基上建筑物的一个重要问题。此外，湿陷性黄土边坡、渠道、地基等由于天然情况下湿度较低、抗剪强度较高，未浸水前大多处于安全稳定的状态，一旦由于降雨、灌溉、地下水位上升、管道漏水等遭受浸水作用后，湿陷性黄土的结构弱化，强度大幅度降低，就会产生增湿剪切变形甚至增湿剪切破坏现象。

对于非湿陷性黄土地基，主要为老黄土（Q_3），土的前期固结压力高达 $200 \sim 400\text{kPa}$，超固结比一般为 $1.5 \sim 3.0$，这类场地一般可直接作为高层建筑的天然地基，如上部有较薄的新黄土（Q_3），可用灰土或砂石垫层予以浅层处理。对湿陷性黄土地基，主要问题是如何消除其湿陷性，提高承载力，保证建筑物的安全与正常使用。对高压缩性、低承载力的饱和黄土地基，必须进行人工处理，提高承载力，降低压缩性。经过多年的工程实践，湿陷性黄土地基的工程处理措施已达十几种，主要的湿陷性黄土地基处理方法有灰土垫层、砂石垫层、强夯法、挤密桩法、振冲碎石桩、打入混凝土预制桩、灌注桩、深层水泥搅拌桩、大直径扩底灌注桩等。

目前，在我国西北地区的黄土一般具有较高的湿陷起始压力，同时自重湿陷性场地的湿陷性亦不太敏感，另外，由于河流的冲蚀和剥蚀作用，湿陷性黄土地基在正常的含水量情况下，其承载能力一般是可以满足建筑物荷载要求的，但在浸水时它的承载能力急剧下降或消失，致使地基大幅度地快速下沉产生湿陷。这种变形往往是局部和突然发生的，而且很不均匀，对建筑物的破坏性很大，危害性较严重。在湿陷事故较严重的情况下，为了保证建筑物的安全和正常使用，都应进行加固处理。

湿陷性黄土地基处理是采取人为的手段对基础或建筑物下一定范围内的湿陷性黄土层进行加固处理以改变其物理力学性质，达到消除湿陷性、减少压缩性和提高承载力的目的。针对黄土湿陷的机理，湿陷性黄土地基处理方法主要有四大类：

① 土性改良法：即通过各种工程措施增加土体的密实度，此方法包括素土（或灰土）桩挤密法、生石灰桩法、强夯法、柱锤冲扩桩法及重锤表层夯实法等。

② 土质加固法：即通过外加胶结材料以改变土体的物质组成和结构，提高土体的水稳能力，与前法的区别在于土中添加了外加材料，此法包括硅化加固法、碱液加固法等。

③ 置换法：即将湿陷性大的黄土层全部或部分挖除，回填抗剪强度较高、压缩性较低的土，分层夯实形成双层地基，常见方法有换土垫层法等。

④ 其他方法：预浸水法、热处理法、水下爆破法等。

以上各种处理湿陷性黄土地基的方法对于不同的地基条件、建筑物等级及施工条件各有所长，应根据实际条件灵活应用。重锤表层夯实法、土垫层法、素土（或灰土）桩挤密法、生石灰桩挤密法及桩基础在我国应用较多，经验也比较丰富；强夯法已经逐渐得到了推广；硅化加固法和碱液加固法则多用于湿陷事故处理；预浸水法、热处理法、水下爆破法可用于大面积湿陷性原地基处理。经过大量的工程应用，挤密桩复合地基、灰土垫层地基处理可取得良好的效果。而灰土挤密桩与灰土垫层相比具有避免大开挖、施工周期短的优点，因而在湿陷性黄土地区应用广泛。

4.2　挤密法处理湿陷性黄土地基

挤密桩复合地基是加固地下水位以上湿陷性黄土地基的一种方法，常见的有素土桩挤密法、灰土桩挤密法、生石灰桩挤密法。挤密法是利用打入钢套管或振动沉管，或炸药爆扩等方法，在土中形成桩孔，然后在孔中分层回填素土、灰土或生石灰混合土并夯实而成。在成孔和夯实过程中，原处于桩孔部位的土全部挤入周围土体中，使桩周一定范围内的天然土得到了挤密，从而消除桩间土的湿陷性并提高承载力，是对土进行侧向深层挤密加固的一种方法。挤密地基属于人工复合地基，其上部荷载由桩体和桩间挤密土共同承担。挤密桩法具有原位处理、深层挤密和以土治土的特点，用于处理厚度较大的湿陷性黄土或填土地基时，可获得显著的技术经济效益，因此在我国西北湿陷性黄土地区已得到广泛应用[2]。

挤密桩是一种柔性桩，它与钢筋混凝土刚性桩不同。后者的承载力是桩周摩擦力与桩端反力之和。使用挤密桩挤密后的地基，不但桩孔部分夯填桩体要承受上部荷载，挤密后的桩间土也将分担很大一部分荷载，即挤密桩本身与桩间挤密土共同组成了复合地基，称为桩挤密地基，它的受力性状与刚性桩是有区别的，挤密后的土和桩共同工作。因此，它不像刚性桩那样，在桩尖处往往需要有一坚实的持力层。采用挤密桩地基的工程规模较大，当地若无建筑经验可供参考时一般应通过现场试验取得有关参数后才能进行挤密桩的设计和施工。有效挤密范围是指被挤密的桩间土由于孔隙比减少、干重度增大，而基本消除湿陷性的影响范围。有效挤密范围与桩孔直径、被挤密土的物理性质和力学性质有关，孔径大，挤密范围也大，因而一般用桩孔直径的倍数来表示。有效挤密范围确定后，即可据以决定桩的间距。

挤密桩是黄土地区，特别是湿陷性黄土地区常用和有效的地基处理方法之一，但是对挤密桩成孔过程中孔周土体的应力变化、随应力变化发生的孔周土体挤密进行的理论研究，以及对桩间土挤密效应进行的理论研究不多，尤其是对生石灰挤密桩复合地基在桩体膨胀时桩周土体挤密进行的理论研究和对桩间土挤密效应进行的理论研究更少。

挤密法适用于处理地下水位以上的粉土、黏土、素填土、杂填土和湿陷性黄土，可处理地基的厚度宜为 5~15m。按填料分为素土桩挤密法、灰土桩挤密法和生石灰桩挤密法。当以消除地基的湿陷性为主要目的时，宜选用素土桩挤密法；当以提高地基的承载力以及水稳定性为主要目的时，宜选用灰土桩挤密法和生石灰桩挤密法。当地基土的含水率大于24%，饱和度大于65%时，由于无法挤密成孔，故不宜选用挤密法。

（1）素土桩挤密法

素土桩主要适用于消除湿陷性黄土地基的湿陷性，而灰土桩主要适用于提高人工填土地基的承载力，地下水位以下或含水量超过一定范围的土，不宜采用。

湿陷性黄土属于非饱和的欠压密土，具有较大的孔隙率和偏低的干密度，是其产生湿陷性的根本原因，试验研究和工程实践证明，若土的干密度和压实系数达到某一标准时，即可消除湿陷性。素土桩挤密法正是利用这一原理，向土层中挤压成孔，迫使桩孔内的土体侧向挤出，从而使桩体周围一定范围内的土体受到压缩、扰动和重塑，若桩周土体被挤密到一定的干密度和压实系数时，则沿桩孔深度范围内土层的湿陷性就会消除。

影响成孔挤密效果的主要因素是地基土的天然含水量（w_d）及干密度（ρ_d）。当土的含水量接近最优含水量时，土呈塑性状态，挤密效果最佳，成孔质量良好。当土的含水量<（12%~14%）时，土呈半固体状态，有效挤密区缩小，桩周土挤压扰动而难以重

塑，成孔挤密效果较差，且施工难度较大。当土的含水量大于 24%时，由于挤压引起的超孔隙水压力短时期难以消散，桩周土仅向外围移动而挤密效果甚微，同时桩孔容易出现缩孔、回淤等情况，有的甚至不能成孔。当土的天然密度愈大，有效挤密区半径愈大；反之，则挤密区缩小，挤密效果较差。

素土桩挤密地基由桩间挤密土和分层夯填的素土桩组成，土桩面积占处理地基总面积的 10%～23%，而两者土质相同或相近，且均为机械加密的重塑土，其压实系数和其他物理力学性质指标也基本一致。因此，可以把土桩挤密地基视为一个厚度较大和基本均匀的素土垫层。

（2）灰土桩挤密法

灰土桩挤密法适用于处理地下水位以上，深度一定的湿陷性黄土或人工填土素填土和杂填土地基。当熟石灰与土混合（宜为 2∶8 或 3∶7）之后，将发生较为复杂的物理化学反应：离子交换作用、凝硬反应并生成硅酸钙及铝酸钙等水化物，以及部分石灰的碳化与结晶等。由此可见，灰土的硬化既具有气硬性，同时又具有水硬性，而不同于一般建筑砂浆中的石灰。灰土在挤密地基中有以下几个作用：

① 分担荷载，降低上层土中应力。灰土的变形模量高于桩间土数倍至数十倍，因此在刚性基础地面下灰土桩顶的应力分担比相应增大。

② 桩对土的侧向约束作用。灰土桩具有一定的抗弯和抗剪刚度，即使浸水后也不会有明显软化，因而它对桩间土有较强的侧向约束作用，阻止土的侧向变形并提高其强度。

③ 提高地基的承载力和变形模量。经现场试验和大量工程经验表明，灰土挤密地基的承载力标准值比天然地基可提高一倍左右，其变形模量可提高 5～6 倍。因而可大幅度减少建筑物的沉降量，并消除黄土地基的湿陷性。

（3）生石灰桩挤密法

生石灰桩是用人工或机械在地基中成孔后，灌入生石灰，经振密或夯压后形成的桩柱体。生石灰桩适用于地下水位以上杂填土、素填土、一般黏性土、淤泥质土和淤泥、湿陷系数不大的黄土类土，以及透水性小的粉土。生石灰桩挤密法加固机理主要在于桩间土、桩身和复合地基三个方面，其处理地基的原理如下：

① CaO 经水化作用放出大量的热量并吸收桩周围土壤孔隙中的水分和土中水分发生反应后体积膨胀，并且由于发热引起水分蒸发，使天然含水量降低，有利于土壤固结脱水。

② 生石灰吸水消解，体积膨胀大约为原来的两倍。在这个过程中，桩周围土颗粒受到挤压，土壤密实度增大。

③ 新生物 Ca(OH)₂ 和 CO₂ 作用生成碳酸钙，经过一定时间，在桩周围逐渐形成坚硬外壳，桩体和硬壳土紧密结合。当桩体受力下沉时，二者之间摩阻力增大，硬壳土和桩体共同沉降，由于桩体面积增大，有利于提高承载力。

④ 当桩管打入土中时，产生横向挤密作用，增大土的密实度，减少压缩性，也有

利于提高地基承载力。

4.2.1　挤密法处理湿陷性黄土地基原理

湿陷性黄土是一种非饱和的欠压密土，具有大孔和垂直节理，在一定压力下受水浸湿，土结构迅速破坏，并产生显著附加下沉，对工程建设危害大。因此，国家标准《湿陷性黄土地区建筑规范》（GB 50025—2004）[3]规定，在湿陷性黄土地区进行建设，应根据湿陷性黄土的特点和工程要求，采取以地基处理为主的综合措施，防止地基受水浸湿引起湿陷，以保证建筑物的安全和正常使用。

湿陷性黄土地基处理，一般在其竖向或横向采用夯实挤密的方法，使处理范围内土的孔隙体积减小，干密度增大，压缩性降低，承载力提高，湿陷性消除。它与其他类土的地基处理为了提高承载力和减小压缩性的目的不完全相同，故其他类土的地基处理方法，对湿陷性黄土地基不一定适用。同样，处理湿陷性黄土地基的方法，对其他类土地基也不一定适用。

湿陷性黄土在天然湿度下，其压缩性较低，强度较高，但遇水浸湿时，土的强度显著降低，在附加压力或附加压力与土的饱和自重压力作用下引起的湿陷变形，是一种下沉量大、下沉速度较快的失稳性变形。工程实践表明，当工业与民用建筑物的地基不处理或处理不足时，建筑物在使用期间，由于各种原因的漏水或地下水位上升往往引起湿陷事故。因此，在湿陷性黄土地区进行工程建设，对建筑物地基需要采取处理措施，以改善土的物理力学性质，减小或消除湿陷性黄土地基因浸水引起湿陷变形，保证建筑物安全使用。

挤密法复合地基[4]是指天然地基在地基处理过程中部分土体得到增强，或被置换，或在天然地基中设置加筋材料，加固区是由基体（天然地基土体）和增强体两部分组成的人工地基。根据地基中增强体的方向又可分为水平向增强体复合地基和竖向增强体复合地基。近年来，随着国民经济建设的迅猛发展，基本建设规模不断扩大，愈来愈多的工程需要对天然地基进行人工处理，以满足结构物对地基承载力和变形的要求，保证结构物的安全和正常使用。地基处理作为一门实用性很强的学科，它的理论与实践正处于不断发展、完善之中，并日益受到了工程界及学术界的重视。尤其是湿陷性黄土地区，以其特有的土体结构特点和工程性能给工程建设带来了一定的难度，灰土挤密桩作为一种湿陷性黄土地基处理方法，是西北地区最早推广应用的一种以土治土的方法，其历史悠久，早已被人们所采用，并取得了良好的技术效果。随着技术的发展，灰土已被作为一种复合材料广泛应用于交通、土建等建筑工程中。但是复合地基的理论研究远远落后于复合地基的工程实践。以前的对处理地基性能的认识和评价已满足不了工程实践的发展，许多观点仍停留在经验认识上。进行挤密法复合地基理论研究，将有助于加深对复合地基工作机理的认识，促进地基处理技术更好地应用和更快地发展。因此，对灰土桩复合地基的工程性能做进一步研究探讨，具有一定的实际意义。

石灰桩挤密法处理湿陷性黄土地基，不仅能够消除黄土的湿陷性，还能提高地基承载力，降低土的压缩性，是一种既经济实惠又便于施工的地基处理方法。作为评价挤密处理效果的承载力提高幅度和有效加固深度这两个指标，都是设计人员通常根据上部结构要求提出的地基处理后的两个指标。

孔内深层强夯是最近几年发展起来的一种地基处理新技术，其在综合了重锤夯实、强力夯实、钻孔灌注桩、钢筋混凝土预制桩、灰土桩、碎石桩、双灰桩等地基处理技术的基础上，吸收其长处，抛弃其短处，集高动能、高压强、强挤密各效应于一体，是一种软弱土层的处理技术；并且在工程实践的进一步改进和发展中创造了独特的施工方法：孔内深层强夯处理地基技术。

4.2.2　湿陷性黄土地基处理的原则

根据湿陷性黄土规范规定[3]：

① 鉴于甲类建筑的重要性，地基受水浸湿的可能性和使用上对不均匀沉降的严格限制等与其他建筑物都有所不同，而且甲类建筑的投资规模大、工程造价高，一旦出问题，后果很严重，在政治上或经济上将会造成巨大影响和损失。为此，不允许甲类建筑出现任何破坏性的变形，也不允许因变形而影响使用，故对其处理从严，要求消除地基的全部湿陷量。

② 乙、丙类建筑涉及面广，地基处理过严，将增加建设投资，不符合我国湿陷性黄土地区现有的技术经济水平，因此只要求消除地基的部分湿陷量，然后根据地基处理的程度或剩余湿陷量的大小，采取相应的防水措施和结构措施，以弥补地基处理的不足，防止建筑物产生有害变形，确保其整体性和主体结构的安全。地基一旦受水浸湿，次要部位出现裂缝易于修复，并保持正常使用。

4.2.3　湿陷性黄土地基处理深度

湿陷性黄土地基的湿陷包括由基底附加压力与上覆土的饱和自重压力（以下简称外荷）引起的湿陷和仅由湿陷土体饱和自重压力引起的湿陷两种。由外荷引起的湿陷，在基础底面下产生竖向位移的同时，还伴随着明显的侧向位移，并与基础形式、基础面积及其压力大小有关。测试结果表明，由外荷引起的湿陷，通常发生在基础底面下一定深度（即受力层）的湿陷性黄土层内。而由浸湿土体的饱和自重压力引起的自重湿陷，往往发生在全部湿陷性黄土层内，并与湿陷性黄土层的厚度及自重湿陷性系数沿深度的分布有关。

湿陷性黄土地基的处理厚度，根据其变形范围，可分为处理湿陷变形范围内的全部湿陷性黄土层和处理湿陷变形范围内的部分湿陷性黄土层两种。前者在于消除建筑物地基全部湿陷量，后者在于消除建筑物地基部分湿陷量。

（1）消除建筑物地基全部湿陷量的处理厚度

试验研究结果表明，在非自重湿陷性黄土场地，仅在上覆土的自重压力下受水浸湿，往往不产生自重湿陷或自重湿陷量小于 7cm。在外荷作用下，建筑物地基受水浸湿后的湿陷变形范围，通常发生在基础底面以下各土层的湿陷起始压力值小于或等于该层地面处的附加压力与土自重压力之和的全部湿陷性黄土层内。湿陷变形范围以下的湿陷性黄土层，由于附加应力很小，地基即使充分受水浸湿，也不会产生湿陷变形，故对非自重湿陷性黄土地基，消除其全部湿陷量的处理厚度，应将基础底面以下附加压力与上覆土的饱和自重压力之和大于或等于湿陷起始压力的所有土层进行处理，即

$$p_{zi} + p_{czi} \leqslant p_{shi} \tag{4.1}$$

式中，p_{zi}——地基处理后下卧层顶面的附加压力，kPa；

p_{czi}——地基处理后下卧层顶面的土自重压力，kPa；

p_{shi}——地基处理后下卧层顶面土的湿陷起始压力，kPa。

当湿陷起始压力资料不能满足设计要求时，消除地基全部湿陷量的处理厚度，可按受压深度的下限确定，处理至附加压力等于自重压力 20%（即 $p_{zi} = 0.2p_{czi}$）的土层深度处。

在自重湿陷性黄土场地，建筑物地基浸水时，外荷湿陷与自重湿陷往往同时产生，处理基础底面以下部分湿陷性黄土层只能减小地基的湿陷量。欲消除建筑物地基的全部湿陷量，应处理基础底面以下的全部湿陷性黄土层。

（2）消除建筑物地基部分湿陷量的处理厚度

根据湿陷性黄土地基充分受水浸湿后的湿陷变形范围，要消除地基部分湿陷量，应主要处理基础底面以下湿陷性大（$\delta_s \geqslant 0.07$、$\delta_{zs} \geqslant 0.05$）及湿陷性较大（$\delta_s \geqslant 0.05$、$\delta_{zs} \geqslant 0.03$）的土层，因为贴近基底下的上述土层，附加应力大，并容易受管道和地沟等漏水引起湿陷事故，对建筑物的危害性较大。

大量工程实践表明，消除建筑物地基部分湿陷量的处理厚度太小时，一是地基处理后下部未处理湿陷性黄土层的剩余湿陷量大；二是防水效果不理想，难以做到阻止生产、生活用水以及大气降水自上而下渗入下部未处理的湿陷性黄土层，潜在的危害性未全部消除，因而不能保证建筑物地基不发生湿陷事故。

乙类建筑包括高度 24～60m 的建筑，其重要性仅次于甲类建筑，基础之间的沉降也不宜过大，避免建筑物产生不允许的倾斜或裂缝。

建筑物调查资料表明，地基处理后，当下部未处理湿陷性黄土层的剩余湿陷量大于 220mm 时，建筑物在使用期间地基受水浸湿，可产生严重及较严重的裂缝；当下部未处理湿陷性黄土层的剩余湿陷量大于 130mm 且小于 220mm 时，建筑物在使用期间地基受水浸湿，可产生轻微或较轻微的裂缝。

考虑地基处理后，特别是整片处理的土层，具有较好的防水、隔水作用，可保护下部未处理的湿陷性黄土层不受水或少受水浸湿，其剩余湿陷量则有可能不产生或不充分产生。

基于上述原因，对乙类建筑，要求消除地基部分湿陷量的最小处理厚度：在非自重湿陷性黄土场地，不应小于受压层厚度的 2/3；在自重湿陷性黄土场地，不应小于湿陷性黄土层的 2/3，且下部未处理湿陷性黄土层的剩余湿陷量不应大于 150mm。

当湿陷性黄土的厚度大或基底宽度大，处理 2/3 受压层或 2/3 湿陷性黄土厚度确有

困难时，在建筑物范围内可采用整片处理，其厚度：在非自重湿陷性黄土场地，不应小于 4m；在自重湿陷性黄土场地，不应小于 6m，且下部未处理湿陷性黄土的剩余湿陷量不应大于 150 mm。

4.2.4 湿陷性黄土地基处理宽度

建筑物的地基处理，在平面上可分为局部处理和整片处理。前者是在独立（方形或矩形）基础或条形基础底面下进行处理，使基底压力扩散，以减小下卧顶面的附加应力；后者是在整个建筑物的平面范围内（包括基础底面以下）进行处理，以增强防水效果。

在未处理的湿陷性黄土地基上所做的浸水荷载试验结果表明，面积较小的独立基础和条形基础下，土的侧向位移占总湿陷量的 40%～60%，其侧向位移范围一般发生在距基底边缘 0.5～0.75 倍的基础宽度内。因此，为防止或减小湿陷性黄土地基的湿陷变形，应将基础下可能发生侧向位移的所有土层包括在处理范围内，以阻止其侧向挤出。局部处理超出基础底面宽度：对非自重湿陷性黄土地基，每边不宜小于基础短边的 0.25 倍，并不应小于 0.5m；对自重湿陷性黄土地基，每边不宜小于基础短边长度的 0.75 倍，并不应小于 1.0m。也可分别按下式计算。

非自重湿陷性黄土地基

$$A = 1.5a(b + 0.5a) \tag{4.2}$$

自重湿陷性黄土地基

$$A = 2.5a(b + 1.5a) \tag{4.3}$$

式中，A——拟处理地基的面积，m^2；

a，b——基础底面短边和长边的长度，m。

4.3 石灰桩加固湿陷性黄土地基

4.3.1 石灰桩加固地基机理

石灰加入后，随石灰含量的增加，高液限黏土的液限降低，低液限黏土的液限却上升，最终趋于某一固定值，时间对它们的影响不大；对于黏性越大的土，加入石灰以后其渗透系数增加越大，细微的颗粒由于加入石灰而形成团粒结构，从而增大了孔径，有利于空隙水的通过[5]。但随着石灰含量、时间的增长其渗透系数减小，这可能是胶状物质堵塞空隙通道所致。石灰加入后，混合土的无侧限抗压强度在石灰含量小于 3%时较低，且随石灰含量的增加，强度的变化较快，含量大于 3%时提高较大，在 3%～8%范围内与石灰含量呈线性关系，变化幅度较小。

石灰桩是生石灰与水泥、砂土混合组成的一种复合建筑材料。生石灰之所以在建筑中得到广泛应用，主要是由于生石灰在与砂土混合后，遇到土中水分使生石灰发生化学变化，产生消化吸水、放热、膨胀、凝固等有利于提高灰土的整体性、结构强度和防渗能力等作用[6]。

生石灰即氧化钙，它遇水之后生成氢氧化钙。其化学反应式为

$$CaO+H_2O \longrightarrow Ca(OH)_2+15.6kcal/mol$$

（1）放热现象

从上面化学反应式中得知：1mol 的氧化钙能产生 15.6kcal 的热量。而 1mol 的氧化钙其质量为 56g，那么如果 1kg 的氧化钙在完成上述反应后将产生 278.6 kcal 的热量，其计算过程

$$56：15.6=1000：x$$

$$x=278.6kcal$$

此热量相当于 40g 标准煤（7000 kcal/kg）燃烧所产生的热量，数值可观。这些热量的放出有利于加速灰土周围土壤水分的蒸发和本身的固化过程，提高其结构强度。

（2）吸水现象

在上述反应式中，水的参与是发生和完成化学反应的必要条件。其数量可由氧化钙和水的分子量的比例求出，1 个氧化钙分子需要 1 个水分子参与生成 1 个氢氧化钙分子，而 CaO 分子量为 56，H_2O 分子量为 18，二者分子量之比，即 56：18=1：0.32。从理论上讲，要完成上述化学反应所需要水的重量为氧化钙重量的 0.32 倍。换言之，生石灰具有本身自重 0.32 倍的吸水能力。利用生石灰的这种吸水能力可以在含水量较大的地基土中掺入灰土以降低地基土壤的含水量，促进土体的固化。

（3）体积膨胀

参见以下化学反应式的体积变化：

$$CaO：H_2O：Ca(OH)_2 =\!=\!= 1：1.08：1.99$$

这就是说，生石灰遇水作用后其体积膨胀近 2 倍，正是基于生石灰遇水膨胀这一特性，在地基处理中，常常用石灰作为挤密桩注入松散地基土中，在石灰的膨胀作用下，将松散地基土挤密，提高地基土的承载能力。

（4）离子交换

由于氢氧化钙生成带两个正电荷的阳离子，它与土壤中的其他阳离子发生交换，在交换过程中产生相互吸附现象，这种吸附现象有利于土体的固化，同时土和石灰中的 SiO_2、Al_2O_3 等反应生成水化物使土体产生化学性固结现象。

（5）碳化反应

碳化现象的产生是由于氢氧化钙与空气中的二氧化碳起反应，生成固体的碳酸钙，碳酸钙为中性盐类物质，具有较高的强度，其反应式为

$$Ca(OH)_2+CO_2 \longrightarrow CaCO_3+H_2O$$

该化学反应同样有利于地基土壤力学性能的改善。

总之，在上述化学反应中发生的放热、吸水、膨胀、离子交换和碳化现象等，都有利于石灰桩和其周围土壤的硬凝、固化，提高地基土的承载能力。

4.3.2　灰土处理地基的作用

各种复合地基都具有以下几个或多个作用：桩体作用、垫层作用、排水作用和挤密作用。

（1）桩体作用

由于复合地基中桩体的刚度较周围土体要大，在刚性基础下产生等量变形，地基中应力将按两种材料的模量的大小进行分配，因此桩体上产生应力集中现象，桩间土应力相对减小，这样就使得复合地基承载力较原地基土的承载力有所提高，沉降量有所减小。各种复合地基都具备这种作用，而且随着柔性桩、半刚性桩和刚性桩的不同，其桩体作用发挥得更加明显。

（2）垫层作用

桩与桩间土形成一个复合土层，这一层土的力学特性比原自然地基土要好，起着换土、均匀应力、增大应力扩散的作用。在桩体没有完全贯穿整个软弱土层时，垫层的作用尤为明显。复合地基与下卧土层实际上形成了双层地基，各种复合地基也都具有这种作用。

（3）排水作用

碎（砂）石桩具有良好的透水作用，地基受荷后产生的超孔隙水压力可通过桩体得到扩散，以加速地基的固结沉降。

（4）挤密作用

首先对碎（砂）石桩、石灰桩、土桩等都是振动成桩，具有振动密实作用、侧向挤压和挤土作用；对石灰桩和粉体喷搅桩，桩体中的生石灰和水泥都具有吸水、发热和膨胀作用，对桩间土同样可起到一定的挤密作用。

4.3.3　石灰桩复合地基弹塑性分析

当灰土挤密膨胀时，桩孔周围的土被强制向外挤出，孔周一定范围内的土被压缩、扰动和重塑。在这里假定：灰土挤密膨胀时沿桩周土体受力情况按轴对称平面应变问题进行分析。

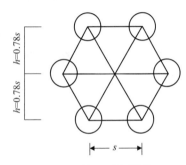

图 4.1　桩平面布置图

本书在此仅讨论如图 4.1 所示的灰土挤密桩情况。并且假定，土体的挤密基本是沿侧向发生的。

综上所述，本书对灰土挤密过程中桩间土的弹塑性分析作如下假定：

① 挤密成孔过程中孔周土体应力分析按平面应变问题进行。

② 土是均匀的各向同性的弹塑性材料。

③ 土体的屈服符合摩尔-库仑强度准则。

灰土挤密桩挤密过程，假定是在半无限体中扩张出一个与桩同直径的圆形孔。圆孔扩张课题是平面应变轴对称问题[7]，由于挤密桩为圆筒形，挤密后土体中的应力是轴对称的，故可采用极坐标法进行应力分析（图4.2和图4.3）。

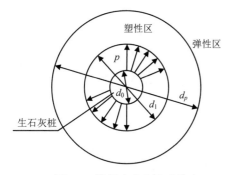

图 4.2　桩周应力和变形状态

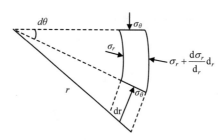

图 4.3　桩周应力状态示意图

（1）弹性分析

将灰土挤密膨胀以前的土体视作均质、连续的半无限弹性介质，则任意水平面内的自重应力（原始应力）呈现二向等压状态，即

$$\sigma_{cx} = \sigma_{cy} = \frac{\mu}{1-\mu}\sigma_z = \frac{u}{1-\mu}\gamma z \tag{4.4}$$

$$\tau_{xy} = \tau_{yz} = \tau_{zx} = 0 \tag{4.5}$$

灰土挤密膨胀过程中的桩周土体可视为一个很厚的厚壁圆筒，在半径很大处，径向应力和切向应力都等于土的原应力，$r \to \infty$ 时

$$\sigma_r = \sigma_0 = q = \frac{\mu}{1-\mu}\gamma z \tag{4.6}$$

在 $r = r_0$（桩半径）处，设桩壁上挤压力为 p_u，灰土桩与土之间的摩擦力为零，定义

$$p_u = p_{ou} + q \tag{4.7}$$

式中，p_{ou} 为孔壁上的压力增量，引用二向等压状态下圆形围岩弹性应力分析结果得

$$\sigma_r = \frac{B}{r^2} + A \tag{4.8}$$

$$\sigma_\theta = \frac{B}{r^2} + A \tag{4.9}$$

式中，B，A ——待定常数。

根据边界条件：$r = r_0$ 时，$\sigma = p_{ou} + q$；$r \to \infty$ 时 $\sigma_r = q$ 可得

$$\sigma_r = \frac{p_{ou}r_0^2}{r^2} + \frac{\mu}{1-\mu}\gamma z \tag{4.10}$$

$$\sigma_\theta = -\frac{p_{ou}r_0^2}{r^2} + \frac{\mu}{1-\mu}\gamma z \tag{4.11}$$

这种按弹性理论所得的桩周土体应力变化规律对挤密区以外的土体是适用的，但对挤密区（土体发生塑性屈服）的桩周土体是不合适的。

（2）塑性分析

平衡方程为

$$\frac{\mathrm{d}\sigma_r}{\mathrm{d}r} + \frac{\sigma_r - \sigma_\theta}{r} = 0 \tag{4.12}$$

摩尔-库仑的屈服条件为

$$\frac{1}{2}(\sigma_r - \sigma_\theta) = \frac{1}{2}(\sigma_r + \sigma_\theta)\sin\varphi + c\cos\varphi \tag{4.13}$$

结合式（4.12），求塑性区的应力分量

$$\frac{\mathrm{d}\sigma_r}{\mathrm{d}r} + \frac{2\sin\varphi}{1+\sin\varphi}\frac{\sigma_r}{r} + \frac{2c\cos\varphi}{1+\sin\varphi}\frac{1}{r} = 0 \tag{4.14}$$

令 $\quad \dfrac{2\sin\varphi}{1+\sin\varphi} = A$，$\quad \dfrac{2c\cos\varphi}{1+\sin\varphi} = B$，$\quad \dfrac{B}{A} = c\cot\varphi$

则上式改写为

$$\frac{\mathrm{d}\sigma_r}{\mathrm{d}r} + A\frac{\sigma_r}{r} + \frac{B}{r} = 0 \tag{4.15}$$

对该一阶线性微分方程可先求相应的齐次方程的通解，然后再求特解。

$$\frac{\mathrm{d}\sigma_r}{\mathrm{d}r} + A\frac{\sigma_r}{r} = 0 \tag{4.16}$$

$$\sigma_r = Dr^{-A} \tag{4.17}$$

式中，D ——积分常数。

利用常数变易法

$$\sigma_r = -\frac{B}{A} + \frac{D_1}{r^A} \tag{4.18}$$

式中，D_1 为积分常数。

当 $r = R_u$（孔径）时，边界条件 $\sigma_r = p_u$，其中 $p_u = p_{ou} + q$，代入得

$$D_1 = \left(p_u + \frac{B}{A}\right)R_u^A \tag{4.19}$$

得微分方程的解为

$$\sigma_r = (p_u + c\cot\varphi)\left(\frac{R_u}{r}\right)^{\frac{2\sin\varphi}{1+\sin\varphi}} - c\cot\varphi \tag{4.20}$$

将式（4.13）整理，得

$$\sigma_\theta = \frac{1-\sin\varphi}{1+\sin\varphi}\sigma_r - \frac{2c\cos\varphi}{1+\sin\varphi} \tag{4.21}$$

代入 $p_u = p_{ou} + q$，得

$$\sigma_r = \left(p_{ou} + \frac{\mu}{1+\mu}\gamma z + c\cot\varphi\right)\left(\frac{R_u}{r}\right)^{\frac{2\sin\varphi}{1+\sin\varphi}} - c\cot\varphi \tag{4.22}$$

$$\sigma_\theta = \frac{1-\sin\varphi}{1+\sin\varphi}\sigma_r - \frac{2c\cos\varphi}{1+\sin\varphi} \tag{4.23}$$

（3）灰土桩挤密影响区有效半径计算

按弹塑性材料计算时，弹性区的应力仍满足式（4.10）和式（4.11），此处 $r_0 = R_p$（塑性区半径）， p_{ou} 待求，则有

$$\sigma_r = \left(\frac{p_{ou}R_p^2}{r^2} + \frac{\mu}{1+\mu}\gamma z\right) \tag{4.24}$$

$$\sigma_\theta = \left(\frac{p_{ou}R_P^2}{r^2} + \frac{\mu}{1+\mu}\gamma z\right) \tag{4.25}$$

按照应力变化连续的原则，在 $r=R_p$ 处，满足摩尔-库仑强度理论， $r_0=R_p$ 代入式（4.13），得

$$\frac{1}{2}\left(2\frac{p_{ou}R_p^2}{1-\mu}\right) = \frac{1}{2}\left(2\frac{\mu}{1-\mu}\right)\gamma z + c\cos\varphi \tag{4.26}$$

$$p_{ou} = \left(\frac{\mu}{1-\mu}\gamma z + c\cos\varphi\right) \tag{4.27}$$

则弹性区的应力为

$$\sigma_r = \left(\frac{\mu}{1-\mu}\gamma z + c\cos\varphi\right)\frac{R_p^2}{r^2} + \frac{\mu}{1-\mu}\gamma z \tag{4.28}$$

$$\sigma_\theta = -\left(\frac{\mu}{1-\mu}\gamma z + c\cos\varphi\right)\frac{R_p^2}{r^2} + \frac{\mu}{1-\mu}\gamma z \tag{4.29}$$

在 $r=R_p$ 处，根据应力连续变化的原则，弹性区和塑性区应力相等，将式（4.28）和式（4.22）联立得

$$\left(p_{ou} + \frac{\mu}{1+\mu}\gamma z + c\cot\varphi\right)\left(\frac{R_u}{r}\right)^{\frac{2\sin\varphi}{1+\sin\varphi}} - c\cot\varphi = \left(\frac{\mu}{1-\mu}\gamma z + c\cos\varphi\right)\frac{R_p^2}{r^2} + \frac{\mu}{1-\mu}\gamma z \tag{4.30}$$

$$p_{ou} = \left[2\frac{\mu}{1-\mu}\gamma z + c(\cos\varphi+\cot\varphi)\right]\left(\frac{R_p}{R_u}\right)^{\frac{2\sin\varphi}{1+\sin\varphi}} - \left(\frac{\mu}{1-\mu}\gamma z + c\cot\varphi\right) \tag{4.31}$$

$$R_p = \frac{2\sin\varphi}{1+\sin\varphi}\sqrt{\frac{P_{ou} + \left(\frac{\mu}{1-\mu}\right)\gamma z + c\cot\varphi}{\frac{2\mu}{1-\mu}\gamma z + c(\cos\varphi+\cot\varphi)}}R_u \tag{4.32}$$

就有效挤密半径而言，浙江大学龚晓南教授于 1999 年根据理论分析推导出有效挤密半径 R 公式[8]

$$R_{\max} = R_u\sqrt{\frac{G}{c\cos\varphi + q\sin\varphi}} \tag{4.33}$$

式中， $R_{\max}$——最大有效挤密半径；

R_u——桩孔半径，桩孔直径 $d = 2R_u$；

c——土的黏聚力；

φ——土的内摩擦角；

q——土的原始固结压力；

G——土的剪切模量，$G = E_0 / 2(1 + \mu)$；

E_0, μ——土的变形模量及泊松比。

4.3.4　桩壁膨胀压力增量的计算[9]

灰土桩挤密扩张后体积变化等于弹性区体积变化与塑性区体积变化之和，即

$$\pi R_u^2 = \pi R_p^2 - \pi (R_p - u_p)^2 + \pi (R_p^2 - R_u^2) \Delta \tag{4.34}$$

式中，Δ——塑性区平均体积应变；

u_p——塑性区的边界径向位移。

展开式（4.34），略去 u_p^2 项，得

$$R_u^2(1 + \Delta) = 2u_p R_p + R_p^2 \Delta \tag{4.35}$$

将式（4.35）改写为

$$1 + \Delta = 2\mu_p \frac{R_P}{R_u^2} + \frac{R_p^2}{R_u^2} \Delta \tag{4.36}$$

当 $r = R_p$ 时，塑性区的边界径向位移用下式计算

$$u_p = \frac{1 + \mu}{E} R_p \sigma_p \tag{4.37}$$

式中，σ_p——塑性区边界的径向应力。

考虑土体中初始应力 $q = \frac{u}{1 - u} \gamma z$，则

$$u_p = \frac{1 + \mu}{E} R_p (\sigma_p - q) \tag{4.38}$$

由式（4.22）得

$$\sigma_r = \left(p_{ou} + \frac{\mu}{1 + \mu} \gamma z + c \cot \varphi \right) \left(\frac{R_u}{R_p} \right)^{\frac{2\sin\varphi}{1+\sin\varphi}} - c \cot \varphi \tag{4.39}$$

将式（4.39）代入式（4.38），得

$$u_p = \frac{1 + u}{E} R_p \left[\left(p_{ou} + \frac{u}{1 + u} \gamma z + c \cot \varphi \right) \left(\frac{R_u}{R_p} \right)^{\frac{2\sin\varphi}{1+\sin\varphi}} - (q + c \cot \varphi) \right] \tag{4.40}$$

将式（4.40）代入式（4.36），得

$$1 + \Delta = 2 \frac{R_p^2}{R_u^2} \frac{(1 + u)}{E} \left[\left(p_{ou} + \frac{u}{1 - u} \gamma z + c \cot \varphi \right) \left(\frac{R_u}{R_p} \right)^{\frac{2\sin\varphi}{1+\sin\varphi}} - (q + c \cot \varphi) \right] + \frac{R_p^2}{R_u^2} \Delta \tag{4.41}$$

在 $r = R_p$ 处，联立式（4.13）和式（4.19）整理，得

$$\left(p_{ou}+\frac{u}{1+u}\gamma z+c\cot\varphi\right)\left(\frac{R_u}{R_p}\right)^{\frac{2\sin\varphi}{1+\sin\varphi}}=\frac{2u}{1-u}\gamma z+c\cot\varphi(1+\sin\varphi) \tag{4.42}$$

由式（4.42）可知，若能确定 R_u/R_p 值，就能计算出桩壁压力增量最终值 p_{ou}，将式（4.42）代入式（4.41），得

$$2\frac{R_p^2}{R_u^2}\frac{(1+u)}{E}\left[\frac{2u}{1-u}\gamma z+c\cot\varphi(1+\sin\varphi)-(q+c\cot\varphi)\right]+\frac{R_p^2}{R_u^2}\Delta=1+\Delta \tag{4.43}$$

化简，得

$$\frac{R_p^2}{R_u^2}\left[\frac{2(1+u)\left(\dfrac{u}{1-u}\gamma z+c\cos\phi\right)}{E}+\Delta\right]=1+\Delta \tag{4.44}$$

上式改写为

$$\frac{R_p}{R_u}=\frac{\sqrt{1+\Delta}}{\sqrt{\dfrac{2(1+u)\left(\dfrac{u}{1-u}\gamma z+c\cos\varphi\right)}{E}+\Delta}} \tag{4.45}$$

将式（4.45）代入式（4.31），得

$$p_{ou}=\left[\frac{2u}{1-u}\gamma z+c(\cos\varphi+\cot\varphi)\right]\left[\frac{\sqrt{1+\Delta}}{\sqrt{\dfrac{2(1+u)\left(\dfrac{u}{1-u}\gamma z+c\cos\varphi\right)}{E}+\Delta}}\right]^{\frac{2\sin\varphi}{1+\sin\varphi}}-\left(\frac{u}{1-u}\gamma z+c\cot\varphi\right) \tag{4.46}$$

在上面关于塑性区体积变化影响的分析中，平均塑性应变 Δ 是作为已知值引进的。实际上，塑性体积应变 Δ 是塑性区内应力状态的函数，只有应力状态为已知值时，才有可能确定平均塑性应变值 Δ。为了克服这一困难，可采用下述迭代法求解。

① 先假定一个塑性区体积应变平均值 Δ_1，由上述分析可得到塑性区内的应力状态。

② 由步骤①计算得到的应力状态，根据本书中体积应变与应力的关系，确定修正的平均塑性体积应变 Δ_2。

③ 用修正的平均塑性体积应变 Δ_2，重复步骤①和②，直至 Δ_n 值与 Δ_{n-1} 值相差不大。这样，就可得到满意的解答。然后根据 Δ_n 值以及其他数据，就可确定桩壁压力增量 p_{ou}。

4.3.5 石灰桩复合地基热固结分析

（1）石灰桩复合地基温度场分析

将石灰桩桩周的土体简化为厚壁圆筒，内外半径分别为 r_1、r_2，其内外表面温度分别维持均匀恒定的温度 T_1 和 T_2。采用柱坐标系 (r,φ,z)，这就成为沿半径方向的一维导热问题，为了便于分析，先假定材料的热导率 K 等于常数。

导热方程为

$$\frac{\mathrm{d}}{\mathrm{d}r}\left(r\frac{\mathrm{d}T}{\mathrm{d}r}\right)=0 \tag{4.47}$$

边界条件

$r=r_1$ 时，$T=T_1$

$r=r_1$ 时，$T=T_2$

求解式（4.47）得

$$T=C_1\ln r+C_2 \tag{4.48}$$

由边界条件可得

$$C_1=\frac{T_2-T_1}{\ln(r_2/r_1)} \tag{4.49}$$

$$C_2=T_1-\ln r_1\frac{T_2-T_1}{\ln(r_2/r_1)} \tag{4.50}$$

从而可得温度分布

$$T=T_1+\frac{T_2-T_1}{\ln(r_2/r_1)}\ln(r/r_1) \tag{4.51}$$

（2）石灰桩复合地基热固结控制方程

土体在热、水、力等作用下的平衡方程为[10]

$$\sigma_{lm,m}+f_l=0 \tag{4.52}$$

根据有效应力原理及广义胡克定律

$$\sigma_{lm}=\lambda\varepsilon_v\delta_{lm}+2G\varepsilon_{lm}-X_0p\delta_{lm}-\beta_0\theta\delta_{lm} \tag{4.53}$$

由几何关系

$$\varepsilon_{lm}=\frac{1}{2}(u_{l,m}+u_{m,l}) \tag{4.54}$$

控制方程为

$$G\nabla^2u_l+(\lambda+G)\varepsilon_{v,l}-X_{0p,l}-\beta_{0\theta,l}+f_l=0 \tag{4.55}$$

式中，u_l —— 位移分量；

∇^2 —— Laplace 算子；

ε_v —— 体积应变；

p —— 孔隙水压力；

θ —— 温度增量；

λ，G —— Lame 常数；

f_l —— 体积力分量；

X_0，β_0 —— 耦合系数。

对于各向同性的两项多孔介质，考虑土骨架和孔隙水热膨胀效应的差异而引起的孔隙水压力，不考虑体积力，则方程组为

$$
\begin{cases}
G\nabla^2 u_x - (\lambda + G)\dfrac{\partial \varepsilon_v}{\partial x} = \dfrac{\partial p}{\partial x} + b'\dfrac{\partial \theta}{\partial x} \\[2mm]
G\nabla^2 u_y - (\lambda + G)\dfrac{\partial \varepsilon_v}{\partial y} = \dfrac{\partial p}{\partial y} + b'\dfrac{\partial \theta}{\partial y} \\[2mm]
G\nabla^2 u_z - (\lambda + G)\dfrac{\partial \varepsilon_v}{\partial z} = \dfrac{\partial p}{\partial z} + b'\dfrac{\partial \theta}{\partial z}
\end{cases}
\tag{4.56}
$$

其中，$b' = \alpha_s \dfrac{3\lambda + 2G}{3}$；

式中，u_x，u_y，u_z——x、y 和 z 方向的位移；

α_s——土颗粒的体积膨胀系数。

连续性条件

$$
\int_0^t \nabla v \mathrm{d}t = \varepsilon_v + \alpha_m \theta
\tag{4.57}
$$

其中，$\alpha_m = (1-n)\alpha_s + n\alpha_w$

式中，∇——梯度算子；

v——渗透矢量；

α_m——不排水条件下土体的热膨胀系数；

α_w——水的体积膨胀系数；

n——孔隙率。

达西定律

$$
v = -\dfrac{k}{\gamma_m}\Delta p
\tag{4.58}
$$

将式（4.58）代入式（4.57），得

$$
\varepsilon_v + \alpha_m \theta + \int_0^t \dfrac{k}{\gamma_m}\Delta p \mathrm{d}t = 0
\tag{4.59}
$$

式中，k——土体渗透系数；

γ_m——水的容重。

如果忽略对流的影响，则方程变为[11]

$$
-\int_0^t \nabla\left(\dfrac{h}{T_0}\right)\mathrm{d}t = -\int_0^t \dfrac{h}{T_0}\mathrm{d}t + \left(\dfrac{m}{T_0} - \beta^2 K'\right)\theta - \alpha_m p - \beta K' \varepsilon_v
\tag{4.60}
$$

式中，h——热通量矢量；

T_0——初始绝对温度；

q——热源的分布强度；

K'——土的有效体积模量；

p——排水条件下的热体积膨胀系数；

m——介质的总内热容，$m = (1-n)\rho_s c_s + n\rho_w c_w$，$\rho_w$ 和 ρ_s 分别为水和土颗粒的密度，c_w 和 c_s 分别为水和土颗粒的比热。

忽略耦合项，将傅里叶定律 $h = -K\nabla\theta$ 代入，则方程为

$$K\nabla^2\theta = m\frac{\partial\theta}{\partial t} - q \tag{4.61}$$

（3）石灰桩复合地基热固结解析

石灰桩的布孔原则是尽量减少未得到挤密的空白区域，因此，桩孔应尽量按照等边三角形排列，这样可使桩间土得到均匀挤密，因此，选取等边三角形布置，计算简图如图 4.4 所示。

图中 s_1 和 s_2 为横向和纵向桩心距，其值按下式确定[11]

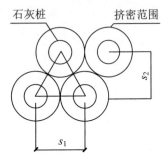

$$s_1 = 0.952D\sqrt{\frac{\gamma_d}{\gamma_d - \gamma_{d0}}} \tag{4.62}$$

$$s_2 = 0.866s_1 \tag{4.63}$$

式中，D——桩体实际直径；

γ_{d0}——加固深度内天然状态下土的平均干容重；

γ_d——挤密后桩间土的平均干容重。

假定最大挤密半径 R 范围内石灰桩圆柱形区域 V 内充满热源物质，其热能强度 q_v。

图 4.4 石灰桩平面布置

采用柱坐标进行分析，通过积分变换求解可得

$$\theta(r,t) = \frac{q_v}{4pK}\int_0^{R_{max}}\int_0^{2p}\int_{-\infty}^{\infty}\frac{1}{R}f\left(\frac{kt}{R^2}\right)\rho\mathrm{d}\rho\mathrm{d}\theta\mathrm{d}z \tag{4.64}$$

$$p(r,t) = \frac{Xq_v}{4pK(1-c/\kappa)}\int_0^{R_{max}}\int_0^{2p}\int_{-\infty}^{\infty}\frac{1}{R}\left[f\left(\frac{kt}{R^2}\right) - f\left(\frac{ct}{R^2}\right)\right]\rho\mathrm{d}\rho\mathrm{d}\theta\mathrm{d}z \tag{4.65}$$

$$u(r,t) = \frac{\alpha_m q_v r}{4pK}\int_0^{R_{max}}\int_0^{2p}\int_{-\infty}^{\infty}\frac{1}{R}\left[Yg\left(\frac{kt}{R^2}\right) - Zg\left(\frac{ct}{R^2}\right)\right]\rho\mathrm{d}\rho\mathrm{d}\theta\mathrm{d}z \tag{4.66}$$

其中，

$$R^2 = \rho^2 + r^2 - 2\rho r\cos\theta + z^2 \tag{4.67}$$

$$f\left(\frac{kt}{R^2}\right) = \mathrm{erfc}\left(\frac{R}{2\sqrt{kt}}\right) \tag{4.68}$$

$$g\left(\frac{kt}{R^2}\right) = \frac{kt}{R^2} + \left(\frac{1}{2} - \frac{kt}{R^2}\right)\mathrm{erfc}\left(\frac{R}{2\sqrt{kt}}\right) - \sqrt{\frac{kt}{pR^2}}e^{-\frac{R^2}{4kt}} \tag{4.69}$$

令无量纲时间因素 $T_m = \frac{kt}{r_0}$。

石灰桩通常用来加固饱和软黏土或湿陷性黄土，在石灰桩膨胀挤压和建筑物荷载作用下，桩间土孔隙水压力和温度上升，随着桩间土的固结，孔隙水压力减小，桩间土中有效应力提高，从而承载力提高。

工程中当超孔隙水压力消散，即固结基本完成时，相应建筑物的沉降也趋于稳定，固结随时间的变化曲线与建筑物的沉降曲线的变化是基本相似的。因此，可认为桩周土的固结是引起建筑物沉降的一个重要原因。

4.3.6 石灰桩复合地基温度场-渗流场-应力场耦合分析

（1）温度场-渗流场-应力场耦合控制方程

考虑到渗流对复合地基温度场的影响以及应力对渗流系数的影响，根据传热和渗流理论，可导出石灰桩复合地基温度场-渗流场-应力场耦合的微分方程

$$\begin{cases} \dfrac{\partial}{\partial x_j}\left[D_{ijkl}^{ep}\dfrac{\partial u_k}{\partial x_l}-(\gamma dT+\alpha_l p_l+\beta S_e)\delta_{ij}\right]+dF_i=0 \\[3mm] C_m\dfrac{\partial p_l}{\partial t}+\nabla\left[-\dfrac{k_l}{\eta_l}k_{rl}\nabla(p_l+\rho_l gD)\right]=Q_s \\[3mm] \rho_s C_s\dfrac{\partial T}{\partial t}+\nabla(-\lambda_s\nabla T)+\rho_l C_l\{u\}\nabla T=Q_t \end{cases} \tag{4.70}$$

式中，u_k —— 土体骨架位移；

$\quad D_{ijkl}^{ep}$ —— 弹塑性刚度张量；

$\quad x_i$ —— 空间坐标；

$\quad F_i$ —— 单元体力分量；

$\quad p_l$ —— 孔隙水压力；

$\quad \alpha_l$ —— 增量有效应力参数；

$\quad \delta_{ij}$ —— Kronecker 参数；

$\quad \gamma$ —— 复合地基的热膨胀系数；

$\quad \beta$ —— 黏土矿物的遇水膨胀系数；

$\quad S_e$ —— 土体内有效饱和度；

$\quad C_m$ —— 容水度；

$\quad k_l$ —— 渗透系数；

$\quad k_{rl}$ —— 相对渗透系数；

$\quad \eta_l$ —— 流体黏度系数，是温度的函数，$\eta_l=\eta(T)$；

$\quad \rho_l$ —— 流体密度，是温度的函数，$\rho_l=\rho(T)$；

$\quad Q_s$ —— 渗流源；

$\quad T$ —— 温度；

$\quad \rho_s$ —— 土体的密度；

$\quad C_s$ —— 土体的热容；

$\quad \lambda_s$ —— 热传导系数；

$\quad C_l$ —— 水的热容；

$\quad \{u\}$ —— 水的速度；

$\quad Q_t$ —— 热源。

（2）温度场-渗流场-应力场耦合方程的求解

该方程是非线性的，无法获得解析解，故采用数值计算方法进行求解。采用分步解耦的方法，分三步：第一步，对流-固耦合求解；第二步，对温度场和渗流场求解；第三

步，对上述两个耦合求解部分之间进行耦合迭代，考虑热应力等耦合，两者之间将参数作为对方动态耦合的边界条件，迭代到符合精度为止，达到三场全耦合求解的目标。

流-固耦合求解

$$[K]\{\Delta U\}^e = \{\Delta R\}^e \tag{4.71}$$

其中，$[K]$子矩阵为

$$\left[K_{ij} \right] = \begin{bmatrix} \left[K_{eij} \right] & \left[K_{cij} \right] & \alpha p_{tot} K_{cij} \\ \left[K_{cij} \right] & \theta \Delta t K_{sij} & 0 \\ \left[K_{vij} \right] & 0 & \left[K_{wij} \right] \end{bmatrix} \tag{4.72}$$

$\{\Delta U_i\}$ 子列阵为

$$\{\Delta U_i\}^e = \left[\Delta u_i, \Delta v_i, \Delta p_{toti}, \Delta S_{li} \right]^T, \quad i = 1, 2, \cdots, 6 \tag{4.73}$$

$\{\Delta R_i\}$ 子列阵为

$$\{\Delta R_i\}^e = \left[\Delta R_{ui}, \Delta R_{vi}, \Delta R_{si}, \Delta R_{li} \right]^T, \quad i = 1, 2, \cdots, 6 \tag{4.74}$$

式中，$[K]$——单元总刚度矩阵；

　　$[K_{eij}]$——单元刚度的子矩阵；

　$\alpha p_{tot} K_{cij}$——单元耦合矩阵的子矩阵元素；

　　$[K_{cij}]$——单元耦合矩阵的元素；

　$\theta \Delta t K_{sij}$——单元渗流矩阵的元素；

　　$[K_{vij}]$——单元耦合矩阵的变换矩阵；

　　$[K_{wij}]$——单元饱和度耦合矩阵；

　　$\{\Delta U\}^e$——有限元单元节点未知量增量；

　$\Delta u_i, \Delta v_i,$——单元节点的位移的两个分量；

$\Delta p_{toti}, \Delta S_{li}$——孔隙流体有效总压力和流体饱和度的增量；

　　$\{\Delta R\}^e$——单元节点等效荷载和流量增量矩阵；

$\Delta R_{ui}, \Delta R_{vi}$——单元节点 i 的等效荷载增量；

　　ΔR_{si}——流量增量、压力荷载增量和毛管压荷载增量之和；

　　ΔR_{li}——节点毛管压荷载增量。

温度场-渗流场耦合求解

$$[K]\{\Delta T\}^e = \{\Delta Q\}^e \tag{4.75}$$

其中，$[K]$子矩阵为

$$\left[K_{ij} \right] = \begin{bmatrix} \theta \Delta t K_{sij} + K_{sdij} & \theta \Delta t K_{slij} \\ \theta \Delta t K_{lsij} & \theta \Delta K_{lij} + K_{ldij} \end{bmatrix} \tag{4.76}$$

$\{\Delta T_i\}^e$ 子列阵为

$$\{\Delta T_i\}^e = \left[\Delta T_{si}, \Delta T_{li} \right]^T, \quad i = 1, 2, \cdots, 6 \tag{4.77}$$

$\{\Delta Q_i\}$ 子列阵为

$$\{\Delta Q_i\}^e = \left[\Delta Q_{si}, \Delta Q_{li} \right]^T, \quad i = 1, 2, \cdots, 6 \tag{4.78}$$

式中，　　$[K]$——单元温度场矩阵；

$\theta\Delta t K_{sij} + K_{sdij}$ ——土体介质温度场的单元矩阵元素；

$\theta\Delta t K_{slij}$ ——土体介质的单元孔隙流体温度系数矩阵元素；

$\theta\Delta t K_{lsij}$ ——由孔隙流体温度场方程得到土体单元温度的系数矩阵元素；

$\theta\Delta K_{lij} + K_{ldij}$ ——有孔隙流体温度场得到的单元孔隙温度的系数矩阵元素；

$\{\Delta T\}^e$ ——单元节点温度增量列阵；

$\Delta T_{si}, \Delta T_{li}$ ——单元节点的土体介质温度增量和孔隙流体温度增量；

$\{\Delta Q\}^e$ ——单元节点温度增量列阵；

$\Delta Q_{si}, \Delta Q_{li}$ ——单元节点 i 的等效温度荷载增量。

从而求解了温度场-渗流场的耦合，在流-固耦合的基础上，求得土体和孔隙流体的温度场，然后将温度场产生的热效应转化为广义的热荷载施加到土体骨架上，再进行土体与渗流的迭代计算，这样就实现了三场耦合的求解。

（3）石灰桩复合地基蠕变求解

蠕变应变增量可以表示为

$$d\{\varepsilon^c\} = d\bar{\varepsilon}\frac{\partial\bar{\sigma}}{\partial\{\sigma\}} \tag{4.79}$$

式中，$\bar{\varepsilon}$ ——等效蠕变变形；

$\bar{\sigma}$ ——等效应力，其表达式

$$\bar{\sigma} = \sqrt{\frac{3}{2}S_{ij}\delta_{ij}} \tag{4.80}$$

其中，

$$S_{ij} = \sigma_{ij} - \frac{1}{3}\delta_{ij}\sigma_{kk}; \quad \delta_{ij} = \begin{cases} 1 & i=j \\ 0 & i\neq j \end{cases} \tag{4.81}$$

由蠕变方程得

$$\bar{\varepsilon}^c = \left(\frac{\bar{\sigma}}{\sigma_{cT}}\right)^n\left(\frac{\dot{\varepsilon}^c t}{b}\right)^b \tag{4.82}$$

而

$$\sigma_{cT} = \sigma_{co}\left(1+\frac{T}{T_r}\right)^\omega \tag{4.83}$$

式中，$\sigma_{co}, n, b, \omega$ ——试验参数；

$\dot{\varepsilon}^c, T_r$ ——基准应变速率和参考温度；

t ——时间。

由式（4.80）和式（4.82）得

$$\{\Delta\varepsilon^c\} = b\left(\frac{\bar{\sigma}}{\sigma_{cT}}\right)^n\left(\frac{\dot{\varepsilon}^c}{b}\right)^b t^{b-1}\frac{\partial\bar{\sigma}}{\partial\{\sigma\}}\Delta t \tag{4.84}$$

从而可得由蠕变产生的等效节点荷载

$$\{\Delta R\} = \int [B]^T[D]\{\Delta\varepsilon^c\}dV \tag{4.85}$$

4.3.7　孔内深层强夯的工作机理及动力计算模型

（1）孔内深层强夯的工作机理

孔内深层强夯法（DDC）是挤密法在工艺上的一种创新[12]，是地基处理和环境工程领域内一次创新性的变革。该技术不仅可处理各类疑难地基，而且可将渣土"变废为宝"，用于地基处理可节约钢材、水泥，降低工程造价，更重要的是消除了无机固体垃圾对人类社会的污染。

该技术机理独特，用料广泛，工艺新颖，具有广泛的推广价值。这种新型的地基处理方法，是先成孔，再向孔内填料，以高压强高动能在孔内"自下而上"地使用各种无机固体材料进行地基处理，使填料向孔周及下部进行挤压。

孔内深层强夯与其他地基处理方法相比，有以下优点：①可处理各类疑难地基；②处理后地基承载力提高，$f_k = 300 \sim 600 \text{kPa}$；③消除湿陷、液化，抗震效果好；④具有"超动能""高压强"的技术特征；⑤处理地基深度可达 30m 左右；⑥施工效率高；⑦用料广泛，凡是无机固体材料均可使用；⑧施工公害小（噪声、振动、空气污染等）；⑨"变废为宝"，消除固体垃圾；⑩施工受季节影响小。

（2）孔内深层强夯的理论

孔内深层强夯的实质是动力固结问题[13]，对于落锤孔内深层强夯的冲击可认为属于轴对称问题，从而可得

$$2(1-\mu)\frac{\partial^2 v}{\partial r^2} + \frac{\partial^2 w}{\partial r \partial z} + (1-2\mu)\frac{\partial^2 v}{\partial z^2} + 2(1-\mu)\left(\frac{1}{r}\frac{\partial^2 v}{\partial r} - \frac{v}{r^2}\right) = \frac{2(1+\mu)(1-2\mu)}{E}\ddot{v} \quad (4.86)$$

$$2(1-\mu)\frac{\partial^2 w}{\partial z^2} + \frac{\partial^2 v}{\partial r \partial z} + (1-2\mu)\frac{\partial^2 v}{\partial r^2} + 2(1-\mu)\left(\frac{\partial v}{\partial z} - \frac{\partial w}{\partial r}\right) = \frac{2(1+\mu)(1-2\mu)}{E}\ddot{w} \quad (4.87)$$

式中，v，w——径向及竖向的位移。

初始条件

$$v(r,z,0) = \dot{v}(r,z,0) = \ddot{v}(r,z,0) = 0$$

方程的严格解析解很难得到，故采用有限差分法得到数值解。

（3）孔内深层强夯的动力简化计算模型

设孔内强夯作用是一种可重复的冲击载荷，由于孔内深层强夯作用的面积相对整个地基而言，可认为属于一维波的传播问题，于是动力控制方程为[14,15]

$$\rho_0 \frac{\partial^2 u}{\partial t^2} + \frac{\partial \sigma}{\partial x} = 0 \quad (4.88)$$

$$\rho \frac{\partial u}{\partial x} = \rho_0 \quad (4.89)$$

$$\varepsilon = 1 - \frac{\partial u}{\partial x} \quad (4.90)$$

$$\sigma = \begin{cases} E\varepsilon & \varepsilon \leqslant \varepsilon_s \\ E_1(\varepsilon - \varepsilon_s) + \sigma_s & \varepsilon \leqslant \varepsilon_s, \sigma_s = E\varepsilon_s \end{cases} \quad (4.91)$$

式中，ρ_0，ρ —— 初始密度及瞬时密度；

　　　　u，σ —— 位移与应力；

　　　　E —— 弹性模量；

　　　　E_1 —— 线性强化模量；

　　　　ε —— 应变。

式（4.90）与式（4.91）满足加载状态，当系统卸载时，满足以下方程

$$\sigma - \sigma_1 = E_2(\varepsilon - \varepsilon_1) \tag{4.92}$$

式中，E_2 —— 卸载模量；

　σ_1，ε_1 —— 卸载时应力和应变。

当夯锤接触到土体以后就有弹性波发生，且是一种激波，之后便是卸载波。因而夯锤 1 次打下后就会提升起来，逐步打 2 次、3 次等。激波之后，应力和应变将服从　　公式（4.92）。

假定激波后在卸载区域有 $\dfrac{\sigma}{E} = 1$，且 $\varepsilon = \varepsilon_1 = \varepsilon_1(x)$，而波前扰动的传播速度 $c_0 = \sqrt{\dfrac{E}{\rho_0}}$，波前后将是常参数流动区

$$\varepsilon = \varepsilon_s \tag{4.93}$$

$$\sigma = \sigma_s \tag{4.94}$$

$$u = (1 - \varepsilon_s)x + \varepsilon_s c_0 t \tag{4.95}$$

在此区域内应有恒值速度 $c_1 = \sqrt{\dfrac{E}{\rho_1}}$，即激波速度。由近似条件可得

$$\varepsilon = \varepsilon_1(x) \tag{4.96}$$

$$u = \int [1 - \varepsilon_1(\xi)]d\xi + [(1 - \varepsilon_s)c_1 + \varepsilon_s c_0]t \tag{4.97}$$

在式（4.97）中，在激波上的位移 $x = c_1 t$ 为连续，应变 $\varepsilon_1(x)$ 尚为未知。

将式（4.97）代入式（4.88）至式（4.91）后得

$$\sigma = \sigma_0(t) - \rho_0 \dot{v} x \tag{4.98}$$

$$v(t) = \frac{\partial u}{\partial t} \tag{4.99}$$

式中，σ_0 —— 作用在夯锤底面上 $x = 0$ 处的应力；

　$v(t)$ —— 波阵面后的质点速度，且与坐标 x 无关。

但可由波阵面上的条件得

$$\frac{\partial u}{\partial t}|_{x = c_1 t} - \varepsilon_s c_0 = c_1 [\varepsilon_1(c_1 t) - \varepsilon_s] \tag{4.100}$$

$$\sigma|_{x = c_1 t} - \sigma_s = \rho_0 c_1^2 [\varepsilon_1(c_1 t - \varepsilon_s)] \tag{4.101}$$

对于夯锤有

$$m\dot{v} = -\sigma_0(t) \tag{4.102}$$

式中，m —— 单位面积的夯锤质量。

将式（4.97）代入式（4.100），式（4.98~4.99）代入式（4.100）和式（4.102）后得

$$\sigma_0 - \rho_0 \dot{v} c_1 t - \sigma_s = \rho_0 c_1^2 [\varepsilon_1(c_1 t) - \varepsilon_s] \qquad (4.103)$$

$$m\dot{v} = -\sigma_0 \qquad (4.104)$$

若计入关系式

$$v(t) = \varepsilon_s c_0 + c_1 [\varepsilon_1(c_1 t) - \varepsilon_s] \qquad (4.105)$$

则可由式（4.103）、式（4.104）确定 $\sigma_0(t)$、$v(t)$、$\varepsilon_1(x)$。

由式（4.103）~式（4.105）中消去 $\sigma_0(t)$，得以下方程

$$(m + \rho_0 c_1^2 t)\dot{v} = -\rho_0 c_0^2 \varepsilon_s - \rho_0 c_1 (v - \varepsilon_s c_0) \qquad (4.106)$$

由初始条件

$$v(0) = v_0 = \sqrt{2gH} \qquad (4.107)$$

式中，H —— 夯锤落距高度。

从而可得

$$v = \frac{v_0 + \varepsilon_s c_0 \left(\dfrac{c_0}{c_1} - 1\right)}{1 + \dfrac{\rho_0 c_1}{m} t} - \varepsilon_s c_0 \left(\dfrac{c_0}{c_1} - 1\right) \qquad (4.108)$$

对于 $\varepsilon_1(c_1 t) = \varepsilon_1(x)$ 得

$$\varepsilon_1(x) = -\varepsilon_s \left[\left(\dfrac{c_0}{c_1}\right)^2 - 1\right] + \frac{\left(\dfrac{v_0}{c_1}\right) + \left(\dfrac{\varepsilon_s c_0}{c_1}\right)\left(\dfrac{c_0}{c_1} - 1\right)}{1 + \dfrac{\rho_0 x}{m}} \qquad (4.109)$$

式（4.109）给出了在波前应变的分布规律。产生塑性变形的深度为 x_1，可由 $\varepsilon_1(x_1) = \varepsilon_s$，代入式（4.109）求得。

可近似地按下列公式求得卸载后的残余变形 $\varepsilon^*(x)$

$$\varepsilon^*(x) = \varepsilon_1(x) - \frac{\sigma_1(x)}{E} \qquad (4.110)$$

$$\sigma_1(x) = \sigma_s + E_1[\varepsilon_1(x) - \varepsilon_s] \qquad (4.111)$$

或者

$$\varepsilon^*(x) = \varepsilon_1(x)\left[1 - \left(\dfrac{c_1}{c_0}\right)^2\right] - \varepsilon_s \left[\left(\dfrac{c_0}{c_2}\right)^2 - \left(\dfrac{c_1}{c_2}\right)^2\right] \qquad (4.112)$$

$$c_2^2 \equiv \rho_0 E_2 \qquad (4.113)$$

由式（4.109）和式（4.112）可得孔内深层强夯后的密度分布情况

$$\frac{\rho_1(x)}{\rho_0} = \frac{1}{1 - \varepsilon_1(x)} \qquad (4.114)$$

$$\frac{\rho^*(x)}{\rho_0} = \frac{1}{1 - \varepsilon^*(x)} \qquad (4.115)$$

对于重复冲击的问题，第一次冲击后沿 x 深度分布的 $\varepsilon_1(x)$ 为已知式——式（4.109）。

此时，式（4.91）中的 ε_s 代替 $\varepsilon_1(x)$。

4.4　复合地基承载力及变形计算

4.4.1　复合地基承载力[16]

复合地基承载力计算思路是分别确定桩体的承载力和桩间土承载力，再根据一定的原则叠加这两部分承载力得到复合地基的承载力。

基于刚性基础下桩土受力的平衡方程，假设桩体和土体同时达到破坏，或者是桩体和桩间土应力同时达到极限承载力而造成复合地基的破坏，得到复合地基极限承载力的组合公式如下

$$p_c = mp_p + (1-m)p_s \tag{4.116}$$

或

$$p_c = p_s + m(n-1)p_s \tag{4.117}$$

式中，p_c——复合地基极限承载力；

p_p——桩体极限承载力；

p_s——桩间土极限承载力；

m——置换率，即桩的断面面积与复合土体单元面积之比；

n——桩体应力和桩间土应力之比。

$$n = \frac{p_p}{p_s} \tag{4.118}$$

在实际工程应用中，建议以式（4.116）为基础，对桩间土极限承载力发挥度 λ 值进行对比分析，避免计算中的不安全因素。实际上，对于素土挤密桩复合地基、灰土挤密桩复合地基和生石灰挤密桩复合地基，桩体和桩间土达到破坏的程度不尽相同。因此，引入一个桩间土强度发挥系数 λ，极限承载力计算公式改进如下

$$p_c = mp_p + \lambda(1-m)p_s \tag{4.119}$$

式中，λ——桩体破坏时，桩间土极限承载力发挥程度，一般情况下，λ 取 0.4～1.0 之间，基于此提出了面积比公式和应力比公式。

（1）面积比公式

挤密桩复合地基的极限承载力 p_c 普遍表达式可用下式表示

$$p_c = K_1\lambda_1 mp_p + K_2\lambda_3(1-m)p_s \tag{4.120}$$

式中，p_p——单桩极限承载力，kPa；

p_s——天然地基极限承载力，kPa；

K_1——反映复合地基桩体实际极限承载力与单桩极限承载力不同的修正系数，一般大于 1.0；

K_2——反映复合地基中桩间土实际极限承载力与天然地基极限承载力不同的修正系数，其值视具体工程情况确定，可能大于 1.0，也可能小于 1.0；

λ_1——复合地基破坏时，桩体发挥其极限强度的比例，可称为桩体极限强度发挥度，若桩体先达到极限强度，引起复合地基破坏，则 $\lambda_1 = 1.0$；若桩间土比桩体先达到极限强度，则 $\lambda_1 < 1.0$；

λ_2——复合地基破坏时，桩间土发挥其极限强度的比例，可称为桩间土极限强度发挥度，一般情况下，复合地基中往往桩体先达到极限强度，λ_2 通常在 $0.4 \sim 1.0$ 之间；

m——复合地基置换率。

系数 K_1 主要反映复合地基中桩体实际极限承载力与自由单桩载荷试验测得的桩体极限承载力的区别。复合地基中桩体实际极限承载力一般比单桩载荷试验得到的更大。其机理是作用在桩间土上的荷载和作用在邻桩上的荷载两者对桩间土的作用造成了对桩体的侧压力增加，使桩体极限承载力提高。系数 K_2 主要反映复合地基中桩间土实际极限承载力与天然地基极限承载力的区别。K_2 的影响因素很多，如桩的设置过程中对桩间土结构的扰动、成桩过程中对桩间土的挤密作用、桩体对桩间土的侧限作用、生石灰桩间土的物理-化学作用、桩间土在荷载作用下固结引起土的抗剪强度的提高等。上述影响因素中除对土结构扰动将使土的强度降低为不利因素外，其他影响因素均能不同程度地提高桩间土强度，提高地基土的极限承载力。总之系数 K_1 和 K_2 与工程地质情况、桩体设置方法、桩体材料等因素有关。

（2）应力比公式

若能有效地确定复合地基中桩体和桩间土的实际极限承载力，则承载力计算式可改写为

$$p_c = K_1 \frac{p_p}{n}[1+m(n-1)] \tag{4.121}$$

$$p_c = K_2 p_s [1+m(n-1)] \tag{4.122}$$

式中，n——复合地基桩土应力比。

若桩间土先发生破坏，则采用式（4.121）；若桩体先发生破坏采用式（4.122）；若桩体和桩间土同时发生破坏，两式均用，计算结果取小者，以偏于安全。

龚晓南教授指出桩间土极限承载力取相应的天然地基极限承载力；桩体的极限承载力视桩的类型而采用不同的公式。但柔性桩承载力计算理论尚不成熟，通常根据下述两种情况确定。

① 根据桩身材料强度计算承载力，即

$$p_p = A_p q_u \tag{4.123}$$

式中，q_u——桩体抗压强度标准值；

A_p——桩身横断面面积。

② 与刚性桩相同，根据桩侧摩阻力和桩端端阻力计算承载力，即

$$p_p = \sum_{i=1}^{N} U_p f_i l_i + \alpha A_p q_p \tag{4.124}$$

式中，N——桩长范围内土的层数；

l_i——每层土的厚度；

f_i——不同土层的极限摩阻力；

q_p——桩端天然地基土的极限承载力；

α——折减系数。

式（4.123）和式（4.124）二者中取较小值为桩的承载力。

挤密桩复合地基中影响桩土应力比的因素主要有以下几点。

① 荷载水平：当荷载较小时，荷载通过垫层比较均匀地传递到桩和桩间土上，随着复合地基压缩变形的增大，桩上应力增长速度加剧，桩间土承担荷载增长速率要明显低于桩承担荷载的增长速率。垫层的作用就是适当减弱桩承担荷载的增长速率，而适当提高桩间土承担荷载的增长速率。在不同的荷载水平下，桩体对垫层的向上刺入变形不同，导致荷载在桩土间的分配比例也相应变化。

② 桩土模量比：通常情况下，建筑结构基础传来的荷载是确定的，此时桩土应力比主要受桩土模量相对大小控制，桩土模量比越大，则桩土应力比也越大。在本书所研究的三种挤密桩复合地基中，由于生石灰挤密桩复合地基中生石灰吸水膨胀，膨胀力对桩间土产生二次挤密作用，所以桩间土的密实度更高、孔隙比更低、干密度和摩擦角更大，承载能力会变大。

③ 桩长：当桩土模量比较小时，桩长对桩土应力比的影响不明显。而当桩土模量比较大时，桩土应力比随着桩长的加大而显著地增大。

④ 时间：一般情况下，桩土应力比随时间的延长而逐步加大。

4.4.2 复合地基变形

挤密桩复合地基是一种柔性桩复合地基，对柔性桩而言，在荷载作用下桩身变形较大，桩端受力较小，桩体所承担的荷载向周围的土体中扩散较多。

素土挤密桩和灰土挤密桩复合地基施工工艺基本相同，即先成孔，再分段填料，分段夯实。成孔过程中，桩孔部位的土体被挤向外围，分段夯实填料过程中，桩周土体进一步挤密，成桩过程中，横向挤密一定范围的土体。生石灰挤密桩是在桩孔中灌入新鲜生石灰块复合填料，分层夯实后形成石灰桩桩体，生石灰吸收桩周土中水分发生消化反应，与素土挤密桩和灰土挤密桩复合地基相比，生石灰桩的体积膨胀对桩间土产生二次挤密作用，对桩间土的挤密效果要好于前两种挤密桩复合地基。

在复合地基沉降计算中，通常将其沉降量分为两部分，即复合地基加固区压缩量 S_1 与复合地基加固区的下卧层压缩量 S_2，于是总沉降为

$$S = S_1 + S_2 \tag{4.125}$$

其中加固层采用的计算方法有复合模量法（E_c 法）、压力修正法（E_s 法）、桩身压缩量法（E_p 法）等。下卧层通常采用分层总和法，其作用荷载计算方法有应力扩散法、等效实体法、当层法、改进 Geddes 法。

在现阶段的复合地基设计中，主要采用复合模量法计算加固区的沉降，它是将复合

地基加固区中的增强体和基体两部分视为一个复合土体,复合模量取桩、土加权平均值,公式如下

$$E_c = mE_p + (1-m)E_s \qquad (4.126)$$

式中,m——复合地基面积置换率;

E_p,E_s——桩和桩间土的压缩模量。

张土乔采用弹性力学理论方法[17],取复合圆柱体并假设桩、桩间土等应变,在圆柱坐标中引入 Airy 应力函数,根据复合地基总应变能等于桩体应变能和桩间土应变能之和的原理得到复合模量计算公式

$$E_c = mE_p + (1-m)E_s + \frac{4(\mu_p - \mu_s)^2 K_p K_s G_s (1-m)m}{K_p K_s + G_s[mK_p + (1-m)K_s]} \qquad (4.127)$$

式中,E_c,E_p,E_s——复合模量,桩的压缩模量,土的压缩模量;

μ_p,μ_s——桩体,桩间土的泊松比;

G_s——土体剪切模量;

m——桩的面积置换率。

$$K_p = \frac{E_p}{2(1+\mu_p)(1-2\mu_p)} \qquad (4.128)$$

$$K_s = \frac{E_s}{2(1+\mu_s)(1-2\mu_s)} \qquad (4.129)$$

式(4.127)中第三项一般很小,若予以忽略则得 $E_c = mE_p + (1-m)E_s$,此时与面积加权平均法计算公式相同。

复合模量也可通过室内复合体试验确定。潘秋元通过室内和现场试验[18],认为复合地基的复合模量与置换率并非线性关系,建议

$$E_c = \beta[mE_p + (1-m)E_s] \qquad (4.130)$$

式中,β——修正系数,与应力水平有关。

应力修正法是根据桩间土分担的荷载,按照桩间土的压缩模量,采用分层总和法计算桩间土的压缩量,作为加固层的压缩量。加固区的压缩量等于天然地基相应荷载下的压缩量乘以应力折减系数。

桩身压缩量法是根据作用在复合地基中桩体上的荷载和桩体变形模量计算桩身压缩量,作为加固区的压缩变形。其假定是桩体不会刺入下卧层。

Goughnour(1983)所提出的应变折减方法,是把由单桩及其周围等效影响范围内的土体组成的圆柱体作为代表性单元来考虑,将单元中任意一点的垂直应变与未加固时相同荷载引起的垂直应变 ε_0 之比定义为应变折减因子 R,并分弹性和塑性两种情况计算,并取两者其大者作用采用值,分层累加,求得总的压缩量,即应变修正法。

《建筑地基处理技术规范》(JGJ 79—2012)中计算复合地基的复合模量公式为式(4.126)。

以上研究成果表明,人们对复合地基的认识已达到了一定的深度,并总结出了不少分析复合地基承载力和沉降的方法。在这些方法中将复合地基作为整体考虑,忽略了桩

与基土的相互作用；分析单桩荷载传递规律时，或者传递函数复杂，或者未考虑桩周土分担荷载对传递规律的影响，因而不能完全反映复合地基的工作性状。

4.5 案例分析[19]

4.5.1 工程概况

兰州某油气站场项目位于兰州市西固区南山，站场包括办公区和设备区两部分等。根据"岩土工程勘察报告"及"岩土工程补充勘察报告"，拟建场地地貌单元属黄河南岸Ⅱ级阶地后缘。场地地层由第四纪全新统冲、洪积物和第三纪中新统红色泥岩组成。地层自上而下依次为：

杂填土：分布于整个场地，厚度 1～3.6m。

黄土状粉土间夹角砾层或角砾透镜体：厚度 14.5～18.6m。黄土状粉土呈浅黄色，孔隙发育，稍湿、稍密，以中压缩性为主。该层中、上部黄土状粉土具湿陷性及自重湿陷性，湿陷程度以轻微为主。湿陷性土层下限深度按16m考虑。角砾级配良好，稍湿、稍密，充填物以粗砂为主，细颗粒含量一般为20%～30%。据地勘报告，该层中角砾占很大比例。

粉质黏土：层面埋深 17.4～21.5m，层面标高 1557.87～1559.87m，层厚 3.4～8.7m。很湿—饱和。为进一步探明该层的物理力学性能，本次试验用静力触探方法作了补充勘察。

卵石层：层面埋深 23.4～26.6m，层面标高 1550.29～1553.87m，层厚 4.7～10.2m。稍密—中密，级配良好，充填物以粉细砂及圆砾为主。

强风化泥岩：层面埋深 30.1～34.3m，层面标高 1542.95～1547.07m，最大揭露深度5.0m未穿透。棕红色，泥质胶结，具水平层理。局部为泥质砂岩。

地下水位埋深为 19.8～20.6m，水位高程为 1556.25～1557.42m，属地下潜水。

4.5.2 地基处理方案及设计要求

采用挤密桩和DDC对湿陷性黄土进行地基处理，具体要求如下。

① 处理后 E 轴以南地基承载力特征值≥300kN/m²，E 轴以北地基承载力特征值≥200 kN/m²。

② 地下室垫层以下地基处理自上至下依次为：灰土厚 2m，级配砂石厚 4.5m 左右，复合地基（高层区厚 7m 左右，多层区厚 4m 左右）。

③ 要求灰土垫层压缩模量 E_s>18MPa；压实系数>0.95；级配砂石垫层压缩模量 E_s>22MPa；压实系数>0.96；复合地基压缩模量 E_s>25MPa。

④ 换填部分压力扩散角>38°。

⑤ 以上所要求的数据均需通过载荷试验确定。

拟建建筑物±0.00 标高为 1577.40m，基础埋深约 6m，灰土厚 2m，级配砂石厚 4.5m。

本次试验场地开挖标高为 1565.30m，试验时挖除 0.5m 厚的松动层后，复合地基顶面标高为 1564.80m。

铺设了三种类型的垫层：三七灰土垫层、天然级配砂卵石垫层及角砾垫层。增加角砾垫层，是考虑到本场地地表以下 12m 范围内，分布有大量的角砾层，其级配良好，充填物以粗砂为主。

三七灰土中的土料为现场开挖的黄土状粉土。级配砂卵石是当地采购的天然级配砂卵石。角砾由现场开挖取得。铺设时均剔除了粒径大于 100mm 的粗颗粒（据《建筑地基基础工程施工质量验收规范》（GB 50202—2002）要求）。两者的不均匀系数 c_u 分别为 57.0 及 28.6，级配良好。各种填料的最大干密度及最优含水率如表 4.1 所示。

表 4.1　最大干密度及最优含水率

填料种类	黄土状粉土	三七灰土	砂卵石	角砾
最大干密度/（g/cm³）	1.70	1.58	2.33	2.37
最优含水率/%	14.17	20.50	3.37	3.23

每种试验用垫层铺设面积约 100m²，厚 1.5m。施工时采用 12t 振动压路机分 5 层碾压，每层虚铺厚度约 350mm，碾压遍数不少于 5 遍。施工过程中分层检测其密实度，灰土垫层采用环刀法，砂卵石及角砾垫层采用灌砂法，每层的检测点不少于 3 处。灰土的压实系数＞0.95，砂卵石及角砾垫层的压实系数＞0.96。

复合地基选用两种，碎石桩挤密地基及水泥灰土桩挤密地基。碎石桩填料为现场开挖的角砾；水泥灰土的配比为：二八灰土加其干料重量 7%的水泥。水泥土在标准养护条件下，28 天的立方体抗压强度为 3.4MPa。由于沉管挤密法无法穿透角砾夹层，采用了预钻孔孔内重夯挤密法。其施工工艺为：长螺旋钻机钻孔（本工程钻孔直径 400mm）→清理并运走孔口土方→夯机就位进行底夯后分层回填夯扩至孔顶（本工程夯锤重 1.6t）。沉管挤密时，桩间土挤密发生在沉管过程中；孔内重夯挤密时，桩间土挤密发生在填料夯扩过程中，故要求夯击能量要大。

试验区桩孔按等边三角形布置，桩心距 2.25d 为 900mm，桩长 7m，桩底端标高为 1558.30m，要求夯扩完成后桩体直径达到 500mm。成桩后开剖表明，此要求可达到。复合地基置换率为 27.98%。施工时的夯击参数如表 4.2 所示。

表 4.2　夯击参数

夯击部位	填料高度/m	夯锤落高/m	夯击次数
底夯	0	5～6	6～8
桩身	1.0	5～6	8～10
桩身（地面以下 2m 范围）	0.5	5～6	8～10

注：桩身夯击时不仅要达到夯击次数，且最后的锤击声应清脆。

4.5.3　挤密法复合地基分析

（1）弹塑性分析及膨胀压力

图 4.5 给出了石灰桩径向应力变化规律。图 4.6 给出了石灰桩复合地基经向位移变化规律。我们同何永强的试验值[20]进行了对比。何永强的试验为国家重点项目：兰州金川金属材料科技有限公司 5000t 镍及镍合金线材生产线车间建设工程，在该建筑场地内进行生石灰挤密桩复合地基的试验研究，试验场地石灰桩布置如图 4.7 所示。在生石灰桩周土中预埋设土压力盒，来测试生石灰桩在膨胀过程中压力的变化规律，如图 4.8 所示。

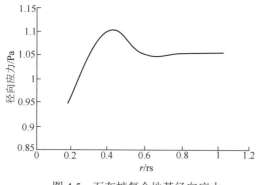

图 4.5　石灰桩复合地基径向应力

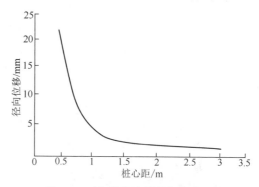

图 4.6　石灰桩复合地基径向位移

图 4.7　石灰桩平面布置

图 4.8　压力盒布置

压力盒埋设时间为 2008 年 8 月 25 日，测试时间自 2008 年 8 月 25 日至 2009 年 9 月 28 日，共计 394 天。图 4.9 给出了试验测试和理论计算结果，由图可以看出二者比较接近，说明作者提出的计算方法是实用、可靠的。

为了验证本书方法的正确性及有效性，采用有限元软件进行了对比分析，有限元模型如图 4.10 所示。

图 4.11（a）为复合地基竖向变形图。由图可以得到，最大位移发生在布桩的位置，沿着桩径的增大，位移逐渐减小，这主要是由于在固结作用下孔隙水压力消散造成的，而且在桩顶附近尤为明显。桩左右边界附近均有一定量的隆起，但是隆起量不大，对工程不会造成太大的影响，在地基稳定性的模拟与计算中，桩左右的隆起所产生的影响是不可忽视的。图 4.11（b）为复合地基内部变形图。由图可以得到，最大变形也发生在地面桩端附近的一段，与实测结果比较接近。

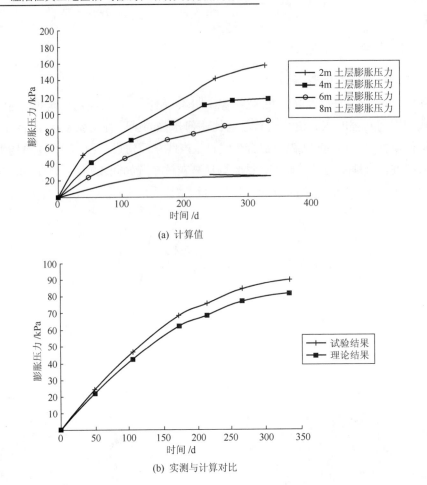

(a) 计算值

(b) 实测与计算对比

图 4.9　石灰桩膨胀压力

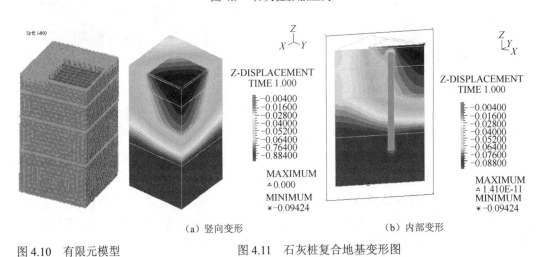

（a）竖向变形　　　　　　　　　（b）内部变形

图 4.10　有限元模型　　　　　　图 4.11　石灰桩复合地基变形图

图 4.12 中给出距桩心不同距离处归一化温度 $\theta/\theta_{\max}$ 随时间因素 T_m 的变化规律。可见，在时间较小时，无论是距挤密桩中心较远处，还是在挤密桩侧表面，其温度均较小。

随着时间的增长，温度持续升高并逐渐向远处扩散。

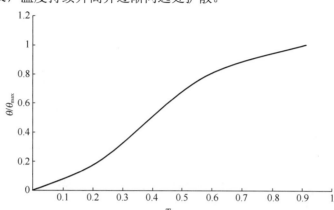

图 4.12　归一化温度 $\theta/\theta_{\max}$ 随时间因素 T_m 的变化规律

（2）石灰桩复合地基热固结分析

图 4.13 给出归一化孔隙水压力 $p/p_{\max}$ 随时间因素 T_m 的变化规律。由图可以看出，随着时间的增长，孔隙水压力值出现先增大而后减小的规律。这是由于在时间较早时，随着温度的升高，土颗粒和孔隙水热体积膨胀的差异诱致了孔隙水压力的产生和增长，但随着土体热固结作用的发挥，使孔隙水压力消散，并最终趋于零。

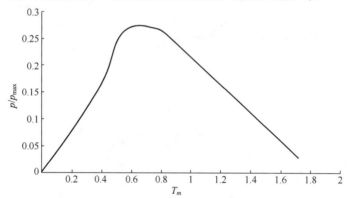

图 4.13　归一化孔隙水压力 $p/p_{\max}$ 随时间因素 T_m 的变化规律

图 4.14 给出了径向位移与该处变形稳定后的位移 u_f 之比随时间因素 T_m 的变化规律。由图可以看出，随着 r/r_0 的增大，位移峰值的出现相应滞后，与孔隙水压力的发展相对应。

（3）石灰桩复合地基温度场-渗流场-应力场耦合分析

图 4.15 给出了石灰桩复合地基三场耦合作用下桩及桩周土的应力分布，由图可以得到随着深度的增加，桩间土所承受荷载逐渐增大，桩身所承受荷载大幅度减小，荷载值有接近的趋势，到桩底部，桩间土所承受荷载反而比桩身所承受荷载大。挤密桩复合地基的这种特性正是体现了复合地基桩和土共同承担荷载的特点。

图 4.16～图 4.18 给出了桩周土体温度场、应力场和位移场等值线，由图可以发现桩周温度，应力和位移沿径向均逐渐减小，与大型有限元软件模拟结果变化趋势相同。

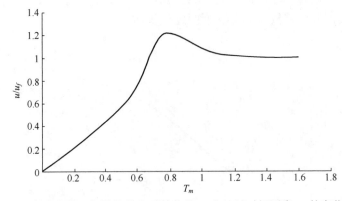

图 4.14   径向位移 u 与该处稳定后的位移 u_f 之比随时间因素 T_m 的变化规律

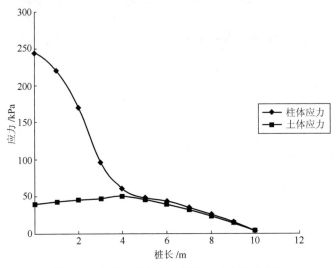

图 4.15   生石灰桩复合地基桩土应力对比曲线

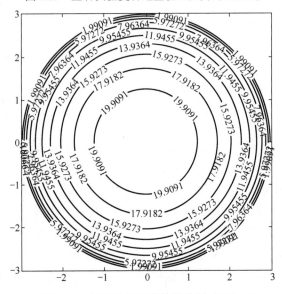

图 4.16   桩周土体温度等值线图（℃）

图 4.19 给出了孔内强夯后位移分布情况，由图可以得到竖向位移和水平位移在强夯面处最大，随着深度逐渐减小。

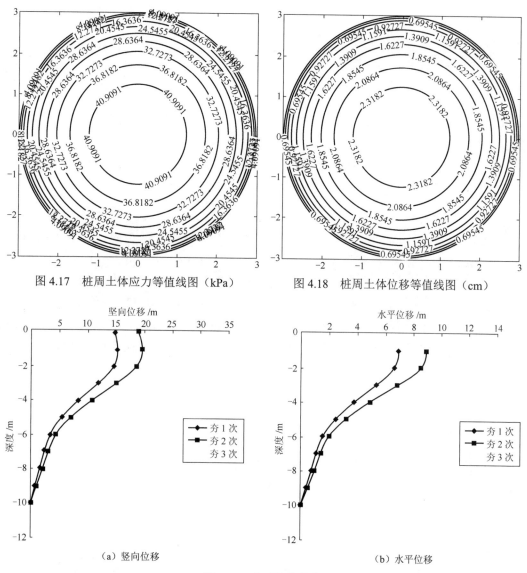

图 4.17 桩周土体应力等值线图（kPa）　　图 4.18 桩周土体位移等值线图（cm）

（a）竖向位移　　　　　　　　（b）水平位移

图 4.19 夯后位移分布

图 4.20 孔隙水压力沿径向变化情况，由图可以看出，孔压沿着径向逐渐减小。

（4）石灰桩和 DDC 处理地基效果对比分析

1）石灰桩处理地基效果分析：

当 $x=（0.5\sim0.75）d$ 时，干密度 $\rho_d=1.61\sim1.66$ g/cm^3 增加 32%～36%（即密实度增长系数 $K_c=1.32\sim1.36$），达到最大干密度的 95%～98%（即密实系数 $D=0.95\sim0.98$）接近于天然湿度下的最大密实系数[图 4.21（a）]，曲线变化比较平缓，土桩桩边形如环包了一层硬壳。

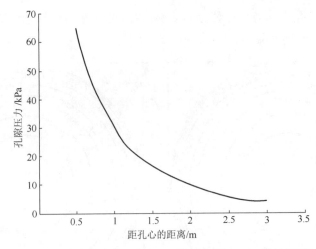

图 4.20　孔隙水压力径向分布（3 次夯击后 10min 的计算值）

当 $x=(0.75\sim1)d$ 时，$\rho_d=1.46\sim1.46\text{g/cm}^3$，增加 $19\%\sim32\%(K_c=1.19\sim1.32)$，$D=0.86\sim$ 0.95，曲线变化显著；当小于 $x=(1\sim1.25)d$ 时，$\rho_d=1.38\sim1.46\text{g/cm}^3$，增加 $13\%\sim$ $19\%(K_c=1.13\sim1.19)$，$D=0.82\sim0.86$，曲线没有前者变化显著；当 $x=(1.25\sim1.5)d$，$\rho_d=1.33\sim1.38\text{g/cm}^3$，增加 $9\%\sim13\%(K_c=1.09\sim1.13)$，$D=0.79\sim0.82$，曲线变化平缓；当 $x>1.5d$ 时，$\rho_d<1.33\text{g/cm}^3$；增加不大于 9%（$K_c>1.09$），$D<0.79$，曲线变化及其平缓 [图 4.21（b）]，接近天然的密实度，但距离桩心 3 倍桩径处，往往受到轻微挤密作用。

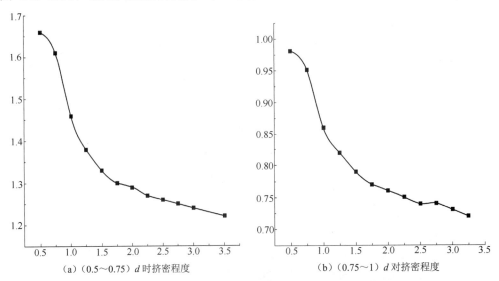

（a）（0.5~0.75）d 时挤密程度　　　　（b）（0.75~1）d 对挤密程度

图 4.21　土桩单桩桩周土挤密程度沿径向变化规律

图 4.22（a）是单桩桩周土在天然湿度及饱水两种状态下的压缩系数沿径向的变化规律。从图中可见，天然湿度状态下，当 $x>1.5d$ 时，α_{1-2} 基本上都大于 0.5MPa^{-1}，为高压缩性土，当 $x=(0.75\sim1.5)d$ 时常属中等压缩性，当 $x=(0.5\sim0.75)d$ 时一般达到或接近低压缩性。在饱水状态下当 $x>1.5d$ 时，α_{1-2} 都大于 0.9MPa^{-1}，当 $x<d$ 时，常属中、低压缩性。

从图 4.22（b）中还可以看出，当 $D>79\%$ 时，在天然湿度状态下，可显示出中压缩性，甚至低压缩性。$D>86\%$ 时，在饱水状态下，也可显示出中压缩性，甚至低压缩性，桩周某点土的压缩系数将随着该点到桩心距的增大而增大，其变化规律与单桩桩周土密实度的规律性相似。

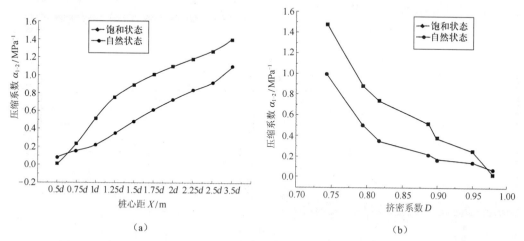

（a）　　　　　　　　　　　　　　（b）

图 4.22　自然状态和饱水状态下压缩系数随桩心距和挤密系数的变化关系曲线图

石灰桩挤密复合地基加固处理后，桩间土自重湿陷系数 δ_{zs} 标准值为 $0.002 \sim 0.003$，湿陷系数 δ_s 标准值为 $0.000 \sim 0.004$，根据《湿陷性黄土地区建筑规范》（GB 50025—2004）[2] 规定，桩间土的湿陷性已消除；压缩系数 α_{1-2} 标准值为 $0.09 \sim 0.12$，压缩模量 E_{s1-2} 标准值为 $16.1 \sim 21.5\text{MPa}$，属中低压缩性土，压缩性较天然地基土有明显降低；黏聚力 C 标准值为 $33.9 \sim 39.0\text{kPa}$，内摩擦角 φ 标准值为 $34.3° \sim 35.6°$，抗剪强度较天然地基土有明显提高；孔隙比 e_0 标准值为 $0.707 \sim 0.716$，孔隙比较天然地基土有明显降低；桩间土

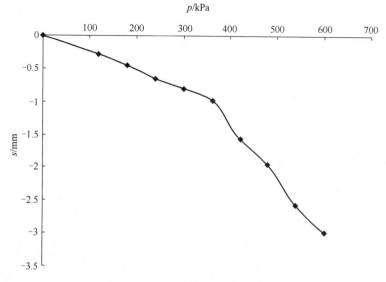

图 4.23　石灰桩复合地基 p-s 曲线

的湿密度 ρ 标准值为 1.78～1.79g/cm³，含水量 ω 标准值为 10.73%，桩间土平均挤密系数为 0.93～0.95，满足设计要求；桩间土最小挤密系数为 0.92，满足《湿陷性黄土地区建筑规范》（GB 50025—2004）[2] 的要求。

　　2）DDC 处理地基效果分析：

　　桩间土 N_{10} 测试。1 号区随机布点 166 个，2 号区随机布点 117 个。每个点从地面下-0.3m 开始，触探每 30cm 厚度为一个试验层，共做 77040 个测试点，检测结果汇总见表 4.3（测试结果按 0.5m 取值）。

表 4.3　N_{10} 桩间土测试值

	深度/m	2.0	2.5	3.0	3.5	4.0	4.5	5.0	5.5	6.0	.5	备注
1 号区	修正后平均锤击数 n	60	71	60	69	61	63	65	56	62	9	166 个测试点
	承载力 f_k/ kPa	294	345	295	334	298	308	316	275	303	90	23904 个测试数据
2 号区	修正后平均锤击数 n	61	56	63	61	66	70	71	76	78	1	117 个测试点
	承载力 f_k/ kPa	298	276	308	298	321	339	343	365	375	8	16848 个测试数据

　　$N_{63.5}$ 标准贯入检测。1 号区随机布点检测 16 个，2 号区随机布点检测 12 个，每 1m 为一个检测层，共做 17 328 个检测点，检测成果汇总见表 4.4。

表 4.4　$N_{63.5}$ 标贯检测值

	深度/m	2	4	6	8	10	12	14	16	18	9	备注
1 号区	修正后平均锤击数 n	1	9	10	8	8	9	11	14	17	19	16 个测试点
	承载力 f_k/ kPa	0	235	261	217	217	235	280	350	420	15	30 个测试数据
2 号区	修正后平均锤击数 n	0	9	9	10	11	12	12	16	21	9	12 个测试点 16
	承载力 f_k/ kPa	1	235	235	261	280	325	325	394	600	15	个测试数据

　　静荷载检测。测试值见表 4.5（单桩复合面积 1.25mm，压板直径 1.262m，每 50kPa/4h 为一级）。单桩承载力 f_k=1600 kPa，s=3.35mm。

表 4.5　静荷载与沉降实测表

工程编号	1 号区（500kPa）				2 号区（500kPa）			
荷载编号	1	2	3	平均	1	2	3	平均
平均最终沉降量	6.28	5.41	1.22	4.30	10.86	10.45	10.22	10.51

　　土工物理检测共做 20 个探井，对孔内深层强夯法处理后的土壤物理力学指标进行全面的试验分析，干重密度 γ_d、自重湿陷 δ_{zs}、挤密系数 λ 均满足设计要求（表 4.6）。

表 4.6　干重密度、自重湿陷、挤密系数

性能项目	1 号区			2 号区		
	γ_d/(kN/m³)	λ	δ_{zs}	γ_d/(kN/m³)	λ	δ_{zs}
桩间土	15.8～17.7	0.93	0.004	17.8	0.93	0.004
桩体	15.6～15.9	0.96～1.07	—	15.6～15.9	0.96～1.07	—
天然地基	14.2	—	—	14.2	0.016	14.2

本次动测每个区布置 40 个瑞利波测点（共 160 个）及 75 个承载力动测点（共 320 个），并对总共 115 个测试点均采用反射波法检测桩身施工质量（判定是否断桩，扩径，缩径及局部松散）；承载力动测点布点方案采用有环梁部分多布点，不环梁部分少布点的原则，均匀布置，随机定点。瑞利波测点布置采用全基础均匀布置，随机抽点。承载力检测点 2 号区灰土桩复合地基共检测 75 个承载力动测点，平均承载力为 367 kPa，平均弹性模量为 275MPa，满足设计要求。复合地基的平均剪切波速度为 240～300m/s，相当标贯值 20～35；桩间土的剪切波速度为 220～260m/s，相当标贯值 20～35，其结果见表 4.7。承载力复合地基，$f_k>300$kPa，满足设计要求（250 kPa）。

表 4.7　动测结果

项目	性能	承载力 f_k/kPa	天然地基	复合地基	桩间土	类别	%	柱径/mm	柱长/m	弹性模量/MPa	质量
1 号	量	75 个	1500	45		A	47.5	550/630	18	23.6	优良
						B	50.8				
	均值	337		220～300	200～260	C	1.7				
2 号	量	75 个	1500	40		A	62.6	550/630	17.8	23.9	优良
						B	34.6				
	均值	337		220～300	200～260	C	2.6				
				220～300	200～260	B					

石灰桩处理深度浅，用料有限，地下有水或淤泥土不能施工，桩间土处理后效果差，承载力提高小，压缩变形大，易发生缩颈与断桩，仅适用于一般建筑。

DDC 在加固地基时，采用较重锤，孔内加固料单位面积受到高能量、强夯击使地基土受到很高的预压应力，处理后的地基浸水或加载都不会产生明显的压缩变形，地基承载力可提高 3～9 倍。最大处理深度可达 30m，桩体直径可达 0.6～2.5m，并且桩间土也受到很大的侧向挤压力，同样也被挤密加固。桩周土被形成了强制挤密区、挤密区及挤密影响区。

4.5.4　挤密法复合地基的应用

挤密法适用于任意厚度拟建油气站场和阀室湿陷性黄土地基处理，处理方法可根据湿陷等级和湿陷性黄土厚度大小确定，一般应选择灰土挤密或生石灰挤密，采用挤密法处理地基应符合以下要求进行。

① 采用挤密法时，对甲、乙类建筑或在缺乏建筑经验的地区，应于地基处理施工前，在现场选择有代表性的地段进行试验或试验性施工，试验结果应满足设计要求，并应取得必要的参数再进行地基处理施工。

② 孔底在填料前必须夯实。孔内填料宜用素土或灰土，必要时可用强度高的填料如水泥土等。当防（隔）水时，宜填素土；当提高承载力或减小处理宽度时，宜填灰土、水泥土等。填料时，宜分层回填夯实，其压实系数不宜小于 0.97。

③ 成孔挤密，可选用沉管、冲击、夯扩、爆扩等方法。

④ 预留松动层的厚度：机械挤密，宜为 0.50～0.70m；爆扩挤密，宜为 1～2m。冬季施工可适当增大预留松动层厚度。

⑤ 孔内填料的夯实质量，应及时抽样检查，其数量不得少于总孔数的 2%，每台班不应少于 1 孔。在全部孔深内，宜每 1m 取土样测定干密度，检测点的位置应在距孔心 2/3 孔半径处。孔内填料的夯实质量，也可通过现场试验测定。对重要或大型工程，除应按上述条检测外，还应进行测试工作综合判定：在处理深度内，分层取样测定挤密土及孔内填料的湿陷性及压缩性；在现场进行静载荷试验或其他原位测试。

⑥ 施工工艺流程：夯实机就位→分层填料→重锤夯击→封顶压实桩→夯实机移位至下一根桩施工。

⑦ 成孔和孔内夯实的施工顺序控制原则是：从里向外，隔行隔桩跳打。

⑧ 填料夯实交替进行。夯填孔底→填料→夯实→填料→封顶→夯实。

挤密法适用于大厚度湿陷性黄土地区油气站场和阀室的地基处理，经处理后的大厚度湿陷性黄土地基可消除湿陷性，满足工程对承载力和沉降的要求。一般挤密法布孔方式可见图 4.24，沉管成孔图可见图 4.25，素土挤密法开挖探井见图 4.26，生石灰挤密法开挖探井见图 4.27，灰土挤密法开挖探井见图 4.28，分两轮施工时桩的施工顺序见图 4.29，分三轮施工时桩的施工顺序见图 4.30，分四轮施工时桩的施工顺序见图 4.31，挤密桩及基础垫层剖面图见图 4.32。

图 4.24　挤密桩沉管成孔施工布孔图

图 4.25　挤密桩沉管成孔图

图 4.26　素土挤密法开挖探井

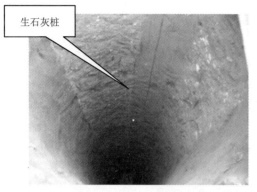

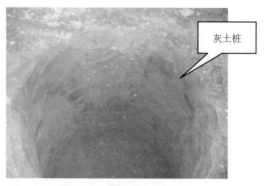

图 4.27　生石灰挤密法开挖探井　　　　图 4.28　灰土挤密法开挖探井

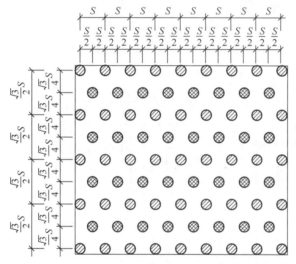

图 4.29　分两轮施工时桩的施工顺序布置图

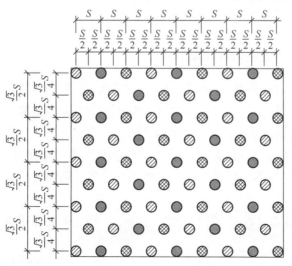

图 4.30　分三轮施工挤密桩平面布置图

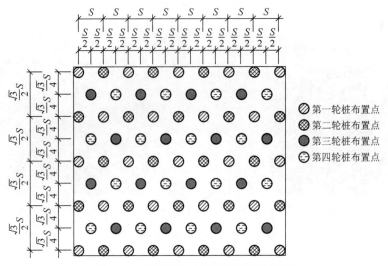

图 4.31　分四轮施工挤密桩平面布置图

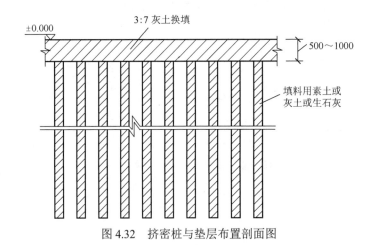

图 4.32　挤密桩与垫层布置剖面图

4.5.5　挤密桩法处理油气站场的适用性和设计施工要求

挤密桩法处理深度大，如果采用部分置换的方法（石灰桩、挤密砂桩）其处理效果要比素土挤密桩好。挤密桩法适用于湿陷性黄土层较厚的油气站场，重要的民用建筑和功能性建筑或者承载设备场地。其适用条件如表 4.8 所示。

根据《建筑地基处理技术规范》(JGJ 79—2012)，《湿陷性黄土地基建筑规范》（GB 50025—2004）并结合油气站场的实际情况，挤密桩法在油气站场使用的设计施工要求主要是：

① 挤密桩法在含水量超过 24%或者饱和度超过 60%的场地需要测试确定其处理效果方可施工。

② 回填料的压实系数最小达到 0.93 以上，平均压实系数控制在 0.97 以上，每层厚

度宜控制在 0.1～0.3m。

表 4.8　挤密桩法处理油气站场的适用性和条件

处理目的	适用场地	效果	施工要求
自重湿陷/非自重湿陷性处理	建筑场地	可基本消除自重和非自重湿陷； 灰土挤密桩和生石灰挤密桩处理效果较素土桩好； 场地仍然有剩余湿陷量	场地含水量不太高
	设备场地	1. 同上； 2. 施工对设备存在影响，更适用于承载设备地基和埋设设备以下土层处理； 3. 变形敏感设备慎重采用	1. 同上； 2. 不能对已埋设设备的场地采用； 3. 交通不便时难以采用

③ 站场建筑或者设备变形和承载要求较高时不宜采用素土挤密桩，而应采用生石灰或水泥土挤密桩提高桩的强度，减小变形量。特别对于大型储油罐，应采用桩径较大的水泥土或生石灰挤密桩，同时处理深度应当穿透湿陷土层。

④ 砂土挤密桩属于散体挤密桩，其强度很大程度上由土体侧限决定，加上其较大的透水性，一般不在湿陷性黄土地基处理中采用。但是，如果场地需要考虑排水且围压满足砂土挤密桩强度要求时，可以考虑采用，但此时要防止砂土挤密桩的渗水。

⑤ 挤密桩处理的范围应超过基础底面 $0.25b$（b 为基础宽度）且最少超 300mm（灰土和水泥土挤密桩），500mm（素土挤密桩）。

⑥ 挤密桩的设备及施工条件使得可能会产生火花和静电，除采用必要防护措施外以及在较大的空旷场地上施工，挤密桩法在已建成站场地基病害治理中应当慎用。

4.6　预浸水法处理湿陷性黄土地基

预浸水法主要用于自重湿陷性黄土场地的处理。它利用湿陷性黄土在浸水后产生自重湿陷的原理进行。对站场和阀室而言，因为多数情况下其处理深度不会超过 10m，因此在水源便利的情况下，预浸水法施工简单，施工期较长，成本较低。

预浸水法的适用于场地自重湿陷强烈、湿陷性黄土厚度较大且不存在隔水层和大量跑水裂隙的黄土场地。从施工条件而言，预浸水法适用于水源便利，周围较空旷的场地。如果水源较远或者场地周围距离已有建筑较近，则预浸水法的施工成本会上升或者施工条件受限。预浸水法施工中可能会产生较大沉降以及沉降裂缝，这会对周边的建筑物产生影响。一般预浸水法施工时，与周边建筑物的距离不应小于湿陷性黄土层厚度的 2 倍[3]。预浸水法可以基本消除黄土场地在自重或者少量堆载条件下的湿陷性。

4.6.1　湿陷性黄土地基预浸水试验[19]

湿陷性黄土遇水浸湿后，会引起显著的附加下沉，尤其在大厚层Ⅳ级自重湿陷性场地最为明显，其产生的危害巨大。湿陷变形特性一直是自重湿陷性黄土研究的一个重要方向。同时黄土湿陷变形特性也是黄土工程领域尚未完全解决的一个复杂问题。近年来随着国民经济的发展以及西部大开发的继续实施，黄土地区大量工程也日益增多。大量工程修建于大厚度自重湿陷性黄土层上，这也给建设者提供机遇和挑战。很多建筑设施在黄土湿陷变形后出现了难以弥补的经济损失，如何控制湿陷变形甚至消除湿陷变形等这些问题不断涌现我们眼前。马兰黄土是我国西北地区经济建设和生产、生活的主要载体，研究马兰黄土的湿陷变形特征具有重要意义[21]。

根据试验研究目的和试验场地条件，合理设计试验方案，是研究的关键技术。本节将详细介绍整个试验具体布置以及试验内容，对黄土湿陷变形、坑外沉降和裂缝、浸水效果及基质吸力进行了分析。

（1）试验场地工程地质条件

地形地貌及气象条件试验场地位于兰州市和平镇，北临兰天高速，东、南临金川科技园，西临兰州商学院，交通便利，汽车可直达，总平面如图4.33所示。

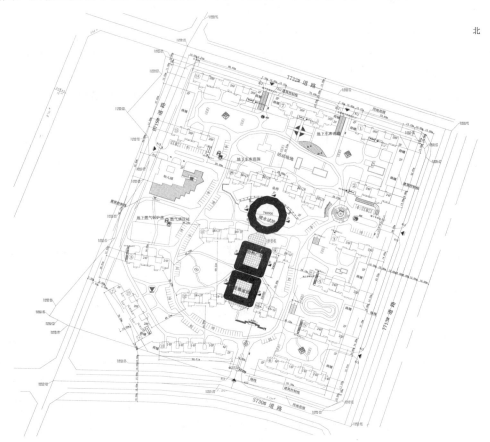

图4.33 试验场地总平面图

场地地势较平坦，勘探点高程以业主提供的文华路与宗德路交叉路口处的#2点（高程：2271.15m）为高程引测点，测得场地内勘探点海拔高程为 2273.20～2278.01m，相对高差4.81m。场地地貌单元属黄河南岸Ⅳ级阶地，地貌单元单一。

根据勘探点揭露，勘探点深度内地基土由第四系耕表土(Q_3^{ml})、粉土(Q_3^n)、粉质黏土(Q_3^n)、卵石组成。其岩土工程特性，现自上而下分述如下：

① 1层耕表土(Q_3^{ml})：土黄色，以粉土为主，土质较均匀，表层含大量杂草。松散，欠固结，稍湿。层厚0.5m。

② 2层粉土(Q_3^n)：粉土：土黄色—褐黄色，土质均匀，具有湿陷性。稍湿，稍密，摇振反应中等，稍有光泽，干强度中等，中韧性。该层埋深0.50~9.00m，平均厚度4.50m。

③ 3层粉质黏土(Q_3^n)：粉质黏土：褐黄色，土质均匀，具有湿陷性。稍湿—湿，稍密—中密，坚硬—可塑，无摇振反应，无光泽，干强度中等，韧性中等。该层埋深15.00~36.00m，平均厚度31.50m；

④ 4层卵石：其成分卵石占全重50.0%~70.0%，砾石、砂粒占全重20.0%~30.0%含粉黏粒1.0%~2.0%。粒径多在20~200mm之间，平均粒径d_{50}=25.60~61.32mm、不均匀系数C_u=107.31~210.18、曲率系数C_c=0.115~0.148，磨圆度以亚圆状为主，颗粒无风化，分选性差。揭露深度1m。

试验场地在勘探深度范围内，未发现地下水，另据当地人民生活所用地下水井知，该场地地下水大于100m，故地下水对本次试验无影响。

该试验场地为Ⅳ（很严重）自重湿陷性场地，湿陷程度强烈，最大湿陷深度36m。该场地适宜进行大厚度自重湿陷性黄土湿陷变形，地基处理试验。试验场地无不良地质作用。

（2）试验设计

1）浸水试坑设计：

试验场地位于和平区金川大道西侧，为规划建筑用地，场地尚未平整，为荒地。根据试验要求，浸水法场地范围为直径40m的圆形基坑。浸水试坑首先平整整个场地，用大型机械设备进行铲平并挖掘出直径为40m的圆坑，试坑底面离观测点标准地面2m，如图4.34所示。

2）探井和沉降观测点设置：

试坑中央位置挖1#和2#探井埋置水分计，试坑边缘处挖3#探井埋置水分计和张力计，再设置4#、5#和6#探井埋设水分计。探井开挖均采用人工挖掘，1#和2#探井挖至持力层，深度达到36.5m；3#、4#、5#和6#探井深度分别是9m、29m、25m和25m。3#探井需要埋设张力计，探井较浅。

距离试坑中心点10m处设置11个深层沉降观测点，深层沉降观测点首先用机械设备钻取直径为15cm的孔洞；然后按照深层沉降观测的深度放置直径10cm的PVC管，其长度达到孔洞底部；再放置沉降观测用的铁管，长度超过深层沉降深度约2m（图4.35）。由于先前钻取的孔洞直径大于PVC管直径，所以对孔洞进行必要地处理（图4.36），对钻机留下的孔洞进行土体回填并夯实；另外使用质量上等的塑料薄膜对孔洞进行包裹，再用水泥浇筑周围，以起到防止水沿着管道入渗还有水从PVC管端口流入的作用。图4.37和

图 4.38 即为地表和深层沉降观测点构造示意图。

图 4.34　浸水试坑

图 4.35　处理后的深层观测点

图 4.36　设置地表观测点

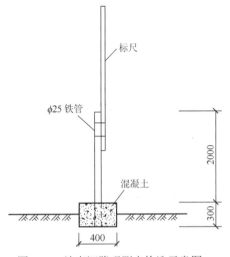

图 4.37　地表沉降观测点构造示意图

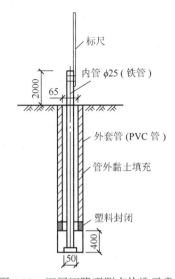

图 4.38　深层沉降观测点构造示意图

地表沉降观测一共设置 25 个点，钢管底部用高 30cm，直径 40cm 的混凝土底盘稳定，起到沉降过程中不能倾覆的作用。地表沉降观测点沿着浸水试坑圆心分布在三个轴上（轴1、轴2、轴3），每个轴夹角为120°，如图4.39所示。每个地表沉降观测点距离5m，其标号均标于该图上。设置好的地表沉降观测点以及分层沉降观测点如图4.40所示，沉降观测用高精度水准仪来量测。

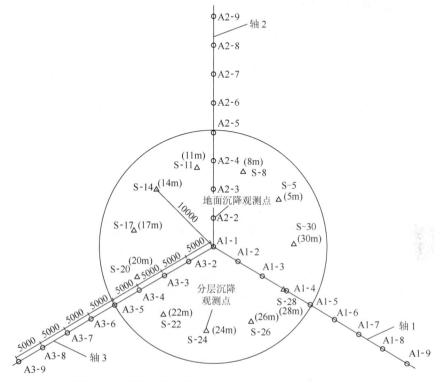

图4.39 地面沉降观测点以及深层沉降观测点编号示意图

图4.40 设置好的地表和深层观测点全貌图

3）水分计和张力计设置：

张力计选用美国制造的Fredlund热传导吸力传感器，如图4.41所示。该传感器的热传导吸力探头是一个非饱和土传感器，用来在现场测试土体吸力和温度，系统包括多孔陶土头的传感器，一个控制器（数据采集仪），电源。通常，系统包括16个传感器（自带10m电缆）。数据采集仪包括一个16通道的多路转换器，可以连接到计算机上（图4.42）。电源有一个电池供电，也可以通过太阳能板。

（a）实物图

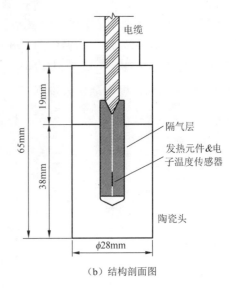

（b）结构剖面图

图 4.41　Fredlund 热传导吸力探头

　　传感器头部有一个微型的加热单元和一个埋置在中央的温度传感器，通过发送一个控制的电流到加热单元，来得到传感器的加热曲线，加热后，热消散速率取决于传感器周围的土体含水量，而含水量又取决于土体中的吸力。土体中的吸力可以根据实测的热传导率和事先在室内标定好的热传导率与吸力的关系曲线获得。

　　水分是决定土壤介电常数的主要因素。测量土壤的介电常数，能直接稳定地反应各种土壤的真实水分含量。TDR-3 土壤水分传感器可测量土壤水分的体积百分比，与土壤本身的机理无关，是目前国际上最流行的土壤水分测量方法。TDR-3 型土壤水分传感器是一款高精度、高灵敏度的测量土壤水分的传感器。土壤水分传感器与数采，远距离传输设备可以构成遥测系统。例如土壤干燥时，警告信号可以自动响起来提醒人们应该灌溉的时间到了。自动控制系统开关水泵和阀门等。配合一些附加的传感器，可以计算出土壤水分蒸发量和农作物所需的水分参数。3 个灌溉表技术（蒸发量，作物水胁迫指数 CWSI 和土壤水分）的综合应用可以提供农作物适宜生长的最大的保证。采用的 TDR-3 型水分计，如图 4.43 所示。

图 4.42　Fredlund 热传导吸力传感器外观图（FTC-100）　　图 4.43　TDR-3 型水分计实物图

1#探井和2#探井各埋设水分计13个，每个水分计之间距离2.5m，两个探井中的第一个水分计离浸水试坑坑底平面2.5m。3#探井位于试坑边缘，共埋置6个水分计和6个张力计，4#探井埋设3个张力计。图4.44是正在探井中埋设水分计；图4.45是3#探井正在埋设仪器。张力计和水分计埋设中，要在设定的位置用洛阳铲横向打进一个空间（图4.46），并预留2m额外线长，保证土体湿陷后仪器线缆不被拉断。将水分计和张力计同时埋于一起，以起到观察水分与张力之间关系的作用。仪器埋设好后要对探井用夯锤进行夯实，夯实要求略大于原有密度，防止发生填土塌陷（图4.47）。在线缆周边以及探井周围做隔水处理（用三七灰土），防止水沿线缆和探井周围向下入渗。探井中自上而下按一定距离埋设TDR水分计，每个探井中的水分计都按此方法进行埋设，但水分计之间的距离可视探井处于的位置而定：探井位于试坑中水分计之间距离加密；探井位于试坑边缘或试坑外水分计之间距离可适当加大。沿探井垂直方向挖设长度1500mm，直径350mm的探槽；探槽尽头埋设水分计，水分计探头安放与探井垂线呈45°，这样可以减少土壤不良特性造成的影响。水分计（张力计）的埋设步骤如图4.48所示，其布置剖面如图4.49所示。

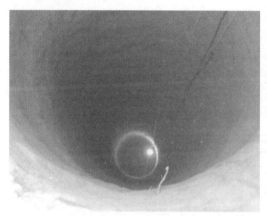

图4.44 探井下埋设水分计

图4.45 埋设仪器

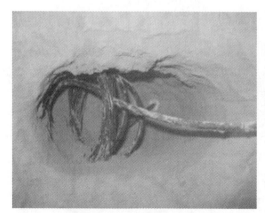

图4.46 埋设好的张力计

图4.47 夯实探井回填土

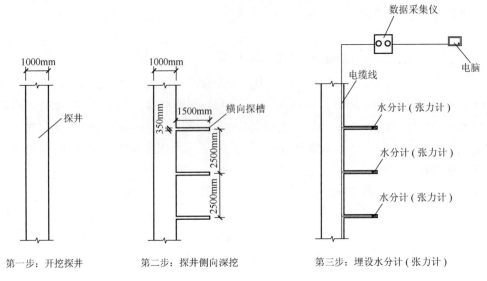

图 4.48　水分计（张力计）埋设步骤示意图

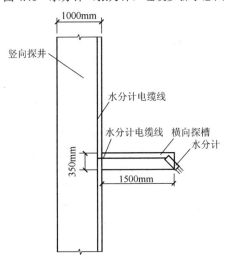

图 4.49　水分计埋设详图

　　试验场地选择了 6 个探井埋设水分计和张力计（图 4.50、图 4.51），编号分别为 1#、2#、3#、4#、5#和 6#。在 6 个探井埋设了水分计和张力计共 90 个，其中 60 个水分计各探井都有埋设，而 30 个张力计只在 3#和 4#探井埋设。

　　3#和 4#探井共埋设了 11 个水分计，其中 3#探井埋设 6 个，4#探井埋设了 5 个。除 4#探井 1.5m、3.5m 和 4.5m 处张力计旁边外，其余张力计旁边都埋设了水分计，用来分析吸力与含水率变化之间的关系。由于水分进入埋设区域以及长时间张力计记录仪器没有任何变化，故决定 2009 年 11 月 30 日停止张力计数据采集，所有数据只记录到 11 月 7 日，这是由于 4#探井 2.5m 处水分计变为 0.1kPa 之后的记录也是此值。另外，4#探井 6.5m 处张力计从试验开始记录时发现存在问题，数据显示一直为 0.1kPa，可能是埋设过程中埋线接口有问题，故剔除这部分数据。实际发挥作用的张力计只有

10 个，所以下文中吸力变化分析缺少了这部分。张力计数据采集系统最小采集时间间隔为 1h，本次试验吸力记录也采用 1h 的时间间隔，也就是说每天可以得到 24 个吸力变化数据。

（3）浸水试验结果分析

本次试验从 2009 年 9 月 14 日开始浸水，如图 4.52 所示，沉降观测和效果检验历时 297 天。其中浸水观测 140 天，停水观测 157 天。

1）地表沉降分析：

① 不同方向沉降量分析。

轴 1 方向沉降。轴 1 总共布置 9 个地表沉降观测点，沿试坑圆心点每隔 5m 设置一个，编号分别为 A1-1、A1-2、A1-3、A1-4、A1-5、A1-6、A1-7、A1-8、A1-9。图 4.53～图 4.61 分别是每个沉降观测点的总湿陷量随试验时间的变化曲线图，图中一共有两个阶段，分别代表浸水期和停水期。总体来看随着沉降观测点向试坑外逐渐推移，总沉降量逐渐减小。

图 4.53 是 A1-1 总沉降量随浸水时间的变化曲线。图中可见沉降曲线随着浸水的开始，先期没有发生任何沉降，这与进水量直接关系；水分入渗量的大小直接决定了地表发生沉降的速率。浸水初始仅有断断续续 1～3mm 的沉降，从第 9 天开始出现 13mm 的沉降，此后一直保持这种趋势。发生沉降后曲线图下降很快，第 60 天左右又进入一个缓降阶段。

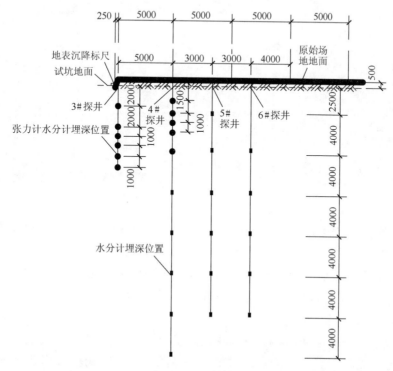

图 4.50 水分计布置示意图

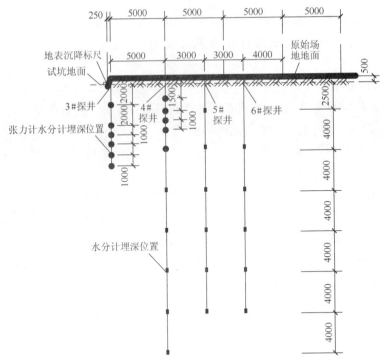

图 4.51　张力计布置示意图

图 4.52　浸水试坑全貌

先期快速沉降，饱和自重压力作用下，土体结构迅速破坏，地表沉降发生突然；接着进入平稳缓降，水分入渗缓慢，逐渐由浅入深，深层沉降发生缓慢，导致平稳缓降；接着进入快速沉降阶段，该阶段持续时间较短，大面积整体沉降湿陷；再平稳，沉降逐渐稳定，缓慢达到稳定标准；停水后迅速沉降，固结沉降，发生了二次湿陷；接着进入平稳发展阶段，沉降趋于稳定。

图 4.58～图 4.61 是 A1-6 至 A1-9 中湿陷量变化曲线。可以看出坑外沉降观测点发生沉降的时间显然落后于试坑内，试坑外水分入渗是一个缓慢过程。水分的入渗导致了黄土结构破坏，进而表现在地表沉降上。离试坑越远，发生沉降的时间越久，

沉降量越小。

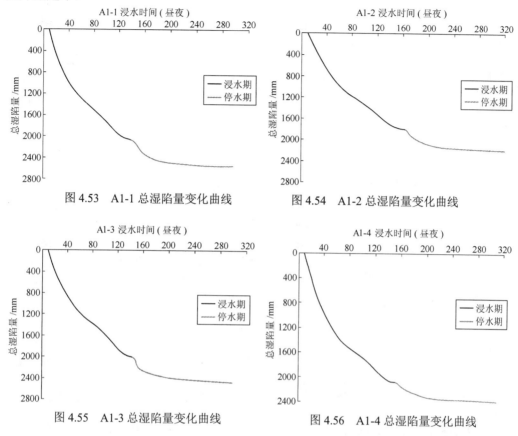

图 4.53 A1-1 总湿陷量变化曲线

图 4.54 A1-2 总湿陷量变化曲线

图 4.55 A1-3 总湿陷量变化曲线

图 4.56 A1-4 总湿陷量变化曲线

总体来看总沉降量主要发生在浸水期，停水期的沉降量较小，而且很快达到稳定。浸水期和停水期沉降量占整个总沉降量的 75%～85% 和 15%～25%，停水期的湿陷量要大于 Wang 等提到的停水后增加的湿陷量约占总量的 5%～10%[21]的结论，本书中湿陷场地处于陇中地区，其敏感性大于山西地区。浸水期主要在于土体的湿陷沉降，土体结构遭到破坏；而停水期沉降由于继续完成剩余湿陷量以及排水固结沉降造成。

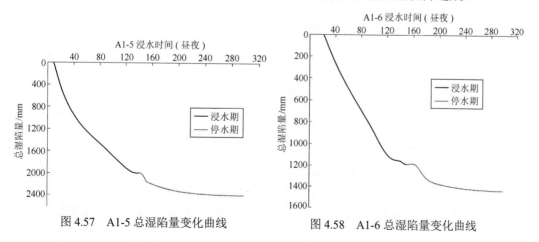

图 4.57 A1-5 总湿陷量变化曲线

图 4.58 A1-6 总湿陷量变化曲线

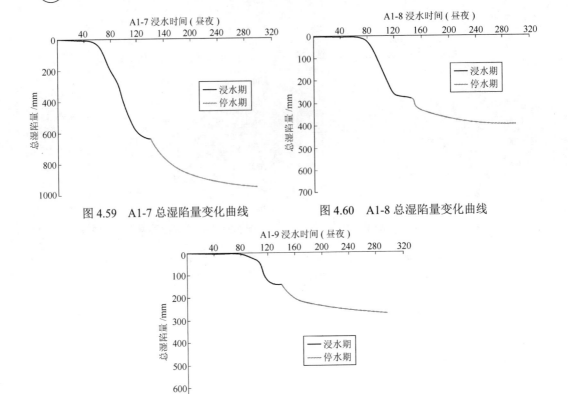

图 4.59　A1-7 总湿陷量变化曲线　　　图 4.60　A1-8 总湿陷量变化曲线

图 4.61　A1-9 总湿陷量变化曲线

　　轴 2 方向沉降。图 4.62～图 4.69 分别是轴 2 中 8 个点位的沉降观测变化曲线。A2-1 与 A1-1 是一个点，故本节中没有列出 A2-1 的湿陷变化曲线。轴 2 的湿陷变化规律与轴 1 相似。

　　浸水期沉降分为初期平稳阶段，两个陡降段，两个平稳发展阶段。浸水初期浅层土壤没有达到饱和，自重压力无法破坏土壤原有结构，只有饱和自重压力超过了土体承受的荷载，土体自重湿陷迅速发生，随之出现第一个陡降阶段，这与后文中提到的湿陷速

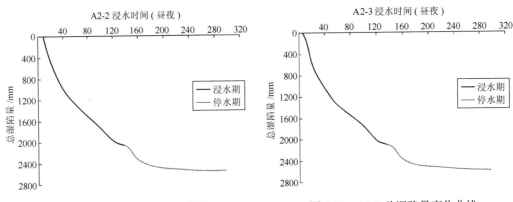

图 4.62　A2-2 总湿陷量变化曲线　　　图 4.63　A2-3 总湿陷量变化曲线

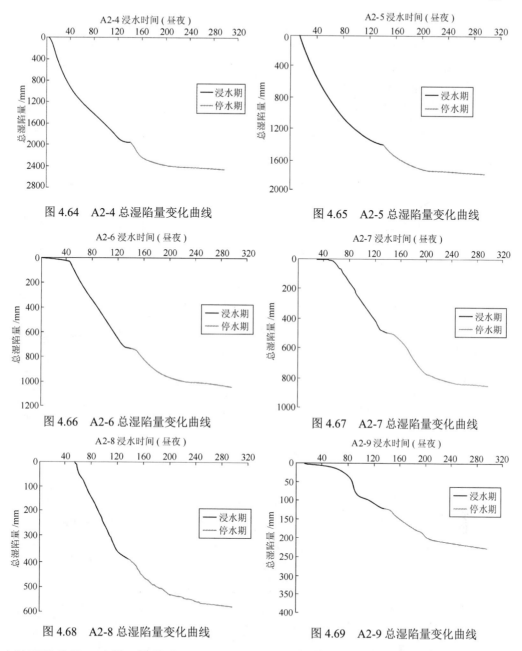

图 4.64　A2-4 总湿陷量变化曲线

图 4.65　A2-5 总湿陷量变化曲线

图 4.66　A2-6 总湿陷量变化曲线

图 4.67　A2-7 总湿陷量变化曲线

图 4.68　A2-8 总湿陷量变化曲线

图 4.69　A2-9 总湿陷量变化曲线

率达到峰值是一致的。接着进入了一个短期的平稳发展阶段，该阶段沉降量减小，趋于缓和，造成这种现象的原因是上部土体达到饱和且土体体积压密，水分较难入渗到下部土层，引起的湿陷量随着减小；而沉降再次出现一个陡降段，原因在于水分缓慢入渗引起的二次湿陷；沉降再次进入平稳阶段，该阶段是土体湿陷逐渐达到稳定造成。停水期沉降可以分为两个阶段：其一是停水后的较短时间的陡降段；其二是稳定阶段。两个阶段的沉降仅占总沉降量的 20%左右，第一个阶段沉降的原因是黄土湿陷引起；第二阶段则是湿陷基本消除以及缓慢固结沉降造成。

　　轴 3 方向沉降。图 4.70～图 4.77 分别是轴 3 各点沉降观测数据变化曲线。从图中可以看出各点相对轴 1 和轴 2 对应的点位沉降要小一些，这与试坑北面裂缝影响范围大于南面的观察结果相吻合。图 4.76 和图 4.77 与轴 1 和轴 2 对应的点位相比，沉降变化并不完全符合轴 1 和轴 2 各点规律，这可能与湿陷量较小有关。

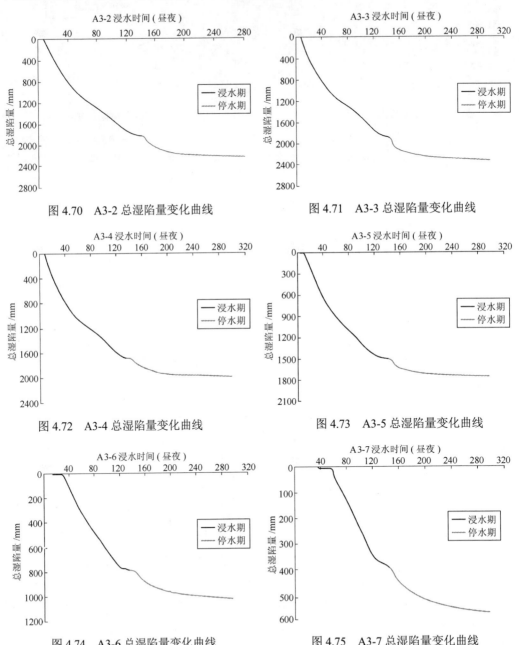

图 4.70　A3-2 总湿陷量变化曲线　　　　　图 4.71　A3-3 总湿陷量变化曲线

图 4.72　A3-4 总湿陷量变化曲线　　　　　图 4.73　A3-5 总湿陷量变化曲线

图 4.74　A3-6 总湿陷量变化曲线　　　　　图 4.75　A3-7 总湿陷量变化曲线

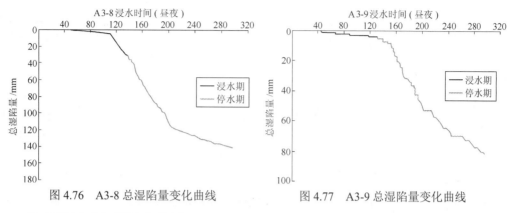

图 4.76　A3-8 总湿陷量变化曲线　　　　图 4.77　A3-9 总湿陷量变化曲线

② 不同方向沉降速率分析。

轴 1 方向沉降速率。图 4.78～图 4.86 分别是轴 1 各测点的沉降速率在浸水期和停水期中的变化规律。沉降速率变化曲线基本上存在 3 个峰值点,浸水阶段 2 个,停水阶段 1 个。湿陷速率首先增大,再减小,并逐渐平缓;接着再次增大,后又减小;停水后又迅速增大至峰值,接着再次进入平稳减小阶段。

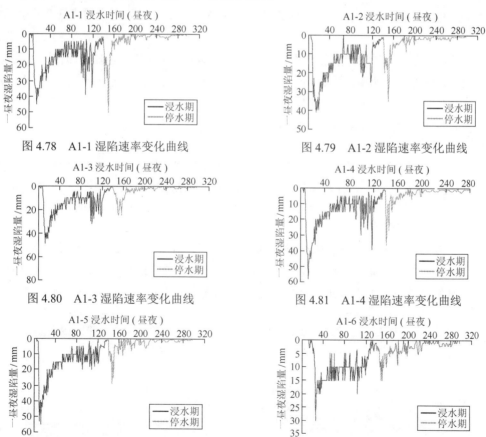

图 4.78　A1-1 湿陷速率变化曲线　　　　图 4.79　A1-2 湿陷速率变化曲线

图 4.80　A1-3 湿陷速率变化曲线　　　　图 4.81　A1-4 湿陷速率变化曲线

图 4.82　A1-5 湿陷速率变化曲线　　　　图 4.83　A1-6 湿陷速率变化曲线

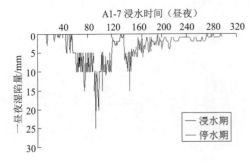

图 4.84　A1-7 湿陷速率变化曲线

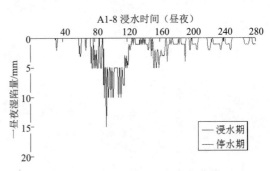

图 4.85　A1-8 湿陷速率变化曲线

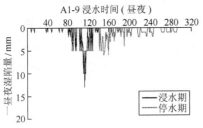

图 4.86　A1-9 湿陷速率变化曲线

湿陷速率首次进入峰值,该点的湿陷速率很大,如 A1-5 最大一昼夜的湿陷量达到 55mm。由于土体在饱和自重压力作用下,土体结构迅速破坏导致浅层土体的较大规模沉降,这与前文中沉降变化曲线变化规律一致。

浸水湿陷导致上层土壤变得密实,阻止了水分的进一步渗入,导致了湿陷速率的降低并且随后维持在一定水平;随着水分逐渐向下入渗以及上部结构自重的越来越大,导致原有结构无法承受较大荷载,出现了 2 次湿陷,即在图中表现为一个突增,使得沉降速率再次达到一个峰值,接着进入了湿陷速率较小阶段,这个阶段即为湿陷达到稳定标准,每天的湿陷量小于 5mm。

停水期又一次出现湿陷速率峰值点,如 A1-1 停水后甚至达到了 55mm/d,超过了初始进水时第一次的速率峰值点。

轴 2 方向沉降速率。图 4.87～图 4.94 是轴 2 各沉降观测点沉降速率变化曲线。总体看轴 2 变化规律与轴 1 一样,试坑中观测点昼夜沉降量大,像轴 A2-3 达到 60mm;试坑外沉降则小许多。试坑外沉降点的速率不像试坑中出现很高的峰值,而是维持某个值,如轴 A2-6,其图形呈现 W 形。

轴 3 方向沉降速率。图 4.95～图 4.102 是轴 3 各点沉降变化曲线。轴 3 沉降量小于轴 1 和轴 2,这与自身的地质构造有关,轴 1 刚好位于推平的土坎下方,土壤结构比较坚硬,湿陷系数稍小一点。轴 A3-3 最大昼夜湿陷量仅 45mm。轴 A3-8 和轴 A3-9,其

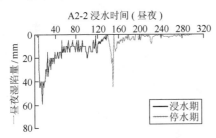

图 4.87　A2-2 湿陷速率变化曲线

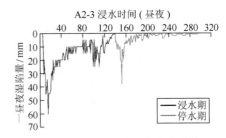

图 4.88　A2-3 湿陷速率变化曲线

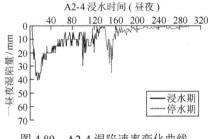

图 4.89　A2-4 湿陷速率变化曲线

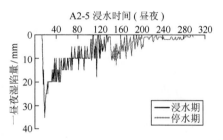

图 4.90　A2-5 湿陷速率变化曲线

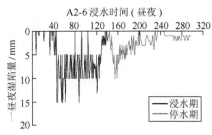

图 4.91　A2-6 湿陷速率变化曲线

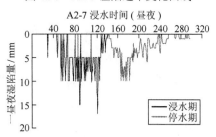

图 4.92　A2-7 湿陷速率变化曲线

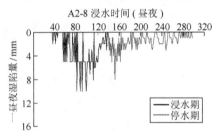

图 4.93　A2-8 湿陷速率变化曲线

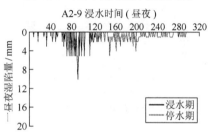

图 4.94　A2-9 湿陷速率变化曲线

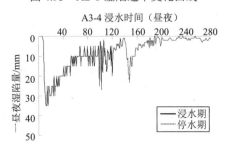

图 4.95　A3-2 湿陷速率变化曲线

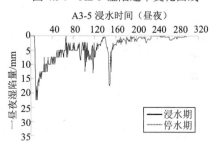

图 4.96　A3-3 湿陷速率变化曲线

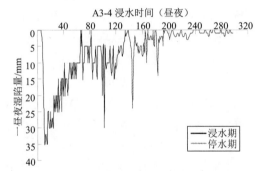

图 4.97　A3-4 湿陷速率变化曲线

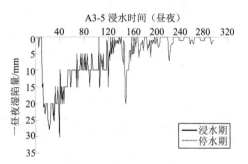

图 4.98　A3-5 湿陷速率变化曲线

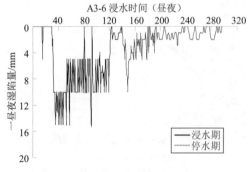

图 4.99　A3-6 湿陷速率变化曲线

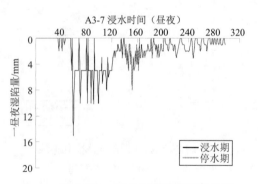

图 4.100　A3-7 湿陷速率变化曲线

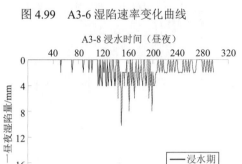

图 4.101　A3-8 湿陷速率变化曲线

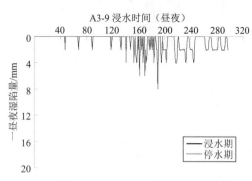

图 4.102　A3-9 湿陷速率变化曲线

停水后的湿陷量反而比浸水时的湿陷量大，这与浸水到达轴 3 末端时需要的时间较长有关。

③ 分层沉降分析。

分层沉降量。分层沉降观测得到的湿陷量变化曲线与地表沉降观测基本规律保持一致。分层沉降的出现与水分计体积含水率变化相一致，如图 4.40 中 1#探井 5m 处水分计变化，浸水第 6 天体积含水率出现拐点，之后迅速陡降直至浸水 18 天时体积含水率得到峰值；而分层沉降 5m 处是浸水第 13 天发生较大规模湿陷，这两者刚好能对应，体积含水率增加峰值的同时，湿陷也伴随着发生。体积含水率的变化要稍滞后于沉降观测，原因在于水分入渗由浅入深的过程，即使同一个点位，水分计上部土层已经开始湿陷，而水分还没有入渗到观测点位。

可以从以图 4.103～图 4.113 看出：分层沉降观测点 5m 处最大沉降达到 2070mm；分层沉降观测点 8m 处最大沉降达到 2021mm；随着分层沉降观测点埋深的逐渐增加，沉降观测值随之减小；而且沉降量随着深度的增加，衰减量大幅增加。22m 处的沉降观测点累计沉降 191mm，该点以下的观测点沉降基本维持在 200mm 左右，也就是说 22m 以下的深层沉降很难再发生湿陷。这与前文中水分计出现拐点的规律几近相同，25m 以后体积含水率曲线很难再出现拐点，发生湿陷。这也验证了两者结论的相同性。

分层沉降观测点湿陷变化曲线与前文中地表沉降观测点湿陷规律相似，前期由于水

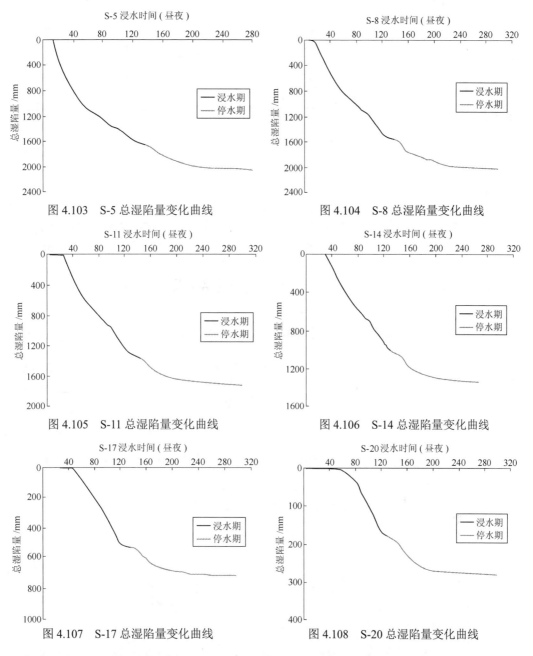

图 4.103　S-5 总湿陷量变化曲线　　　　　图 4.104　S-8 总湿陷量变化曲线

图 4.105　S-11 总湿陷量变化曲线　　　　图 4.106　S-14 总湿陷量变化曲线

图 4.107　S-17 总湿陷量变化曲线　　　　图 4.108　S-20 总湿陷量变化曲线

分未达到土层，没有引起湿陷。水分一旦到达埋设土层时，湿陷量变化曲线会出现一次较大的陡降；陡降之后即进入一个缓慢的增加阶段，该阶段比较短暂；随即又一次出现了下降，之后进入平稳阶段，该平稳阶段即为湿陷稳定阶段；停水后土体再次出现的湿陷，在曲线上表现为陡降，随着水分没有外在的补充以及原有水分的消散，土体沉降也进入了一个长期的稳定阶段。

　　分层沉降速率。图 4.114～图 4.124 是分层沉降观测点昼夜沉降速率变化图。分层沉降速率也存在峰值点和低谷点。沉降速率峰值点随着深度的增加逐渐减小，如 S-5 峰值

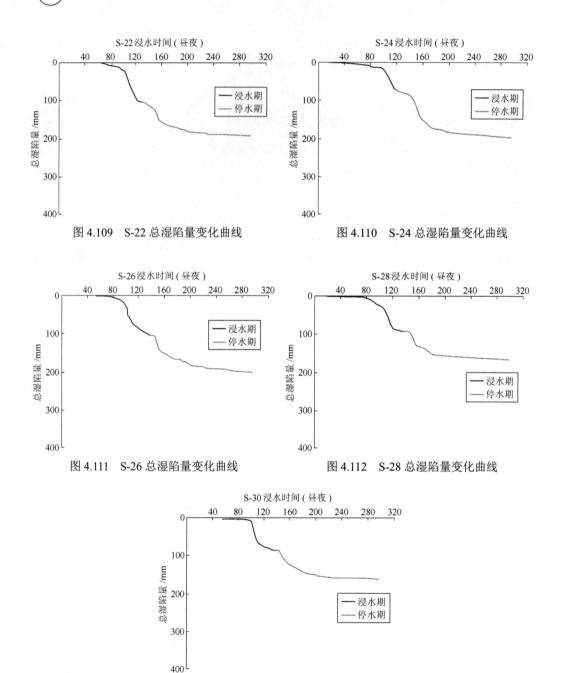

图 4.109　S-22 总湿陷量变化曲线　　　　图 4.110　S-24 总湿陷量变化曲线

图 4.111　S-26 总湿陷量变化曲线　　　　图 4.112　S-28 总湿陷量变化曲线

图 4.113　S-30 总湿陷量变化曲线

点达到 60mm；S-7 则为 32mm，其余依次逐渐减小。11m 以上沉降速率基本存在 3 个峰值点，浸水阶段 2 个，停水阶段 1 个。而 11m 以下图形基本只有 2 个峰值点，浸水阶段 1 个，停水阶段 1 个，呈现"W"形。湿陷速率首先增大，再减小，并逐渐平缓；接着再次增大，后又减小；停水后又迅速增大至峰值，接着再次进入平稳减小阶段。

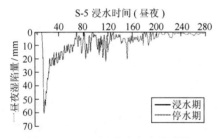

图 4.114　S-5 湿陷速率变化曲线

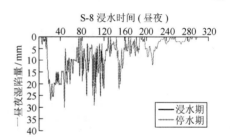

图 4.115　S-8 湿陷速率变化曲线

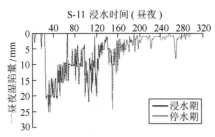

图 4.116　S-11 湿陷速率变化曲线

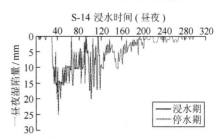

图 4.117　S-14 湿陷速率变化曲线

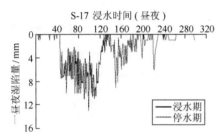

图 4.118　S-17 湿陷速率变化曲线

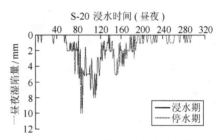

图 4.119　S-20 湿陷速率变化曲线

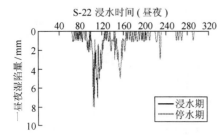

图 4.120　S-22 湿陷速率变化曲线

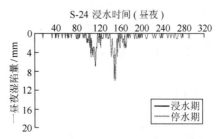

图 4.121　S-24 湿陷速率变化曲线

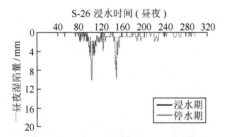

图 4.122　S-26 湿陷速率变化曲线

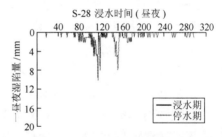

图 4.123　S-28 湿陷速率变化曲线

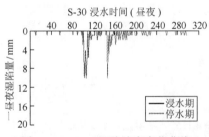

图 4.124　S-30 湿陷速率变化曲线

（4）渗流分析

张力计和水分计数据采集系统均是每小时采集一次数据，然后再用电脑每隔三天定期读取一次数据。水分计数据一直到 2010 年 2 月 28 日，也就是浸水 169 天后，由于水分计采集系统中显示体积含水率以及连续长时间没有变化，通过听取专家建议停止数据记录。

1）不同深度体积含水率变化规律：

1#探井距离试坑中心点 5m，从试坑底面算起每隔 2.5m 埋设一个水分计，总计埋设 13 个。图 4.125～图 4.127 是每个水分计体积含水率每天变化情况，图中用不同颜色曲线代表浸水期以及停水期水分计的变化。

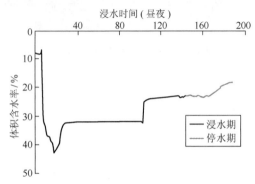

图 4.125　1#探井 2.5m 深体积含水率变化

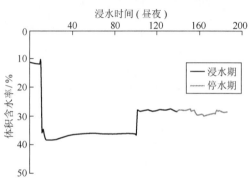

图 4.126　1#探井 5m 深体积含水率变化

图 4.125 中可以发现浸水第 7 天，2.5m 处体积含水率发生了突变增大，之前 7 天几乎维持在 8%没有变化，说明浸水 7 天后水分入渗到 2.5m 处；第 17 天时体积含水率增大到峰值 43.1%，之后又逐渐下降，达到一个平稳状态，维持在 32%左右；浸水 104 天时，体积含水率又有一个较大的突降；随着 1 月 31 日停水后，该点处体积含水率逐渐地平稳减小。从图中可以清楚

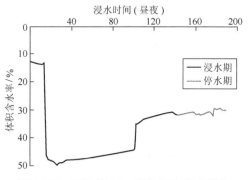

图 4.127　1#探井 7.5m 深体积含水率变化

地发现体积含水率随着浸水时间的增长，其变化大致有以下规律：有三个平稳发展阶段（包括一个渐增，两个渐减），两个陡降阶段，还有一个急速增加过程。

图 4.126 是 1#探井 5m 处体积含水率变化曲线。浸水第 12 天体积含水率由原来的 11.2%左右突增到 34%，这说明水从第 7 天渗入到 2.5m 再到 5m 时总共用去了 6 天时间；到第 16 天时达到峰值 38.2%；之后有一个较缓的下降，一直维持在 36%左右；浸水 103 天时，体积含水率又一次突降到 28.3%，直至停水期体积含水率基本维持不变。其变化

规律类似 2.5m 处，有三个平稳发展阶段；两个突降阶段；一个急速增加阶段，只是第一个突降段没有 2.5m 处第一个突降段厉害。2.5m 处体积含水率突降了 9%，而 5m 处只有 2.2% 的降幅。

图 4.127 是 7.5m 处体积含水率变化曲线。该点含水率突增发生第 16 天增加到 44.2%，第 18 天达到 48.1%，第 27 天时达到峰值 50.1%；到达峰值后逐渐的减小但这个幅度并不大；直到浸水 103 天时突降到 35.9%，之后随着停水期的到来，体积含水率的值一直在平稳地减小，这与停水后没有水源补给造成固结排水，含水率降低有关。其发展阶段类似前两个点位，只是第一个突降阶段相比前者不明显。

图 4.128 和图 4.129 分别是 10m 和 12.5m 处体积含水率变化曲线。此两点体积含水率变化曲线的走势与 5m 和 7.5m 处体积含水率极为相似。体积含水率变化有三个平稳发展阶段，一个陡降阶段和一个突增阶段。图 4.128 中浸水 22 天后体积含水率从 16.2% 突增到 41.6%，在浸水 36 天时体积含水率达到峰值 46.5%，此时该点黄土已经达到饱和状态。之后逐渐缓慢减小，减小的幅度非常小，浸水 104 天时含水率才降到 42.3%；浸水 105 天时含水率开始陡降，降到 31.8%；之后体积含水率一直缓慢减小，这个趋势也是随着浸水的停止而未发生改变，这个阶段可以称之为平稳发展中缓降阶段。

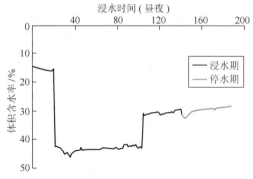

图 4.128 1#探井 10m 深体积含水率变化

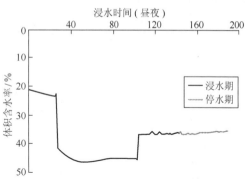

图 4.129 1#探井 12.5m 深含水率变化曲线

从图 4.129 中亦可以看出上述规律，只不过浸水 27 天时体积含水率才突增到 40.1%。对比以上几个图可以发现第一个平稳发展阶段是随着水分计埋设的深浅来决定含水率突增的时间，这与水分入渗由浅至深所需时间长短的道理是一致的。此点的体积含水率再浸水 49 天时达到峰值 46.2%，之后缓慢减小；浸水 103 天时其又降到 37.5%，之后是逐渐缓慢减小。

图 4.125～图 4.129 十分相似，我们可以从图中总结一下规律：随着浸水入渗，水分到达 2.5m 处用去了 7 天时间；到达 5m 处用去了 12 天；到达 7.5m 用去了 16 天；而 10m 和 12.5m 分别用去 22 天和 27 天；而体积含水率峰值点也随着水分计埋设深度的增大，所用的时间亦越久。各点体积含水率发展规律可分为以下几个部分：

三个平稳发展阶段：包括浸水初期一个渐增阶段，浸水中期和后期两个渐减阶段，因为不论是渐增抑或是渐减阶段，其趋势十分小，故称之为平稳发展阶段。

一个突增阶段，该阶段在短时间内体积含水率突增，而且在随后的一段时间内达到峰值。

一个缓降阶段，该段出现在含水率突增直至峰值后出现，该阶段维持的时间比较短，而且随着深度的增加，该段愈加不明显，2.5m 表现最为突出。

两个陡降阶段，随着水分计埋设深度的增加，第一个陡降段将不太明显该段从以上 5 个图中可以发现，该阶段的出现基本上都在浸水 103 天左右发生。

从以上图形可以看到随着土层深度的增加，水分渗透到该点所需的时间越久。浅层的体积含水率曲线出现了两个陡降段，随着深度的增加第一个陡降段发生不太明显。两个陡降段的出现与土体湿陷密切相关。土体湿陷造成黄土中结构破坏，原有孔隙被压密，体积含水率减小。出现两个陡降段说明浅层土体在土体自重以及上部承压水作用下发生了两次湿陷。随着土体深度的增加第一次湿陷将越来越不明显。

图 4.130～图 4.132 分别是 1#探井 15m、17.5m 和 20m 处体积含水率变化曲线图，三个图曲线变化趋势比较相似。15m 处浸水 35 天时突增到 35.6%，之后随着水分的入渗一直到 103 天时才达到峰值 43.8%，这与前面图形所描述的趋势是完全不一样的，15m 处没有出现缓降阶段，亦没有平稳发展阶段中的渐减阶段，而是含水率突增后一直延续着增加的趋势，一直延续到峰值，之后有一个小幅的陡降，再次保持着平稳减小的趋势。

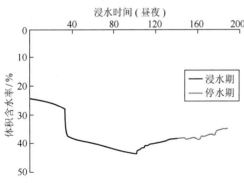

图 4.130   1#探井 15m 深含水率变化曲线

17.5m 处浸水 42 天时突增到 39.0%，102 天时达到峰值 48.2%，然后有个小幅的下降达到 43.9%，之后亦是保持减小趋势不变。20m 处体积含水率变化同上述规律一样，第 55 天含水率有个小幅陡增，不过这个幅度也比较小，从 33.2%增加至 36.8%，至此含水率 102 天达到峰值 48.6%；只不过在停水后一段时间内有个小幅增加，估计是该点处水从缝隙渗进水分计，但这并没有改变含水率平稳减小的趋势。

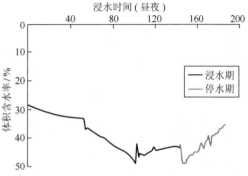

图 4.131   1#探井 17.5m 深体积含水率变化   图 4.132   1#探井 20m 深体积含水率变化

图 4.133～图 4.137 分别是 1#探井 22.5m、25m、27.5m、30m 和 32.5m 处体积含水率变化曲线图。这 5 个图从曲线变化趋势上看着极为相似。从浸水开始再到浸水结束，没有出现像前文叙述的那种陡降以及突增，曲线变化都比较平滑，大致可以由三个渐增阶段组成。第一个阶段是浸水初期由于水分还没有渗透到该层，造成体积含水率变化不大，近乎一条直线；第二阶段是浸水中期以及停水初期，体积含水率平稳增加阶段，该阶段含水率增量明显增大，其渐增的趋势要大于第一个渐增阶段；第三阶段为停水后期含水率稳定阶段，该段含水率有所增大，但始终保持一种特别缓慢的渐增趋势，此种渐增趋势十分小。

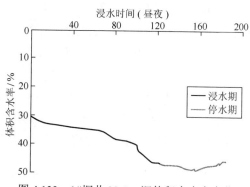

图 4.133　1#探井 22.5m 深体积含水率变化

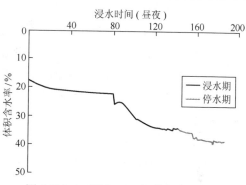

图 4.134　1#探井 25m 深体积含水率变化

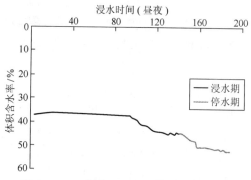

图 4.135　1#探井 27.5m 深体积含水率变化

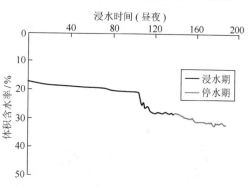

图 4.136　1#探井 30m 深体积含水率变化

三个阶段的连线中间存在两个拐点，此两点前后体积含水率变化曲线的斜率不一样。22.5m 处浸水第 70 天体积含水率发生较明显的变化，135 天后缓慢减小；25m 处第 82 天前后发生变化，141 天时平稳渐增；27.5m 处第 96 天变化 139 天时平稳渐增；30m 处第 105 天发生变化，140 天时平稳渐增；32.5m 处 120 天时出现变化，141 天时平稳渐增。除 22.5m 处停水后含水率有所减小外，其余 3 点含水率无一例外都在保持一种很小的渐增趋势。

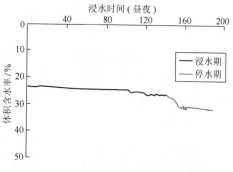

图 4.137　1#探井 32.5m 深体积含水率变化曲线

　　从以上分析来看，浅层的体积含水率曲线出现了两个陡降段，随着深度的增加第一个陡降段发生不太明显。两个陡降段的出现与土体湿陷密切相关。土体湿陷造成黄土中结构破坏，原有孔隙被压密，体积含水率减小。出现两个陡降段说明浅层土体在土体自重以及上部承压水作用下发生了两次湿陷。随着土体深度的增加第一次湿陷将越来越不明显。

　　1#探井不同深度含水率变化有以下几个问题：12.5m 之前图形基本存在 6 段；15～20m 之间图形可以由 5 段组成，没有缓降这个阶段，另外突增和陡降不是很明显；22.5m 之前的图形在停止记录之前最后都是以含水率降低为标志，而 25m 之后图形即使在停水后且停止记录时含水率都有一个缓增。突增预示着水分渗入到该层，那么陡降阶段又为什么出现，而且基本出现在 103 天左右。22.5m 以下土层没有出现突增也没有陡降，浸水时间很久后，含水率一直保持渐增的趋势，说明该点的土体还没有达到饱和状态。这也在另一个侧面反映了大厚度自重湿陷性黄土层随着土体自身深度的增加，水分不是一成不变地渗入，而是有一个深度的界限。浅层土体水分入渗较快，较深的土体中水分入渗非常缓慢。这与上部土体发生自重湿陷密切相关，湿陷导致上部土层压密，孔隙变小这也进一步阻滞了水分的扩散和渗入，下部土体的水分持续的增加一方面有上部水分的缓慢入渗，另一方面是由于土体自身的吸力作用导致。

　　2）耗水量与时间的关系：

　　图 4.138 是昼夜耗水量与浸水时间关系曲线，图中 10 月 31 日出现一天浸水量只有 12m^3 的情况，这是由于整个试验周边停水导致。总体来看该图基本呈现"大→缓→稳"

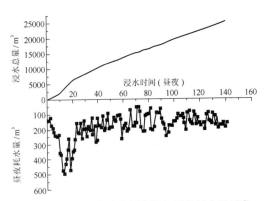

的变化规律，即开始 20 天耗水量很大，最大可达 495m^3/d；以后日耗水量逐渐减少，约一个月后日耗水量趋于平稳，平均 180m^3/d 左右。宁夏杨黄扶贫工程第十一号泵站[23]试坑共浸水 162 天，总耗水量 124 043m^3。按试坑面积计算，每平方米试坑面积耗水量约 33.6m^3。

（5）吸力分析

1）吸力随浸水时间的变化规律

图 4.139 和图 4.140 是 3#探井各埋设

图 4.138　试坑浸水时总耗水量与昼夜耗水量示意

点处张力计每天所测得数据变化图形。整体来看吸力变化很是突然，除了 4#探井较浅的埋设点位。由于水分入渗到达埋设点位也是在一天之内完成，这与前文中所对应的水分计数据变化基本相一致。

　　图 4.139 是 2m 处吸力变化曲线，与该点处含水率变化曲线相比，前者在浸水第 8 天开始急剧下降，而后者是在浸水第 9 天出现拐点。图 4.140 是 4m 处吸力变化曲线，与前文中该点体积含水率变化曲线图 4.126 相比较，前者 11 天发生变化，而后者出现体积含水率突增是在浸水第 12 天。5m、6m、7m 和 8m 处吸力变化曲线（图 4.141～图 4.144）也是类似上述变化规律，也就是说吸力的变化比体积含水率的变化要更快些。

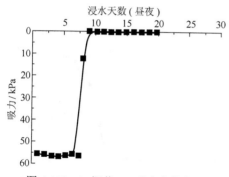

图 4.139　3#探井 2m 吸力变化曲线

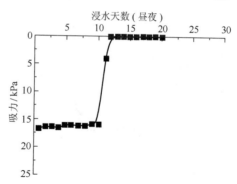

图 4.140　3#探井 4m 吸力变化曲线

从各层吸力变化先后顺序来看，水分入渗也是渐进过程，由浅入深。较浅的层位水分先到达，吸力突降段来得较早，而较深的层位水分后到达，吸力突降段来得较迟。

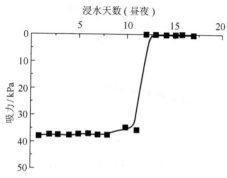

图 4.141　3#探井 5m 吸力变化曲线

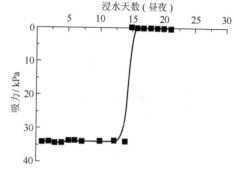

图 4.142　3#探井 6m 吸力变化曲线

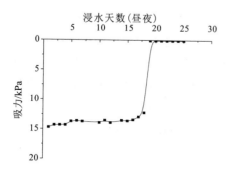

图 4.143　3#探井 7m 吸力变化曲线

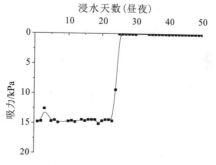

图 4.144　3#探井 8m 吸力变化曲线

4#探井由于线长限制导致制约了张力计作用的发挥。图 4.145～图 4.148 即为该探井埋设点位吸力随浸水时间变化曲线，只有 2.5m 处张力计旁埋设了水分计（6.5m 处没有显示数据），吸力随时间变化趋势基本呈现两段式发展：先期平稳阶段；后期随着水分的到来出现吸力陡降段段，直至吸力将为 0.1 kPa。

值得注意的是从图 4.145 来看该层位土体远没有达到饱和，浸水 48 天时体积含水率有个突增，最大体积含水率仅仅达到 25%，可是图形数据显示在浸水 32 天时吸力开始进入陡降阶段直至变为 0.1 kPa，两者存在一定的矛盾性。首先排除仪器产生的误差，其原因我们将进一步研究。

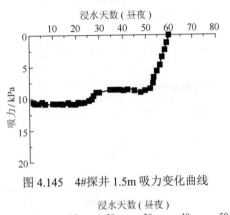

图 4.145　4#探井 1.5m 吸力变化曲线

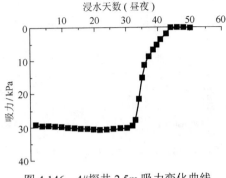

图 4.146　4#探井 2.5m 吸力变化曲线

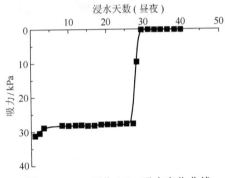

图 4.147　4#探井 3.5m 吸力变化曲线

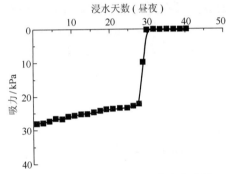

图 4.148　4#探井 4.5m 吸力变化曲线

3）吸力瞬时变化规律：

图 4.149～图 4.158 分别是各探井埋设点处吸力在短时间内急剧变化曲线图。这与上节中的吸力变化曲线有所区别，上节中的吸力变化曲线是整个浸水过程中每天吸力变化的表现形式，而本节中重点反映各埋设点吸力在 1h 这个区间段急剧变化情况。总体来看这 10 个图形基本呈现两种变化趋势，4#探井 1.5m 和 2.5m 处吸力变化区别于其他图形变化趋势，前两者由于水分渗入较为缓慢，所以两点处的吸力也是随着含水率的增加而逐渐减小；而其余埋设点处水分的渗入较快，这也导致了吸力在两三个小时内从稳定值降为 0.1kPa。

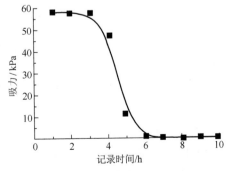

图 4.149　3#探井 2m 处吸力短时间变化

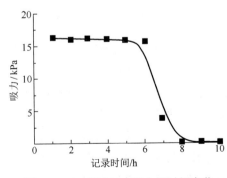

图 4.150　3#探井 4m 吸力短时间变化

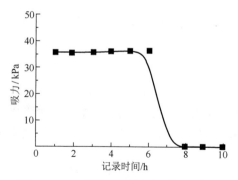

图 4.151　3#探井 5m 吸力短时间变化

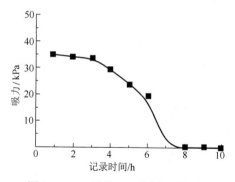

图 4.152　3#探井 6m 吸力短时间变化

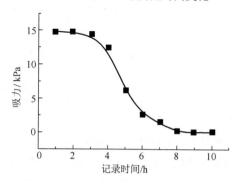

图 4.153　3#探井 7m 吸力短时间变化

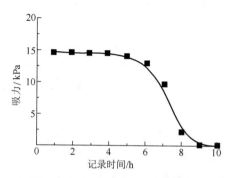

图 4.154　3#探井 8m 吸力短时间变化

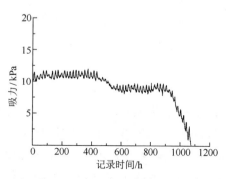

图 4.155　4#探井 1.5m 吸力短时间变化

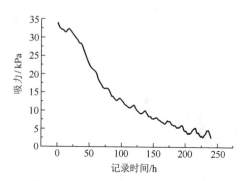

图 4.156　4#探井 2.5m 吸力短时间变化

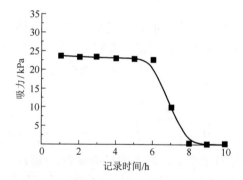

图 4.157　4#探井 3.5m 吸力短时间变化

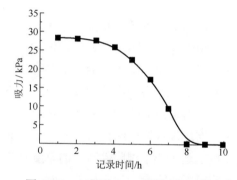

图 4.158　4#探井 4.5m 处吸力短时间变化

总体来说吸力变化可以分为两段，在没有水浸入之前保持着平稳发展，而一旦大量水分浸入土层，吸力在短时间内就发生陡降。

（6）小结

对大厚度自重湿陷性黄土进行了直径 40m 的浸水试验，通过试验发现：

① 大厚度自重湿陷性黄土地区现场湿陷变形规律分为浸水期和停水期两个阶段。浸水期间基本上呈现先期快速沉降；再进入平稳缓降；接着进入快速沉降阶段；之后再平稳；停水阶段湿陷变化规律呈现先迅速沉降；接着进入平稳发展阶段，沉降趋于稳定。

② 浸水试验中裂缝发展先局部，后整体；先近后远，先密后疏，逐步扩展；先垂直展开，后弯曲闭合；随着浸水时间的增加，各裂缝本身呈"缓→快→缓→趋向闭合"的发展过程。

③ 体积含水率在不同的土层位置有不同的变化，细化分为：三个平稳发展阶段；一个突增阶段；一个缓降阶段；两个陡降阶段。

④ 通过埋设张力计发现：吸力变化可以分为两段，在没有水浸入之前保持着平稳发展，而一旦大量水分浸入土层，吸力在短时间内就发生陡降。

⑤ 在深度 20～25m 以上土体含水量增加迅速且很快达到饱和状态，以下土体含水量增加缓慢则难以达到饱和状态。大厚度自重湿陷性场地 20m 以下很难湿陷，因此在地基处理方面我们是否只考虑处理 20m，这样可以大大节约建设成成本，并带来可观的经济效益。

⑥ 停水 8 个月后对试坑进行开挖，得到相关土层物理力学指标，进一步验证了 25m 以下土层湿陷性在大面积试坑且没有打渗水孔情况下，很难发生湿陷。

4.6.2 湿陷性黄土地基预浸水法应用

第四冶金建筑公司对连城铝厂湿陷性黄土场地采用预浸水法进行了处理。该场地湿陷性黄土厚度 10～15m，湿陷性系数从 0.014～0.177，平均为 0.068。采用对宽 25～30m，长 150m 的场地进行大面积浸水处理。浸水时间为 35 天。处理后地下 5～6m 深度处的黄土湿陷性基本消除，但是地表土层自重湿陷性基本消除但是非自重湿陷性仍然存在。

李辉山等[22]对连城铝厂拟建场地进行了为期 35～37 天的浸水试验。研究表明场地 70%～80% 的浸水湿陷量发生在停水期前。停水后场地湿陷发展逐渐减小。研究表明预浸水法可以完全消除场地的自重湿陷，但是对于非自重湿陷仍然无法完全消除。另外当场地浸水后，在短期内其承载力会有所下降。

黄雪峰通过研究和工程实例发现[23]，当浸水坑的深度和边长和湿陷性黄土层厚度相当时，增加浸水坑的面积并不能增加总湿陷量，但是会增加湿陷的速率降低工期。如果浸水坑的边长小于湿陷性黄土的厚度时，一般较难全部消除场地的自重湿陷。同时，浸水湿陷过程也不是一次完成的，而是逐步分阶段完成的。因此，采用预浸水法消除黄土自重湿陷性时其试坑尺寸和浸水时间需要满足一定的要求。另外，根据场地条件，有些情况下需要打渗水孔才能完全消除黄土自重湿陷，这是因为当表层黄土发生湿陷后压密，其渗透性变差，使得下部土层难以完全饱和而只能达到浸润的效果。

预浸水法是利用黄土漫水后产生自重温陷的特性，在施工前挖坑进行大面积的浸水，使土体预先产生结构破坏直到湿陷，以消除全部黄土层的自重湿陷性和深层土层的外荷温陷性，它适用于处理厚度大、自重湿陷强烈的黄土地基，是一种比较经济有效的处理方法。预浸水法浸水坑的边长不得小于湿陷性土层的厚度。当浸水坑的面积较大时，可分段进行浸水。浸水坑内的水头高度不应小于 0.3m，连续浸水时间以湿陷变形达到稳定为控制标准。湿陷变形的稳定标准为最后 5 天的平均湿陷量小于 1mm。地基顶浸水结束后，在基础施工以前应进行补充勘察工作，以重新评定地基的湿陷性，并应采用垫层法或强夯法等处理上部湿陷性土层。

综合以上研究，预浸水法适用于处理湿陷性较强的自重湿陷场地。在浸水坑尺寸、浸水深度和浸水时间达到要求时，它可以消除一定深度以下的黄土湿陷性和全部处理范围内的自重湿陷性。但是预浸水法不能消除表层土的非自重湿陷。从其处理效果而言，预浸水法处理效果也与场地黄土的特性有关，对于含砂量较高，渗透性较强的自重湿陷场地，其处理效果较好。对于渗透性差的黄土场地，其处理效果可能不太理想。

4.6.3 预浸水法处理油气站湿陷性黄土地基的适用性及设计施工要求

就油气站场而言，预浸水法可以用来进行空旷场地的处理。预浸水法施工最简便，但是需要足够的水源，而且短时间内处理的有效深度不会太深。这对于油气管道而言，由于很多场地没有水源条件，实施起来困难较大。还有就是预浸水处理后的黄土场地其密实度提高不太大，后期稳定性较差。在一定的荷载作用下，地基可能仍然会发生较大变形。所以，预浸水法对埋藏较深的油气管道和没有水源的场地不太适用。其他情况下预浸水法宜用于场地自重湿陷强烈的建筑场地和设备场地的预处理。预浸水法处理油气站场湿陷性黄土地基的适用性和施工要求可以简单用表 4.9 所示。

表 4.9　预浸水法处理油气站场的适用性和条件

处理目的	适用场地	效果	施工要求
自重湿陷处理	空旷场地	消除自重湿陷	1. 试坑半径和深度大于欲处理湿陷性土层厚度；
	简易建筑场地		2. 浸水时间大于 30 天，浸水深度不低于 50cm
预处理	建筑场地	部分消除非自重湿陷性	1. 同上；
	设备场地		2. 应配合其他处理方法进行处理

预浸水法基本消除处理深度内的自重湿陷性，所以对于空旷场地和对变形要求不太严格的设备场地的处理较为实用。

根据《建筑地基处理技术规范》（JGJ 79—2012）、《湿陷性黄土地区建筑规范》（GB 50025—2004）并结合油气站场的实际情况，预浸水法在设计施工中应注意以下要求：

① 预浸水法适用于降低湿陷变形但无需完全消除黄土湿陷性的场地处理。

② 预浸水法施工时为加快渗透速度，可以设置多个浸水坑增加渗透面积，提高渗透速度。

③ 浸水坑的边长一般不要小于湿陷性黄土层的厚度，否则会影响处理深度。而且就处理深度而言，单纯增加渗透面积的效果并不好，还应当同时增加浸水深度，如果处理深度在 6m 以上，还应当考虑打渗水孔，增加其处理深度。

④ 预浸水法浸水时间一般应在 20 天以上，处理深度越深，场地面积越大，浸水时间应相应增加。浸水坑内水深至少保持在 0.3m 以上。浸水最后 5 天的平均湿陷量小于1mm 即停止处理。

⑤ 湿陷性黄土中存在大量的落水洞或者透水洞穴，则先要进行处理方能施工。

⑥ 施工场地周围有建筑时，浸水场地与建筑物之间应预留安全距离，一般不小于50m，可按照浸水深度来确定。浸水层以下有和没有隔水层时，分别预留相当于 3 倍和1.5 倍浸水深度的水平距离，防止施工中浸水对已有建筑地基产生影响。

⑦ 相关土工参数试验应在浸水完成后，土层含水量恢复到与原来相近时采样进行试验并评价场地的湿陷性、承载力等指标。

4.7　垫层碾压法处理湿陷性黄土地基

碾压法施工简便，按照施工的标准和处理深度和消除或者部分消除场地湿陷性。处理深度较浅，施工设备简易。可用于湿陷性不太强烈的埋设设备场地以及简易建筑场地的湿陷性处理。

垫层法包括土垫层和灰土垫层。当仅要求消除基底下 1～3m 湿陷性黄土的湿陷量时，宜采用局部（或整片）土垫层进行处理，当同时要求提高垫层土的承载力及增强水稳性时，宜采用整片灰土垫层进行处理。

4.7.1　垫层厚度的确定

垫层的厚度 z 应根据需置换软土的深度或下卧土层的承载力确定，地基处理后的承载力，应在现场采用静载荷试验结果或结合当地建筑经验确定，其下卧层顶面的承载力特征值，应满足下式要求[3]：

$$p_z + p_{cz} \leqslant f_{az} \tag{4.131}$$

式中，p_z——相应于荷载效应标准组合，下卧层顶面的附加压力值，kPa；

p_{cz}——地基处理后，下卧层顶面上覆土的自重压力值，kPa；

f_{az}——地基处理后，下卧层顶面经深度修正后土的承载力特征值，kPa。

经处理后的地基，下卧层顶面的附加压力 p_z，对条形基础和矩形基础，可分别按下式计算：

（1）条形基础

$$p_z = \frac{b(p_k - p_c)}{b + 2z\tan\theta} \qquad (4.132)$$

（2）矩形基础

$$p_z = \frac{lb(p_k - p_c)}{(b + 2z\tan\theta)(l + 2z\tan\theta)} \qquad (4.133)$$

式中，b——条形或矩形基础底面的宽度，m；

l——矩形基础底面的长度，m；

p_k——相应于荷载效应标准组合，基础底面的平均压力值，kPa；

p_c——基础底面土的自重压力值，kPa；

z——基础底面至处理土层底面的距离，m；

θ——地基压力扩散线与垂直线的夹角，一般为 22°～30°，用素土处理宜取小值，用灰土处理宜取大值，当 $z/b<0.25$ 时，巧取 $\theta = 0°$。

4.7.2 垫层底面宽度的确定

垫层底面的宽度应满足基础底面应力扩散的要求可按下式确定：

$$b' \geqslant b + 2z\tan\theta \qquad (4.134)$$

式中，b'——垫层底面宽度；

θ——压力扩散角，可按上表采用；当 $z/b<0.25$ 时，仍按表中 $z/b=0.25$ 取值。

宜通过试验确定，当无试验资料的时候，可以参考表 4.10。

表 4.10 压力扩散角 θ（°）

z/b（换填材料）	中砂、粗砂、砂砾、圆砾、角砂、石屑、卵石、碎石、矿渣	粉质黏土、粉煤灰	灰土
0.25	20	6	28
≥0.50	30	23	

4.7.3 土（或灰土）其他参数确定

（1）土（或灰土）的最大干密度和最优含水量的确定

土（或灰土）的最大干密度和最优含水量，应在工程现场采取有代表性的扰动土样采用轻型标准击实试验确定。

（2）土（或灰土）垫层的承载力特征值的确定

土（或灰土）垫层的承载力特征值，应根据现场原位（静载荷或静力触探等）试验结果确定。当无试验资料时，对土垫层不宜超过 180kPa，对灰土垫层不宜超过 250kPa。

（3）垫层选用材料

灰土垫层中的消石灰与土的体积配合比，宜为 2：8 或 3：7。

（4）施工

1）施工土（或灰土）垫层，应先将基底下拟处理的湿陷性黄土挖出，并利用基坑内的黄土或就地挖出的其他黏性土作填料，灰土应过筛和拌和均匀，然后根据所选用的夯（压）实设备，在最优或接近最优含水量下分层回填、分层夯（压）实至设计标高。

2）当无试验资料时，土（或灰土）的最优含水量，宜取该场地天然土的塑限含水量为其填料的最优含水量。

3）土（或灰土）垫层的施工质量，应用压实系数 λ_c 控制，并应符合下列规定：

① 小于或等于 3m 的土（或灰土）垫层，不应小于 0.95；

② 大于 3m 的土（或灰土）垫层，其超过 3m 部分不应小于 0.97。

垫层厚度宜从基础底面标高算起。压实系数 λ_c 可按下式计算：

$$\lambda_c = \frac{\rho_d}{\rho_{d\max}} \tag{4.135}$$

式中，λ_c ——压实系数；

ρ_d ——土（或灰土）垫层的控制（或设计）干密度，g/cm^3；

$\rho_{d\max}$ ——轻型标准击实试验测得土（或灰土）的最大干密度，g/cm^3。

垫层碾压法碾压剖面如图 4.159 所示，各种材料压实系数按表 4.11 取值。

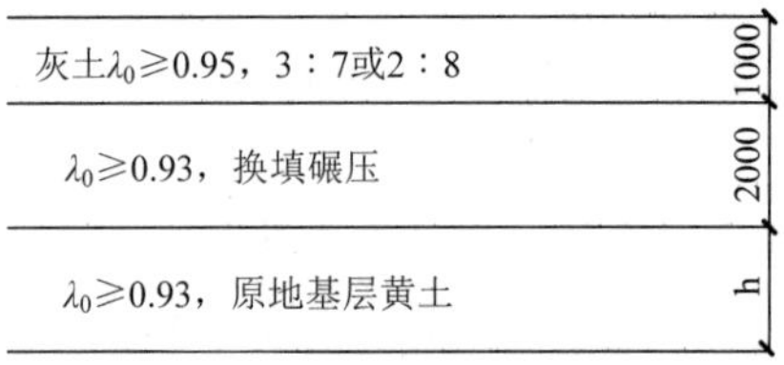

图 4.159　垫层碾压法刨面图

表 4.11　各种垫层的压实标准

施工方法	换填材料类别	压实系数 λ_0
碾压 振密 或夯实	碎石、卵石	≥0.97
	碎夹石（其中碎石、卵石占全重的 30%～50%）	
	土夹石（其中碎石、卵石占全重的 30%～50%）	
	中砂、粗砂、砾砂、角砾、圆砾、石屑	
	粉质黏土	≥0.97
	灰土	≥0.95
	粉煤灰	≥0.95

4）垫层的施工要求：

① 上部碾压：用 30t 压路机，将填料含水量控制在最优含水量，进行不同虚铺厚度不同碾压遍数碾压试验，压路机行驶速度为 1～2km/h，垫层的分层铺填厚度为 200mm，从振动碾压第 4 遍开始，每碾压 2 遍现场测定其密实度，碾压终之两次测定的密实度之差小于 0.5%，填筑体碾压参数见表 4.12。

表 4.12 填筑体振动碾压处理参数

振动碾压处理	碾压区
激振力	30T
行驶速度	1～2km/h
虚铺厚度	0.2m、0.4m、0.6m
碾压遍数	4、6、8、10

② 下部碾压：原地基以强夯为主，强夯前需铺设约 1m 厚垫层，强夯能级以 1000kN•m 和 2000kN•m 为主，强夯处理时需点夯两遍、满夯一遍，第一遍和第二遍错点强夯，夯点间距为两遍夯点的间距，具体见表 4.13。每一遍夯后均在夯坑内取样测试其压实效果，强夯完成后，在夯坑下和夯坑间挖探井取样，测试其压实效果。同时严格控制填料级配、含水率、粒径、间歇时间等指标，压实度检测建议采用探井取样，配合重型动力触探抽查。分层碾压虚铺厚度严禁超过 500mm，严格控制填料含水量接近最优含水量。

表 4.13 原地基强夯处理参数

方法 \ 参数	单点夯击能量	夯点间距	夯击边数	夯点布置形式	夯击次数	最后两击的平均夯沉量
主夯	2000kN•m	4m	2	方格网布置	≥10	≤5cm
满夯	1000kN•m	1/3锤印搭接	1	—	2～3	≤5cm

4.7.4 施工过程中的检测

垫层的刨面图在施工土（或灰土）垫层过程中，应分层取样检验，并应在每层表面以下的 2/3 厚度处取样检验土（或灰土）的干密度，然后换算为压实系数，取样的数量及位置应符合下列规定：

① 整片土（或灰土）垫层的面积每 100～500m²，每层 3 处。
② 独立基础下的土（或灰土）垫层，每层 3 处。
③ 条形基础下的土（或灰土）垫层，每 10m 每层 1 处。
④ 取样点位置宜在各层的中间及离边缘 150～300mm。

4.7.5 碾压法处理油气站场湿陷性黄土地基的适用条件及施工要求

湿陷性黄土地区黄土湿陷厚度较小，湿陷层厚度小于 10m 时，可采用原地基强夯加碾压处理油气站场地基，当湿陷层厚度小于 5m 时，可直接采用分层碾压法处理地基，碾压法地基处理适用条件见表 4.14。

根据《建筑地基处理技术规范》（JGJ 79—2012）、《湿陷性黄土地区建筑规范》（GB 50025—2004）并结合油气站场的实际情况，碾压法处理油气站场应注意以下设计施工要求：

表 4.14 碾压法处理油气站场的适用性和条件

处理目的	适用场地	效果	施工要求
自重湿陷处理	空旷场地	分层碾压自重湿陷性较好;	1. 设备重量和碾压次数随处理深度增加;
	简易建筑场地	表层碾压效果有限,处理深度浅;干燥场地效果不好	2. 碾压时应保持场地含水量最优
非自重湿陷性处理	建筑场地	仅用于建筑物等级较低或设备变形要求不严格时,薄层湿陷性黄土或者厚度不太大的回填场地处理	1. 同上; 2. 应预处理后进行湿陷性和压缩模量试验,如果效果不好则不能使用; 3. 厚层湿陷性黄土和湿陷性强烈的场地不建议采用
	设备场地		

① 碾压处理的深度比较浅,仅能消除部分湿陷性,主要用于油气站场和阀室周围场地和道路路基的处理,除对变形要求不严格的建筑和湿陷性土层较薄的情况,一般不用于建筑和重要承重设备的场地处理。

② 碾压应分层进行,平碾和羊足碾每层厚度控制在 300m 以内为佳,振动碾和冲击碾压每层铺垫厚度控制在 500～800mm 为佳。

③ 如果场地较为干燥,则首先需要增湿到最优含水量。

④ 含水量较高的场地一般要采用垫层换土的方式才能施工。单纯碾压不宜采用。

⑤ 无论场地还是垫层的含水量较高时不宜采用重型和频率太高的碾压施工技术,而应控制碾压速度保证土层中孔隙水压力无显著增加。

⑥ 压实系数应当在 0.95 以上,如果上部建筑的要求较高可提高到 0.97。垫层厚度超过 3m 时表层一半厚度的垫层压实系数也应提高到 0.97。

4.8 强夯法处理湿陷性黄土地基

强夯法是在黄土地区广泛采用的湿陷性黄土地基处理方法。强夯法需要专门的大型机械进行施工,对建筑场地而言其处理效果较好,可以满足一般民用建筑的要求。强夯法除了压密作用而外,强夯过程中产生的冲击波可以深入地下产生劈裂作用以及孔隙水压力升高,可以更有效破坏黄土的大孔隙结构。强夯法的优点是工期较短,成本中等,但是对于交通困难的场地因大型机械难以到达而存在困难。强夯法可以满足较重要建筑和设备场地的处理要求。强夯法可以结合置换法进行,通过在夯坑加灰土、碎石土等提高场地地基承载力。除非采用改进的孔内强夯法,对于湿陷性较强烈而且湿陷性黄土厚度大于 15m 的场地,强夯法处理效果仍然有限。

4.8.1 强夯法处理湿陷性黄土地基的试夯或试验性施工

采用强夯法处理湿陷性黄土地基,应先在场地内选择有代表性的地段进行试夯或试验性施工，可以确定在不同夯击能下消除湿陷性黄土层的有效深度，为设计、施工提供有关参数，并可验证强夯方案在技术上的可行性和经济上的合理性。试夯或试验性施工应符合下列规定：

① 试夯点的数量，应根据建筑场地的复杂程度、土质的均匀性和建筑物的类别等综合因素确定。在同一场地内如土性基本相同，试夯或试验性施工可在一处进行；否则，应在土质差异明显的地段分别进行。

② 在试夯过程中，应测量每个夯点每夯击 1 次的下沉量（以下简称夯沉量）。

③ 试夯结束后，应从夯击终止时的夯面起至其下 6～12m 深度内，每隔 0.50～1.00m 取土样进行室内试验，测定土的干密度、压缩系数和湿陷系数等指标，必要时，可进行静载荷试验或其他原位测试。

④ 测试结果，当不满足设计要求时，可调整有关参数（如夯锤质量、落距、夯击次数等）重新进行试夯，也可修改地基处理方案。

4.8.2　强夯法处理湿陷性黄土地基参数确定

（1）平均夯沉量的确定

夯点的夯击次数和最后 2 击的平均夯沉量，应按试夯结果或试夯记录绘制的夯击次数和夯沉量的关系曲线确定。

（2）单位夯击能

强夯的单位夯击能，应根据施工设备、黄土地层的时代、湿陷性黄土层的厚度和要求消除湿陷性黄土层的有效深度等因素确定。一般在 1000～4000kN·m/m^2，夯锤底面宜为圆形，锤底的静压力宜为 25～60kPa。

（3）天然含水率

采用强夯法处理湿陷性黄土地基，土的天然含水量宜低于塑限含水量 1%～3%。在拟夯实的土层内，当土的天然含水量低于 10% 时，宜对其增湿至接近最优含水量；当土的天然含水量大于塑限含水量 3% 以上时，宜采用晾干或其他措施适当降低其含水量。

（4）夯击参数

对湿陷性黄土地基进行强夯施工，夯锤的质量、落距、夯点布置、夯击次数和夯击遍数等参数，宜与试夯选定的相同，施工中应有专人监测和记录。

夯击遍数宜为 2～3 遍。最末一遍夯击后，再以低能量（落距 4～6m）对表层松土满夯 2～3 击，也可将表层松土压实或清除，在强夯土表面以上并宜设置 300～500mm 厚的灰土垫层。

（5）有效深度的确定

采用强夯法处理湿陷性黄土地基，消除湿陷性黄土层的有效深度，应根据试夯测试结果确定。在有效深度内，土的湿陷系数 δ_s 均应小于 0.015。选择强夯方案处理地基或当缺乏试验资料时，消除湿陷性黄土层的有效深度，可按表 4.15 中所列的相应单击夯击能进行预估。

表 4.15   采用强夯法消除湿陷性黄土层的有效深度预估值（m）

土的名称 单击夯击能/（kN·m）	全新世（Q_4）黄土、 晚更新世（Q_3）黄土	中更新世（Q_2）黄土
1000～2000	3～5	—
2000～3000	5～6	—
3000～4000	6～7	—
4000～5000	7～8	—
5000～6000	8～9	7～8
7000～8500	9～12	8～10

注：1. 在同一栏内，单击夯击能小的取小值，单击夯击能大的取大值；
　　2. 消除湿陷性黄土层的有效深度，从起夯面算起。

（6）质量检测

在强夯施工过程中或施工结束后，应按下列要求对强夯处理地基的质量进行检测：

① 检查强夯施工记录，基坑内每个夯点的累计夯沉量，不得小于试夯时各夯点平均夯沉量的 95%。

② 隔 7～10 天，在每 500～1000m² 面积内的各夯点之间任选一处，自夯击终止时的夯面起至其下 5～12m 深度内，每隔 1m 取 1～2 个土样进行室内试验，测定土的干密度、压缩系数和湿陷系数。

③ 强夯土的承载力，宜在地基强夯结束 30 天左右，采用静载荷试验测定。

4.8.3　强夯法技术参数确定

（1）强夯设备的选择

强夯设备可选用履带式起重机，起重高度大于 15m，夯锤质量 10t，夯锤平面为圆形，底面直径 2.0m，铸钢制成，夯锤中设置 5 个上下相通的排气孔。当夯锤超过卷扬机的起重能力时，需要利用滑轮组，并借助自动脱钩装置来起落夯锤，自动脱钩装置可用杠杆或其他脱钩设施解决。

（2）强夯施工参数的选择

夯点布置可结合工程具体情况确定，按正三角形布置，夯点之间的土夯实较均匀。第一遍夯点夯击完毕后，用推土机将高出夯坑周围的土推至夯坑内填平，再在第一遍夯点之间布置第二遍夯点；第二遍夯击是将第二遍夯点及第一遍填平的夯坑同时进行夯击，完毕后，用推土机平整场地；第三遍夯点通常满堂布置，夯击完毕后，用推土机再平整一次场地；最后一遍用轻锤低落距（4～5m）连续 2～3 击，将表层土夯实拍平。经检验合格后，再在夯面上及时铺设一定厚度的灰土垫层或混凝土垫层，并进行基础施工，防止强夯表层土帽裂或受雨水浸泡。

第一遍和第二遍夯击主要是将夯坑底面以下的土层进行夯实，第三遍和最后一遍拍夯主要是将夯坑底面以上的填土及表层松土夯实拍平。

主夯夯击次数均不得少于 10 击，最后两击夯沉量之差见表 4.16，夯沉量之和不大于 20cm（最终控制标准，待试夯完成后给定），第二遍点夯时，夯击点选取在第一遍两个夯击点的中点处，如图 4.160 所示，两遍点夯时间间隔参考《建筑地基处理技术规范》（JGJ 79—2012）执行；垫层分两次铺设，即每铺设一层配合一遍点夯。满夯夯击能为 1000kN·m，夯击遍数为 1 遍，1/3 锤印搭接，夯击次数为 2～3 次。每一遍夯击完成后，对试验区土体进行取样测试，测试土体密实度达到要求后方可进行下一工况施工。现场根据地质剖面情况，原则上土层较薄区选择低能级强夯、土层较厚处选择高能级强夯。

表 4.16 原地基强夯处理试验参数

主夯	单点夯击能量	2000kN·m	3000kN·m	4000kN·m
	夯点间距	4m	4m	4m
	夯击遍数	2	2	2
	夯点布置形式	方格网布置	方格网布置	方格网布置
	夯击次数	≥10	≥13	≥15
满夯	夯点能量	1000kN·m	1000kN·m	1000kN·m
	夯点间距	1/3 锤印搭接	1/3 锤印搭接	1/3 锤印搭接
	夯击遍数	1	1	1
	夯击次数	2～3	2～3	2～3
收夯标准	最后两击的平均夯沉量	≤5cm	≤7cm	≤9cm

（a）1000kN·m 试夯夯坑

（b）2000kN·m 试夯夯坑

（c）3000kN·m 试夯

（d）4000kN·m 试夯

图 4.160 强夯夯坑示意图

第二遍点夯时，夯击点选取在第一遍两个夯击点的中点处，如图4.161所示，两遍点夯时间间隔参考《建筑地基处理技术规范》（JGJ 79—2012）执行；垫层分两次铺设，即每铺设一层配合一遍点夯。满夯夯击能为1000kN·m，夯击遍数为1遍，1/3锤印搭接，夯击次数为2~3次。每一遍夯击完成后，对试验区土体进行取样测试，测试土体密实度达到要求后方可进行下一工况施工。现场根据地质剖面情况，原则上土层较薄区选择低能级强夯、土层较厚处选择高能级强夯。

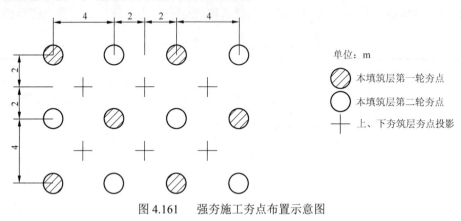

图4.161　强夯施工夯点布置示意图

4.8.4　挖填交界处和坡脚处处理措施

结合试夯和检测情况，挖填交界处拟采用台阶状处理，考虑到施工时的难度及强夯处理时坡体稳定性，故台阶高度暂定为1~4m，台阶宽度不小于2~4排夯点间距，顶面宜向内倾斜，坡度宜为1%~2%，综合坡比大于1:2。边坡原地基先采用强夯处理，台阶部位分层填筑压（夯）实，保证填筑地基与台阶面良好结合；接茬部位须进行有效搭接，避免竖向贯通，如图4.162所示。接合处处理压（夯）实指标密实度要求可参考表4.17执行。

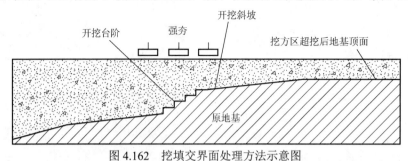

图4.162　挖填交界面处理方法示意图

表4.17　接合处处理压（夯）实指标

项目 填料类别	强夯地基		压实地基	
	分层控制厚度/m	地基土密实指标	分层控制厚度/m	地基土密实指标
黄土	3.5~4.0	压实系数 $\lambda_c \geqslant 0.96$	0.3~0.4	压实系数 $\lambda_c \geqslant 0.96$

注：1. 强夯收锤标准：点夯最后两击的平均夯沉量应小于50mm；
　　2. 压实系数 λ_c 为土的控制干密度 ρ_d 与最大干密度 $\rho_{d\,max}$ 的比值；黄土的最大干密度宜采用标准击实试验法确定。

原地面坡度较大区域（大于 1:5），每填高 1～4m 在原地面挖台阶，对原土基进行强夯，强夯范围应和填方体进行搭接，搭接宽度不小于 1 个夯位。为加强边坡的稳定性，对坡脚外 3～4m 范围进行强夯处理，高填方边坡地基处理如图 4.163 所示。但是坡度较陡的斜坡填方区域，需慎重使用强夯，以免扰动原地基，必要时采取加筋支挡措施。

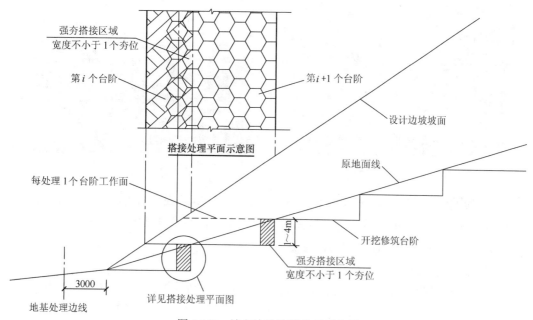

图 4.163　填方边坡地基处理示意图

4.8.5　强夯施工工艺

（1）施工前准备

在强夯施工前，应认真查明强夯场区内及周边地下管线的位置、标高等，并在地面作标志，划出强夯的边线对于须要强夯的路段和区间，应先实测土壤、最大干密度及湿陷系数，当含水量小于 7% 时，应增大其含水量；对于地基含水量大于 20% 的过湿地段，为防止强夯时产生的"弹簧土"现象，应等其晾晒得较为合适时再行施工，或进行换土处理。对于地下水位较高的地方，要用人工降低地下水位的办法，并在表层铺填 0.5～2.0m 的砂砾层，确保机械通行。为防止雨水或场外地表水流入场内对强夯的影响，还要在场区和场区周围挖临时排水沟。铲除夯区内的植被和垃圾，挖出树根，将场以内保证夯锤落地时场地基本处于推平或分段推平状态。

（2）施工工序

① 按夯点布置图，标出第一遍夯点位置，如图 4.164 所示，测量夯前场地高程。

② 起重机就位，夯锤对准夯点位置，测量夯前锤顶高程。

③ 将夯锤起吊到预定高度，脱钩自由下落后放下吊钩，测量锤顶高程。夯锤应保

持平稳，若发现因坑底倾斜而造成夯锤歪斜时，应及时将坑底整平。

④ 按以上①～③步骤完成第一遍全部夯击点的夯击。

⑤ 用推土机将夯坑推平，如图 4.165 所示，按确定的夯点布置要求，用上述步骤完成第二遍，再用低能量满夯法将场地表层松土夯实。

图 4.164　夯点布置

图 4.165　推土机推平

⑥ 为了使表层的扰动土进一步压实，在强夯区实施了强夯后再用 8～21t 振动压路机振压处理。使其满足路基规范设计要求的压实度，压实后再测量场地高程。

⑦ 对强夯后路基进行相应的沉降量观测。

（3）施工检测

① 强夯过程的监测必须由专人负责，并对其各种参数及施工情况做好详细记录。

② 开夯前检查夯锤重量和落距，夯锤吊环是否准确处于重心位置。

③ 按设计数据检查每个夯点夯击次数和每夯的夯沉量及周围隆起和挤出的情况。

④ 第一、第二遍试夯完成后，分别在夯坑内进行取样测试，现场照片见图 4.166（b）；最终试夯完成后，分别在夯坑内和夯坑间挖探井，取样测试其压实效果，现场照片见图 4.166（c）和（d）。

（a）夯前取样

（b）夯后取样

图 4.166　夯坑内和夯坑间挖探井取样测试

（c）夯后压实度检测　　　　　　　　　（d）夯坑和夯间探井取样

图 4.166　夯坑内和夯坑间挖探井取样测试（续）

（4）注意事项

为防止降雨对强夯的影响，采用分段施工方法为好；冬季施工时，先要将冻土击碎，然后再按各点规定的夯击数进行强夯；对于强夯过的地基，在检查各项指标达到设计要求和规范要求后，应及时回填，起到保护作用；为保证建筑物的安全，强夯场地边缘距最近建筑物的安全距离不小于 30m；经常检查设备状况，发现问题及时采取措施；建立以岗位责任制为中心的安全生产逐级负责制。

4.8.6　油气站场强夯法适用条件

分析试夯结果可知，随着强夯能级的提高，虽然有效处理深度增大，但是达到要求密实度或最后三级夯沉量控制标准的击数增多，坑周回弹和坑周裂缝相应增大，不利于表层地基土压实度控制。因此，土基位于挖方区，开挖至设计标高为第三系砂质泥岩时可采用该层作为持力层；位于填方区时，2～4m 厚的粉质黏土可采用 2000kN·m 能级强夯处理，4～6m 厚的粉质黏土可采用 3000kN·m 能级强夯处理，对于少量小于 2m 或大于 6m 厚的粉质黏土可采用 1000 或 4000kN·m 能级强夯处理；挖填交界处处理方案见 4.8.4 节。根据现场实际地形情况，各试验小区强夯处理范围需按照 1∶0.75 外放坡度进行适当调整。

原地面坡度较大区域（大于 1∶5），每填高 1~4m 在原地面挖台阶，对原土基进行强夯，强夯范围应和填方体进行搭接，搭接宽度不小于 1 个夯位。为加强边坡的稳定性，对坡脚外 3~4m 范围进行强夯处理。

从处理效果来看，处理后场地的湿陷性基本消除。但是强夯法处理后因场地土层的差异和夯击间距的存在，处理效果不十分均一，所以场地的地基承载力和压缩模量存在一定的差距。对于油气站场的重要承载设备要么加密夯点，要么针对地基不均一性设置强度较高的基础。对于设备较少的阀室而言，除非场地湿陷性非常强烈而且场地湿陷性黄土特别厚，强夯法一般都可以达到要求，强夯法适用条件见表4.18。

表4.18　强夯法处理油气站场的适用性和条件

处理目的	适用场地	效果	施工要求
自重湿陷/非自重湿陷性处理	建筑场地	10m以内处理效果较好可消除自重和非自重湿陷；厚度较大时可采用孔内强夯法	1. 含水量和黏粒含量较高而容易形成橡皮土的场地不宜采用； 2. 为保证场地均质性，大能量点夯和平夯结合采用
	设备场地	1. 同上； 2. 更适用于承载设备地基和埋设设备以下土层处理； 3. 处理后场地存在非均质性	1. 同上； 2. 不能对已埋设设备的场地采用； 3. 交通不便时难以采用

根据《建筑地基处理技术规范》（JGJ 79—2012）、《湿陷性黄土地区建筑规范》（GB 50025—2004）并结合油气站场的实际情况，强夯法处理油气站场和阀室场地设计施工中应注意以下问题：

① 强夯法处理的湿陷性黄土地基的湿度太低（含水量低于10%）时应当湿化至接近最优含水量，而饱和度大于60%时一般不能使用。其他情况，场地含水量应当控制在低于塑限含水量1%～3%。

② 根据处理深度的不同，夯击能应参考表4.19确定。

表4.19　强夯处理湿陷性黄土地基时夯击能与处理深度的关系

单夯击能/（kN·m）	处理深度 Q_3 和 Q_4 黄土	Q_2 黄土
1000～2000	3～5	—
2000～3000	5～6	—
3000～4000	6～7	—
4000～5000	7～8	—
5000～6000	8～9	7～8
7000～8500	9～12	8～10

③ 两遍强夯之间应当有一定的时间间隔。具体可根据监测现场超静孔隙水压力的消散情况确定，但一般不要少于3天。

④ 强夯处理场地的范围应超出基础范围，超出边长取处理深度的1/2～2/3。

⑤ 强夯法不能在既有建筑附近施工，一般也不能用于已建成油气站场和阀室地基处理。

⑥ 其他施工和设计要求应参考《建筑地基处理技术规范》（JGJ 79—2012）和《湿陷性黄土地区建筑规范》（GB 50025—2004）。

4.9 固化法处理湿陷性黄土地基

单液硅化法施工成本较高，适用于含水量高、用夯实或者挤密法难于处理的场地。其处理深度多在 5～7m。处理后表层土湿陷性可完全消除，地基承载力提高较大。可用于重要设备以及对变形敏感的场地的处理。当对处理的深度要求较低（5m 以内）时，比较适合[3]（见表 4.20）。

表 4.20　固化法处理油气站场的适用性和条件

处理目的	适用场地	效果	施工要求
自重湿陷/非自重湿陷性处理	建筑场地	完全消除自重和非自重湿陷； 地基承载力提高较大； 有效降低渗透性，防止深部土层湿陷	处理深度 5m 左右为宜
	设备场地	1. 同上； 2. 变形要求严格以及对地基土均质性要求较高的设备可采用	1. 同上； 2. 不能对已埋设设备的场地采用； 3. 碱液固化法因存在腐蚀性，不宜采用

4.9.1　固化法处理油气站场湿陷性黄土地基的适用条件

固化法：因碱液具有一定的腐蚀性，不建议在油气站场和阀室的设备场地处理中采用。

总体而言，固化处理方法处理效果较好，在有效处理范围内，可以很大程度上提高黄土的强度，消除黄土的湿陷性。存在地下水和黄土中含水量较高时，固化处理方法有较大的优势。固化处理后，黄土地基的稳定性较好，后期维护费用较低，但是固化法在建设期的投入较大，适用于比较重要的设备场地和建筑场地。另外当对于场地条件不好，而固结法又达不到处理要求时，也可以考虑采用固结法进行场地处理。但是固化法处理有时会对场地土的腐蚀性产生影响，所以在选择固化剂时需要针对设备和建筑要求酌情选择。

根据《建筑地基处理技术规范》（JGJ 79—2012）、《湿陷性黄土地区建筑规范》（GB 50025—2004）并结合油气站场的实际情况，固化法处理湿陷性黄土地基在设计施工中应注意以下问题：

① 单液硅化法和碱液加固法适用于加固地下水位以上渗透系数为 0.5～2m/d 的湿陷性黄土地基在自重湿陷性黄土场地采用碱液加固法应通过现场试验确定其可行性。

② 对于下列建筑物宜采用单液硅化法或碱液法加固地基。

沉降不均匀的既有建筑物和设备基础。

地基浸水引起湿陷需要阻止湿陷继续发展的建筑物或设备基础。

拟建的设备基础和构筑物地基。

③ 采用单液硅化法或碱液法加固湿陷性黄土地基施工前应在拟加固的建筑物附近进行单孔或多孔灌注溶液试验确定灌注溶液的速度时间数量或压力等参数。

④ 对酸性土和已渗入沥青油脂及石油化合物的地基土不宜采用单液硅化法或碱液法加固地基。当处理深度内存在管线等易腐蚀设备时，碱液固结法也不能采用。

采用单液硅化法加固湿陷性黄土地基灌注孔的布置应符合下列要求：

① 灌注孔的间距在压力灌注宜为 0.8～1.2m，溶液自渗宜为 0.4～0.6m。

② 加固拟建的设备基础和建筑物的地基应在基础底面下按正三角形满堂布置，超出基础底面外缘的宽度每边不应小于 1m。

4.9.2 固结法处理黄土地基湿陷性的效果评价

固结法通过降水、抽气等方式对场地进行排水，促进场地地基土的固结，从而达到提高地基密实度和降低湿陷性的目的[3]。

因为黄土地区大多数环境干燥，固结法多数情况下无法采用。在饱和或近饱和黄土场地上可以考虑采用。固结法的施工周期长，处理后场地自重湿陷性可以消除，地基承载力也有所提高。但与强夯法、固化法相比，固结法处理效果不十分理想，因此，除了特殊场地条件如饱和或者含淤泥质土层，而固化法又不能采用时，才可以考虑使用固结法。对变形要求较高的设备和建筑场地不推荐使用固结法。

表 4.21 固结法处理油气站场的适用性和条件

处理目的	适用场地	效果	施工要求
自重湿陷/非自重湿陷性处理	饱和或高含水量场地	消除自重湿陷，减小非自重湿陷；工期长，变形要求高的场地一般不推荐，可用于空旷场地和其他场地的预处理	1. 需要堆载、抽真空或降水；2. 安装排水设备；3. 工期长

根据《建筑地基处理技术规范》（JGJ 79—2012）、《湿陷性黄土地区建筑规范》（GB 50025—2004）并结合油气站场的实际情况，固结法处理湿陷性黄土地基在设计施工中应注意以下问题。

① 饱和度低于 80% 的湿陷性黄土场地不宜使用。

② 当场地含水量较高时，可结合其他地基处理方法一并使用。此时，固结法主要用于降低地下水位，使得强夯和碾压等方法可以进行。

③ 既有油气站场和阀室地基处理不宜采用固结法，因为它有可能引起较大范围的地基沉降。

④ 设置降水井的深度应当超过处理深度。

4.10 湿陷性黄土地基改良方法

黄土湿陷性发生的本质原因是在干旱环境下以粉粒为主的沉积，容易形成絮状结构，也称为大孔隙结构。这种结构是若干粉粒相互链状连接而形成的，颗粒之间的接触并不十分稳定，当遇到水的作用时，链接点破坏造成孔隙结构破坏。从黄土湿陷的机制来说，正是由于存在这种絮状结构，在干燥状态下，孔隙内部存在较大的基质吸力，而当黄土的饱和度提高时，其基质吸力丧失，黄土强度降低，最后导致发生湿陷。而且一般而言黄土的基质吸力越大，当逐渐饱和时，其强度丧失也越大，相应地发生的湿陷量也越大。理论上，黄土湿陷性和湿陷系数的关系可以用其孔隙比和饱和度来进行评价。

$$\delta_w = c_1 + c_2 \bullet \exp(e) \bullet \lg(1 - Sr) \tag{4.136}$$

式中，c_1，c_2——拟合系数。

黄土结构改良方法主要是通过改变黄土的粒度组成和胶结性来提高黄土结构的稳定性，消除黄土的湿陷性。其思路是向黄土中加入结构较为稳定或者具有胶结作用的砂粒、石灰、水玻璃、水泥等成分。

根据结构改良的主要目的，结构改良处理方法可分为两类：

① 改变黄土的粒度组成。黄土湿陷的发生机制主要是基质吸力的丧失。当黄土中含有较多的粗颗粒成分时，一方面可以破坏或者减少黄土中的大孔隙结构；另一方面大颗粒的吸附性差，黄土的基质吸力降低，最终使得黄土结构在浸水前后都能保持相对稳定。增加粗粒成分的成本低，施工简易，但是有时会会增加黄土的渗透性，对于需要考虑渗漏的场地不宜使用。

② 增加黄土的胶结。这一方法的主要目的是添加胶结剂，提高黄土的胶结性，从而使其能够在浸水条件下保持结构的稳定性。常用的胶结剂有石灰、水泥、水玻璃、碱液等。但是有的胶结剂会对地基的腐蚀性产生影响。

针对不同的情况，研究提出如下的结构改良方法。

4.10.1 粒度改良方法

（1）适用性

① 可不考虑渗漏的管沟回填。

② 设备周围具有湿陷性的空旷场地地基处理。

③ 低层建筑湿陷性中等的黄土地基处理。

（2）技术要求

① 添加颗粒可采用细砂或者中砂。这两类颗粒与粉粒差别不太大，容易结合形成土骨架。添加粗颗粒后将土回填场地。

② 不同条件下的技术要求见表 4.22。

表 4.22   不同条件下湿陷性黄土地基处理的粒度改良方法技术要求

处理前黄土湿陷系数	黄土砂粒含量	粒度改良技术要求	处理效果
<0.03 （弱湿陷性）	<15%	添加砂粒15%，压实系数达到0.85以上	消除湿陷性
	>15%	添加砂粒10%，压实系数达到0.85以上	消除湿陷性
（0.03～0.05） （中湿陷性）	<15%	添加砂粒20%，压实系数达到0.90以上	消除湿陷性
	>15%	添加砂粒15%，压实系数达到0.90以上	消除湿陷性
（0.05～0.08） （高湿陷性）	<15%	添加砂粒25%～30%，压实系数达到0.95以上	消除湿陷性
	>15%	添加砂粒20%～25%，压实系数达到0.95以上	消除湿陷性
>0.08 或含水量大于30% （强湿陷性/高含水量）		不宜单独采用	降低湿陷性

根据《建筑地基处理技术规范》（JGJ 79—2012）、《湿陷性黄土地区建筑规范》（GB 50025—2004）并结合油气站场的实际情况，粒度改良方法的设计施工要求如下：

① 粒度改良的施工方法与换填垫层法相同，压实系数等要求均可参考规范要求。

② 粒度改良方法适用于含水量不太高，处理深度5m以内的场地，对既有油气站场和阀室均可以采用。

③ 采用粒度改良方法后场地湿陷性显著降低，承载力有所提高。

④ 对于需要考虑防渗的场地，处理后应在表层进行防渗处理。

⑤ 砂粒以中、细砂为宜。

4.10.2   胶结改良方法

胶结改良方法因胶结剂不同而在施工及效果上存在较大差别，常用的胶结改良方法及其技术要求如下：

（1）石灰土改良方法

1）适用性：

① 管沟回填。

② 设备周围空旷场地。

③ 承载要求低的设备场地。

④ 简易建筑场地。

2）技术要求：

① 添加生石灰与黄土搅拌后压实回填场地，含水量高于30%的场地不宜使用。

② 不同要求下的具体技术要求见表4.23。

表 4.23   不同条件下湿陷性黄土地基处理的石灰土改良方法技术要求

处理前黄土湿陷系数	石灰土改良技术要求	处理效果
<0.03（弱湿陷性）	添加石灰15%，压实系数达到0.85以上	消除湿陷性
（0.03～0.05）（中湿陷性）	添加石灰30%，压实系数达到0.90以上	消除湿陷性

处理前黄土湿陷系数	石灰土改良技术要求	处理效果
（0.05～0.08）（高湿陷性）	添加石灰 35%，压实系数达到 0.95 以上	消除湿陷性
>0.08 或含水量>30% （强湿陷性/高含水量）	不宜单独采用	降低湿陷性

根据《建筑地基处理技术规范》（JGJ 79—2012）、《湿陷性黄土地区建筑规范》（GB 50025—2004）并结合油气站场的实际情况，石灰土改良方法的设计施工要求如下：

① 石灰土改良的施工方法与换填垫层法相同，压实系数等要求均可参考规范要求。

② 石灰土的配比应按照场地湿陷性强弱确定，湿陷性较强的场地配比应适当提高。

③ 石灰土改良方法适用于含水量不太高，处理深度 5m 以内的场地，对既有油气站场和阀室均可以采用。

④ 石灰土具有弱碱性，对于腐蚀要求较高的金属和管线设备应当进行必要的防护或者石灰土处理范围距离该设备 500mm 以上。

（2）水泥土改良方法

1）适用性：

① 湿陷性较大的设备场地。

② 低层建筑场地。

2）技术要求：

① 添加水泥与黄土搅拌后压实回填场地。含水量高于 40% 的场地不宜采用。当地基土渗透系数较大时可以采用灌浆方式施工。

② 不同要求下的具体技术要求见表 4.24。

表 4.24　不同条件下湿陷性黄土地基处理的水泥土改良方法技术要求

处理前黄土湿陷系数	水泥土改良技术要求	处理效果
<0.03（弱湿陷性）	添加 42.5 水泥 5%～8%，压实度达到 0.85 以上	消除湿陷性
（0.03～0.05）（中湿陷性）	添加 42.5 水泥 10%～15%，压实度达到 0.90 以上	消除湿陷性
>0.05（高湿陷性及以上）	添加 42.5 水泥 20%～25%，压实度达到 0.95 以上	消除湿陷性

根据《建筑地基处理技术规范》（JGJ 79—2012）、《湿陷性黄土地区建筑规范》（GB 50025—2004）并结合油气站场的实际情况，水泥土改良方法的设计施工要求如下：

① 水泥土改良的施工方法与换填垫层法相同，压实系数等要求均可参考规范要求。

② 水泥土的配比应按照场地湿陷性强弱确定，湿陷性较强的场地配比应适当提高。

③ 水泥土改良方法适用于含水量不太低（大于 10% 且小于 30%），处理深度 5m 以内的场地，对既有油气站场和阀室均可以采用。若场地含水量较低，宜进行湿化处理后再施工。

④ 水泥土稳定需要一定时间，其参数测试应当在施工结束后 2 周左右进行。

（3）水玻璃改良方法

1）适用性：

① 湿陷性较大和承载要求较高的设备场地。

② 重要的建筑场地。

③ 含水量较高的场地。

2）技术要求：

① 将水玻璃通过压密贯入或者高压喷射方式注入湿陷性黄土地基中。当地基处理要求较高时应采用双液硅化法，即先后采用硅酸钠（浓度一般10%以上）和氯化钙溶液（浓度 4%～6%）进行地基处理。采用单液硅化法时，若对地基腐蚀性要求不高，可以在高浓度硅酸钠溶液中加入2.5%左右的氯化钠提高硅液的稀释性。

② 不同要求下的具体技术要求见表4.25。

表 4.25　不同条件下水玻璃改良湿陷性黄土地基技术要求

处理前黄土湿陷系数	水玻璃改良技术要求	处理效果
<0.03（弱湿陷性）	采用浓度10%的水玻璃灌浆，加入2.5%的氯化钠	消除湿陷性
（0.03～0.05）（中湿陷性）	采用浓度15%的水玻璃灌浆，采用双液灌浆	消除湿陷性
>0.05 或者含水量较高（高湿陷性及以上）	采用浓度20%的水玻璃，采用双液灌浆	消除湿陷性

根据《建筑地基处理技术规范》（JGJ 79—2012）、《湿陷性黄土地区建筑规范》（GB 50025—2004）并结合油气站场的实际情况，水玻璃土改良方法的设计施工要求如下：

① 水玻璃改良的施工方法可以参考硅化法，压实系数等要求均可参考规范要求。压力注浆时，注浆孔的间距控制在 1.5 倍加固半径为宜。自渗方式施工时注浆孔间距0.4～0.6m 为宜。

② 注浆采用的水玻璃模数应在 2.5～3.3，不溶于水的杂质含量低于 2%。

③ 黄土渗透系数越小，加固半径越小。一般地，渗透系数小于在 0.1～0.5m/d 时，加固半径为 0.3～0.6m，渗透系数 0.5～1m/d 时，加固半径 0.6～0.8m。对于渗透系数较小的湿陷性黄土场地处理时的注浆孔应当参考其有效处理范围适当加密。

④ 水玻璃改良法适用性较广。压力注浆适用于新建场地的基地湿陷性处理，自渗水泥土稳定适用于既有油气站场和阀室地基加固。场地含水量较高时也可以采用，但是此时可能使得渗透时间加长，因此对于含水量接近饱和的场地应当待土层含水量或者注浆孔中水量减少后再进行施工。

⑤ 水玻璃改良后的场地稳定需要一定时间，其参数测试应当在施工结束后 10 天左右进行。

4.10.3　结构改良方法处理效果的室内试验

（1）试验方案

1）试验目的：

本次试验的目的是验证经不同的改良方法（配方），在不同处理标准（压实系数）处理后，重塑黄土试样的湿陷系数的变化并与原状土的湿陷性比较，确定其处理效果，最终为确定油气站场和阀室湿陷性黄土地基处理提供试验依据。

2）试验方法与试验设备：

本试验主要的试验方法为，

① 击实试验——确定最大干密度和含水量。

② 塑限试验——确定场地土的液限和塑限（可用已有资料）。

③ 水量和密度试验——确定或计算土样物性参数。

④ 粒度试验——进行若干个土样的激光粒度测试（委托进行，需准备试样）。

⑤ 重塑土配土制样——对取得散黄土进行风干后添加配料，再添加水后进行养护，然后在试验环刀中制作一定压实系数的试样。

⑥ 湿陷系数试验——分别进行自重和非自重（150/200kPa）湿陷试验。

试验所需试验设备，

① 多联固结仪（2套）。

② 电子天平。

③ 微波炉。

④ 盛土器皿（塑料杯/小玻璃盒—测定含水量）。

⑤ 击实仪。

⑥ 搅拌盆/配土盒（塑料盆，可封闭塑料盒）。

⑦ 试样存储和保湿：整理箱、保鲜膜（大和小——配土、试样）。

⑧ 小工具：铁锹、削土刀、环刀（12——部分试验，其余制样）、勺子、吸耳球。

⑨ 消耗材料：滤纸（已有）、标签、圆珠笔、可封闭小塑料袋（能装200g左右）。

⑩ 试验配料：水玻璃、石灰、水泥、高岭土。

3）取土和制样：

取土：在校区附近选择一具有中等以上湿陷性的新黄土场地开挖探井，深度0.8～1m左右。原状黄土的粒组含量如表4.26所示。

表4.26　原状黄土的粒组含量

粒组	砂粒	粉粒	黏粒
含量/%	12	72	16

① 取得原状环刀试样4个，贴标签进行标识。

② 散土25kg装入大塑料袋。

重塑土制样：

① 通过击实试验，获得不同方案下重塑土最优含水量和最大干密度数据（估计分别在 16%，1.78 左右）。

② 将散土风干，计算一个配比下一组试样所需干土的总量（可按照每组 5～6 个试样，每试样 200g 干土计算）（可同时配置两个配比的土，但相关容器和环刀要事先标号并做记录）。

③ 将风干土分别与一定配比的砂土、石灰、水泥、水玻璃进行混合搅拌均匀后，按照质量含水量 14% 计算所需水量，添加到混合土中。

④ 待混合土均匀后，按照压实系数（0.8，0.9，0.95）计算所需混合土，然后压填放入环刀中养护。若压填困难，可用直径略小于环刀内径的铁块垫上后用榔头分层击实（可同时制备两组试样，先开始养护时间少的试样，养护时间长的提前制备）。

⑤ 对养护试样进行保湿处理、若水分渗出需要酌情添加。

⑥ 待试样稳定后进行湿陷试验。其中自重湿陷试验，压实系数取 0.8/0.9（若 0.8 有湿陷，则增加到 0.9，否则只做 0.8）。

4）粒度改良处理后黄土湿陷试验：

① 准备细砂或者中砂 1kg 左右。

② 按照含水量 14% 时，占总质量比为 10%，20%，30%（分别为风干土的 12.9%，29.5%，52%）将砂土混合到取得的散土中去。

③ 混合搅拌使得二者均匀后，按照计算好的配水量将水加入混合土中去进行搅拌，考虑到搅拌和制样过程中水分会有所丧失，加水时，可统一放大 2% 左右。

④ 让配好砂粒和水的土在保湿条件（用保鲜膜覆盖，容器密闭）下稳定 1 小时左右。

⑤ 准备好环刀，放好滤纸、透水石等。

⑥ 计算不同压实系数（0.8，0.9，0.95）下所需的配好的土，称量后分层压实加入到环刀，使试样大小和环刀体积一致。

⑦ 取当前配比下压实系数 0.8 的试样，施加 50kPa 的荷载进行固结。待 1h 内变形小于等于 0.01mm 后，用吸耳球逐渐加水，至试样饱和（底部透水石出水后一段时间）。记录试样的变形，当 1h 内没有明显变形后，可终止试验，记录试样湿陷前后的高度。若计算后，试样有明显的湿陷性，可增加一个压实系数 0.9 的试样进行同样的试验。

⑧ 分别进行不同压实系数试样的湿陷试验。荷载加三级 50kPa，100kPa 和 200kPa。前两级加载后等待稳定时间不小于 1h，后一级加载后等待试样 1h 变形小于等于 0.01mm。记录试样固结稳定后的高度。按照同样的方法使试样饱和后记录其湿陷变形后试样高度。

⑨ 进行另一配比下同样的试验。

5）石灰改良后黄土湿陷试验：

① 准备石灰 1kg 左右。

② 按照含水量 14% 时，占总质量比为 20%，30%，40% 将石灰混合到所取的散土中去。

③ 混合搅拌使得二者均匀后，按照计算好的配水量将水加入混合土中去进行搅拌，考虑到搅拌和制样过程中水分会有所丧失，加水时，可统一放大 2%左右。

④ 准备好环刀，放好滤纸、透水石等。

⑤ 计算不同压实系数下所需的配好的土，称量后分层压实加入到环刀，使试样大小和环刀体积一致。

⑥ 试样进行养护 6～12h（视试验时间安排及试样石灰含量调整）。

⑦ 取当前配比下压实系数为 0.8 的试样，施加 50kPa 的荷载进行固结。待 1h 内变形小于等于 0.01mm 后，用吸耳球逐渐加水，至试样饱和（底部透水石出水后一段时间）。记录试样的变形，当 1h 内没有明显变形后，可终止试验，记录试样湿陷前后的高度。若试样有明显的湿陷性，可增加一个压实系数 0.9 的试样。

⑧ 分别进行不同压实系数（0.8，0.9，0.95）试样的湿陷试验。荷载加三级 50kPa，100kPa 和 200kPa。前两级加载后等待稳定时间不小于 1h，后一级加载后等待试样 1h 变形小于等于 0.01mm。记录试样固结稳定后的高度。按照同样的方法使试样饱和后记录其湿陷变形后试样高度。

⑨ 在另一配比下进行同样的试验。

6）水泥土改良后黄土湿陷性试验：

① 准备水泥 1kg 左右。

② 按照含水量 14%时，占总质量比为 5%，8%，12%将水泥混合到所取的散土中去。

③ 混合搅拌使得二者均匀后，按照计算好的配水量将水加入混合土中去进行搅拌，考虑到搅拌和制样过程中水分会有所丧失，加水时，可统一放大 2%左右。

④ 准备好环刀，放好滤纸、透水石等。

⑤ 计算不同压实系数下所需的配好的土，称量后分层压实加入到环刀，使试样大小和环刀体积一致。

⑥ 试样进行养护 48～72h（视试验时间安排及试样水泥含量调整）。

⑦ 取当前配比下压实系数为 0.8 的试样，施加 50kPa 的荷载进行固结。待 1h 内变形小于等于 0.01mm 后，用吸耳球逐渐加水，至试样饱和（底部透水石出水后一段时间）。记录试样的变形，当 1h 内没有明显变形后，可终止试验，记录试样湿陷前后的高度。若试样有明显的湿陷性，可增加一个压实系数 0.9 的试样。

⑧ 分别进行不同压实系数（0.8，0.9，0.95）试样的湿陷试验。荷载加三级 50kPa，100kPa 和 200kPa。前两级加载后等待稳定时间不小于 1h，后一级加载后等待试样 1h 变形小于等于 0.01mm。记录试样固结稳定后的高度。按照同样的方法使试样饱和后记录其湿陷变形后试样高度。

⑨ 在另一配比下进行同样的试验。

7）水玻璃改良后黄土湿陷性试验：

① 准备水玻璃和 2.5%的氯化钠溶液。

② 将水玻璃按照计算表格中的数据，配置成浓度 10%，20% 和 30%的溶液，并在

其中加入 2.5%的氯化钠溶液。

③ 分别用不同浓度的水玻璃处理散土。第一次加 100g，第二次加 50g，依次递减，记录所用溶液量，使得散土和水玻璃混合均匀，并使得含水量达到一定的标准（按照处理效果，大体选择 15%～25%）。

④ 准备好环刀，放好滤纸、透水石等。

⑤ 计算不同压实系数下所需的配好的土，称量后分层压实加入到环刀，使试样大小和环刀体积一致。

⑥ 试样进行养护 48～72h（视试验时间安排调整）。

⑦ 取当前配比下压实系数为 0.8 的试样，施加 50kPa 的荷载进行固结。待 1h 内变形小于等于 0.01mm 后，用吸耳球逐渐加水，至试样饱和（底部透水石出水后一段时间）。记录试样的变形，当 1h 内没有明显变形后，可终止试验，记录试样湿陷前后的高度。若试样有明显的湿陷性，可增加一个压实系数 0.9 的试样。

⑧ 分别进行不同压实系数（0.8，0.9，0.95）试样的湿陷试验。荷载加三级 50kPa，100kPa 和 200kPa。前两级加载后等待稳定时间不小于 1h，后一级加载后等待试样 1h 变形小于等于 0.01mm。记录试样固结稳定后的高度。按照同样的方法使试样饱和后记录其湿陷变形后试样高度。

⑨ 在另一配比下进行同样的试验。

（2）试验事项及数据分析

① 参阅地基处理规范，使得室内制样尽可能与地基处理技术标准相似。

② 对于水玻璃和水泥土处理要注意水的影响，尽可能先用风干的散土配水泥和水玻璃。前者水泥配好搅拌均匀后再加水。后者水玻璃的配量以达到最佳处理效果为目的，可先进行试验后确定配量。

③ 事先编制相关计算表格，并进行验算后使用，以便提高工作效率。

④ 将养护时间长的试样尽可能提前进行准备。时间交叉，提高效率。

⑤ 进行必要的试样干密度、含水量测试，当环刀中土未能充满时，记录实际试样高度。

（3）试验结果分析

将原状黄土、不同压实系数的重塑黄土的湿陷系数及结构改良黄土试样的组平均湿陷系数如图 6.167 所示。

从图 4.167 中可以看出，试验所选黄土场地的湿陷性很高，湿陷系数达到 7.5%左右。场地原状黄土是典型的第四纪马兰黄土。其土质疏松，含水量较低，土层中存在竖向节理（图 4.168）。在取土点附近发现有深度 2 米以上的湿陷落水洞（图 4.169）。进行激光粒度测试得到原状黄土的粒组含量为砂粒 12%，粉粒 72%，黏粒 16%。

可以看出，该黄土粉粒含量较高，是典型的马兰黄土，容易形成大孔隙结构，其湿陷性强烈。当原状黄土被重塑以后，其大孔隙结构遭受不同程度的破坏，加上试验中配水的要求，使得其湿陷性有所下降。

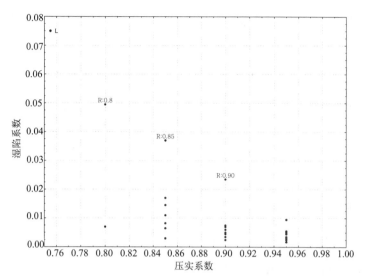

图 4.167 原状黄土、重塑黄土以及结构改良黄土的湿陷系数及压实系数

（L 为原状黄土仅有湿陷系数，不对应压实系数；R 为重塑黄土，其后数字为压实系数；未标示者为改良土）

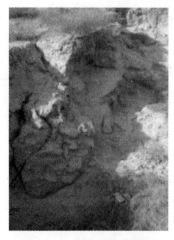

图 4.168　原状黄土剖面图

图 4.169　取土点附近的落水洞（深度超过 2m）

　　从图 4.170 可以看出，与原状黄土相比，保持重塑黄土的含水量在 14%时，重塑黄土的湿陷性与压实系数存在相关性。压实系数越高，黄土的孔隙比越小，湿陷性降低。因此，原状黄土经历加湿和回填改造后其湿陷性往往会有一定程度的降低。本试验中，压实系数分别为 0.85、0.9 和 0.95 的重塑黄土的湿陷系数是原状黄土的 66%、49%和 31%。但是，尽管如此，重塑黄土仍然具有明显的湿陷性，特别当压实系数小于 0.90 时，其湿陷性仍然很大。所以，单纯进行湿陷性黄土压实回填，如果没有充分浸湿时，黄土的湿陷性仍然那会存在。

　　经不同方法改良后黄土试样的湿陷系数如图 4.171 所示。可以看出，经过不同方法的改良后，黄土试样的湿陷性较重塑黄土有明显的下降。相对而言，砂和石灰改良后黄土的湿陷性范围较大。从组平均湿陷系数来说，似乎标准砂改良后黄土的湿陷系数在一定压实系数下降低更多。这个结果一定程度上与试验所采用的是熟石灰有关。因为生石灰在熟化过程中吸水放热与土颗粒结合更好，其胶结性更强。

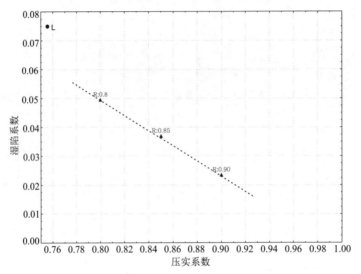

图 4.170　重塑黄土湿陷系数随压实系数的变化

（L 为原状黄土；R 为重塑黄土，其后数字为压实系数）

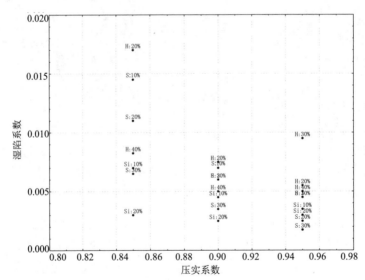

图 4.171　三种方法改良后黄土试样的湿陷系数

（H 为石灰土改良土；S 为砂改良土；Si 为水玻璃改良土。后面数字为所加成分百分含量）

对于砂和石灰改良方法，压实系数对湿陷性处理有明显的影响。当压实系数较低在 0.85 以下时，这两种方法处理后的黄土仍具有轻微的湿陷性。所以这两种方法处理时对回填土的压实系数要求较高。

从砂和石灰的配比而言，提高砂和石灰的配比一定程度上也可以降低黄土的湿陷性。但是当砂的配比高于 20%，石灰的配比高于 30%时，二者配比的进一步提高对降低湿陷系数的作用逐渐减小。所以，这两种结构改良方法在砂的配比高于 20%，石灰的配比高于 30%时，宜主要通过提高回填土的压实系数来提高地基黄土湿陷性处理效果。

相较而言，水玻璃改造对降低黄土的湿陷性效果最好。这是因为水玻璃可以充分与土颗粒混合，而且经一段时间的养护后，水玻璃的胶结作用比石灰更强。从图 4.172 可以看出，经水玻璃改良后，黄土试样的湿陷系数均在 1%以下，表明黄土的湿陷性基本消除。特别当水玻璃的配比达到 10%以上时，效果更明显，多数情况下残余湿陷系数小于 0.5%。因此，对于采用水玻璃进行改良的场地，其压实系数只要在 0.85 以上就可消除黄土场地的湿陷性。

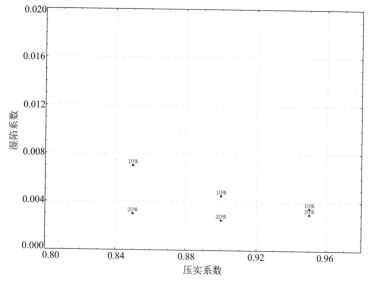

图 4.172　水玻璃改良后黄土试样的组平均湿陷系数

（10%和 20%为土中所加水玻璃百分含量）

总体而言，结构改良方法从机制上可以分为两类：土骨架增强和胶结增强。标准砂改良的机制是通过增加黄土中的砂的含量使黄土中的大孔隙结构，也就是土颗粒间形成的稳定性较差的蜂窝结构被替换成为稳定性较高的单粒结构。同时，砂颗粒的加入也降低了黄土的非饱和基质吸力，所以当改良后的黄土浸水后其强度损失不大，没有显著湿陷性。石灰和水玻璃从机制上讲主要是提高黄土的胶结强度。但石灰是颗粒状的，特别是熟石灰其性质基本不会发生大的变化，石灰颗粒与土颗粒之间存在一定的胶结性，但胶结强度不如水玻璃和土颗粒之间的胶结强度。另外，水玻璃是液态的，其渗透性好，可以与土颗粒充分混合，而石灰是颗粒状的，与土颗粒的混合程度不如水玻璃，这也造成石灰改良后当压实系数不高时，黄土仍然具有一定的湿陷性。

从施工的角度而言，利用石灰和砂进行湿陷性处理时，同时要考虑两个关键的指标：一是石灰和砂的配比。为了有效处理湿陷性，石灰的配比应当保持 30%以上，砂应当保持 20%以上。其次是压实系数。这两种方法处理时，如果压实系数低于 0.90，场地可能还会有一定的湿陷性。为安全起见，一般要求场地的压实系数不小于 0.90。相对而言，水玻璃改良黄土时，当水玻璃的配比达到 20%时效果就比较好，而场地的压实系数只要在 0.85 以上即可满足一般要求下的场地黄土湿陷性消除的要求。

4.11 油气站场和阀室湿陷性黄土地基处理方法的选择

4.11.1 根据不同的阶段进行黄土地基处理方法的选择

油气站场和阀室湿陷性黄土地基处理方法的选择首先根据建设阶段的不同可以分为勘察期处理、建设期处理和运营期处理。三个阶段的处理方法各有特点。

勘察期处理应以选址技术为主。主要考虑黄土湿陷性及湿陷性土层厚度、水文、地形、地貌以及周围环境条件。勘察期处理就是剔除那些危险性较高以及建设期湿陷性处理成本较高的场地。在这个阶段主要的思路是比较选择较优的场地作为阀室和站场的建设场地。特别对那些存在地下水露头、裂隙和已经出现了落水洞的强烈湿陷场地，需要避让。同时还要考虑建成后周围地形、环境因素的影响。一是有没有良好的排水条件。不能把场地选择在容易积水的地方。二是地质灾害的考虑。在洪水沟、松散边坡附近容易发生泥石流和滑坡的地方要进行避让。三是考虑周围人为环境影响。有些地方因工厂和灌溉要求，会在所选场址附近蓄水或者灌水，如果距离场地太近而且场地黄土湿陷性较强，就要考虑到其影响，如果不能避让，在初步设计阶段要做好预防措施的设计。

建设期湿陷性黄土地基处理方法的选择主要是根据场地功能选择适当的处理方法。具体参见下节。

运营期湿陷性黄土地基处理选择的原则一是有效防止湿陷发生，二是处理方法简单便捷。运营期处理的情况主要是埋设设备发生故障开挖回填以及平时防渗和排水措施。运营期内回填场地应当采用碾压、换土垫层、防渗处理以及结构改良等措施处理，防止病害发生。这些处理方法无需复杂的设备。但是运营期间对于排水和防渗需要时时在意，处处留心。即便空旷场地发生较大的湿陷性，长期下去也可能影响站场和阀室的设备或者建筑的安全。

4.11.2 根据场地类别进行黄土地基处理方法的选择

建设期湿陷性黄土地基处理方法的选择主要是根据场地功能选择适当的处理方法。其原则是根据场地的功能、重要性和处理深度要求等参考前面对于不同场地处理的要求进行选择。

对于空旷场地采用预浸水、碾压等简单处理即可。对于道路和院场还要做好表层的防渗处理。

对于一般建筑场地视建筑物的重要性可以选择碾压法、挤密法、强夯法等常用的成本不太高的方法。对于阀室场地因其处理深度不大，可采取换填垫层法结合防渗和排水措施进行。重要建筑则需要提高处理标准，在选择处理方法时应优先选择强夯法、深层搅拌法和化学灌浆法等处理效果较好的地基处理方法。

对于承载要求高的设备场地应该采用强夯法和固化处理方法。对于变形敏感的设备场地可采取强夯法、深层搅拌法和单液固注浆法。单液固注浆法因处理效果好，场地的均一性高，适合与对变形要求敏感的设备场地上采用。浅埋设备场地可以采用换填垫层法和碾压法处理。同时要做好对裂隙的处理以及防渗和排水措施。

综合以上认识，可以将主要的湿陷性黄土地基处理技术及其适用性和适用阶段综合汇总如表 4.27 所示。

表 4.27　针对不同建设阶段、不同场地和建筑结构要求的油气站场地基处理选择

地基处理方法		不同阶段和场地的适用性	处理效果	技术指标	其他考虑
预浸水法		建设阶段：附属建筑场地、埋设类设备场地和空旷场地的处理；其他场地预处理 运营阶段：空旷场地处理；新建附属建筑及维护后埋设设备回填土层局部处理	1. 可消除自重湿陷； 2. 部分消除非自重湿陷	1. 试抗半径和深度大于欲处理湿陷性土层厚度； 2. 浸水时间大于 30 天，浸水深度不低于 50cm	1. 施工工期较长； 2. 对变形和承载力要求高的建筑和设备仅为预处理，需结合其他方法
碾压法		建设阶段：道路院落处理；简易建筑或者变形要求不高的建筑场地处理；湿陷性黄土厚度较小或者湿陷性中等以下 运营阶段：维护后场地密实处理；新建附属建筑和埋设设备场地处理	1. 消除或基本消除自重湿陷； 2. 消除或降低非自重湿陷	1. 设备重量和碾压次数随处理深度增加； 2. 碾压时应保持场地含水量最优	1. 应进行湿陷系数和压缩模量试验，效果不好不能使用； 2. 厚层湿陷性黄土和湿陷性强烈的场地不宜采用
强夯方法	表层强夯	建设阶段：重要建筑和承载设备地处理 运营阶段：不宜采用	10m 以内可消除自重和非自重湿陷	1. 场地含水量适中； 2. 为保证场地均质，大能量点夯和平夯结合采用	1. 含水量和黏粒含量较高场地不宜采用； 2. 施工噪声大
强夯方法	孔内强夯	建设阶段：大厚度湿陷性黄土场地上重要建筑场地；大型承载设备地基 运营阶段：不宜采用	1. 可消除自重和非自重湿陷； 2. 大厚度湿陷性黄土处理效果较好，处理深度可达 20~30m	1. 场地含水量适中； 2. 可回填砂土、灰土等形成夯扩挤密桩，提高地基承载力	1. 处理后场地存在非均质性； 2. 施工较为复杂
挤密桩法	生石灰挤密桩	建设阶段：建筑场地、承载较高的设备场地 运营阶段：一般难以采用	1. 挤密效果较好，基本消除 10m 以内场地湿陷性； 2. 有剩余湿陷量	1. 场地含水量不太高； 2. 挤密系数桩间土>0.90；桩周土>0.92	1. 生石灰可显著增强地基强度； 2. 形成复合地基
挤密桩法	灰土挤密桩	建设阶段：建筑场地、承载较高的设备场地 运营阶段：一般难以采用	1. 挤密效果优于素土桩，基本消除 10m 以内场地湿陷性； 2. 有剩余湿陷量	1. 场地含水量不太高； 2. 挤密系数桩间土>0.90；桩周土>0.92	1. 灰土桩承载较好； 2. 形成复合地基
挤密桩法	素土挤密桩	建设阶段：建筑场地、承载较高的设备场地 运营阶段：一般难以采用	1. 挤密效果不如以上两种桩，基本消除 10m 以内场地湿陷性； 2. 有剩余湿陷量	1. 场地含水量不太高； 2. 挤密系数桩间土>0.90；桩周土>0.92	1. 地基处理效果不用灰土桩和生石灰桩； 2. 形成复合地基

续表

地基处理方法		不同阶段和场地的适用性	处理效果	技术指标	其他考虑
换填垫层法		建设阶段：不太厚的阀室和浅埋设备场地；设备周围场地处理 运营阶段：维修后回填；新建附属建筑场地处理	1. 处理深度一般在 3m 左右； 2. 可消除自重湿陷和非自重湿陷	1. 根据承载和湿陷性处理要求选适砂土、灰土及素土等； 2. 回填压实系数0.90以上	1. 土方量较大，适应性强； 2. 下层土若有湿陷性需要进行防渗和排水处理
固化法	双液固化	建设阶段：重要建筑和承载设备场地处理； 运营阶段：不宜采用	1. 消除处理范围内黄土自重和非自重湿陷； 2. 显著提高地基压缩模量	场地含水量较高时也可采用，但工期会加长	处理成本较高
	碱液固化	建设阶段：重要建筑场地处理 运营阶段：不宜采用	1. 消除处理范围内黄土自重和非自重湿陷； 2. 显著提高地基压缩模量	具有腐蚀性，设备场地不宜采用	处理成本较高
固结法	抽水固结预压堆载电渗法	建设阶段：饱和或高含水量黄土场地处理 运营阶段：不宜采用	不专门用于湿陷性处理，主要是提高地基承载力，降低地基沉降量	1. 根据场地条件和渗透性需要进行堆载或抽真空； 2. 工期长	处理后地基仍会有一定沉降量

4.11.3 考虑建筑和设备要求的油气站场湿陷性黄土地基处理指标

（1）油气站场湿陷性黄土地基处理的特点和要求

油气站场与一般民用建筑相比，一是站场湿陷性黄土地基处理的要求在各部分不相同。对于建筑、设施和地下管道湿陷性黄土地基处理应当满足不同的需求。二是地基处理的安全需求与一般民用建筑相比更复杂。除了地基变形和稳定性的考虑而外，还应当包括防渗、环保和管道防腐蚀方面的考虑。因此，针对油气站场的湿陷性黄土地基处理需要针对不同设备制定不同的处理标准，而且要考虑处理时场地的渗透性、腐蚀性等指标的变化。为此，油气站场湿陷性黄土地基处理方法不能采用单一的处理指标和安全考虑，而应当进行综合分析评级，选择适合不同对象和不同安全要求下的最优地基处理方法。

（2）油气站场和阀室湿陷性黄土地基湿陷性处理的多指标处理要求确定

油气站场湿陷性黄土地基处理的安全指标除了常规的地基沉降、地基稳定性要求而外，也需要考虑不同设备对地基土的要求。这些要求有渗透性、腐蚀性以及土压力等指标。

对于油气站场的建筑一般可参照建筑地基湿陷性黄土处理要求。对于埋设管道或者存储设置，还需要考虑渗透性、腐蚀性等要求。针对油气站场和阀室湿陷性黄土地基处理，提出如下的各个地基处理指标。

1）湿陷性指标的确定：

湿陷性黄土场地地基处理的最基本指标就是湿陷指标，《建筑地基处理技术规范》（JGJ 79—2012）[1]和《湿陷性黄土地区建筑规范》（GB 50025—2004）[3]均有要求。湿陷指标包括湿陷系数和湿陷量指标。前者度量土层湿陷性的强弱，后者则是对地基湿陷总量的评价。对于油气站场和阀室地基处理而言，最终应该根据湿陷量指标确定处理要求，湿陷量指标可以通过湿陷性指标乘以土层厚度得到，因此可由将湿陷性指标作为油气站场和阀室湿陷性处理要求的基本指标。

考虑到，对于油气站场及其设备，其允许的沉降量不同，所以场地地基处理后湿陷变形可用下式表示：

$$\delta_t = \left(\frac{S_a}{D}\right)/K \tag{4.137}$$

式中，δ_t——处理后地基湿陷系数，湿陷性有差异时可以采用加权平均湿陷系数；

K——考虑场地土质不均匀性及后期沉降的安全系数，其建议取值见表 4.28；

S_a——建筑或者设备的允许地基变形；

D——地基土层厚度。

表 4.28 K 取值建议表

指标	不同条件下的 K 计算指标取值		
土质均匀性（K_g）	均质黄土或有低压缩性土	多层厚度差异小的黄土或者含中压缩性土透镜体	多层黄土厚度差别较大或者含高压缩性土透镜体
	1.0	1.05～1.15	需另行处理场地不均质性
后期沉降量（K_s）	沉降量小于湿陷量的 10%	沉降量为湿陷量的 10%～30%	沉降量大于湿陷量的 30%
	1.0	1.10～1.20	需另行处理沉降
含水量变化（K_w）	年含水量变化小于 4%	年含水量为 4%～8%	大于 10%
	1.0	1.15～1.25	需进行场地防渗排水处理
设备安全等级（K_i）	运行辅助设备/沉降不敏感设备	一般运行设备/沉降较敏感设备	关键设备/沉降敏感设备
	1.05	1.1	1.2
K	$K = K_g \cdot K_s \cdot K_w \cdot K_i$		

显然，针对油气站场的湿陷性黄土地基处理一方面要达到相应的地基湿陷性处理要求；另一方面也需要考虑由于地基后期沉降、含水量变化以及场地不均质引起的湿陷等地基沉降。在此基础上还要根据不同安全要求的设备对场地沉降的敏感性及设备重要性进行湿陷系数的调整。如此，湿陷性黄土地基处理就可以考虑地基条件变化引起的沉降不确定性，从而在地基处理阶段合理考虑地基各种变形因素。对于地基条件复杂或者不良的场地，单靠地基处理方法是不够的，要分别对土质不均匀、含水量变化大、固结沉降大的场地另行处理或者弃选场地。具体的施工决策可以参考初步计算出来的 δ_t 决定，见表 4.29。

表 4.29 初步计算的 δ_t 与地基施工方法的关系

δ_t 范围	建议地基处理方法
$\delta_t \leq 0.005$	换填垫层/化学灌浆（腐蚀性要求不高时），必要时弃选场地

续表

δ_t 范围	建议地基处理方法
$0.005 < \delta_t \le 0.01$	强夯、换填垫层、化学灌浆、深层搅拌
$0.01 < \delta_t \le 0.02$	强夯、深层搅拌、挤密桩
$0.02 < \delta_t \le 0.04$	碾压、挤密桩
$0.04 < \delta_t$	预压固结、真空固结、预浸水、简单碾压；空旷场地，可不处理

湿陷性指标是评价油气站场和阀室湿陷性处理的基本指标，它实际根据建筑和设备的变形允许量反算得到的。它作为场地湿陷性处理指标考虑的建筑和设备的要求，比简单用地基处理后湿陷性指标更反映实际。但是如果该指标比场地湿陷性地基处理后消除湿陷性的指标要大时，仍然应该以场地湿陷性消除后湿陷系数小于 0.015 为准。

2）湿陷性黄土地基处理的压缩模量指标及其确定：

湿陷性处理后如果场地的压缩模量得到显著提高，后期变形很小，则主要通过湿陷性指标来确定场地的湿陷性处理要求。但是当湿陷性黄土场地含水量较高，地基固结变形时间较长，在消除或者部分消除湿陷性后，场地后期沉降变形量依然相较建筑和设备允许沉降量大时，此时在湿陷性地基处理的基础上（按照不同场地处理要求进行消除或者部分消除湿陷性），还应该依据《地基基础设计规范》（GB 5007—2011）[24]、《建筑地基处理技术规范》（JGJ 79—2012）[1]、《湿陷性黄土地区建筑规范》（GB 50025—2004）[3]并结合油气站场的实际情况依据场地后期沉降量计算对场地压缩指标进行评价，并以此作为地基处理评价的另一个指标。

结合油气站场的条件，具体思路如下：

$$s = \psi_s \Delta s' = \psi_s \sum_{i=1}^{n} \frac{p_0}{E_{si}} \left(z_i \overline{\alpha_i} - z_i \overline{\alpha_{i-1}} \right) \qquad (4.138)$$

式中，s —— 沉降量；

ψ_s —— 沉降修正系数，具体由荷载和土层压缩模量确定；

p_0 —— 附加荷载；

z_i —— 土层深度；

$\overline{\alpha_i}$ —— z_i 深度处平均附加应力系数。

当湿陷性黄土地基条件不十分复杂时，可以用土层厚度加权平均地基压缩模量来简化以上公式，则有

$$s = \psi_s \Delta s' = \psi_s \frac{p_0}{E_s} z_n \overline{\alpha} \qquad (4.139)$$

式中，$\overline{E_s}$ —— 土层厚度加权地基压缩模量，即 $\overline{E_s} = \dfrac{\sum E_{si} \cdot d_i}{D}$；

d_i —— 计算深度以上各层黄土的厚度；

D —— 沉降计算范围内土层总厚度；

Z_n —— 计算深度，其余参数含义不变。

因此，在上部荷载和地基附加应力影响深度一定的情况下，黄土地基湿陷性处理后其沉降量主要由地基的加权压缩模量唯一确定。常数 ψ_s 则由地基的附加应力水平和压缩模量确定。

附加应力影响的深度与基础的埋深和形状存在关系。但是，一般而言对于站场和阀室而言，四层以下建筑场地上附加应力影响深度不会超过 10m。对于储存设备，情况略为复杂。但是以常见的高度 20m 的 10 万方双盘式浮顶油罐计算，产生的附加压力也在 200kPa 左右，考虑到基础的应力扩散作用，其影响深度通常也在 20m 以内。因 Z_n 和 $\overline{\alpha}$ 由基础条件确定，一定工程中也是一确定值，因此可以将其与系数 ψ_s 合并用 k_s 表示。不考虑剩余湿陷量，或者认为场地湿陷性完全消除时，如果站场和阀室地基允许的沉降量已知，则湿陷性处理后黄土地基的厚度加权压缩模量可通过下式计算：

$$\overline{E_s} = \frac{k_s \cdot p_0}{s} \tag{4.140}$$

式中，$k_s = \psi_s \cdot Z_n \cdot \overline{\alpha}$。

据以上计算的厚度加权压缩模量进行地基处理方法的初步选择见表 4.30。对于湿陷性黄土其压实系数与压缩模量存在较好的对应关系，因此在施工中也可以参照压实系数指标来处理。

表 4.30 $\overline{E_s}$ 与地基处理方法的选择

$\overline{E_s}$ 范围	地基压缩性分类	要求压缩性建议地基处理方法
$\overline{E_s} \leq 4\text{MPa}$	高压缩性	普通碾压、分层夯实处理，饱和时采取固结处理，压实系数达 0.60
$4\text{MPa} < \overline{E_s} \leq 16\text{MPa}$	中等压缩性	低到中等能级强夯处理，较疏的挤密桩处理，压实系数 0.70~0.85
$\overline{E_s} > 16\text{MPa}$	低压缩性	高能级强夯处理、较密的挤密桩处理、固化处理，压实系数 0.90 以上

如果场地的湿陷性部分消除，则需要在允许沉降量中扣除剩余湿陷量，则前面的公式变为

$$\overline{E_s} = \frac{k_s \cdot p_0}{S - s_w} \tag{4.141}$$

式中，S —— 设备或者建筑允许的最大沉降量。

s_w —— 根据处理后湿陷系数计算所得的剩余湿陷沉降量。

$\overline{E_s}$ —— 计算场地沉降量的指标。

在消除或者部分消除湿陷性黄土地基的湿陷性后，如果场地固结稳定时间较长，或者场地含水量高，沉降稳定时间长，此时还要同时考虑处理后的地基加权平均压缩模量作为场地地基处理要求指标。其实质是根据建筑和设备允许变形量或者在扣除剩余湿陷量后反算得到的地基加权平均压缩模量。这个指标是把《地基基础设计规范》（GB 5007—2011）[24]和《湿陷性黄土地区建筑规范》（GB 50025—2004）[3]两个规范中关于沉降计算的规定具体到油气站场和阀室地基上后得到的结果，它比直接计算沉降量要简单。

3）湿陷性黄土地基处理的渗透系数指标及其确定：

油气站场和阀室的湿陷性黄土地基在某些情况下还需要考虑地基土的渗透性。比如存在较大可能的油渗漏并可能引起环境污染等危害。此时，在地基处理中应当考虑处理后降低地基的渗透系数，这样就可以减轻环境污染，或者一次产生的渗漏较浅，能够清除。

《输油管道工程设计规范》（GB 50253—2003）对输油管道的环保条件有相关要求。除了采用相应装置进行废油和漏油回收和无害化处理而外，在地基处理阶段特别对于潜在漏油区可以通过降低其渗透系数来防止漏油渗入土壤造成难以处理的土壤和地下水污染。

在确定黄土地基处理后的渗透系数之前，首先要对渗漏危害进行评价作为确定渗透系数指标的前提。而油渗漏危害由渗漏量和渗漏的危害性两方面决定，为此可以按照表 4.31 的方法进行渗漏危害等级的评定。

表 4.31　油渗漏危害评价

日渗漏量 $q_s(\text{m}^3)$	渗漏危害性	渗漏危害等级
$q_s \leq 0.001\text{m}^3$	轻微	无危害
	中等	无危害
	严重	轻微危害
$0.01\text{M}^3 < q_s \leq 0.001\text{m}^3$	轻微	轻微危害
	中等	轻微危害
	严重	中等危害
$1\text{M}^3 < q_s \leq 0.1\text{m}^3$	轻微	中等危害
	中等	中等危害
	严重	严重危害
$q_s > 1\text{m}^3$	轻微	严重危害
	中等	严重危害
	严重	严重危害

根据上表的判断结果，相应的渗透性系数指标可以按表 4.32 来确定。

表 4.32　地基渗透指标处理要求

渗漏危害等级	地基渗透指标处理要求
无危害	地基处理不做渗透性指标要求，对持续长期的渗漏要及时处理或采取防渗措施
轻微危害	地基土渗透系数小于 4×10^{-4} m/s，定期处理渗漏或采取防渗措施
中等危害	地基土渗透系数小于 5×10^{-4} m/s，设置较严格的防渗措施
严重危害	地基土渗透系数小于 6×10^{-4} m/s，设置防渗措施及渗漏预警措施，及时处置

4）湿陷性黄土地基处理的腐蚀性指标确定：

《钢质管道外腐蚀控制规范》（GBT 21447—2008）[26]对钢质油气管道腐蚀环境及土

层腐蚀等级有相关要求,因此在湿陷性黄土地基处理中,如果处理场地存在钢质管道则需要结合该规范对场地腐蚀性进行评价,进而确定地基处理方法的适用性以及为管道防腐蚀提供前期依据。

管道腐蚀性考虑取决于两个方面,一是管道的耐腐蚀性,如果管道或者管道系统具有较强的耐腐蚀性,则场地腐蚀等级可放宽或者不考虑腐蚀问题。如果管道耐腐蚀性差,则需要通过降低土层的腐蚀等级来保证管道的使用寿命。

黄土场地如果干燥且含盐量较低(<0.1%)时,一般腐蚀性不强。但是在某些场地,特别是具有湿陷性发生条件的场地上,往往因为地下水渗流、有机质含量高以及含盐量增加等因素,造成地基土具有较强的腐蚀性。因此,对于埋深管道的湿陷性黄土地基处理时,也要进行地基处理后腐蚀性等级评定,并提出相应的要求。处理后黄土地基的腐蚀等级要求与设备的抗腐蚀性或者说设备对场地腐蚀的要求相对应。按照设备的重要性和抗腐蚀程度,可以将设备的外腐蚀要求划分为低、中、高三级,具体见表4.33。

表 4.33　管道对土层外腐蚀环境要求等级

管道对土层外腐蚀环境要求	划分依据
不要求	管道不受外腐蚀影响,可以不考虑腐蚀
低要求	管道耐腐蚀性高,对土层腐蚀性要求较低;或者服役期内轻微的腐蚀可接受
中等要求	管道耐腐蚀性中等,在土层腐蚀性不太强即可
高要求	管道耐腐蚀性差,对外腐蚀环境要求较高

在进行黄土地基处理时,可以根据《钢质管道外腐蚀控制规范》(GBT 21447—2008)[25]进行处理后黄土地基腐蚀性评价。在管道对外腐蚀环境要求高时,应采用原位极化法和试片失重法进行土壤腐蚀性评价,其他情况可采用工程勘察中常用的土壤电阻率法进行测试分级,具体见表4.34和表4.35。

表 4.34　基于原位极化法和试片失重法的土壤腐蚀性等级

等级	极轻	较轻	轻	中	强
电流密度(原位极化法)/(μA/cm²)	<0.1	0.1~3	3~6	6~9	>9
平均腐蚀速率(试片失重法)/[g/(dm²·a)]	<1	1~3	3~5	5~7	>7

表 4.35　基于电阻率测试的土壤腐蚀性等级

等级	强	中	强
土壤电阻率/(Ω·m)	<20	20~50	>50

《钢质管道外腐蚀控制规范》(GBT 21447—2008)[26]和《岩土工程勘察规范》(GB 50021—2012)[27]对于不同外腐蚀环境要求的站场和阀室地基,其土壤腐蚀性等级要求如表4.36所示。

表 4.36 不同条件下对黄土地基腐蚀性等级要求

管道对土层外腐蚀环境要求	处理后黄土地基腐蚀等级要求
不要求	无要求，可不做测试
低要求	含水量低于 20%，且含盐量较低于 0.5% 的黄土地基可不做测试，其他情况腐蚀等级为中等以下
中等要求	需要进行测试，可采用电阻率测试，要求土壤腐蚀性弱或者轻
高要求	应按照表 7 进行测试，要求土壤腐蚀性为较轻或者极轻

当土壤腐蚀性等级未能满足要求时，需要采取相应的土壤腐蚀环境改造或者管道埋设环境处理措施。前者可以采用加入腐蚀性低的杂质含量低的细砂或中砂进行管沟回填，当地下水渗流为主要的腐蚀因素时，应采取必要的防渗和排水措施。后者在管道周边采取腐蚀防护措施。

5）黄土地基处理的土压力系数指标：

在平坦场地上，由于通常钢质油气管道的强度较高，侧土压力和上覆土压力对管道的安全性不会产生影响。但在靠近斜坡地带，侧土压力可能导致管道弯曲甚至侧移。因此，当管道距离边坡较近时，如果没有采取其他防护措施，则可以通过对侧土压力系数指标提出要求来满足管道的安全要求。

场地位于边坡附近时，不仅会存在边坡失稳的情况而且过大的土压力会导致管道变形甚至侧移。根据《建筑地基基础设计规范》（GB 50007—2011）[23]、《建筑边坡工程技术规范》（GB 50330—2013）[28]对边坡避让距离和土压力参数都有相关规定。边坡避让可以根据建筑的种类根据相应规范实施，但是对于管道而言，尚需确定其土压力情况及危险程度。在地基处理阶段，如果建筑避让满足要求，对管道的安全考虑可以根据不同管道距离边坡的距离，通过提高处理后湿陷性黄土地基的强度，降低其侧土压力系数来满足管道安全的需求。

侧土压力分为静止土压力、主动土压力和被动土压力。三者分别是结构和土之间作用状态不同而存在机制上的差异。对临近边坡的管道，如果要求管道不发生任何位移，则管道所受的侧土压力为静止土压力。静止土压力系数可以用经验公式来计算：

$$k_0 = 1 - \sin\varphi' \tag{4.142}$$

式中，k_0——静止土压力系数；

φ'——有效内摩擦角。

多数情况下，黄土的有效内摩擦角在 18°～25° 之间，因此，k_0 在 0.58～0.70 之间。

当管道距离边坡较近时，侧土压力对其影响也较大，因此静止土压力系数小时更安全。建议根据管道距离边坡的距离，相应的土压力系数要求如表 4.37 所示。

表 4.37 不同条件下对黄土静止土压力系数的要求

管道距边坡的距离	静止土压力系数指标
10～20m	$k_0 < 0.68$

续表

管道距边坡的距离	静止土压力系数指标
5～10m	$k_0<0.65$
<5m	$k_0<0.62$

4.11.4 不同地基处理情况处理指标的选取

以上 5 个油气站场和阀室湿陷性黄土地基处理安全指标并不需要同时选取，而是根据场地、管道、设备和建筑的具体要求进行选用，因此对地基处理来说，增加的工作量并不会太多。具体的选用哪个或者哪些指标确定油气站场和阀室湿陷性地基处理可以见表 4.38。

表 4.38 不同安全指标的选用原则

地基处理指标	用途	何时选取
湿陷性指标	确定地基湿陷性要求	承载力满足，后期沉降量轻微，主要考虑湿陷性影响的设备和建筑场地
压缩性指标	确定地基压缩性要求	湿陷性轻微或已经消除，承载力满足要求，场地湿度高，存在较大后期沉降量时在需要考虑压缩变形的设备和建筑场地
渗透性指标	确定地基渗透性要求	存在渗漏危害的管道和阀周围场地
腐蚀性指标	确定地基腐蚀性要求	管道外腐蚀环境要求中等以上
静止土压力指标	确定地基土压力要求	管道距离 20m 以内的管道，容易受侧土压力发生变形或位移

参 考 文 献

[1] 中国建筑科学研究院. 建筑地基处理技术规范（JGJ 79—2012）[S]. 北京：中国建筑工业出版社，2013.

[2] 龚晓南. 地基处理手册[M]. 3 版. 北京：中国建筑工业出版社，2008.

[3] 陕西省建筑科学研究设计院. 湿陷性黄土地区建筑规范（GB 50025—2004）[S]. 北京：中国建筑工业出版社，2004.

[4] 关文章. 湿陷性黄土工程性能新篇[M]. 西安：西安交通大学出版社，1992.

[5] Baligh M M. Strain path method[J]. Journal of geotechnical engineering, ASCE. 1985, 111(9).

[6] Poulos H G. Effect of pile driving on adjacent piles in clay[J]. Canadian geotechnical journal, 1994.

[7] 何永强. 挤密桩复合地基在湿陷性黄土地区的应用研究[D]. 兰州理工大学，2010.

[8] 龚晓南. 土塑性力学[M]. 2 版. 杭州：杭州大学出版社，1999.

[9] Smith D W, Booker J R. Green's function for a fully coupled thermoporo elastic materials[J]. International Journal for Numerical and Analytical Methods in Geomechanics,1993,17(2)：139-163.

[10] Seneviratne H N, Carter J P, Airey D W. A review of models for predicting the thermomechanical behavior of soft clays [J]. International Journal for Numerical and Analytical Methods in Geomechanics, 1993, 17(2)：715-733.

[11] 何永强，朱彦鹏. 膨胀法处理湿陷性黄土地基的理论及试验[J]. 土木建筑与环境工程，2009, 31(1)：44-48.

[12] 陈荣，葛修润，等. 夯扩桩半模夯扩试验和夯扩机理探讨[J]. 岩土力学，1996, 17(2)：16-22.

[13] 谭利华，张超. 钻孔夯扩挤密桩复合地基处理技术[J]. 建筑技术，2003, 34(3)：32-39.

[14] 石坚. 湿陷性黄土地基挤密效果的试验研究[J]. 西北水资源与水工，2000，11(1)：28-30.

[15] 朱彦鹏, 叶帅华, 周勇. 大厚度黄土地区夯扩桩承载力试验研究[J]. 低温建筑技术, 2010, (8): 88-91.

[16] 何永强, 朱彦鹏. 基于孔隙挤密原理的生石灰桩地基加固研究及其应用[J]. 工程勘察, 2007, 9: 22-25.

[17] 张土乔, 龚晓南, 曾国熙, 等. 水泥土桩复合地基复合模量计算[C]//中国土木工程学会土力学及基础工程学会地基处理学术委员会. 第三届地基处理学术讨论会论文集, 1992.

[18] 潘秋元, 朱向荣. 关于沙井地基超载预压的若干问题, 1991, 13(2): 1-12.

[19] 王雪浪. 大厚度湿陷性黄土湿陷变形机理、地基处理及试验研究[D]. 兰州理工大学, 2012.

[20] 何永强. 挤密桩复合地基在湿陷性黄土地区的应用研究[D]. 兰州理工大学, 2010.

[21] Xue-Lang Wang, Yan-Peng Zhu, Xue-Feng Huang. Field tests on deformation property of self-weight collapsible loess with large thickness, International Journal of Geomechanics, 14(3): 04014001: 1-8.

[22] 李辉山, 腾文川. 预浸水法处理湿陷性黄土地基的试验与应用研究[J]. 建筑科学, 2011, 27 (5): 36-40.

[23] 黄雪峰, 陈正汉, 哈双, 等. 大厚度自重湿陷性黄土场地湿陷变形特征的大型现场浸水试验研究[J]. 岩土工程学报, 2006, 28 (3): 382-389.

[24] 中华人民共和国建设部. 建筑地基基础设计规范 (GB 50007—2011) [S]. 北京: 中国建筑工业出版社, 2012.

[25] 中国石油天然气管道工程有限公司. 输油管道工程设计规范 (GB 50253—2014) [S]. 北京: 中国计划出版社, 2014.

[26] 大庆油田工程设计技术开发有限公司. 钢质管道外腐蚀控制规范 (GB/T 21447—2012) [S]. 北京: 中国标准出版社, 2012.

[27] 建设部综合勘察研究院. 岩土工程勘察规范 (GB 50021—2001) [S]. 北京: 中国建筑工业出版社, 2004.

[28] 重庆市设计院. 建筑边坡工程技术规范 (GB 50330—2013) [S]. 北京: 中国建筑工业出版社, 2014.

5 湿陷性黄土地区既有油气站场和阀室的工程事故分析处理

5.1 概 述

国家的建设、人民的衣食住行都离不开各类建筑物和构筑物。所有工程项目都有方案选定、设计、施工、使用四个阶段，在任一阶段内均可能出现差错。当某一阶段有了缺陷时，其他阶段即使做得很好也难防止结构损坏和失效。每一阶段的工作都需要知识、经验和细心管理。当前国内外发展生产、提高生产力的重心已从新建工业企业转移到对已有企业的技术改造，以取得更大的投资效益，按统计资料，改建比新建工程可节约投资约 40%，缩短工期约 50%，收回投资速度比新建厂房快 3~4 倍[1]。世界上经济发达的国家大体上都经历三个阶段，即大规模新建阶段、新建与维修并举阶段、旧建筑物维修改造阶段。目前，各经济发达国家逐渐把建设重点转移到既有建筑物的维修、改造和加固方面，例如英国 1980 年建筑物维修改造工程占建筑工程总量的 2/3，瑞典 1983 年用于维修改造的投资占建筑业总投资的 50%。同样，我国对民用建筑技术改造，不仅可以节约投资，而且不再征用土地，对缓解日趋紧张的城市用地的矛盾有着重要的现实意义。

我国是多自然灾害的国家，不仅有 2/3 的大城市处于地震区，而且风灾、水灾年年不断。这些意外的灾害使不少建筑物提前夭折或受到严重损伤。此外，建筑物经过长期使用亦有老化问题。新中国成立以来，全国共建成各类工业建筑项目 30 多万个，各类公用建筑项目 60 多万个，城镇住宅近 20 亿 m^2，累计竣工的工业与民用建筑超过 30 亿 m^2 左右，再加上过去的建筑物中城镇现有房屋约 50% 为 20 世纪 60 年代前建成的，相当多的房屋已进入中老年期，约有近 25 亿 m^2 的建筑物有可能出现工程质量事故问题，需要鉴定、维修和加固[2]。

不论是由于设计原因、施工原因造成建筑物先天不足，还是后天管理不善、使用不当；不论是为适应新的使用要求，而对建筑物实施加固、改造，还是灾害侵袭或建筑物进入中老年期，均需对建筑物进行检查和鉴定，以对其可靠性做出科学的评估，然后对建筑物实施正确的管理维护和加固，以延长其使用寿命。可见，建筑物的鉴定、维修与加固任务不仅量大面广，而且任重道远，具有很大的社会效益和经济效益。

湿陷性黄土地区油气阀室和站场的多数工程事故为黄土湿陷引起的站场建（构）筑

物的不均匀沉降，地面塌陷等事故，一般不均匀沉降会导致建（构）筑物的倾斜，地基塌陷也会引起建（构）筑物的开裂等破坏，本章将主要研究湿陷性黄土地区站场既有建（构）筑物的纠倾和地基加固问题。

5.2 　湿陷性黄土地区既有站场和阀室的地基加固方法

生石灰桩膨胀法是在湿陷性黄土地区采用最广泛的地基加固处理方法之一，它是利用生石灰吸收桩周土中的水分发生消化反应，使得桩身体积膨胀，挤密桩间土，从而有效地消除大厚度黄土的湿陷性。与其他处理方法比较，该方法具有不需大量开挖和回填、所用施工机械简单（黄土地区可用洛阳铲开孔）、处理费用低、处理深度深（可达 5～15m）等特点，这是其他处理方法（如重锤夯实法、强夯法）所难以达到的。除了消除黄土湿陷性外，生石灰桩与被挤密的桩间土一起构成复合地基，提高了地基强度，减小地基变形，改善了湿陷性黄土地基的工程特性[1, 2]，这种处理方法特别适合于正在运行的油气站场，不能使用大型工程设备进行地基加固的问题。

通过分析生灰桩的加固机理以及桩间土体被挤密时土体孔隙比的变化规律，推导了生石灰桩用于加固湿陷性黄土地基的计算方法，并将该方法用于工程实践，经实践检验，该方法具有可行性。

5.2.1 　生石灰桩加固地基的基本原理

生石灰桩是用人工或机械的方法在土体中成孔，然后灌入生石灰块混合填料，经夯实后形成的一个完整桩体。其加固机理包括打桩挤密，吸水熟化，消化膨胀，升温作用，离子交换，胶凝作用，碳化作用。可将其概括为[3, 4]：

（1）桩挤密作用

生石灰桩的成孔工艺有不排土成孔工艺和排土成孔工艺。在非饱和黏性土和其他渗透性较大的地基中采用不排土成孔工艺施工时，由于在成孔的过程中，桩管将桩孔处的土体挤进桩周土层，使桩周土层孔隙减小，密实度增大，承载力提高，压缩性降低。土的挤密效果与土的性质、上覆压力和地下水位状况等密切相关。一般而言，地基土的渗透系数越大，挤密的效果就越明显，地下水位以上土体比地下水位以下土体的挤密效果明显。

（2）桩间土的脱水挤密作用

1）吸水作用：

生石灰填入桩孔后，吸收桩周土的水分发生熟化反应，并生成熟石灰，同时桩身体积膨胀并释放出大量的热量，反应方程式为

$$CaO + H_2O \longrightarrow Ca(OH)_2 + 15.6 \ cal/mol$$

对于渗透系数小于桩体材料渗透系数的土体，由于桩周边土中被生石灰吸收的水分得不到迅速补充，再加上消化反应释放的热量的蒸发作用，在桩周约 0.3 倍于桩径的范

围内出现脱水现象。在脱水区内，土体的含水量下降，孔隙比减小，土颗粒密实度增大。生石灰的吸水量随着桩周土围压的增大而降低。实际工程中，生石灰桩的桩长大都不长（一般在 8m 左右），土体对桩体的围压大致在 50～100 kPa。在 50 kPa 的压力下，1kg 生石灰可吸水 0.8～0.9 kg，其中约 0.25 kg 为生石灰熟化吸水，其余熟石灰熟化后继续吸水。若采用 10%的置换率进行加固，桩间土的平均失水量为 8%～9%；在桩体置换率为 9%、桩间距为 3 倍桩体直径的软基上实测的失水量约 5%。5%～9%含水量的降低值，可使土的承载力得到 15%～20%的增长。

2）胀发挤密作用：

生石灰吸水熟化后，桩体体积发生膨胀。生石灰体积膨胀的主要原因是固体崩解，孔隙体积增大，颗粒比表面积增大，表面附着物增多，固相颗粒体积也得到增大。大量室内实验表明，在 50～100 kPa 的围压下，生石灰熟化后桩体体积的胀发量为 1.2～1.5，相当于桩径胀发量 1.1～1.2 倍。在渗透系数大于桩体材料渗透系数的土层中，土层因生石灰桩膨胀挤压所产生的超孔隙水压力能迅速消散，桩周边土得以迅速固结。在渗透系数小于桩体材料渗透系数的土层中，由于石灰桩的吸水蒸发，在桩周边形成脱水区，脱水区内含水量下降，饱和度减小。随着桩体的吸水膨胀，桩周边土层得以挤密压实。

3）升温加热作用：

伴随着生石灰的熟化反应，反应释放出大量的热量，使桩周土的温度升高 200～600℃，桩周土中水分产生一定程度的汽化。由于水化反应释放出了大量的热能，从而大大促进了土层中胶凝反应的进行。

（3）桩体的置换作用

1）离子交换作用：

生石灰熟化后进一步吸水，并在一定的条件下电解成 Ca^{2+} 和 OH^-。Ca^{2+} 与黏土颗粒表面的阴离子交换，并吸附在土颗粒表面，由 1～4μm 的粒径形成 10μm 甚至 30μm 的大团粒，使土中黏粒的颗粒含量大大减小，土的力学性质有所改善。

2）胶凝反应的作用：

随着溶液中电离出的钙离子 Ca^{2+} 数量的增多，并且超过上述离子交换所需的数量后，在碱性的环境中，钙离子 Ca^{2+} 能与石灰桩围边土中的二氧化硅（SiO_2）和胶质的氧化铝（Al_2O_3）发生反应，生成复杂的硅酸钙水化物（$CaO \cdot SiO_2 \cdot nH_2O$）和铝氧钙水化物（$CaO \cdot Al_2O_3 \cdot nH_2O$）以及钙铝黄长石水化物（$CaO \cdot Al_2O_3 \cdot SiO_2 \cdot 6H_2O$）。这种水化物形成一种管状的纤维胶凝物质，牢牢地把周围土颗粒胶结在一起，形成网状结构，使土颗粒连接得更加牢固，土的强度大大提高。纯石灰桩周边的胶凝反应需经历很长的时间，才能形成 2～10cm 厚的胶凝硬壳。在掺以粉煤灰、火山灰、钢渣、黏土等活性掺料的生石灰桩中，掺料中所含的可溶性 SiO_2 和 Al_2O_3 等离子首先与吸附在其表面的 $Ca(OH)_2$ 进行水化反应，生成水化硅酸钙（$CaO \cdot SiO_2 \cdot nH_2O$）、水化铝酸钙（$CaO \cdot Al_2O_3 \cdot nH_2O$）及水化铁酸钙（$CaO \cdot Fe_2O_3 \cdot nH_2O$）等硬性胶凝物。在粉煤灰玻璃体表面及其界面处形成纤维状、针状、蜂窝状及片状结晶体，互相填充于未完全水化的粉煤灰孔隙间，胶结成密实而坚硬的水化物。使未完全水化的粉煤灰颗粒间由摩擦和咬合而变成主要靠胶结，从而使颗粒间的强度大幅提高。由于掺活性掺料的生石灰桩的胶凝反应发生在整个桩身内，因而桩身的后期强度高于纯生石灰桩。

（4）碳化作用

生石灰与土中的二氧化碳气体反应，可生成不溶的碳酸钙。这一反应虽不如凝硬反应明显，但碳酸钙的生成也起到了使桩身硬壳形成的作用。

5.2.2　生石灰桩加固地基的基本理论[4]

生石灰桩成桩过程及生石灰吸水后固结崩解，孔隙体积增大，同时颗粒的比表面积增大，表面附着物增多，使固相颗粒体积也增大，在成桩过程中会产生强大的膨胀力，挤压桩周土体。假设桩周土体为理想弹性体，E 和 μ 分别为土体弹性模量和泊松比。石灰桩体的膨胀力为 P，桩体设计直径为 d，将其视为具有圆形孔道的无限大弹性体承受内压 P 的轴对称平面问题。其平衡方程[7]为

$$\frac{\mathrm{d}\sigma_r}{\mathrm{d}r} + \frac{\sigma_r - \sigma_\theta}{r} = 0 \tag{5.1}$$

几何方程为

$$\varepsilon_r = \frac{\mathrm{d}u_r}{\mathrm{d}r}, \quad \varepsilon_\theta = \frac{u_r}{r} \tag{5.2}$$

物理方程为

$$\varepsilon_r = \left[\frac{(1-u^2)}{E}\right]\left[\sigma_r - \frac{u\sigma_\theta}{(1-u)}\right], \varepsilon_\theta = \left[\frac{(1-u^2)}{E}\right]\left[\sigma_\theta - \frac{u\sigma_r}{(1-u)}\right] \tag{5.3}$$

由式（5.1）～式（5.3）可求出径向位移为

$$u_r = \left[\frac{(1-u)\mathrm{d}^2}{4E}\right] \bigg/ \left(\frac{p}{r}\right) \tag{5.4}$$

石灰桩桩体膨胀后的直径为

$$d_1 = d[1 + p(1+u)/E] \tag{5.5}$$

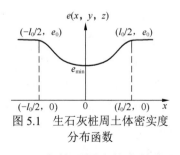

图 5.1　生石灰桩周土体密实度分布函数

生石灰桩膨胀压力通常与生石灰掺量有关，大致范围为 0.5～10MPa，土体的弹性模量通常在 2～10MPa，μ 的取值范围通常为 0.3～0.45。若能从生石灰掺量估算出石灰桩膨胀压力，即可得出石灰桩的膨胀桩径。工程实践中，石灰桩的膨胀量在 1.2～1.5 倍，桩径膨胀量一般为设计桩径的 1.1～1.3 倍。

（1）石灰桩周围土体挤压密实度的确定[4]

石灰桩周围土体在桩膨胀后的孔隙比变化应符合以下函数规律（图 5.1）：

$$e = e(x, y, z) \tag{5.6}$$

当 $x=0$ 时，$e = e_{\min}$，$e_{\min}$ 为土体最小孔隙比；

当 $x=\pm\, l_0/2$ 时，$e=e_0$，e_0 为原地基土体的孔隙比；l_0 为膨胀挤压影响范围。

如假定原基础下土体孔隙比相等，膨胀挤压完成后孔隙比在单位长度范围内沿 X 轴方向呈二次抛物线分布，则孔隙比的分布方程为

$$e = e(x,y,z) = \frac{4(e_0 - e_{\min})}{l_0^2}x + e_{\min} \tag{5.7}$$

（2）单位面积内所需生石灰桩的横截面积[6]

设 V_0，V_1 分别为处理前后土的体积；V_{V0}，V_{V1}，e_0，$e_{\min}$ 分别为处理前后土的孔隙体积及孔隙比，V_s 为固体颗粒体积，处理前后不变；V_p 为桩膨胀后占有的体积；A 为生石灰桩复合地基的加固面积；h 为处理深度（桩的长度）；ξ 为生石灰桩的面积和加固面积之比。

$$V_0 = V_s + V_{V0} = V_s(1 - e_0) \tag{5.8}$$

$$V_1 = V_s + V_{V1} = V_s(1 + e_{\min}) \tag{5.9}$$

由式（5.8），式（5.9）得

$$V_0 - V_1 = \frac{e_0 - e_{\min}}{1 + e_0} \tag{5.10}$$

上式两边除以 V_0，注意到 $V_0 = hA$，可得

$$\xi = \frac{e_0 - e_{\min}}{1 + e_0} \tag{5.11}$$

式（5.11）中，e_0 可测得，$e_{\min}$ 可根据设计要求取值，这样可以求出 ξ，从而可以计算出单位面积内所需生石灰桩的横截面积。

（3）加固面积内生石灰桩的个数确定

根据已知的生石灰桩膨胀后的桩径和上式所求的 ξ 值，便可以算出桩数。

$$\begin{cases} \xi A = N \times \pi d_1^2 / 4 \\ N = 4\xi A/(\pi d_1^2) \end{cases} \tag{5.12}$$

将式（5.5）代入式（5.12），可求得加固面积内生石灰桩的面积

$$N = \frac{4\xi A}{\pi (d[1 + p(1 + \mu)/E])^2} \tag{5.13}$$

5.2.3 工程案例

某油气阀室工程位于兰州市永登县刘家沟村南约 0.9km，在地貌上属于山间冲积平原，该场地以农田为主。阀室于 2010 年建成，到 2014 年 12 月现场发现阀室出现了地基不均匀沉降。

（1）阀室地基不均匀沉降情况

阀室出现地基不均匀沉降情况的具体表现如下：

① 阀室周边围墙出现不同程度的不均匀沉降，导致四周围墙出现轻微裂缝。围墙底部因土壤盐渍化等原因出现轻微碱骨料反应，致使表层剥离，墙体变薄（图 5.2）。

② 阀室四周散水出现明显沉降损坏，散水面层已经与阀室外墙脱离。素混凝土散

水面层开裂，西侧散水出现断裂，断口处最大沉降可达 100～120mm（图 5.3）。

③ 阀室内地面出现明显下沉，目测可发现地面层在设备基础位置处出现下沉，沉降量可达 50～80mm。敲击发现部分位置地面层以下已存在空洞，混凝土地面层出现轻微裂缝（图 5.4）。

④ 雨季时，因阀室院墙内地面下沉，形成汇水坡度，导致雨水灌入，汇聚并沿散水裂缝处下渗入阀室地基，这也是导致阀室内地面出现下沉的主要原因（图 5.5）。

图 5.2　阀室院墙底部碱骨料反应

图 5.3　阀室四周散水不均匀下沉破坏

图 5.4　阀室内地面层开裂

图 5.5　阀室地面层与设备脱离

分析不均匀沉降产生的主要原因是设计选用持力层为湿陷性黄土层，而地基处理施工时未消除地基土的湿陷性，由于连续降雨浸泡导致地基湿陷产生不均匀沉降破坏，阀室地基需尽快进行维修加固。

（2）地勘资料

岩土工程勘察外业勘察日期为 2009 年 11 月 7 日。现场共布置勘察点 4 个，其中取土试样钻孔 1 个，标贯试验孔 1 个，鉴别孔 2 个。根据勘察资料可知，该场地地层自上而下为：

① 黄土状粉土：黄褐色，孔隙发育，稍湿，稍密，土质不均匀，表层为薄层碎石土，厚度约 0.3m。含零星植物根系，含大量黏粒，摇振反应中等，光泽反映无，干强度低，韧性低。该层厚度 1.40～1.70m，层底标高 1806.75～1807.13m。该层土力学性质较差，承载力特征值 100kPa。

② 黄土状粉质黏土层：褐黄色，土质较均匀，孔隙较发育，局部夹有粉土夹层，可塑，无摇振反应，稍有光泽，干强度中等，韧性中等。该层厚度 1.10～1.50m，层底标高 1804.45～1805.90m。该层力学性质一般，承载力特征值 110kPa。

③ 黄土状粉土：黄褐色，孔隙发育，稍湿，稍密，土质较均匀，含黏粒，可塑，摇振反应中等，稍有光泽，干强度低，韧性低。该层厚度 2.50～2.90m，层底标高 1802.75～1803.32m。该层力学性质一般，承载力特征值 110kPa。

④ 泥岩：褐红色，强风化，泥质结构，钙质胶结，水平层理，具遇水震荡软化快暴晒崩裂之特征。该层未揭穿，最大揭露厚度 3.00m，最大揭露深度 8.30m。该层力学性质量好，承载力特征值 200kPa。

勘察深度内未见地下水。

土工试验成果表明场地内分布的黄土状土层具有湿陷性，根据场区内湿陷性黄土状土层在 0.20MPa 压力下湿陷系数对湿陷性进行计算，判定本场地为Ⅱ级自重湿陷性黄土场地。

地勘资料综合成果图给出的地基处理意见，建议对上部湿陷性地基采用合理的地基处理方法消除其湿陷性，处理后地基建议选用第 1 层黄土状粉土为天然地基的基础持力层。

（3）地基处理原则

由于该阀室属于单层厂房，建筑体量较小（四周围墙长度 6.6m×12.3m，层高 3.6m），房屋基础底面压力小于 100kPa，且室内配备有重要设备，不宜采用机械或带有明火的施工机具，只可采用人工处理措施。通过现场勘查发现，地基下沉的主要原因为天然地基的湿陷性消除不彻底，阀室周边散水损毁导致的雨水渗入诱发湿陷。针对该情况的处理原则是："消除湿陷、提高承载力、隔水排水"。具体做法应该为彻底消除地基湿陷性，适当提高地基承载力，完善阀室周边排水系统，垫高院内地平，使其形成向院墙方向的散水坡度。为验证试验效果，在试验过程中预设沉降监测系统。根据以上原则，对该阀室的地基处理试验采用人工成孔生石灰挤密桩法加灰土垫层法结合室内外排水工程，并在试验过程中预设沉降监测装置。考虑到该站场用途的特殊性，本试验方案不采用大型机械。

（4）地基处理设计

采用人工成孔生石灰挤密桩法处理范围为阀室厂房地基和厂房外围 1.0m 范围内。厂房地基尺寸为：长 6.6m，宽 12.5m。须满足《建筑地基处理技术规范》（JGJ 79—2012）灰土挤密桩施工的相关要求，具体施工图设计见图 5.6 和图 5.7。

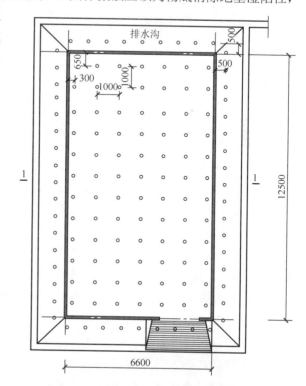

图 5.6 阀室地基加固平面

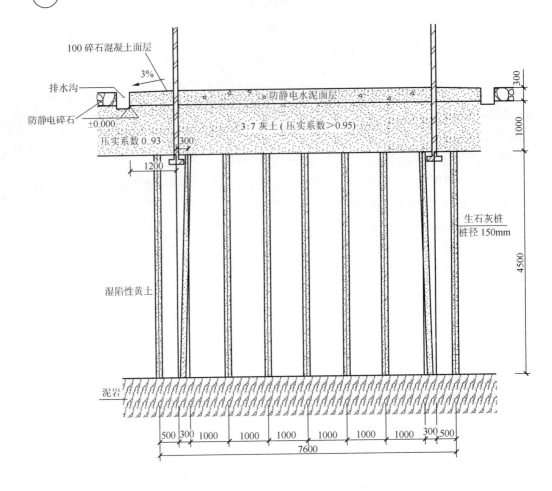

图 5.7　阀室地基加固剖面

（5）施工要求

1）生石灰桩施工要求：

① 成孔工艺为人工成孔，采用设备为洛阳铲。

② 成孔时，地基土宜接近最优（或塑限）含水量，当土的含水量低于12%时，宜对拟处理范围内的土层进行增湿。

③ 成孔和孔内回填夯实的施工顺序，当整片处理时，宜从里（或中间）向外间隔1～2孔进行，对大型工程，可采取分段施工；当局部处理时，宜从外向里间隔 1～2孔进行；向孔内填料前，孔底应夯实，并应抽样检查桩孔的直径、深度和垂直度；桩孔的垂直度偏差不宜大于1.5%；桩孔中心点的偏差不宜超过桩距设计值的 5%；经检验合格后，应按设计要求，向孔内分层填入筛好的素土、灰土或其他填料，并应分层夯实至设计标高。

④ 铺设灰土垫层前，应按设计要求将桩顶标高以上的预留松动土层挖除或夯（压）密实。

⑤ 施工过程中，应有专人监理成孔及回填夯实的质量，并应做好施工记录。如发现地基土质与勘察资料不符，应立即停止施工，待查明情况或采取有效措施处理后，方可继续施工。

2）3∶7灰土垫层施工要求：

① 处理范围分为室内、室外两个部分。室内部分应全部处理，即揭开现有混凝土地面，换填地面层以下 1.0m 深度范围内的地基土。但考虑到部分设备已建成，无法挪动且需要注意避让，则处理范围可适当减小，即避开现有设备基础进行换填处理。室外部分则需要全部换填，处理范围为阀室墙体以外至院墙以内的全部场地。均需进行 3∶7 灰土的换填处理。且在灰土回填至设计标高时向院墙方向找 2°～3° 缓坡，以利于院内排水。

② 试验技术要求须满足《建筑地基处理技术规范》（JGJ 79—2012）灰土垫层施工的相关要求。本方案选用换填材料为灰土，体积比 3∶7。土料宜用粉质黏土，不宜使用块状黏土和砂质粉土，不得含有松软杂质，并应过筛，其颗粒不得大于 15mm。石灰宜用新鲜的熟石灰，其颗粒不得大于 5mm。本方案要求换填层的压实系数室内大于 0.95，室外大于 0.93。室外地基完成换填后，应严格按照设计找坡。坡向朝外墙方向，坡度 2°～3°。

该场地采用生石灰桩挤密加固，加固后对地基土进行试验研究，结果如表 5.1 所示。

表 5.1 桩间土湿陷性检测统计表

探井编号	天然孔隙比 e_0	湿陷系数		压缩系数/MPa^{-1}	压缩模量 E_s/MPa
		δ_s	δ_{zs}	$\alpha_{1\sim2}$	
1	0.691	0.007	0.002	0.08	21.8
2	0.668	0.006	0.004	0.07	19.6
3	0.634	0.010	0.005	0.09	21.5
4	0.659	0.007	0.006	0.08	22.5
5	0.577	0.004	0.001	0.07	26.1

根据检测结果得出，本工程采用生石灰桩进行地基加固处理后，地基土的压缩系数均小于 0.1MPa^{-1}，属于低压缩土，湿陷系数均小于 0.015，基本消除了场地的湿陷性。

5.2.4 结论

生石灰桩膨胀法是针对湿陷性黄土地区的地基加固，通过大量的理论研究和工程实践，证明了该方法在湿陷性黄土地基上是可行的。

① 生石灰桩加固湿陷性黄土地区既有油气站场地基是可行的，加固后可消除地基湿陷性。

② 生石灰桩膨胀后对土体的压缩是不均匀的，即土体被压缩后孔隙比是不均匀变化的。

③ 被加固土层与下卧层土体的相互关系复杂，因此，要求下卧层土应无湿陷性，这样才能保证地基加固的效果。

5.3　油气站场建（构）筑物纠倾加固方法

建筑物的倾斜是一个在全世界范围内存在的问题，意大利比萨斜塔是最有名的倾斜建筑物，中国的苏州虎丘塔亦发生过倾斜，现代民用建筑中存在为数不少的倾斜案例。由于勘察失误、设计不当、施工质量低劣、使用维护以及自然灾害等原因常使建筑物不均匀下沉，发生倾斜、挠曲、开裂、下沉等病害现象。此外城市建筑鳞次栉比，地下空间开发、深基坑工程开挖也常使临近地面建筑物不均匀下沉，造成地面建筑物开裂、倾斜等现象的病害，这些病害轻者影响建筑物的正常使用，严重时使其丧失使用功能，甚至倒塌破坏，造成重大经济损失和人员伤亡。著名的意大利比萨斜塔、加拿大特郎斯康谷仓等都是例证。此类危险建筑物的病害治理是当前工程研究的重要课题之一[3]。

改革开放后，我国的建筑业迅速崛起，城市化建设取得了令人注目的成就，但也产生了一批劣质工程。另外，一批服役多年的既有建筑物在使用过程中也产生了病害，其中不乏倾斜、下沉、开裂的事故。建筑物的病害成为建筑工程中颇受关注的重大质量问题[8]。例如，武汉市汉口区苑新村 B 楼 18 层钢筋混凝土剪力墙结构住宅楼，建筑面积 1.46 万 m²，总高度 56.6m，1995 年 12 月发现该楼向东北方向倾斜达 470mm，为了控制该楼不再倾斜，采用加载、注浆、高压喷粉、锚杆静压桩等抢救措施，倾斜一度得到控制，但之后又突然向西北方向倾斜，虽经专家纠倾挽救也无济于事，该楼顶端水平位移发展到 2.884m，全楼重心偏移了 1442mm，已无法挽救且对相邻建筑造成威胁，于 1995 年 12 月 26 日予以爆破拆除，损失达 2 000 余万元，该楼严重倾斜是由于基础群桩整体失稳[3]；广东省深圳市龙岗腾龙宾馆 11 层框架结构，1995 年 3 月主体封顶之后，基础就发生不均匀沉降，造成建筑物倾斜，部分墙体开裂；到了 1996 年 5 月，建筑物最大倾斜量已达 42cm，不均匀沉降速率仍在加大；1996 年 5 月 24 日，用人工从顶层开始逐层拆除，引起各方面很大的关注，事故原因是多方面的，主要是桩基施工质量问题、设计布桩不均匀及没有及时正确地进行纠倾加固。

对于在倾斜后整体性仍很好的建筑物，如果照常使用，总有不安全之感，如果弃之不用，则甚感可惜，而将其拆除则浪费很大。因此，对建筑物进行纠倾，并稳定其不均匀沉降则是经济合理的方法。何况对有些建筑物，如意大利比萨斜塔、苏州虎丘塔等名胜古迹，只能使其倾斜停止和进行纠倾，从保护文物的角度出发绝不能拆掉重建。

现场调研证明，湿陷性黄土地区油气站场和阀室由于黄土湿陷引起的工程事故极为普遍，主要是站场和阀室建筑物的倾斜和设备场地的不均匀沉降，对于黄土湿陷引起的建（构）筑物的倾斜，地基塌陷引起建（构）筑物的开裂等破坏，最可行的方法就是进行建（构）筑物的纠倾和地基加固，这样可以保证站场的正常运行并减小经济损失。

5.3.1　油气站场建（构）筑物倾斜的原因

油气站场建（构）筑物发生倾斜的原因是复杂的，既有外部的诱发条件，也有其内在的因素，可能是一种原因，也可能是由许多问题共同促成的。油气站场建（构）筑物倾斜的原因主要如下：

（1）建（构）筑物地基土层厚薄不均，软硬不均

在山坡、河漫滩、回填土等地基上建造的建筑物，其地基土一般有厚薄不均，软硬不均的现象。若对地基处理不当，或所选用的基础形式不对，很容易造成建筑物倾斜。如苏州虎丘塔塔基下土层划分为五层，每层的厚度不同，因而导致塔身向东北方向倾斜。1957 年塔顶位移 1.7m，1978 年达到 2.3m，塔的重心偏离基础轴线 0.924m。后采用 44 个人工挖孔桩进行基础加固。桩的直径为 1.4m，深入基岩 0.5m，桩顶部浇筑钢筋混凝土圈梁，使其连成整体，稳定了塔的倾斜趋势[9]。

（2）地基稳定性差，受环境影响大

湿陷性黄土浸水后产生大量的附加沉降，且超过正常压缩变形的几倍甚至十几倍。当黄土地基的土层分布较深，湿陷面积较大，同时建筑物的刚度较好且重心与基础形心不重合时，会引起建筑物的倾斜。山西长治某工厂的 100m 高烟囱，因一侧的黄土地基浸水湿陷，烟囱倾斜达 153cm[10]。

（3）勘察不准、设计有误、地基承载力不足

对于软土地基、可塑性黏土、高压缩性淤泥质土等土质条件，荷载对其沉降的影响较大。若在勘察时过高地估计地基土的承载力或设计时漏算荷载，或设计的基础过小，都会导致地基承载力不足，引起地基失稳，使建筑物倾斜甚至倒塌。青岛某烟囱，设计时选择错误基础方案，桩数过少，并有许多断桩，导致 50m 高烟囱倾斜 112cm。

（4）由于山体滑坡、地震液化等自然灾害引起建筑物的倾斜

如日本神户大地震使位于山坡上的大批建筑物滑塌破坏。

（5）引起建（构）筑物倾斜的其他原因

除上述原因外，引起建筑物倾斜还有其他原因：①沉降缝处两相邻单元或邻近的两座建筑物，由于地基应力变形的重叠作用，会导致相邻单元（建筑物）的倾斜；②由于施工质量差，造成局部基础被损而使建筑物倾斜；③水平外力引起的建筑物倾斜；④地基上冻胀引起的倾斜；⑤地基中有古墓穴、土洞、人防工程等引起地面塌陷，从而引起建筑物倾斜；⑥在室外靠近建筑物墙体大量长期堆载，造成建筑物倾斜下沉等。

5.3.2　建（构）筑物纠倾加固工程的技术特点

纠倾加固是一项综合性技术，与许多学科有关，目前该技术的发展水平还不尽如人意，一些技术在理论和实践上还都不十分成熟，导致一些建筑物的纠倾与加固工程相继出现事故或越纠越偏，造成较大的经济损失与人员伤亡。所以，建（构）筑物的纠倾与加固工程技术需要进一步的试验研究与工程实践。建（构）筑物纠倾工程的技术特点可

以概括为以下几个方面：

（1）建（构）筑物倾斜原因分析

查明倾斜原因是成功纠倾加固倾斜建（构）筑物的先决条件。引起建（构）筑物倾斜的原因通常是多方面的，其中有的原因可能是十分隐蔽的。但是如果找不到倾斜的真正原因，或者是原因分析的不够全面，都会导致倾斜建（构）筑物纠倾加固工程的失败，甚至弄巧成拙。

（2）选择正确的纠偏加固方法

查明建（构）筑物的倾斜原因后，必须因地制宜地对其采用有效的纠倾加固措施。如果措施不利，将导致倾斜建（构）筑物越纠越偏或纠而不动。相反，如果因地制宜地进行纠倾与加固，会受到事半功倍的效果。

（3）纠偏加固技术难度高

建（构）筑物的纠倾与加固不仅要对各种纠倾与加固方法了如指掌，还必须善于灵活运用。但最重要的是善于对各种监测数据进行综合分析，准确判断倾斜建筑物的受力情况，回倾状态，并正确制订下一步的措施。所以，建（构）筑物的纠倾加固不仅要求技术人员要有比较深厚的力学知识、较强的综合能力，还要有丰富的纠倾与加固经验，独挡千变万化的局面，要精心设计、组织、施工。建（构）筑物的纠倾加固工程难就难在如何使其按照设计者的意愿，缓慢地起步，有规律地回倾，平稳地停驻在竖直的位置上，从此不再变化。

（4）纠偏加固风险大

建（构）筑物的纠倾加固是一项风险较大的工作，一旦纠倾的措施失控，或加固措施不当，很难阻止其继续倾斜，并且倾斜是加速度进行的，后果不堪设想。另外，如果纠倾的措施控制不当，建筑物受力不均，上部的结构开裂甚至破坏。

5.3.3　建（构）筑物纠倾方法分类

目前，我国常用的建（构）筑物纠倾方法分顶升纠倾、迫降纠倾及综合纠倾。对湿陷性黄土地区建（构）筑物纠倾加固常采用的有，诱使沉降法、膨胀顶升法和综合纠倾法等，因此，湿陷性黄土地区油气站场和阀室的纠倾加固方法也不例外。以下将介绍国内外常用的纠倾和地基加固法。

（1）顶升纠倾法[4,6]

顶升纠倾法是采用千斤顶将倾斜建筑物顶起和用锚杆静压桩将建筑物提拉起的纠倾方法。若建筑物提拉起后其全部或部分被支承在增设的桩基或其他新加的基础上，则称为顶升托换法；若建筑物被顶起后，仅将其缝隙填塞，则称为顶升补偿法。顶升纠倾具有可以不降低原建筑物标高和使用功能、对地基扰动少及纠倾速度快等优点，从而避免因迫降纠倾而降低建筑物标高所诱发的排污困难和减少使用面积等副作用，但要求原建筑物整体性较好以外，还需要一个与上部结构连成一体具有较大刚度及足够支撑力的支撑体系。顶升纠倾适用于经过多年使用且沉降已趋稳定的多层房屋。如果倾斜不超过危险限度，可不进行地基加固，因而可利用原地基基础作为顶升反力支座。顶升纠倾方法包括地基注入膨胀剂抬升法、墩式顶升法、地圈梁顶升法、抬墙梁法、基础上部锚杆静压桩抬升法等，这种方法适合层数较少的建筑物。由于，油气站场和阀室均为 1～5 层建筑，这种方法适合于油气站场纠倾加固。

（2）迫降纠倾法[11-16]

迫降纠倾是指在倾斜建筑物基础沉降多的一侧采取阻止下沉的措施，而在沉降少的一侧地基施加强制性沉降的措施，使其在短期内产生局部下沉，以扶正建筑物的一种纠倾方法。迫降纠倾方法包括直接掏土纠倾法、钻孔取土纠倾法、地基应力解除纠倾法、辐射井射水取土纠倾法、加压纠倾法、降水纠倾法、浸水纠倾法等。其中浸水纠倾法可选用注水坑、注水孔或注水槽等不同方式进行注水，图 5.8 为其示意图。这种方法适合于油气站场纠倾加固。

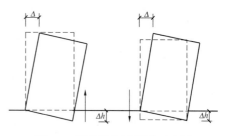

图 5.8　顶升法与迫降法示意图

（3）应力解除法

在许多的纠倾方法中地基应力解除法的理论是武汉水利电力大学刘祖德教授于 1989 年首先提出的[9,17]。该法是针对国内许多在软土地基上兴建的民用住宅楼倾斜的案例，提出的一种垂直向深部掏土进行纠倾处理的新方法。该法在倾斜建筑物沉降少的一侧布设密集的垂直钻孔排，有计划、有次序、分期分批地在钻孔适当深度处掏出适量的软弱基土，使地基应力在局部范围内得到解除和转移，促使软土向该侧移动，增大该侧的沉降量。与此同时，对另一侧的地基土则严加保护，不予扰动，最终达到纠倾目的。地基应力解除法的工作原理可归结为以下几点：①解除建筑物原沉降较小一侧沿应力解除孔孔周的径向应力，应力解除孔附近的地基土向孔方向水平侧移，将应力解除孔由圆形挤压成不规则椭圆形。②解除建筑物原沉降较小一侧沿应力解除孔孔身的竖向抗力，有利于建筑物沿应力解除孔一侧与土体产生竖向错移。③利用软土变形性能强的特点，钻孔的扰动可以大大降低应力解除孔周围土体的抗剪强度。④通过一定规律的清孔（辅之以孔内降水，临时降低孔壁水压力），有利于软土向其中移动填空。⑤应力解除孔一侧的基底压力得以局部解除，使该处地基土处于卸载回弹状态。⑥基本不扰动原沉降较大一侧的地基土。⑦地基土变形模量与基底应力均匀化。应力解除法纠倾过程中，原沉降较小一侧的硬土产生一定的剪切变形，其切线变形模量有所降低，趋向于另一侧未被扰动的软土的初始变形模量，使整个建筑物两侧地基土的变形模量均匀化。另外，基底压力不断进行调整趋于均匀，促使纠倾呈良性循环。应力解除法对软土地区体形简单、整体刚度好的倾斜建筑物进行纠倾具有安全可靠、经济合理、施工方便、容易控制、见效迅速及施工过程中基本不影响住户的正常使用等优点，利用应力解除法对软土地区的倾斜建筑物进行纠倾有很多的成功案例[18]。如武汉市木材公司 6 层宿舍楼，倾斜度为 14.27‰，1990 年 12 月应用此法进行纠倾，6 个月后，该楼的东西平均倾斜率已降至 5‰。

以内，满足了工程验收标准；上海莘庄开发区某住宅楼，6 层混合结构，1999 年向北倾斜了 9.7‰～10.3‰，应用该法进行纠倾，72 天该住宅楼整体均匀向北平均回倾值为 7‰左右，纠倾工程达到预期的目的。这种方法适合软土地区，多高层浅基础建筑的纠倾。而油气站场和阀室均为低层建筑，黄土在非饱和状态下压缩性较小，因此，这种方法不适合于油气站场纠倾加固。

（4）辐射井射水取土纠倾法[19]

我国成功纠倾加固的最高的倾斜构筑物为山西化肥厂水泥分厂 100m 高烟囱（钢筋混凝土结构，钢筋混凝土独立基础，Ⅱ级自重湿陷性黄土地基，倾斜量达 1.55m），成功纠倾加固的最高的倾斜建筑物为哈尔滨齐鲁大厦（框剪结构，钢筋混凝土箱形基础，粉质黏土基础，建筑高度 96.6m，倾斜量 640mm）。这两个纠倾实例是在"全国房屋增层改造技术研究委员会"主任委员唐业清教授的主持下分别于 1993 年和 1997 年完成的。唐业清教授发明该法并获国家专利。该法属于迫降法，它是在倾斜建（构）筑物原沉降较小一侧的全部或部分开间内设置沉井，在建（构）筑物基础下一定深度处的沉井壁上预留射水孔和回水孔，通过高压射水，在原沉降较小的基础下的地基中形成若干水平孔洞，使部分地基应力解除，引起周围地基土一系列变形，产生新的沉降，达到建（构）筑物纠倾的目的，如图 5.9 所示。该方法对于黏性土、粉土、淤泥质土、砂性土等地基土，对于刚性基础、扩展基础、柱下钢筋混凝土条形基础、筏基都有较好的纠倾效果。利用此方法对上述两个建筑物和构筑物进行纠倾获得成功。此外亦有许多其他的成功案例。如温州乐清市环城东路 309 号和 313 号住宅楼，由于地基软弱或其他原因，1988 年发生倾斜，309 号和 313 号楼倾斜量分别达到 30cm 和 38cm，对这两栋住宅楼应用此法进行纠倾，使两栋建筑物在有人居住的条件下缓慢地回倾，达到规范的要求。位于长春的吉林新立采油厂 6 号楼倾斜量最大达到 47cm，利用该法对此楼进行了纠倾加固，使其已不属于危险房屋。油气站场和阀室安全度要求较高，这种纠倾方法风险较高，因此，这种方法不适合于油气站场纠倾加固。

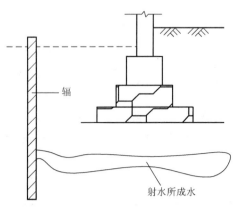

辐

射水所成水

图 5.9　辐射井射水取土纠倾法示意图

（5）锚杆静压桩纠倾法[20]

锚杆静压桩纠倾法是利用建（构）筑物自重，在原建（构）筑物沉降较大一侧基础上埋设锚杆，借助锚杆反力，通过反力架用千斤顶将预制桩逐节压入基础中开凿好的桩孔内，当压桩力达到 1.5 倍桩的设计荷载时，将桩与基础用膨胀混凝土填封，达到设计强度后，该桩便能立即承受上部荷载，并能及时阻止建（构）筑物的不均匀沉降，迅速起到纠倾加固作用。该法适用于地基土层较软弱、持力层埋藏较浅的独立基础、柱下钢筋混凝土条形基础、筏板基础等。一般地，锚杆静压桩与其他纠倾方法联合使用时，可取得纠倾与加固两种效应,例如常见的锚杆静压桩掏土纠倾法、锚杆静压桩降水纠倾法、锚杆静压桩加配重纠倾法等,此方法已用于很多建筑物和构筑物的纠倾加固,效果更加显著。如位于杭州市文三路西端西部开发区的某 7 层住宅楼,1995 年产生最大不均匀沉降 84mm,1996 年采用该法对其进行纠倾加固,不均匀沉降得到控制,加固效果很好。而油气站场和阀室均为低层建筑,结构自重较轻,黄土在非饱和状态下压缩性较小,因此,这种方法不适合于油气站场纠倾加固。

(6)地基注入膨胀剂抬升纠倾法[4, 6]

注入膨胀剂抬升纠倾法是在建(构)筑物原沉降较大一侧地基土层中根据设计布置若干注浆管,有计划地注入规定的化学浆液,使其在地基土中迅速发生膨胀反应,起抬升作用,从而达到建(构)筑物纠倾扶正的目的;或者高压注入水泥浆,对土体进行挤压,同时起到纠倾加固的作用,如图 5.10 所示膨胀剂采用建筑行业常用的材料如生石灰、混凝土膨胀剂、混凝土泡沫剂、有机轻质填料、聚氨酯等。兰州某学校教学楼建于 1986 年,因多年雨水排水不畅,2003 年经观测该楼最大沉降达到 341mm,倾斜率最大达到 20‰,采用机械成孔,注入生石灰、掺和料及少量附加剂,夯实形成石灰桩进行纠偏,有效地控制了墙体裂缝的进一步开展,各部分的沉降得到了很好的恢复。油气站场和阀室均为低层建筑,黄土在非饱和状态下压缩性较小,采用膨胀材料法能有效的顶升油气站场和阀室的建(构)筑物,因此,这种方法适合于油气站场纠倾加固。

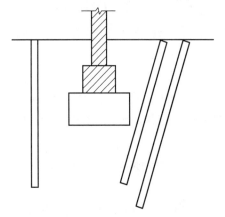 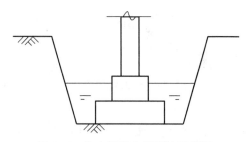

图 5.10 地基注入膨胀剂抬升纠倾法示意图　　图 5.11 注水槽浸水纠倾法示意图

(7)浸水纠倾法[11-16]

湿陷性黄土地基在浸水后会产生下陷,当地面渗水或地下管道漏水时会引起建(构)筑物地基含水量的不均匀,从而导致地基不均匀沉降,建(构)筑物倾斜或开裂。浸水纠倾法就是根据上述原理设法使沉降小的一侧地基浸水,迫使其下沉,达到建(构)筑物纠倾扶正的目的。如图 5.11 所示,浸水纠倾可选用注水坑、注水孔或注水槽等不同方式进行注水。湿陷性黄土地区油气站场和阀室,采用注水诱使沉降法纠倾加固是一种非常有效的方法。

（8）综合纠倾法

综合纠倾法是同时采用多种纠倾方法对同一栋建（构）筑物进行纠倾，各种纠倾方法相互取长补短，取得更好的纠倾效果。对于体形、基础和地质较复杂的倾斜建筑物，或纠倾难度较大的倾斜建（构）筑物的纠倾，一般都是将两种或两种以上的纠倾方法结合起来使用。

此外，还有双灰桩纠倾法、降水纠倾法、横向加载纠倾法等等，其中不乏成功范例。

5.3.4　建（构）筑物纠倾方法的合理选择

建（构）筑物纠倾工程是一项风险性大、难度较高、技术性较强的工作，应该在认真调查研究的基础上制定设计方案，应充分掌握建（构）筑物的重要程度、倾斜程度和开裂情况、结构形式、基础类型、地质情况、地下管道分布、周围环境、倾斜原因等条件，按照安全可靠、经济合理、施工简便的原则，反复比选各种技术方案，做到因地制宜，对症下药。纠倾加固是一项综合性、技术难度大的工作，它需要对已有建（构）筑物结构、基础和地基以及相邻建（构）筑物作详细了解，与岩土、结构、力学、地质、建筑、历史等专业有关，纠倾技术人员应具有较强的综合分析能力，建筑物纠倾过程中的影响因素很多，精细的力学分析很困难，技术性很强，但目前该技术的发展水平还不尽如人意，一些技术在理论和实践上还都不十分成熟，导致一些建筑物的纠倾与加固工程相继出现事故或越纠越偏，造成较大的经济损失与人员伤亡。所以，建筑物的纠倾与加固工程技术需要进一步的试验研究与工程实践。处在湿陷性黄土地区的油气站场和阀室，需要考虑黄土湿陷性和站场与阀室运行安全，在不能使用大型工程机械的情况下，选择适合于油气站场纠倾加固的方法。

一般湿陷性黄土地区的油气站场和阀室，根据其倾斜的原因，选择合理的纠倾方法，是制定好纠倾技术方案、确保纠倾工程成功的重要前提。因此，选择湿陷性黄土地区的油气站场和阀室纠倾加固方法的原则如下：

① 为避免采用迫降法造成的室内净空减少、室内外管线标高改变所带来的一系列问题，应选用顶升法。

② 对因管道漏水或其他原因地基渗水而引起建（构）筑物的倾斜，可采用浸水法或掏土法。浸水时要控制浸水量，掏土时要避免突然下沉现象。

③ 由于站场建筑物自重偏心引起倾斜时，可采用增层（或加载）反压纠倾法。

④ 如地基下沉量过大，黄土层较厚，建筑物又具有较好的整体刚度，应采用顶升法或诱使沉降法。

⑤ 当站场建（构）筑物不均匀沉降复杂，墙体开裂严重，并不只是采用一种方法，根据其倾斜和地基土层特征，可采用两种或多种并用的方法。

5.4 湿陷性黄土地区诱使沉降法纠倾研究

5.4.1 纠倾试验研究

应用相似原理，通过模型试验对自重湿陷性黄土地区的建筑物和构筑物的纠倾进行研究。

相似原理是说明自然界和工程科学中各种相似现象相似原理的学说。它的理论基础是关于相似的三个定理。在相似理论的指导下，一百多年来人们在探索自然规律的过程中，已形成一种具体研究自然界和工程中各种相似性问题的新方法，即"相似方法"。1829 年柯西（Cauchy）对振动的梁和板，1869 年弗劳德（Froude）对船，1883 年雷诺（Reynolds）对管中液体的流动以及 1903 年莱特（Wright）兄弟对飞机机翼的实验研究，都是用相似方法解决问题的早期实例[21]。

模型试验是构成相似方法的重要环节，在近代科学研究和设计工作中，起着十分重要的作用。模型是与物理系统密切有关的装置，通过对它的观察或试验，可以在需要的方面精确地预测系统的性能，这个被预测的物理系统就是"原型"。模型和原型之间需要满足的某种关系称之为模型设计条件。相似理论与模型试验的关系十分密切，是整个问题的两个组成部分。模型试验作为一种研究手段，可以严格控制试验对象的主要参量而不受外界条件或自然条件的限制，同时还有利于在复杂的试验过程中突出主要矛盾，便于把握、发现现象的本质特征和内在联系。由于模型与原型相比尺寸一般都是按比例缩小的（只在少数特殊情况下按比例放大），能节省资金、人力、时间和空间。

目前，随着各门类科学技术的不断更新、进步，以相似理论和模型试验为基础的相似分析技术，已日益成为广大科技工作者试验研究能力的重要组成部分。

（1）试验设计理论

静力模型试验的基础是物理现象的相似性。在模型试验中，阐述物理现象相似的定理有 3 个[21]。

1）相似第一定理：

相似现象的相似指标等于 1，或相似判据相等。该定理在 1848 年由法国的 J.Bertrand 建立的。

设 X_i 表示某系统中的第 i 个物理量，而 X_i' 表示另一相似系统中对应的物理量，这两个物理量之比为

$$C_i = \frac{X_i}{X_i'} \tag{5.14}$$

式中，C_i ——变换系数或相似常数。

对于两个相似的系统，每个参数 C_i 的值是严格不变的，不同的相似常数 C_i 起着不

同物理量的赋值作用。相似常数的选择取决于所研究问题的性质和试验条件。

相似系统的数学模型在相似变换中是不变的，因而任何两个相似的系统控制微分方程是重合的，即

$$D(X_1, X_2, \cdots, X_n) = D(X_1', X_2', \cdots, X_n') \qquad (5.15)$$

用 $X_i = C_i X_i'$ 对上式左边的方程求解

$$D(X_1, X_2, \cdots, X_n) = D(C_1 X_1', C_2 X_2', \cdots, C_3 X_n') = \phi(C_1, C_2, \cdots, C_3) \cdot D(X_1, X_2, \cdots, X_n) \quad (5.16)$$

式中：$\phi(C_1, C_2, \cdots, C_n)$ 是各相似常数的函数关系式，显然

$$\phi(C_1, C_2, \cdots, C_n) = 1 \qquad (5.17)$$

即两个系统相似的条件是联系各相似常数的函数等于 1，式（5.17）称为条件方程。

2）相似第二定理：

一个物理系统含有 n 个物理量和 k 个基本量纲，这 n 个物理量可以表示为 $(n-k)$ 个独立的相似判据 $\pi_1, \pi_2 \cdots, \pi_{n-k}$ 之间的函数关系，即

$$f(X_1, X_2, \cdots, X_n) = 0 \qquad (5.18)$$

或

$$\phi(\pi_1, \pi_2, \cdots, \pi_{n-k}) = 0 \qquad (5.19)$$

这就是由美国的白金汉（E.Buckingham）于 1914 年提出的相似第二定理，又称白金汉定理或 π 定理。

在模型试验中，存在

$$\begin{cases} \phi(\pi_1, \pi_2, \cdots, \pi_{n-k})_p = 0 \\ \phi(\pi_1, \pi_2, \cdots, \pi_{n-k})_m = 0 \end{cases} \qquad (5.20)$$

即

$$\begin{cases} \pi_{1m} = \pi_{1p} \\ \pi_{2m} = \pi_{2p} \\ \cdots \\ \pi_{(n-k)m} = \pi_{(n-k)p} \end{cases} \qquad (5.21)$$

在实际应用中，上述各 π 项间真正的关系方程未必能够列出，但不影响使用效果；同时，利用 π 定理构造模型时，式（5.7）未必能够全部得到满足，一般需要依靠经验，保证重要的几个物理量满足相似关系，其他物理量可以适当放松。

3）相似第三定理：

对于同一类物理现象，如果单值条件相似，而且由单值条件的物理量所组成的相似判据在数值上相等，则系统（现象）相似。单值条件包括：几何条件、物理条件、边界条件以及初始条件。相似第三定理由于直接同代表具体现象的单值条件相联系，并且强调了单值量相似，所以就显示出它科学上的严密性。因为它既照顾到单值量变化和形成的特征，又不会遗漏掉重要的物理量。

（2）模型设计[11-16、23]

1）地基模型设计：

制模材料一般都采用与现场原型试验相同的土。设下标 P、m 分别表示原型和模型中的物理量，则有关地基、填土的相似常数可写成几何相似常数 $C_L = \dfrac{L_P}{L_m}$，倾斜量相似

常数 $C_\delta = \dfrac{\Delta_P}{\Delta_m}$，应力相似常数 $C_Q = \dfrac{Q_P}{Q_m}$，应变相似常数 $C_\varepsilon = \dfrac{\varepsilon_P}{\varepsilon_m}$，沉降量相似常数

$C_\Delta = \dfrac{\delta_P}{\delta_m}$，注水量相似常数 $C_Q = \dfrac{Q_P}{Q_m}$，弹性模量相似常数 $C_E = \dfrac{(E_S)_P}{(E_S)_m}$，泊松比相似常数

$C_\mu = \dfrac{\mu_P}{\mu_m}$，内摩擦角相似常数 $C_\phi = \dfrac{\phi_P}{\phi_m}$，最大干密度相似常数 $C_\rho = \dfrac{\rho_{dP}}{\rho_{dm}}$，黏聚力相似常

数 $C_C = \dfrac{C_P}{C_m}$。

根据相似原理，要求相似常数满足以下准则

$$C_\delta / C_L = C_\Delta / C_L = C_\sigma / C_L \cdot C_\rho = C_Q / C_L^3 = 1 \qquad (5.22)$$

$$C_\varepsilon = C_E = C_C = C_\mu = C_\phi = C_\rho = 1 \qquad (5.23)$$

制作模型时，将原型的几何尺寸缩小 n 倍（n 为模型率），即

$C_L = \dfrac{L_P}{L_m} = n$，而且采用了与原型相同的土，即式（5.23）中 $C_E = 1$，$C_\mu = 1$，$C_C = 1$，

$C_\phi = 1$，$C_\rho = 1$ 得到满足。

根据式（5.22）可知：

$$C_\delta = \frac{\delta_P}{\delta_m} = C_L = n \qquad (5.24)$$

$$C_\Delta = \frac{\Delta_P}{\Delta_m} = C_L = n \qquad (5.25)$$

$$C_Q = \frac{Q_P}{Q_m} = C_L^3 = n^3 \qquad (5.26)$$

$$C_\sigma = \frac{\sigma_P}{\sigma_m} = C_L C_\rho = n \qquad (5.27)$$

也就是说，在这个模型试验中，土体中任一点的应力水平是原型试验中相应点的应力水平的 $\dfrac{1}{n} = \dfrac{1}{5}$，倾斜量与沉降量是原型试验中相应点的倾斜量和沉降量的 $\dfrac{1}{n} = \dfrac{1}{5}$，而所需的注水量是原型试验所需注水量的 $\dfrac{1}{n^3} = \dfrac{1}{5^3} = \dfrac{1}{125}$。

2）土体模型箱的设计：

由于土工模型物理条件相似，即制模的材料与原型材料的物理力学特性相似，为了使模型简化而准确，一般采用与原型同样的材料制模。制作模型时采用了兰州市七里河区兰工坪的III级自重湿陷性黄土，其基本参数为：湿陷系数 $\delta_s = 0.061$，天然含水量 $\omega = 2.4\%$，天然干重度 $\gamma_d = 12.84\,\text{kN/m}^3$，塑性指数 $I_p = 8.6$，孔隙比 $e = 0.16$，天然重度 $\gamma = 14.51\,\text{kN/m}^3$，内摩擦角 $\phi = 26.1°$，黏聚力 $c = 19.1\,\text{kPa}$，最佳含水率 15.5%，最大干密度 $\rho_{d\max} = 16.74\,\text{kN/m}^3$。

模型比例一般由试验场地、量测技术条件、试验工作量以及所研究问题的性质决定，一般情况下，C_L 越大，土体的受力变形规律越接近原型。根据本试验的特点及模型制作

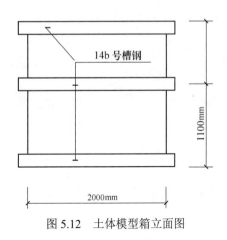

图 5.12　土体模型箱立面图

细部方面的考虑，选定模型的缩尺比例为 $n=5$，则土体模型箱的尺寸为长 l_m 为 2.4m，宽 b_m 为 2m，高 h_m 为 2m，如图 5.12 所示。

模型箱壁用两张 2cm 厚的木工板叠在一起，壁厚即为 4cm，用 4 根长为 2m 的 $\angle 100 \times 6$ 的等边角钢将模型箱的四个壁连接起来。考虑到模型箱壁后填土由于自重或作用在其表面的荷载对箱壁产生的侧向压力，为保证箱壁具有足够的刚度，应加强模型箱壁的刚度。

利用朗金土压力理论，取墙背垂直（$\alpha = 0$），墙表面光滑（$\delta = 0$），填土表面水平（$\beta = 0$）且与墙齐高，在填土表面处的主动土压力强度 e_{a0} 等于

$$e_{a0} = (\gamma z + q)\tan^2\left(45° - \frac{\varphi}{2}\right) - 2c\tan\left(45° - \frac{\varphi}{2}\right)$$

$$= (14.51 \times 0 + 39.2)\tan^2\left(45° - \frac{26.1°}{2}\right) - 2 \times 19.1\tan\left(45° - \frac{26.1°}{2}\right)$$

$$= -8.58\text{kPa}$$

主动土压力强度等于零处的深度 z_0 可从 $e_{az0} = 0$ 求得，即

$$e_{az0} = 0 = (\gamma z_0 + q)\tan^2\left(45° - \frac{\varphi}{2}\right) - 2c\tan\left(45° - \frac{\varphi}{2}\right)$$

$$= (14.51 \times z_0 + 39.2)\tan^2\left(45° - \frac{26.1°}{2}\right) - 2 \times 19.1\tan\left(45° - \frac{26.1°}{2}\right)$$

$$z_0 = 1.52\text{m}$$

在墙底处的主动土压力强度 e_{A_2} 等于：

$$e_{A_2} = (14.51 \times 2 + 39.2)\tan^2\left(45° - \frac{\varphi}{2}\right) - 2 \times 19.1\tan\left(45° - \frac{\varphi}{2}\right)$$

$$= 2.71\text{kPa}$$

略去不计填土和模型箱壁之间的拉应力，则作用在箱壁上的主动土压力 E_A 等于：

$$E_A = \frac{1}{2}(2 - 1.52) \times 2.71 = 0.65\text{kN/m}$$

它的作用点在模型箱底部以上 $\frac{1}{3} \times 0.48 = 0.16\text{m}$ 处。

因主动土压力较小，且距箱底部较近，但考虑到模型箱的整体刚度，在模型箱顶部、底部及中部距模型箱顶 0.9m 的位置用 14b 号槽钢各加固一圈，如图 5.13 所示。

3）模拟土料的制备：

取兰工坪Ⅲ级自重湿陷性黄土，洒水润湿后拌匀，置入土体模型箱内翻夯，为保证模型土料与原型倾斜建筑物底部土层相似，润湿程度即模拟土料的含水量和密度

应与原型相同，夯实的方法亦采用实际工程中的分层夯实。经测定模型箱内的土体含水量平均达到 14.12%，平均湿密度为17.35kN/m³，平均干密度为15.22kN/m³，压实系数达到 0.904。

4）加载系统的模拟：

上部加载系统采用袋装石子堆载。考虑到纠倾过程中堆在土体上的袋装石子不出现侧向滑下的可能，同时也为模拟上部实际倾斜建筑物，将袋装石子装入事先焊好的荷载架内，如图 5.14 所示。荷载架用 40×3 的等边角钢焊接而成，共计 5 层，每层 600mm 高，用来模拟实际建筑物所具有的刚度。试验过程中，第一层至第五层荷载架装石子共 235 袋，每层分别为 48 袋、45 袋、47 袋、47 袋、48 袋，每袋 40kg，荷载总重为 10t。

图 5.13 试验土箱模型照片

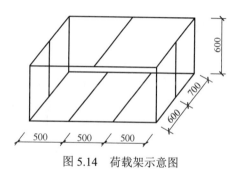

图 5.14 荷载架示意图

为模拟原型，将 5 层荷载架分层吊装在土体模型上的混凝土垫层上。砼垫层制作见图 5.15，材料采用 C20 砼，h 为 150mm，为确保模拟垫层在吊装使用过程中不出现裂缝而断裂，特配置 4 根 HPB235 钢筋，直径 $\phi6$，箍筋采用 12 号铅丝@100mm。

5）试验测点布置及量测方法：

① 倾斜量的量测：本次试验拟对上部结构模型的倾斜量进行量测，测点布置如图 5.16 所示的 1#、2#、3#、4#、5#测点。采用位移传感器，量测方法是通过 JDY-Ⅱ型静动态应变仪。

② 竖向沉降量的量测：本次试验拟对上部结构模型的竖向沉降量进行量测，测点布置如图 5.17 所示的 6#、7#、9#、10#测点。同水平位移量的量测方法相同。

③ 垫层水平位移量的量测：本次试验对因上部结构模型倾斜使垫层可能发生水平方向的滑移量进行量测，测点布置如图 5.18 所示的 8#测点。

④ 土体应力的量测：本次试验拟对模型箱内的土体在纠倾过程中的应力变化量进行量测，土压力盒采用 JXY-2 型土压力传感器，布置在土体内距混凝土垫层底面 45cm 处，测点布置如图 5.18、图 5.19 所示，通过 SS-2 型数字频率接收仪量测。

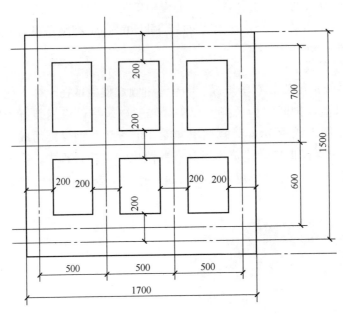

图 5.15　垫层平面图

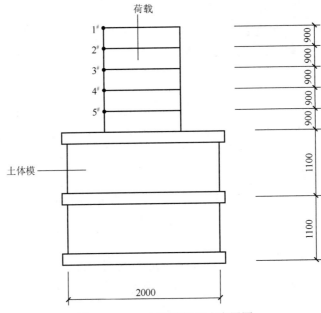

图 5.16　1#～5#倾斜量测点布置图

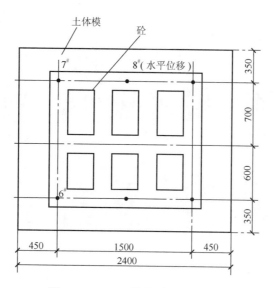

图 5.17 6#~10#位移量测点布置图

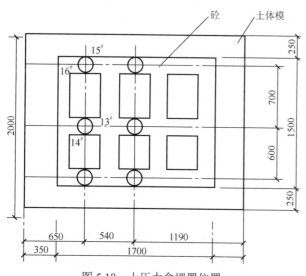

图 5.18 土压力盒埋置位置

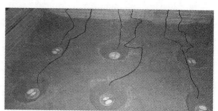

图 5.19 土压力盒埋置位置

5.4.2 试验结果分析

（1）模型试验的实施

本次试验共分为 3 个阶段，每个阶段又分为应力解除、附加应力和软化地基土体刚度 3 个步骤，如图 5.20 所示。应力解除即取下模型箱一侧一定高度的箱壁板，以解除箱壁对地基土的侧向应力，使地基土发生变形，以测定上部结构模型所发生的侧移量、竖向沉降及土体应力变化。

（a）试验模型

（b）开孔注水

（c）注水完成

图 5.20　试验的三个步骤

待变形稳定后，在这一侧距砼垫层底部一定高度的土体下开挖一定数量的水平孔洞，使得成孔层面上的有效面积减小，成孔层面的土体应力重分布，上部结构模型发生侧移和竖向沉降。

软化地基土体刚度即在水平成孔后待变形稳定时，在水平孔内注水，湿陷性黄土在内因和外因共同作用下发生湿陷[23]。内因主要是由于湿陷性黄土本身的物质成分及其结构，外因则是水和压力的作用。

1）第一试验阶段——上部结构模型由竖向垂直位置被迫向北倾斜（图 5.21）：

第一步：应力解除。将模型箱北侧上部高为 60cm 的箱壁板取下，以解除土体侧向的应力，使土体一侧处于无约束状态，在模型箱的自由边界上，土体在上部荷载的作用下，将会向无约束一侧发生倾斜，此时测点 1#、2#、3#、4#、5#将会向北侧倾斜，同时测点 6#、9#将会发生竖向位移。

第二步：附加应力。待变形稳定后在这一侧土体中掏土开挖 10 个水平孔，孔中心距混凝土垫层底部45cm，孔径 d 为 5cm，孔长 l 为 1.1cm，孔间距 δ 为13cm，如图 5.21 所示。此时，水平孔层面上的土体应力增大，有效支承面积减小，测点 1#、2#、3#、4#、5#发生向北侧倾斜，测点 6#、9#产生竖向沉降，测点 7#、10#产生反向位移 W（翘起），如图 5.22 所示。

第三步：软化地基土体刚度。在水平孔内注水，软化地基土体刚度，使土体发生湿陷，土体内部产生塑性变形，测点 1#、2#、3#、4#、5#发生向北侧倾斜，测点 6#、9#产生竖向沉降，测点 7#、10#产生翘起。此时未倾斜的结构模型利用上述方法已被迫向北倾斜。

2）第二试验阶段——将被迫倾斜的结构模型纠倾（图 5.23）：

第一步：应力解除。在模型箱的南侧解除应力。将模型箱南侧上部高为 70cm 的箱壁板取下，此时测点 1#、2#、3#、4#、5#将会发生向南倾斜，测点 7#、10#产生竖向沉降。

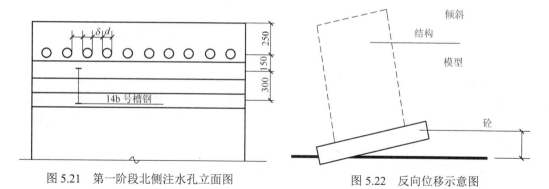

图 5.21 第一阶段北侧注水孔立面图   图 5.22 反向位移示意图

第二步：附加应力。待变形稳定后在南侧土体开挖 6 个水平孔，孔径 $d_1=5\text{cm}$，孔长 $l=1.1\text{m}$，孔间距 $\delta_1=26\text{cm}$，南侧水平孔与北侧水平孔距混凝土垫层底部等高。如图 5.23 所示。此时，测点 1#、2#、3#、4#、5#发生向南倾斜，测点 7#、10#产生竖向沉降。

第三步：软化地基土体刚度。在水平孔内注水，使土体发生湿陷，测点 1#、2#、3#、4#、5#发生向南倾斜，测点 7#、10#产生竖向沉降。此时倾斜的上部结构模型已利用上述方法得到纠倾。

3）第三试验阶段——将已经纠倾的结构模型再次被迫向南倾斜（图 5.24）：

第一步：附加应力。待倾斜建筑物的侧移量归为 0 时，将南侧土体已开挖的 6 个水平孔孔径扩大为 $d_2=8\text{cm}$，孔长不变，孔间距 $\delta_2=23\text{cm}$。此时，测点 1#、2#、3#、4#、5#将会发生继续向南侧的倾斜，测点 7#、10#继续产生竖向沉降。

第二步：软化地基土体刚度纠倾。在水平孔内注水，使土体发生湿陷，测点 1#、2#、3#、4#、5#继续发生南向倾斜，测点 7#、10#继续产生竖向沉降。此时倾斜得到纠正的结构模型利用上述方法再次被迫向南倾斜。

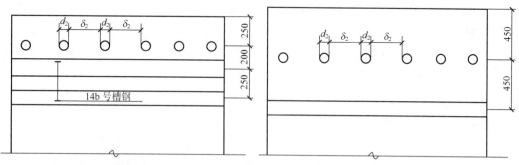

图 5.23 第二阶段南侧注水孔立面图   图 5.24 第三阶段南侧注水孔立面图

（2）第一试验阶段结果分析

第一试验阶段是将原本未倾斜的上部结构模型通过三种方法被迫倾斜，一方面研究上部结构模型倾斜发展的特点；另一方面为进行第二阶段的纠倾工作创造条件。

1）应力解除：

本试验的应力解除与刘祖德教授提出的应力解除法是不同的。刘祖德教授提出的应力解除法是针对国内许多在软土地基上的倾斜建筑物，在沉降少的一侧布设垂直钻孔，在适当深度处掏出适量的软弱地基土，使地基应力在局部范围内得到解除和转移，促使软土向该侧移动，增大该侧的沉降量。应力解除是模拟实际的纠倾工程，将模型箱一侧的箱壁侧板取下，以解除土体侧限应力，使土体一侧处于无约束状态，在模型箱的自由边界上，土体在上部荷载的作用下，向无约束一侧倾斜。模型箱北侧取下 60cm 高的箱侧壁后，测点 1#、2#、3#、4#、5#的倾斜量变化规律，如图 5.25 所示。从试验数据中可以看出，采用这种方法对倾斜建筑物进行纠倾，回倾量很小，最大的 1#测点的侧移量只有 0.94mm，若实际五层建筑物顶部的侧移量也不超过 5mm，因此对倾斜建筑物采用应力解除进行纠倾，效果不明显。

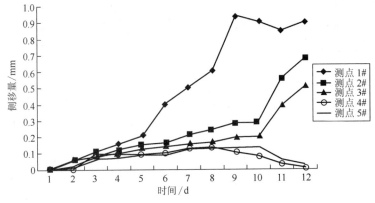

图 5.25　北侧应力解除后的侧移量曲线

在模型箱北侧取下 60cm 高的箱壁后即解除箱壁对地基土体的侧向应力之后，测点 6#、7#、9#、10#的竖向位移量如图 5.26 所示。从图中可以看出，解除北侧土体的应力后，垫层北侧的测点 6#、9#产生竖向沉降，沉降量最大值为 0.56mm，垫层南侧的测点 7#、10#则必然随着垫层北侧的沉降发生反向位移，即垫层与下部土体分离，但反向位移量较小，图中的负值即为 7#、10#测点产生的反向位移量。测点 7#的最大位移量为0.5mm，而测点 10#的最大位移量为 1.35mm，这说明模型土体在夯实过程中并没有完全达到均匀。黄土是松散的颗粒集合体，其在荷载作用下的变形不是均匀的、连续的[24]，而是不均匀的，突变的。

图 5.27 为模型箱北侧取下 60cm 高的箱壁后，在将要掏土进行水平成孔的层面上的土体的应力变化。从图中可以看出，因上部结构模型发生向北侧的倾斜，测点 12#的应力较其他几个测点的应力变化大，最大值达到 1.6kPa，说明应力解除发生向北倾斜后，北侧土体中部的应力增长较快，而 11#测点的应力也有所增长，但量值不大。南侧土体因发生反向位移，混凝土垫层与土体有微量的脱离，所以南侧土体的应力几乎没有增长。

2）附加应力：

在解除应力的基础上，又进行了附加应力纠倾的试验。在北侧距混凝土垫层底部45cm 的土体中掏土形成水平试验孔 10 个，孔长 l 为 1.1m，孔径 d 为 5cm，孔间距 δ 为 13cm。

　　附加应力纠倾的基本原理是通过在基础下进行掏挖，取出适量的地基土，使得水平孔层面上的有效支承面积减小，在上部荷载的作用下，北侧地基土的附加应力增大，引起地基的沉降。从图 5.28 中可以看出最大的侧移量也只有 0.875mm，因而可以得出结论，采用附加应力对湿陷性黄土地区的倾斜建筑物进行纠倾效果并不明显。

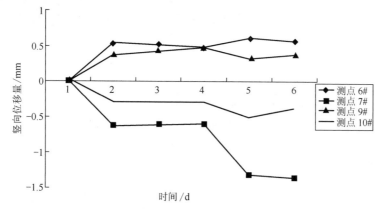

图 5.26　北侧应力解除后的竖向位移量曲线

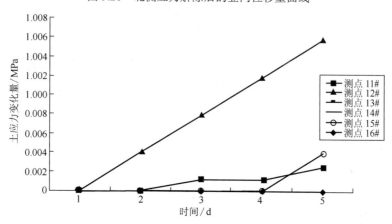

图 5.27　北侧应力解除后的土应力变化值曲线

　　图 5.29 为北侧成水平孔后测点 6#、7#、9#、10#的竖向位移，同在北侧的 6#、9#测点发生竖向的沉降，沉降量基本相等，最大沉降量为 0.4mm，而在南侧的 7#、10#测点则产生反向位移量，即垫层与土体脱离，10#测点的反向位移量很小，7#测点的反向位移量为 0.12mm，这仍说明土体的变形是不均匀的。

　　图 5.30 为附加应力过程中水平孔层面上的土体应力变化曲线。与应力解除纠倾时应力变化情形相似，因发生了向北侧的倾斜，12#测点的应力增长最快，从成孔前到成孔后应力增长了 26kPa，其次是 14#和 13#测点，成孔前到成孔后的应力分别增长了 12kPa 和 9kPa，其后几天时间内应力值变化趋于稳定。11#测点的应力增长始终较少，成孔前到成孔后只有 1.7kPa。发生向北倾斜后，南侧土体的应力测点 15#、16#的变化量不大，只有 0.4kPa 和 0.8kPa。说明北侧成孔，北侧区域土体应力增大。

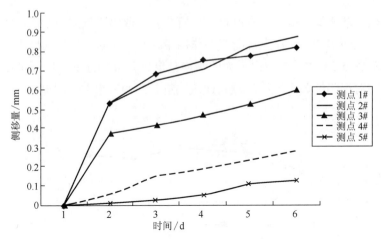

图 5.28 北侧附加应力后的侧移量曲线

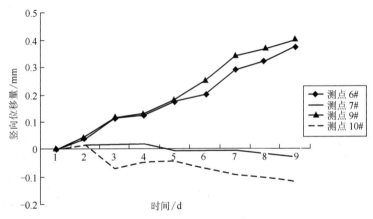

图 5.29 北侧附加应力后的竖向位移量曲线

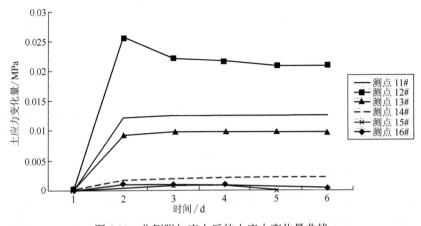

图 5.30 北侧附加应力后的土应力变化量曲线

3) 软化地基土体刚度:

图 5.31 和图 5.32 为北侧软化土体刚度后测点 1#、2#、3#、4#、5#的侧移量。软化地基土体刚度即在北侧水平孔内注水,湿陷性黄土在压力作用下发生塑性变形。湿陷过

程可分为变形急剧发展阶段和变形稳定发展阶段[25]。水平孔内注水共 6 天,为变形急剧发展阶段,前 5 天每天注水 4L/孔,1#测点发生的侧移量为 45.12mm,第 6 天注水 5L/孔,注水 2h 后土体因变形加剧,模型箱北侧东西两个角产生 45°斜向裂缝,结构模型以 19.8mm/h 的速度倾斜,土体发生破坏,1#测点的侧移量达到 80.12mm,侧移了 33.92mm。为使上部结构模型不至倒塌,立即采取了恢复侧向约束板(即模型箱壁板)以及回填所有水平孔的措施。采取了上述两个措施之后,结构模型的倾斜速度明显趋于平缓,如图 5.31 和图 5.32 中第 7 天之后的曲线。试验说明孔内的注水量越多,湿陷性黄土发生的湿陷沉降越大,上部结构模型的侧移量就越大,实际纠倾过程中一定要控制好注水量,使建筑物慢速回倾,否则会对纠倾工作带来一定的负面影响。从第 7 天开始进入变形稳定发展阶段,湿陷量较稳定,测点 1#、2#、3#、4#、5#的侧移量与时间的曲线趋于一水平线,测点 1#在这个过程中产生的侧移量只有 6.65mm,说明建筑物在注水停止后还会发生侧移,但速度较慢,试验告诉我们在实际纠倾时,一定要预留滞后回倾量。

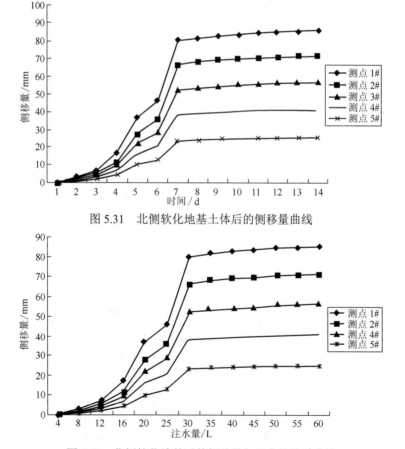

图 5.31 北侧软化地基土体后的侧移量曲线

图 5.32 北侧软化地基后的侧移量与注水量关系曲线

图 5.33 为北侧采用软化地基土体刚度纠倾后 6#、7#、9#、10#的竖向沉降量。从图中可以看出,在北侧水平孔内注水,颗粒接触处所产生的剪应力大于其结构强度时,土

体下沉速度加快，北侧土体发生湿陷，位于北侧的6#、9#发生的竖向沉降大，土体基本上均匀变形，前5天6#、9#发生的竖向沉降较均匀，达到16.35mm，第6天因注水量较前几天多，土体湿陷变形大，竖向沉降量迅速发展，产生下沉13mm，使总下沉量达到29.3mm。停止注水的8天时间里，6#、9#产生的竖向沉降量较小，沉降量与时间关系曲线趋于平缓。而位于南侧的7#、10#测点因未遇水，几乎没有发生竖向沉降。

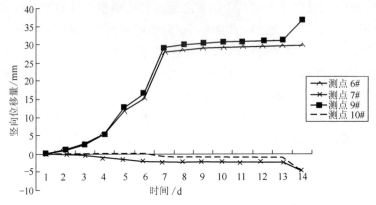

图5.33 北侧软化土体刚度后的竖向位移量曲线

图5.34为北侧软化地基土体刚度后土体应力变化曲线，从图中可以看出，位于北侧的测点11#、12#和位于中部的测点13#、14#土体应力在注水初期迅速下降，而位于南侧的15#、16#测点的应力却有所增加，试验说明由于北侧土体发生湿陷变形，产生卸荷现象，土体应力减小，上部结构模型荷载转嫁于土体刚度较大的南侧区域，所以南侧土体应力有所增加；从注水第4天起因北侧土体产生竖向沉降而使得南侧垫层产生反向位移，南侧土体应力迅速降低，同时北侧土体的应力略有增加，注水停止后土体应力趋于稳定。

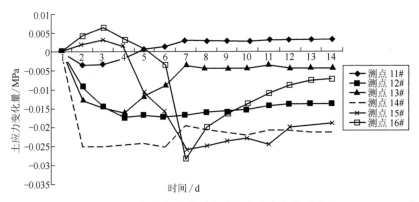

图5.34 北侧软化土体刚度后的土应力变化量曲线

（3）第二试验阶段结果分析

第二试验阶段是在第一试验阶段的基础上，采用迫降法对已经向北侧倾斜的结构模型进行纠倾，即使结构模型向南侧回倾，使侧移量为0，从而达到纠倾的目的。

1) 应力解除:

将模型箱南侧上部高为 70cm 的箱壁板取下,解除土体侧向应力,使试验土体的一侧处于无约束状态,模型箱自由边上的土体在上部荷载的作用下,应该产生变形即测点 1#、2#、3#、4#、5#会向南倾斜。但如图 5.35 所示的回倾曲线中,测点 1#、2#、3#、4#、5#没有发生向南侧的回倾,而是继续向北侧倾斜,这是由于在北侧水平孔注水后土体发生破坏,不能承担上部结构模型的自重,致使上部结构模型继续向北侧倾斜,15 天后 1#测点侧移量达到 1.656mm(图 5.35),试验结果说明对于侧移量已较大的建筑物采用在沉降较小一侧解除侧向应力很难达到纠倾扶正的目的。

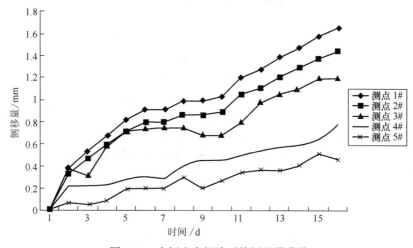

图 5.35　南侧应力解除后的侧移量曲线

图 5.36 为南侧应力解除后测点 6#、7#、9#、10#的竖向位移量,从图中可以看出,南侧应力解除后,位于北侧的 6#、9#测点仍然发生竖向位移,15 天后达到 0.97mm,说明北侧土体在这段时间里仍然处于变形稳定发展阶段。位于南侧的 7#和 10#测点在 13 天的时间里几乎没有产生竖向位移,后两天产生的竖向位移仅有 0.27mm。试验现象表明

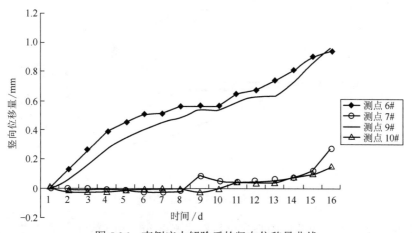

图 5.36　南侧应力解除后的竖向位移量曲线

南侧应力解除后位于北侧的 6#和 9#测点没有产生反向位移，而是继续向下沉降，位于南侧的 7#和 10#测点产生竖向的沉降也很小，所以对于侧移量很大的建筑物采用在沉降较小一侧解除侧向应力进行纠倾的方法作用不大。

图 5.37 为南侧应力解除后土体应力的变化曲线，经上一阶段北侧土体软化刚度以后，北侧土体仍处于变形稳定发展阶段，位于北侧的 11#测点和 12#测点的应力变化趋势相似，都有所增加，12#测点的应力增加较 11#测点多 4.2kPa；位于土体中部的 13#测点和 14#测点的应力趋势相似，且增加幅度不大；位于土体南侧的 15#测点和 16#测点趋势相同，分别增长了 3.8kPa 和 2.4kPa，试验结果表明南侧土体侧向应力解除后，南侧土体的应力有所增长，但量值不大。

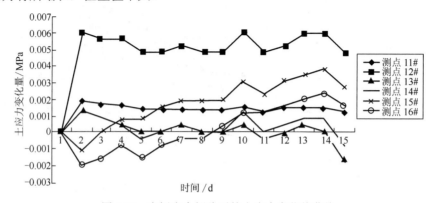

图 5.37　南侧应力解除后的土应力变化值曲线

2）附加应力：

在南侧土体混凝土垫层下 45cm 处掏土开挖水平孔 6 个，孔中心距混凝土垫层底部与北侧水平孔相同，孔径 d_1 为 5cm，孔长 l 为 1.1m，孔间距 δ_1 为 26cm。在南侧基底下形成水平孔后，测点 1#、2#、3#、4#、5#产生向南侧的回倾量并不明显，试验结果如图 5.38 所示。

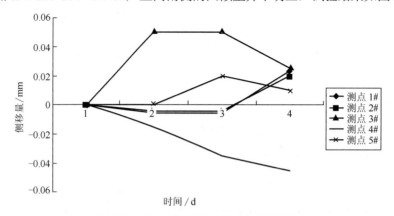

图 5.38　南侧附加应力后的侧移量曲线

图 5.39 为南侧水平成孔后的竖向位移量，测点 6#、9#趋势相同，产生竖向沉降，但 9#测点的竖向位移较 6#测点的竖向位移大 0.055mm，测点 7#、10#趋势相同，也产

生竖向沉降，但量值都不大。从图中可看出，在南侧基底下掏土成水平孔后，基底的有效面积减小，产生附加应力，位于南侧的 15#、16#测点应力在成孔后明显增大了 17.6kPa 和 13.3kPa，中部测点 13#、14#应力也有所增长，增大了 6kPa 和 9.8kPa，其后应力变化较稳定，位于北侧的测点 11#、12#应力几乎没有改变。说明南侧成孔，南侧区域土体应力有所增加。

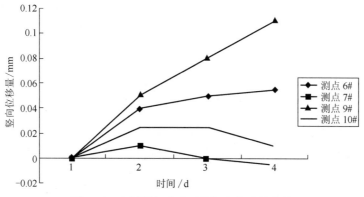

图 5.39 南侧附加应力后的竖向位移量曲线

3）软化地基土体刚度：

图 5.40 为南侧土体注水使地基土体刚度软化后测点 1#、2#、3#、4#、5#向南侧的回倾量与时间的变化曲线。对南侧地基下土体采用注水软化土体刚度进行纠倾共计达 39 天，与北侧土体发生湿陷过程一样，也分为变形急剧发展阶段和变形稳定发展阶段。变形急剧发展阶段共经历 29 天，南侧纠倾时的水平孔比北侧纠倾时的水平孔数量少，故回倾时间长，南侧水平孔内的注水量也有变化，从图 5.34 和图 5.35 中可看出，侧移量曲线有 3 个平缓段和 2 个拐点，第 1 个拐点位于注水后第 12 天左右，这 12 天注水量是均等的，每天 4L/孔，土体发生变形，1#测点回倾了 16.4mm，曲线的第 2 个拐点位于注水后第 22 天左右，此时注水量由每天的 4L/孔改为每天 2L/孔，共 9 天，1#测点回倾了 3.73mm，说明土体的注水量减少时，土体湿陷的速度减慢，回倾量也就减慢，回倾量曲线的斜率变小，另外，注水 4L/孔和注水 2L/孔的两段曲线中，前期都比较平缓，而后期较前期陡，说明地基下土体的含水率达到一定程度时，土体的湿陷速度是加快的[26]；曲线的第 3 个拐点位于注水后第 30 天左右，此时的注水量又由 2L/孔改为 4L/孔，共 8 天，回倾量为 30.6mm。试验结果表明注水量不同，经历的时间不同，侧移量与时间曲线的斜率也就不同。预计上部结构模型的侧移量接近 0 时即停止注水，土体进入变形稳定发展阶段，共 8 天，曲线趋于平缓，土体湿陷量较稳定，回倾量较小，1#测点回倾了 8mm 左右，因此预留滞后侧移量是有必要的。

图 5.41 为南侧注水软化地基土体刚度后的侧移量与注水量关系曲线，在每天注水 4L/孔时，侧移量是一条光滑的曲线，测点 1#、2#、3#、4#、5#均产生侧移，而注水量改为每天 2L/孔时，在前 5 天测点 1#、2#、3#、4#、5#侧移量基本为 0，测点 1#在注水

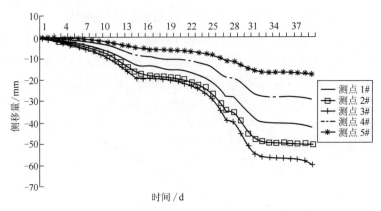

图 5.40　南侧软化地基土体刚度后的侧移量曲线

2L/孔时第 5 天的侧移量比注水 4L/孔时的最大侧移量大 0.27mm，从第 6 天开始回倾量值才增大，说明湿陷性黄土在第一次注水未达到饱和状态而产生湿陷变形，则第二次注水过程中注水量大于第一次注水量才会发生湿陷变形[28]。

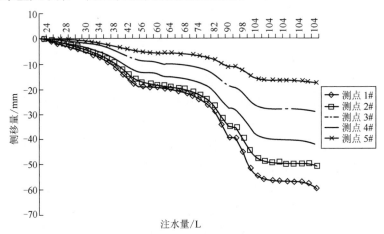

图 5.41　南侧软化地基土体后的侧移量与注水量关系曲线

　　图 5.42 为南侧土体注水使地基土体刚度软化后测点 6#、7#、9#、10#的竖向位移量的变化。从图中可以看出，位于北侧的 6#、9#测点的竖向位移量值的变化趋势接近，竖向沉降量都有所增加，且 9#测点的沉降量较 6#大，即南侧土体注水软化刚度后北侧测点产生了竖向沉降，主要是由于试验第一阶段北侧水平孔内注水使得北侧土体刚度软化产生湿陷造成的，这就是试验过程中北侧土体内的注水量对南侧纠倾过程的影响。7#、10#测点在南侧孔内注水后产生了竖向沉降，与侧移量的分析相同，竖向沉降量曲线也分为变形急剧发展阶段和变形稳定发展阶段，变形急剧发展阶段 10#测点产生的竖向沉降达 22.12mm，而变形稳定发展阶段 10#测点只沉降了 1.98mm，说明湿陷性黄土在注水时结构遭到破坏，而停止注水后土体的密实状态较注水前大，且含水量有所降低，土体的变形就趋于稳定。

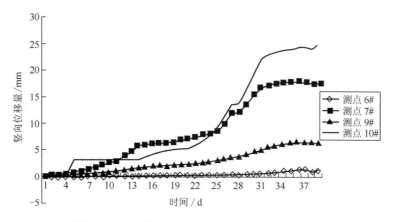

图 5.42 南侧软化地基土体后的竖向位移量曲线

图 5.43 和图 5.44 为南侧土体注水使地基土体刚度软化后土应力的变化值曲线，试验结果表明，因南侧水平孔注水，位于北侧的 11#、12#测点的土体应力值变化不明显，中部的 13#、14#测点的土体应力在变形急剧发展阶段即注水到 29 天才有所增长，在变

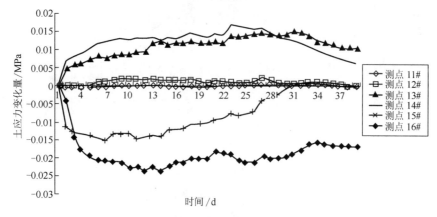

图 5.43 南侧软化地基土体后的土压力变化曲线

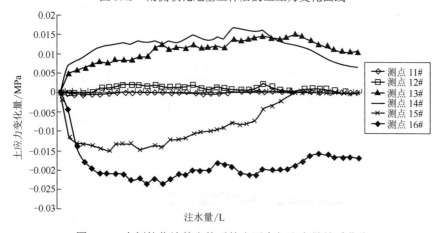

图 5.44 南侧软化地基土体后的土压力与注水量关系曲线

形稳定发展阶段土体应力有所降低。位于南侧的测点 15#、16#土体应力在南侧水平孔内开始注水时明显下降，之后 16#曲线较平缓，15#测点的应力有所增加。试验结果表明停止注水后土体的密实程度不断增长，土体的强度也不断恢复。

（4）第三试验阶段结果分析

第三试验阶段是通过改变南侧水平孔的直径并继续注水，使上部建筑物再次向南倾斜，以寻找倾斜规律。

1）附加应力：

再次向南倾斜时水平孔数量仍为 6 个，只是将第二阶段的水平孔径扩大为 d_2 为 8cm，孔长 l 为 1.1m，孔间距 δ_2 为 22.5cm，从图 5.45 中可以看出将孔径扩大后的 5 天时间里测点 1#、2#、3#、4#、5#侧移量变化得很小，到了第 6 天 1#测点的侧移量突增至 19.58mm。由前两个试验阶段的附加应力纠倾可知，用这种方法对上部结构模型进行纠倾，最终的侧移量和竖向位移量并不大，由此推断 1#测点发生的 19.58mm 的侧移量是由于第二试验阶段南侧水平孔内注水导致湿陷性黄土发生湿陷和扩孔增加附加应力后共同造成的。

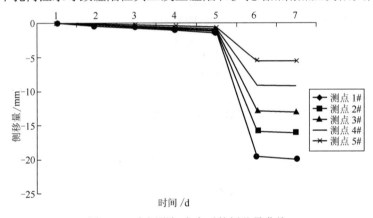

图 5.45　南侧附加应力后的侧移量曲线

图 5.46 为南侧扩孔增加附加应力后的竖向位移量变化曲线与侧移量相同，前 5 天 6#、7#、9#、10#测点的竖向沉降量都较小，第 6 天 7#测点竖向沉降突增至 5.1mm，第 6 天 10#测点竖向沉降突增至 5.8mm,沉降量与第二试验阶段南侧水平孔内注水有一定的关系。

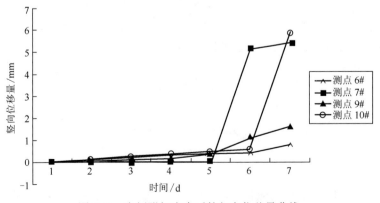

图 5.46　南侧附加应力后的竖向位移量曲线

南侧将孔径扩大后土体的有效支承面积减小，南侧土体应力增加，如图5.47所示。位于南侧的测点15#、16#的土体应力在扩大孔径后分别增大了13kPa和12kPa，其后的几天时间里土体应力趋于稳定，位于中部的13#、14#应力在水平孔径扩大后也分别增大了14kPa和15kPa，而位于北侧的11#、12#测点应力几乎没有增长。同样说明南侧成孔，南侧区域土体应力继续增加。

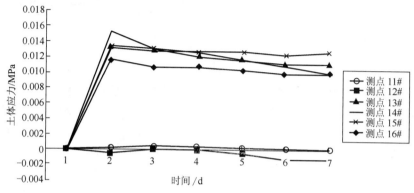

图5.47 南侧附加应力后的土应力变化量曲线

2）软化地基土体刚度：

第三阶段软化土体刚度与第二阶段相同，但是注水量有所不同，第二试验阶段注水为每天4L/孔（共12天），每天2L/孔（共9天），每天4L/孔（共8天）；第三阶段试验注水量为每天6L/孔，注水2天，停止1天，后又注水3天，从图5.48和图5.49中可看出，注水时的侧移量曲线的斜率比停止注水时曲线斜率大，之后连续3天注水的侧移量曲线的斜率又大于注水2天的曲线斜率，因此，注水量与土体发生湿陷变形从而产生的侧移量之间存在明显的对应关系，注水量越大，由湿陷而产生的侧移量也就越大。在第5天之后停止注水，湿陷过程逐步达到稳定，侧移量也就趋于平缓。

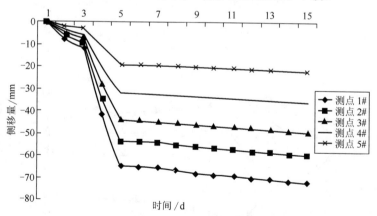

图5.48 南侧软化地基土体后的侧移量曲线

竖向沉降量在南侧孔内注水6L/孔时都有所增长，从图5.50可看出位于南侧的10#测点的沉降量较大，在注水的6天时间里10#测点的竖向位移量达到了12.65mm，其后

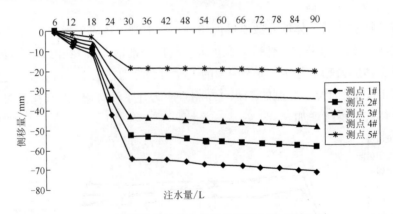

图 5.49　南侧软化地基土体后的侧移与注水量关系

停止注水的 9 天时间里竖向位移量较平缓。6#、7#、9#测点的竖向位移量都有所增加。试验结果表明，模型箱内的土体在夯实过程中密实度不是非常均匀。上部结构模型产生的竖向位移量也不均匀。

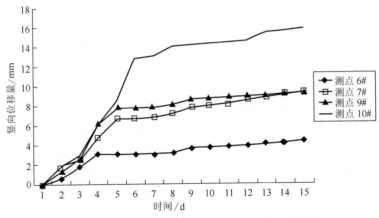

图 5.50　南侧软化地基土体后的竖向位移曲线

第三试验阶段与第二试验阶段注水时的土体应力变化趋势相似，如图 5.51 和图 5.52

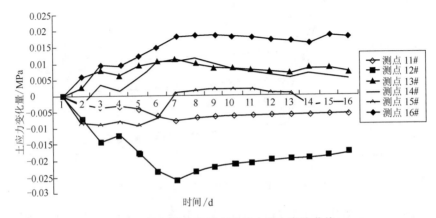

图 5.51　南侧软化地基土后的土应力变化曲线

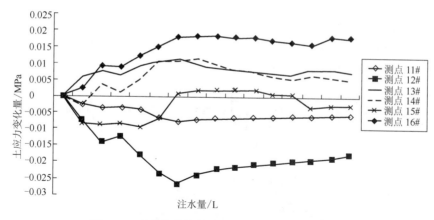

图 5.52　南侧软化地基土后的土应力与注水量曲线

所示。因第一试验阶段和第二试验阶段北、南侧已分别注水 25L 和 104L，第三试验阶段南侧继续注水时，已注入的水量对这之后的侧移量、竖向沉降量会有一定的影响，土体应力也不例外。

5.4.3　诱使沉降法工程案例[12,21]

实验研究成果被应用到湿陷性黄土地区十多项建筑纠偏的工程实践当中，下面将一工程的纠偏过程和有关测试数据详述如下。

兰州西固福利路一旧住宅楼建于 1982 年，建筑所在地为Ⅲ级自重湿陷性黄土，住宅楼由三部分组成（即为 A 楼、B 楼和 C 楼），为 6 层砖混结构，建筑物占地面积为 1258 m^2，每层面积为 750m^2，建筑物距室外地坪高度为 17m，如图 5.53 所示。原地基处理方法如下所述：首先开挖 4.6m 深基坑，分层碾压回填 1m，压实系数 $\lambda_c = 0.93$，然后碾压 0.5m 厚的 3∶7 灰土，压实系数同样为 $\lambda_c = 0.93$，再做 0.5m 厚毛石混凝土基础垫层，垫层上为砖砌条形基础，如图 5.54 所示。

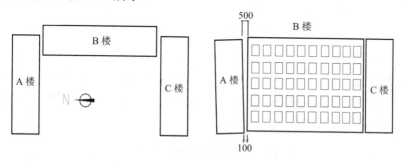

图 5.53　A 楼发生了不均匀沉降和倾斜

由于基础下黄土的湿陷性没有消除，使用过程中受雨水渗漏和下水管道破裂的浸泡等影响，使基础发生了不均匀沉降并导致 A 倾斜，最大沉降差和最大水平位移分别达到 210mm 和 400mm，倾斜率达到 2.4%（倾斜率为建筑物顶部水平位移和建筑物的高度之比）（图 5.53）建筑纠偏按照下列步骤进行：

（1）加固 A 楼沉降较大一侧和 B 楼端部

为了保证在纠偏 A 楼时 B 楼的安全稳定，首先对 B 楼端部和 A 楼沉降较大一侧用石灰桩进行加固，加固方法如图 5.55 所示。

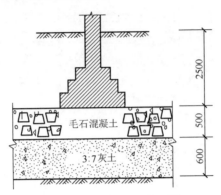

图 5.54　住宅楼基础剖面图

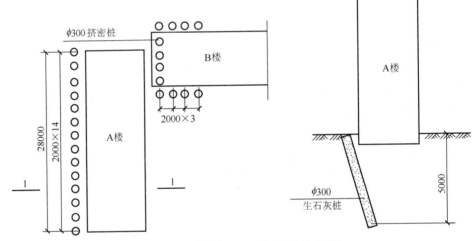

图 5.55　纠偏前 A、B 楼的基础加固图

（2）纠偏 A 楼

建筑结构检验表明上部结构是可靠的。如果 A 楼的不均匀沉降和倾斜能够得到纠正，建筑物还可以正常安全使用，因此，业主决定对此建筑物进行纠偏和对建筑物的基础进行加固。基础下土样参数见表 5.2。

表 5.2　基础下土的相关参数

重度/(kN·m⁻³)	湿陷性系数/δ_s	压实系数/λ_c	比重/(kN·m⁻³)	含水量/%	黏聚力/kPa	内摩擦角/(°)
17.6	0.08	0.93	27.1	15	17	18

注水诱使沉降法纠偏过程简述如下：首先在沉降较小的一侧，室外基础旁边开挖一个 1m 宽的沟至基础底部 1m 以下，然后在沟底垂直方向基础下开挖直径 250mm、间距为 2.42m、深度为 6m 的水平洞（为模型尺寸的 5 倍），如图 5.52 所示。经过 44 天注水、

地基土的软化纠偏，在最初的 14 天中，每天每个水平洞注水 660L（45.5L/m²），每天 2~3 小时内保持地基土的含水量在 15%～20%；到了第 15～17 天，每天每水平洞注水 806L（55.5L/m²），每天 2～3h 内保持地基土的含水量在 20%～25%；在第 18～25 天，每天每水平洞注水 660L（45.5L/m²），每天 2～3h 内保持地基土的含水量在 15%～20%，每天注入的水基本被周围土体消散和被蒸发；在第 26～30 天，每天每水平洞注水 806L（55.5L/m²），每天 2～3h 内保持地基土的含水量在 20%～25%；到了第 31 天，注水停止，在第 31～44 天之间检测基础沉降变化、建筑顶部水平位移变化和墙体裂缝变化等，然后根据这些变化给有关水平洞注水以调整基础沉降和建筑物的顶部水平位移等[10, 11]，建筑物基础各检测点沉降量变化见图 5.56。

建筑物纠偏结束 3 个月以后，经测试建筑物的不均匀沉降减少到 32mm，水平位移减少到 132mm，基础转动角减少到 0.3%，建筑倾斜率减少到 0.64%，达到我国规范的建筑物安全使用要求。最后，用混合生石灰填充水平洞并捣实，在这个工程中，填实水平洞后不均匀沉降又增加了 2mm，但这已不影响工程的安全使用，说明纠偏是成功的。到目前纠偏工程已完成 6 年，建筑物完好且使用正常。

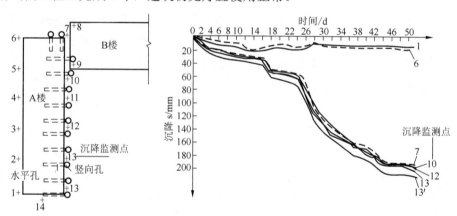

图 5.56　水平洞布置图、沉降量测点布置和纠偏过程各测点沉降量变化曲线

5.4.4　结论

通过对湿陷性黄土基础上纠偏模型两阶段的试验研究，分别在两阶段经历了释放侧向约束应力、水平掏孔增加地基土竖向应力，慢速均匀注水软化地基土诱使黄土湿陷沉降等三个步骤，可得出以下几点结论：

① 侧向约束应力释放产生竖向旋转沉降和建筑物的侧移仅占纠偏总沉降和总侧移量的 1%左右，对建筑纠偏影响很小。因此，在湿陷性黄土地区采用侧应力释放不能达到纠偏的目的。

② 水平掏孔增加地基应力，在地基掏孔占基础沉降侧底面积的 12%～20%时，产生的侧移占总纠偏侧移的量在 1%以内，基础产生的竖向旋转沉降占纠偏总沉降量也在 1%以内，对湿陷性黄土地区建筑纠偏影响很小，也不能达到纠偏的目的。

③ 注水软化地基并诱使地基湿陷，是侧移和沉降产生的主要原因，侧移和竖向旋转沉降占总纠偏侧移和纠偏总沉降的98%～99%，因此，对湿陷性黄土地区建筑纠偏，采用软化地基诱使地基湿陷是建筑纠偏的关键。

④ 对兰州地区Ⅲ级自重湿陷性黄土，当土压力在 0.02～0.05MPa 时，其湿陷初始含水量为12%，但当含水量达到25%时湿陷速度明显加剧，采用注水诱使沉降法纠偏时软化地基土时建议使注水孔周围含水量控制在20%～35%之间，含水量保持在这个范围的时间每天在 2～3h，纠偏进程可以控制并可达到较好纠偏效果。

⑤ 试验和案例证明，在湿陷性黄土上纠正偏移建筑采用地基土中掏水平孔注水，诱使地基沉降纠偏是可行的，但是纠偏过程要仔细设计，要采用现代化的跟踪检测技术随时检测建筑物各点的沉降量、各顶点水平位移、墙体裂缝的变化，随时调整纠偏的注水过程和注水量以保证纠偏过程的安全。

5.5　湿陷性黄土地区建（构）筑物膨胀法纠倾

西北黄土高原及相邻地区大部分土质为湿陷性黄土，在 20 世纪60～90 年代，这些地区大量修建的多层建筑物和构造物基本上都采用了天然地基或简单地基处理的浅基础。随着时间的推移，这些建筑物和构造物中有些由于地下管线漏水或受雨水长期浸泡而造成地基不均匀沉降，使建筑物和构造物出现倾斜，由于这些建筑物上部结构基本完好，远没有到达设计基准期，但由于基础不均匀沉降导致建筑物出现安全隐患，为了保证这些建筑物和构造物的安全和正常使用，应使其倾斜得到纠偏并使原基础得到加固。

对一般倾斜建筑物的纠偏可以采用常用的静压桩法、刚性加固顶升法等，这些方法由于造价较高，施工要求难度大，并要采用多种技术配合使用的方法才能成功，对结构材料比较离散的建筑物和构筑物（像砌体结构）。采用这两种方法风险较大，一不小心可能将整个建筑物破坏，使其不能使用，将失去纠偏的目的。湿陷性黄土地区建筑纠偏也可利用湿陷性黄土遇水湿陷（自重湿陷性黄土）的特点，采用挖孔取土释放未沉降部分地基的应力，并利用注水沉降法实现建筑物的纠偏，但是这种纠偏方法所需时间长，给使用者带来不便，纠偏时需要信息技术全面监控不能出现半点差错和马虎，另外这种方法所冒风险较大，若纠偏失控可能带来无法控制的后果，甚至导致纠偏失败。

对地处湿陷性黄土地区的建（构）筑物的纠偏方法和地基加固技术进行了研究，提出了利用混合膨胀材料纠偏和加固地基的方法，并根据膨胀材料的膨胀量，应用孔隙挤密原理推导出了膨胀材料使用量的计算公式，通过多项工程的实践，并运用控制监测技术，使膨胀法纠偏和加固地基技术在多项工程中得到了成功的应用，实现了建（构）筑物的纠偏与加固。

此方法与国内外已使用的纠偏方法相比技术简单，概念清楚，安全可靠，采用的孔隙挤密原理推导的计算公式在理论上有所突破，有一定的理论意义和实用价值。特别是在我国西北湿陷性黄土地区采用这种方法，可以使大量的由于黄土湿陷产生了不均匀沉降和倾斜的建筑物，实现加固和纠偏，并能基本消除建筑基础的湿陷性，达到长久安全使用的目的，因而具有很大的经济效益和社会效益，通过一个案例分析，可以让工程技术人员更加深入的理解这种方法，便于推广和应用。

5.5.1 膨胀法纠偏和地基土加固基本原理[4,5,7]

地处湿陷性黄土地区的建（构）筑物，当在受水不均匀浸泡时，产生不均匀沉降。沉降产生后将影响建筑物的正常使用。膨胀法纠偏的基本思路是采用石灰桩人工或机械在土体中成孔，然后灌入一定比例混合的生石灰混合料，经夯实后形成的一根桩体。桩身还可掺入其他活性与非活性材料。其加固和纠偏机理包括打桩挤密，吸水消化，消化膨胀，升温作用，离子交换，胶凝作用，碳化作用，见 5.2.1 节。

石灰桩的成孔工艺有不排土工艺和排土成孔工艺。在非饱和黏性土和其他渗透性较大的地基中采用不排土成孔工艺施工时，由于在成孔的过程中，桩管将桩孔处的土体挤进桩周土层，使桩周土层孔隙减小，密实度增大，承载力提高，压缩性降低。土的挤密效果与土的性质、上覆压力和地下水位状况等密切相关，一般地，地基土的渗透系数越大，挤密的效果就越明显，地下水位以上的土体的挤密效果比地下水位以下的明显。

膨胀法纠偏加固的基本方法是用机械或人工的方法成孔，然后将不同比例的生石灰（块或粉）、掺合料（粉煤灰、炉渣、矿渣、钢渣等）及少量附加剂（石膏、水泥等）灌入，并进行振密或夯实形成石灰桩桩体，桩体与桩间土形成复合地基的地基处理方法。石灰桩法具有施工简单、工期短和造价低等优点，混合膨胀材料的方法对于湿陷性黄土地区偏移建筑物的纠偏和地基加固，具有明显的技术效果和经济效益，目前已在我国得到广泛应用。尽管石灰桩法已列入《建筑地基处理技术规范》修订稿中，但对石灰桩复合地基理论尚缺乏系统深入的研究。本研究首先基于弹性理论得出石灰桩膨胀桩径的计算公式，然后根据地基土孔隙比变化给出了基础下纠偏用石灰桩的体积计算公式，使石灰桩膨胀挤密法从经验提高到理论。

（1）石灰桩的体积膨胀量计算

石灰桩成桩过程及体积膨胀，石灰桩桩体材料生石灰吸水后固结崩解，孔隙体积增大，同时颗粒的比表面积增大，表面附着物增多，使固相颗粒体积也增大，在成桩过程中会产生强大的膨胀力，挤压桩周土体。其膨胀压力计算和膨胀体积计算可参见 5.2.2 节。

（2）基础下纠偏用石灰桩的体积计算[4]

要使纠偏量在设计控制范围内，首先必须计算出在基础下布置的石灰桩的体积使用量，现根据加固深度和加固范围确定用石灰桩的体积计算。

石灰桩周围土体挤压密实度的确定（图 5.57），石灰庄周围土体在桩膨胀后的孔隙比变化应符合以下函数规律：

$$e = e(x, y, z) \tag{5.28}$$

当 $x=0$ 时，$e=e_{\min}$，$e_{\min}$ 为土体最小孔隙比；

当 $x=\pm l_0/2$ 时，$e=e_0$，e_0 为原地基土体的比；l_0 为膨胀挤压影响范围。

如假定原基础下土体孔隙比相等，膨胀挤压顶升完成后孔隙比在单位长度范围内沿 x 方向呈二次抛物线分布，则孔隙比的分布方程为

$$e=e(x,y,z)=\frac{4(e_0-e_{\min})}{l_0^2}x^2+e_{\min} \qquad (5.29)$$

石灰桩周围土体纠偏所需挤压顶升量的曲线如图 5.58 所示。基础下地基土的沉降量即为纠偏所需的顶升量，即在加混合生石灰桩膨胀挤压地基土并顶升基础时，顶升量应与基础不均匀沉降量Δ相等，基础两侧膨胀量应符合如下曲线规律[4]：

$$\Delta u=\begin{cases} \Delta, & -\dfrac{B}{2}\le x\le \dfrac{B}{2} \\[2mm] \dfrac{\Delta}{B^2-l_0^2}(4x^2-l_0^2), & -\dfrac{l_0}{2}\le x\le -\dfrac{B}{2},\ \dfrac{B}{2}\le x\le \dfrac{l_0}{2} \end{cases} \qquad (5.30)$$

式中，Δu —— 基础下土体顶升量曲线；

Δ —— 基础下土体的最大顶升量；

B —— 基础宽度。

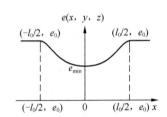

图 5.57　生石灰桩周土体密实度分布函数

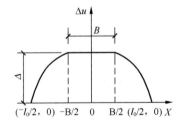

图 5.58　基础顶升量曲线

基础下膨胀材料使用量的计算，由于石灰桩在横向压力和基础的竖向压力作用下，若压力为 50～100kPa 时石灰桩产生的膨胀量为原体积的 1.3～1.5 倍，挤密顶升后基础底部土体产生的体积增大量如图 5.58 所示。为了能够计算石灰桩的使用量现作如下假定：

① 根据基础下地基土的层理分布，持力层所处位置来确定挤密石灰桩的深度 h。

② 由于挤密石灰桩以下土层密实度较高，其压缩性较小，因此假定石灰桩以下土层是不可压缩的。

③ 假定基础下原土体的压实系数和孔隙比相等。

④ 假定基础下地基土原孔隙率与挤密后的孔隙率之差沿深度方向呈线性分布。

根据基础下土体的原单位孔隙的变化，以及地基土的顶升量，石灰桩挤密后土体体积缩小量应为[4]：

$$\Delta V=\iiint_v (n_0-n)\frac{h+y}{h}\mathrm{d}v=\iiint_v\left(\frac{V_{v0}}{V_0}-\frac{V_v}{V}\right)\frac{h+y}{h}\mathrm{d}v$$

$$= \iiint_v \left(\frac{V_{v0}}{V_{s0}+V_{v0}} - \frac{V_v}{V_s+V_v} \right) \frac{h+y}{h} \mathrm{d}v \quad \iiint_v \left(\frac{e_0}{1+e_0} - \frac{e(x,y,z)}{1+e(x,y,z)} \right) \times \frac{h+y}{h} \mathrm{d}v$$

$$= 2 \left\{ \int_0^1 \int_{-l_0/2}^{-B/2} \int_{-h}^{\frac{\Delta}{B^2-l_0^2}\left(4x^2-l_0^2\right)} \left[\frac{e_0}{1+e_0} - \frac{1}{\left[1+(e_0+e_{\min})/2\right]} \left(\frac{4(e_0-e_{\min})}{l_0^2}x^2+e_{\min} \right) \right] \frac{h+y}{h} \mathrm{d}y\mathrm{d}x\mathrm{d}z \right.$$

$$+ \int_0^1 \int_{-B/2}^0 \int_{-h}^{\Delta} \left[\frac{e_0}{1+e_0} - \frac{1}{\left[1+(e_0+e_{\min})/2\right]} \left(\frac{4(e_0-e_{\min})}{l_0^2}x^2+e_{\min} \right) \right] \frac{h+y}{h} \mathrm{d}y\mathrm{d}x\mathrm{d}z$$

$$\left. - \int_0^1 \int_{-V_{ql}/2(h+\Delta)}^0 \int_{-h}^{\Delta} \left[\frac{e_0}{1+e_0} - \frac{1}{\left[1+(e_0+e_{\min})/2\right]} \left(\frac{4(e_0-e_{\min})}{l_0^2}x^2+e_{\min} \right) \right] \frac{h+y}{h} \mathrm{d}y\mathrm{d}x\mathrm{d}z \right\} \quad (5.31)$$

式中，n_0——原基础下地基土的孔隙率；

$\quad\quad n$——挤压后基础下地基土的孔隙率；

$\quad\quad V_{v0}$——原基础下地基土的孔隙体积；

$\quad\quad V_0$——原基础下地基土的总体积；

$\quad\quad V_{s0}$——原基础下地基土的土颗粒体积；

$\quad\quad V_v$——挤压后基础下地基土的孔隙体积；

$\quad\quad V$——挤压后基础下地基土的总体积；

$\quad\quad V_s$——挤压后基础下地基土的土颗粒体积。

设单位长度上所需石灰桩的体积为 V_{ql}，则膨胀后石灰桩的体积为 βV_{ql}，故石灰桩膨胀后的体积膨胀量为 $(\beta-1)V_{ql}$，于是单位长度范围内基础下需补加固顶升生石灰桩的体积由式 $(\beta-1)V_{ql} = \Delta V$ 可得

$$V_{ql} = \frac{1}{(\beta-1)} \times 2 \left\{ \int_0^1 \int_{-l_0/2}^{-B/2} \int_{-h}^{\frac{\Delta}{B^2-l_0^2}\left(4x^2-l_0^2\right)} \left[\frac{e_0}{1+e_0} - \frac{1}{\left[1+(e_0+e_{\min})/2\right]} \right. \right.$$

$$\left. \cdot \left(\frac{4(e_0-e_{\min})}{l_0^2}x^2+e_{\min} \right) \right] \frac{h+y}{h} \mathrm{d}y\mathrm{d}x\mathrm{d}z + \int_0^1 \int_{-B/2}^0 \int_{-h}^{\Delta} \left[\frac{e_0}{1+e_0} - \frac{1}{\left[1+(e_0+e_{\min})/2\right]} \right.$$

$$\left. \cdot \left(\frac{4(e_0-e_{\min})}{l_0^2}x^2+e_{\min} \right) \right] \frac{h+y}{h} \mathrm{d}y\mathrm{d}x\mathrm{d}z - \int_0^1 \int_{-V_{ql}/2(h+\Delta)}^0 \int_{-h}^{\Delta} \left[\frac{e_0}{1+e_0} - \frac{1}{\left[1+(e_0+e_{\min})/2\right]} \right.$$

$$\left. \left. \cdot \left(\frac{4(e_0-e_{\min})}{l_0^2}x^2+e_{\min} \right) \right] \frac{h+y}{h} \mathrm{d}y\mathrm{d}x\mathrm{d}z \right\} \quad (5.32)$$

由式（5.32）则可确定单位长度基础下纠偏所需石灰桩的体积。

5.5.2　湿陷性黄土地区膨胀法纠偏加固的工程案例[4]

为了验证以上计算理论的正确性，作者于多项工程中在以上理论的指导下进行了实践，下面举一例说明。

某学校教学楼建成于 1986 年，总建筑面积约 4800m²。原设计包括 4 部分，其中教

师办公楼 3 层砖混结构由于地基湿陷，墙体裂缝等原因已经拆除。现在仅存 3 部分：①门厅部分为 5 层框架结构；②教学楼部分为 4 层砖混结构；③电教室部分为 3 层框架结构。此三部分结构用沉降缝分隔，原设计中教室部分基础采用砖砌条形基础，门厅和电教室基础采用柱下条形基础。地基处理采用大开挖后整片土垫层增湿强夯方案。地基土处理范围超出建筑物外墙 3m，有效处理深度自基础底面以下 3m。设计要求处理后的地基土的压实系数 $\lambda_c \geqslant 0.90 \sim 0.95$。

（1）现场勘察情况

接到任务后作者及相关技术人员对该教学楼进行了实地测绘勘察。该建筑物所处场地土为Ⅲ级自重湿陷性黄土，虽经人工处理仍未能消除该地基土的湿陷性。实地勘察表明，该建筑因为雨水排水不畅导致地基不均匀下沉。勘察中发现，该建筑物东南面雨水井存在积水现象，由于防水措施年久失修，雨水井抹灰层出现开裂，雨水向地下渗流，该建筑东北方向雨水井未能打开观察，估计存在相似问题。另外表现比较明显的，教学楼背面雨水沟排水不畅，只有当雨水量聚集到一定程度时积水才能从原设计的下水通道排走。各部分勘察结果分述如下：①教学楼部分。该建筑物教学楼部分外墙出现明显裂缝，并有相互错动痕迹，内墙许多门窗洞口上角出现常见的由于地基沉降不均匀而产生的斜向裂缝，裂缝方向不一致表明其不均匀沉降情况复杂，并有扭转现象发生。教学楼内外有多处抹灰层脱落，多数并非地基沉降引起；②电教室部分。电教室部分外填充墙出现方向一致的明显开裂，表明楼身整体发生不均匀沉降，并伴有楼身扭转现象；电教室柱子抹灰层也有剥离现象，通过剥离位置观察柱身并未发现混凝土开裂现象；③门厅部分。门厅办公部分在屋面处有多处裂缝，办公墙体未见开裂，门厅外部柱也存在粉刷层剥落现象，未发现柱本身开裂情况。

通过全站仪观测，绘出整个大楼各个控制点的沉降量和位移量如图 5.59 和图 5.60所示。各控制点数据统计如表 5.3 所示。

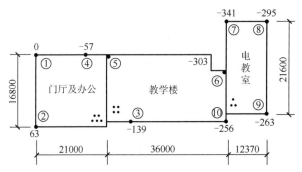

图 5.59　教学楼基础各控制点相对竖向位移（单位：mm）

另外对基础施工情况，基础结构的完整性，基础下土的物理力学性能和湿陷性等进行勘查，勘察的结果是：基础下 3:7 灰土垫层和条形基础整体性良好，条形基础梁随地基存在变形，地基土经测试评定为Ⅲ级自重湿陷性黄土。基础下土体的物理力学性能如表 5.4 所示。

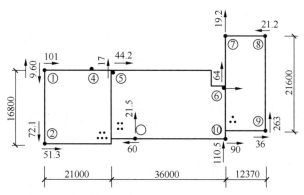

图 5.60 教学楼顶各控制点水平位移（单位：mm）

经过与建筑结构鉴定标准对照，该建筑物基础危险等级为 C，上部结构大部分承重墙体、梁、柱存在危险点，危险等级为 B。教学楼以及门厅部分危险等级为 B，需要修缮；电教室部分危险等级为 C，需要加固。

表 5.3 某学校教学楼各控制点位移一览表

部位	控制点	相对沉降/mm	水平位移量			
			纵向		横向	
			绝对值/mm	倾斜率/%	绝对值/mm	倾斜率/%
门厅部分框架总高度 18.25 m	1	0	101.0	0.6	96.0	0.5
	2	63	51.3	0.3	72.1	0.4
	4	−57	—	—	—	—
教学楼砖混 14.39 m	3	−139	60.0	0.4	21.5	0.1
	5	—	44.2	0.3	17.0	0.1
	10	−256	90.0	0.6	110.5	0.8
电教室框架 13.08 m	6	−303	264.0	2.0	64.0	0.5
	7	−341	—	—	19.2	0.1
	8	−295	21.2	0.2	—	—
	9	−263	36.0	0.3	−263.0	−2.0

表 5.4 基础下土体的物理力学性能

重度 γ/(kN/m³)	干重度 γ_d/(kN/m³)	湿陷性系数 δ_s	压实系数 λ_c	比重 G_s/(kN/m³)	含水率 w/%	孔隙比 e_0
18.0	15.65	0.08	0.93	27.1	15	0.73

（2）膨胀法基础顶升加固设计计算

根据现场试验，经计算黄土的最大干重度为 $\gamma_{d\max} = 16.83\text{kN}/\text{m}^3$，基础下挤密加固石灰桩周围土体的最大压实系数可达到 $\lambda_{c\,\max}=0.97$，相应的黄土干重度为 $\gamma_{d2}=16.33\text{kN}/\text{m}^3$，最小孔隙比为 $e_{\min}=0.66$。试验证明石灰桩的膨胀系数 $\beta=1.25$，当沉降量为 240mm，设计灰土顶升挤密桩自基础下长为 5m，基础宽度为 1.8m，挤密影响范围为基础宽度的 2 倍即 3.6m，则单位长度基础下计算所需石灰桩体积为

$$V_{ql}=\frac{1}{(1.25-1)}\times 2\left\{\int_0^1\int_{-3.6/2}^{-3.6/2}\int_{-5}^{\frac{0.24}{1.8^2-3.6^2}\left(4x^2-3.6^2\right)}\left[\frac{0.73}{1+0.73}-\frac{1}{1+\frac{0.73+0.66}{2}}\right.\right.$$

$$\left.\cdot\left(\frac{4(0.73-0.66)}{3.6^2}x^2+0.66\right)\right]\frac{5+y}{5}\mathrm{d}x\mathrm{d}x\mathrm{d}z-\int_0^1\int_{-1.8/2}^1\int_{-5}^{0.24}\left[\frac{0.73}{1+0.73}-\frac{1}{1+\frac{0.73+0.66}{2}}\right.$$

$$\left.\cdot\left(\frac{4(0.73-0.66)}{3.6^2}x^2+0.66\right)\right]\frac{5+y}{5}\mathrm{d}x\mathrm{d}y\mathrm{d}z-\int_0^1\int_{-V_0/2(5.24)}^0\int_{-5}^{0.24}\left[\frac{0.73}{1+0.73}-\frac{1}{1+\frac{0.73+0.66}{2}}\right.$$

$$\left.\left.\cdot\left(\frac{4(0.73-0.66)}{3.6^2}x^2+0.66\right)\right]\frac{5+y}{5}\mathrm{d}y\mathrm{d}x\mathrm{d}z\right\}$$

解方程得

$$V_{ql}=0.1584\text{m}^3$$

根据以上计算进行了基础加固顶升设计，采用生石灰桩加固顶升沉降量较大的部分基础，加固具体施工顺序及方法是：首先挖开条形基础让基础加固部分全部暴露，并用机械钻孔斜向开洞，开洞角度为 15°，深度为 5m，孔径 150mm，孔距 600mm，每延米的生石灰用量为 0.1524m³。开洞应先从沉降量最大处开始，花插开洞；然后用质量上好的生石灰混合按一定比例夯填斜洞，石灰桩顶要封顶，并用相应配重压顶；最后等第一轮施工结束后，暂停 6～7 天观察基础沉降变化和建筑物的侧移变化，再对下一步基础顶升加固设计进行调整施工，以弥补加固顶升理论和实验的不足。基础膨胀顶升及加固具体做法如图 5.61 和图 5.62 所示。

（3）加固施工后各观测点的位移及结果分析

根据顶升加固设计方案，施工结束后，适时记录各观测点的位移变化情况，由于基础顶升加固是一个发展变化的过程，施工一周后和六周后屋顶各控制点水平位移和基础各沉降观测点位移记录见表 5.5 和表 5.6。

从以上观测结果可以看出，除个别点由于施工过程破坏未取得最后观测数据外，经过顶升加固后建筑物各部分的沉降均得到了很好的恢复，最大恢复量达 193mm，倾斜率也得到了很大的改善，水平位移最大恢复量 252mm，相应的可以使上部结构减轻由于地基沉降引起的附加应力，从而有效地控制了上部结构墙体裂缝的进一步扩展，同时地基也得到了很好的加固，使建筑物更加安全可靠。加固顶升施工结束后，将对建筑物的周边排水系统进行全面改建，使得建筑物在以后的使用过程中不至于由于地面渗水造成地基不均匀沉降，最后教学楼由危房变为符合国家安全使用标准的建筑，最大侧移由 2%降为 0.4%。

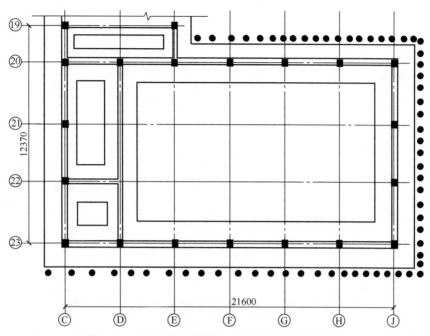

图 5.61　电教室加固顶升生石灰桩局部平面布置图

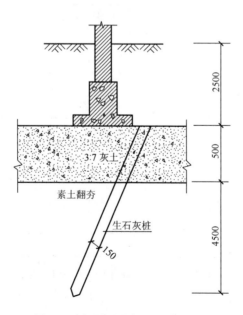

图 5.62　加固顶升生石灰桩剖面图

表5.5　施工1周后各控制点位移

部位	控制点	相对沉降/mm	水平位移量			
			纵向		横向	
			绝对值/mm	倾斜率/%	绝对值/mm	倾斜率/%
门厅部分框架总高度 18.25 m	1	0	45.0	0.20	21.0	0.1
	2	47	48.0	0.30	17.0	0.1
	4	−15	—	—	—	—
教学楼砖混 14.39 m	3	−143	10.0	1.00	10.0	0.1
	5	—	17.0	0.30	3.0	0.0
	10	−174	44.0	8.30	83.0	0.6
电教室框架 13.08 m	6	−287	35.0	3.00	30.0	0.2
	7	−277	21.0	—	—	—
	8	−238	—	3.20	32.0	0.2
	9	−190	55.0	1.00	10.0	0.1

表5.6　施工6周后各控制点位移一览表

部位	控制点	相对沉降/mm	水平位移量			
			纵向		横向	
			绝对值/mm	倾斜率/%	绝对值/mm	倾斜率/%
门厅部分框架总高度 18.25 m	1	0	11.0	0.1	18.0	0.1
	2	40	10.0	0.1	12.0	0.1
	4	−54	25.0	0.1	—	—
教学楼砖混 14.39 m	3	−25	18.0	0.1	15.0	0.1
	5	−23	—	—	—	—
	10	−58	36.0	0.3	62.0	0.4
电教室框架 13.08 m	6	—	—	—	—	—
	7	−155	26.0	0.2	—	—
	8	−102	—	—	10.0	0.1
	9	−72	38.0	0.3	11.0	0.1

　　针对地处湿陷性黄土地区的建筑物和构筑物，由于地基不均匀沉降而导致建筑物的偏移的纠偏方法和地基加固技术进行了研究，提出了利用混合膨胀材料纠偏建筑物和加固地基的方法，采用膨胀法纠偏和加固地基技术，并在多项工程中得到了应用，成功地实现了建筑物的纠偏，通过理论研究和工程实践可以得出以下结论：

　　① 经过大量的工程实践，采用膨胀材料顶升纠偏加固湿陷性黄土地区偏移建筑物工程多项，加固顶升效果良好，使建筑物的各个组成纠偏部分的沉降基本上都能按设计

预测要求得到恢复,各监测点水平位移都能达到较小值,满足了现行规范的建筑物正常使用要求,减小了裂缝的宽度并抑制了裂缝的进一步发展,同时对地基基础进行了全面加固,保证了建筑物在正常使用条件下不会发生新的地基沉降、上部结构倾斜及墙体裂缝等工程问题,顶升纠偏达到或基本达到了预期的目标,说明在湿陷性黄土地区采用生石灰桩这种膨胀材料顶升纠偏加固偏移建筑物是可行的。

② 推导的单位长度基础下顶升膨胀材料体积用量的计算公式对加固顶升具有理论指导意义,计算结果准确可靠,施工中仅需根据工程实际情况进行适当调整即可。

③ 采用膨胀材料顶升纠偏加固湿陷性黄土地区偏移建筑物是一项细致的工作,需要采用现代信息技术,对各控制点的位移和裂缝宽度进行全面测控,以保证施工安全可靠。

④ 采用膨胀材料顶升纠偏加固湿陷性黄土地区偏移建筑物仅适用于基础不均匀沉降和建筑物偏移量相对较小的建筑物,对建筑物偏移量较大的建筑物进行纠偏建议使用其他方法。

5.5.3 湿陷性黄土地区膨胀法纠偏加固设计与施工

(1)纠偏加固设计

① 勘察测绘:在出完整的施工图纸之前,要组织测绘人员采用高精度测绘仪器对建筑的局部沉降和偏移量,给出正确的沉降和倾斜数据。

另外,还要对基础周围和基础以下的土体进行勘察,做出相关土体的物理力学指标、压实系数等,为正确的纠偏设计提供可靠依据。

② 分析计算和纠偏设计:根据局部沉降量的大小,设计出各控制点、单位长度上膨胀材料的用量,为纠偏加固设计提供可靠设计数据。

③ 完成纠偏加固设计施工图:基础纠偏加固设计施工图见设计方案。

(2)纠偏加固施工

用生石灰桩加固顶升沉降量较大的部分基础,加固方法是:

① 先挖开条形基础,让条形基础加固部分全部暴露。

② 用机械斜向开洞,开洞角度见施工详图,深度为6m,开洞应先从沉降量最大处开始,滑插开洞。

③ 用质量上好的生石灰填洞,夯实至石灰桩顶1.0m处,改用混合土封顶,并用相应配重压顶。

④ 等第一轮施工结束后,暂停6~7天观察基础沉降变化和建筑物的侧移变化;再对下一步基础加固工程施工进行调整,以保证加固设计达到要求。

⑤ 用混合灰土桩加固其他部分有问题的基础。

工程的顶升加固过程中,由于部分钻孔间距较小,因此对于间距小于1m的生石灰钻孔采取间隔施工的措施,即先间隔钻孔,注入生石灰后,根据顶升监测的结果再施工其余的钻孔。

（3）上部结构加固处理

根据上部结构情况，由于楼体的不均匀沉降导致出现歪扭和倾斜的问题，须根据基础加固完成后，建筑物裂缝变化情况和上部结构侧移变化情况确定加固方案。

（4）加固施工时应注意的问题

① 工程加固施工与一般工程施工有很大的区别，特别是基础顶升加固是一个发展变化的过程，需要专家技术人员经常在现场及时解决施工中出现的各种问题，以保证工程施工的安全可靠。

② 测绘人员要经常测量沉降量和房顶侧移变化以及墙体和其他构件的变形及裂缝变化，为施工提供指导性建议，以保证加固目标的最终实现。

③ 施工队伍必须服从工程设计技术人员的安排和指挥，遇到问题及时与设计人员联系和沟通，及时解决相关问题。

参 考 文 献

[1] 陈昌明，刘志平，等. 建筑事故防范与处理实用全书（上、下）[M]. 北京：中国建材工业出版社，1998.

[2] 唐业清，万墨林，等. 建筑物改造与病害处理[M]. 北京：中国建筑工业出版社，2000.

[3] 江见鲸，陈希哲，崔京浩.建筑工程事故处理与预防[M]. 北京：中国建材工业出版社，1995.

[4] 朱彦鹏，王秀丽，周勇，等. 湿陷性黄土地区倾斜建筑物的膨胀法纠偏加固理论分析与实践[J]. 岩石力学与工程学报，2005，24（15）：2786-2794.

[5] 何永强，朱彦鹏. 膨胀法处理湿陷性黄土地基的理论与试验[J]. 土木建筑与环境工程，2009，31（1）：44-48.

[6] 何永强，朱彦鹏. 基于孔隙挤密原理的生石灰桩地基加固研究及其应用[J]. 工程勘察，2007，（9）：22-25.

[7] 郑俊杰，刘志刚. 石灰桩复合地基固结分析[J]. 华中理工大学学报，2000，28（5）：111-113.

[8] 龚晓南. 地基处理新技术[M]. 西安：陕西科学技术出版社，1997.

[9] 刘祖德. 某危房的地基应力解除法纠偏工程实例[J]. 土工基础，2000，14（4）：29-31.

[10] 赵祐茂. 黄土地基湿陷事故分析[J]. 山西建筑，2003，29（17）：30-31.

[11] 朱彦鹏，王秀丽. 湿陷性黄土地区倾斜建筑物的沉降法纠偏技术及其应用[J]. 甘肃工业大学学报，2003，29（2）：101-103.

[12] 朱彦鹏，王秀丽，张贵文，宋彧. 诱使沉降法纠正偏移建筑的模型试验研究及案例分析[J]. 岩石力学与工程学报，2007，26（s1）：3288-3296.

[13] Zhu Yanpeng, Wang Xili. Settlement rectifying method and its application to inclined building on collapsible loess[J]. Advances in mechanics of structures and materials, 2002.

[14] 宋彧，朱彦鹏，张贵文，等. 湿陷性黄土地基刚度软化法迫降纠倾试验研究[J]. 建筑科学，2007，23（3）：47-51.

[15] 张贵文，朱彦鹏，衡涛，等. 湿陷性黄土地基应力解除法迫降纠倾试验研究[J]. 建筑科学，2007，23（3）：38-42.

[16] 张贵文，朱彦鹏，曹辉，等. 湿陷性黄土地基应力附加法迫降纠倾试验研究[J]. 建筑科学，2007，23（3）：43-46.

[17] 刘祖德. 地基应力解除法纠偏处理[J]. 土工基础，1990，4（1）：1-6.

[18] 王新波，徐雅芳. 应力解除法在软土地区纠偏中的应用[J]. 建筑技术，2000，31（6）：390-391.

[19] 唐业清. 建筑物纠倾新技术[J]. 建筑技术，1998，22（6）：323-327.

[20] 刘万兴，任臻. 锚杆静压桩和掏土在房屋纠偏中的应用[J]. 土工基础，1999，13（2）：43-45.

[21] 徐挺. 相似方法及其应用[M]. 北京：机械工业出版社，1994.

[22] 张贵文. 湿陷性黄土地区建筑物迫降纠偏的理论与实践[D]. 兰州理工大学，2002.

[23] 苗天德，刘忠玉，任九生. 湿陷性黄土的变形机理与本构关系[J]. 岩土工程学报，1999，21（4）：383-387.

[24] 张苏民，郑建国. 湿陷性黄土（Q_3）的增湿变形特征[J]. 岩土工程学报，1990，12（4）：21-31.

[25] 钱鸿缙，涂光址. 关中地区黄土的湿陷变形[J]. 土木工程学报，1997，30（3）：49-55.

[26] 伍石生，武建民，戴经梁. 压实黄土湿陷变形问题的研究[J]. 西安公路交通大学学报，1997，17（3）：1-3.

[27] 郭敏霞，张少宏，刑义川. 非饱和原状黄土湿陷变形及孔隙压力特性[J]. 岩石力学与工程学报，2000，19（6）：785-788.

6 湿陷性黄土地区油气站场和管线边坡防护结构设计

6.1 概　述

在山区挖埋油气管线和建设油气站场时都会遇到边坡的开挖和回填问题,为防止滑坡和可能的诱使滑坡发生则必然要用结构进行支挡;为了保证站场和管线的开挖安全,在管线和站场边这些用于维护边坡开挖稳定的结构统称为支挡结构。各种支挡结构在土木工程各个领域得到了广泛的应用,如油气站场、油气管线边坡加固、斜坡稳定、滑坡防治、桥头支护和隧道口支护等。

一般而言,支挡结构会占到山区油气站场(图6.1)、油气管线(图6.2、图6.3、图6.4)、城市建筑、公路、铁路投资的很大比重,深入研究支挡结构的选型、分析和设计方法,对减少边坡支挡失效、边坡坍塌和滑移,对保证油气管线、公路、铁路和建筑物的使用安全、减少滑坡对公路、铁路和建筑物的危害有重大的现实意义。

图 6.1　兰州关山站场边坡

图 6.2　支护失稳的输油管线边坡

图 6.3　输气管线边坡威胁管线运行安全

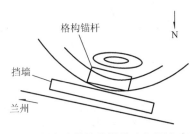

图 6.4　输油管线边坡稳定加固方案

常见的支挡结构形式有很多,其分类方法也有很多种,如按照结构形式、建筑材料、施工条件及所处的环境等条件进行划分。按其结构形式和受力特点可分为重力式挡土墙、悬臂式挡土墙、扶壁式挡土墙、加筋土挡墙、土钉墙、锚定板式挡墙、框架预应力锚杆挡墙、锚杆挡墙、悬臂式排桩挡墙、单支点和多支点排桩、抗滑桩和锚索等形式；按照建筑材料划分可分为砖、石砌、混凝土、钢筋混凝土、土体锚固体系等；按照环境条件可分为一般地区、浸水地区和地震区等。

6.1.1 湿陷性黄土地区油气管线和站场的支挡形式

湿陷性黄土地区油气站场和阀室一般多数处在较偏远的黄土山区，站场和阀室建设需要挖填，挖填后必然形成挖方边坡和填方边坡，一般站场安全等级要求较高，挖填边坡需要较高的安全等级。挖方边坡常用支挡形式有重力式挡土墙、土钉墙、复合土钉墙、框架预应力锚杆、排桩预应力锚杆等形式。填方挡墙一般可做成重力式挡墙、悬臂式挡墙、扶臂式挡墙、加筋土挡土墙和锚托板挡墙等形式。

湿陷性黄土地区油气管线一般多数要穿越黄土山区，而黄土山区地形复杂，边坡稳定性较差，在特殊地形条件下穿越时，需要各种形式的支挡以保证管线运行安全。一般平行穿越较陡边坡时，需要加固边坡，加固方法可用坡底重力式挡墙、边坡采用土钉墙或框架预应力锚杆进行加固，顺坡上下山坡和穿越沟壑对不稳定山坡可采用截水墙加框架预应力锚杆加固，管线穿越陡坎时可采用重力式挡墙、悬臂式挡墙、扶臂式挡墙、加筋土挡墙和土工格栅矮墙加固。

湿陷性黄地区地形复杂，油气站场和阀室、油气管线所处位置和环境各不相同，稳定边坡所采用的支挡结构千变万化，有时在同一地点要采用一种支挡结构或多种支挡结构组合，有时可能采用支挡结构加反压结合，一般情况下支挡结构要和防水措施结合，这样才能保证支挡结构稳定和站场、阀室、管线的运行安全。支挡结构作为一种结构物，其类型各式各样，其适用条件取决于支挡位置的地形、工程地质条件、水文地质条件、建筑材料、支挡结构的用途、施工方法、技术经济条件和当地工程经验的积累等因素，湿陷性黄地区地形油气站场、阀室和油气管线常用的支挡结构形式、特点及其适用范围见表6.1。

表6.1 油气管线黄土边坡各种支挡结构的特点和适用范围

断面形式	剖面示意图	特点及适用范围
重力式		特点： 1. 依靠墙身自重来平衡土压力 2. 一般用毛石砌筑，也可用素混凝土修建 3. 形式简单、取材容易、施工方便 适用范围： 1. 适用于2~6m高的小型挖填方边坡，可防止小型隐性边坡滑动 2. 可用于非饱和土工程支挡结构和两侧均匀浸水条件风化岩石和土质边坡支挡

断面形式	剖面示意图	特点及适用范围
悬臂式		特点: 1. 钢筋混凝土结构，由立板、趾板和踵板组成，断面尺寸较小; 2. 踵板上的土体重力可抗倾覆和滑移，相对重力式挡土墙受力较好 适用范围: 1. 适用 4~8m 高的填方边坡，可防止填方边坡的隐性滑动; 2. 可用于非饱和土、基础较软弱土体和两侧均匀浸水条件时的土体支挡结构
扶壁式		特点: 1. 钢筋混凝土结构，由立板、趾板、踵板和扶壁组成，断面尺寸较小; 2. 踵板上的土体重力可抗倾覆和滑移，竖板和扶壁共同承受土压力产生的弯矩和剪力，相对悬臂式挡土墙受力好 适用范围: 1. 适用 6~12m 高的填方边坡，可防止填方边坡的隐性滑动; 2. 可用于非饱和土、基础较软弱土体和两侧均匀浸水条件时的土体支挡结构
加筋土挡墙		特点: 1. 由钢筋混凝土面板和加筋组成，为柔性支挡结构，造价低，断面尺寸较小; 2. 挡土墙抗倾覆和抗滑移稳定主要靠加筋实现，土压力主要靠加筋平衡，相对挡土墙结构稳定性好，受力合理 适用范围: 1. 适用 4~8m 高的填方边坡，可做成多级高边坡，能够使边坡坡度做成 80°~90°; 2. 可用于非饱和土支挡结构和非浸水条件的边坡抗滑移支挡结构，使用时注意边坡有效排水
土钉墙		特点: 1. 由钢筋混凝土面板及加固土体的土钉组成，为柔性支挡结构，造价低，断面尺寸较小; 2. 土钉加固后的土体满足边坡的整体稳定性，土压力主要靠土钉平衡，相对挡土墙结构稳定性好，受力合理 适用范围: 1. 适用 6~12m 高的挖方边坡和深基坑支护，可做成多级超高边坡，可防止工程挖方引起边坡的隐性滑动，能够使边坡坡度做成 60°~80°，节约耕地，减少环境破坏; 2. 可在抗震区使用，由于土钉与挡土板的协同工作不会造成突然坍塌而造成人员安全问题; 3. 可用于非饱和土支挡结构和非浸水条件的边坡抗滑移支挡结构，使用时注意边坡有效排水

续表

断面形式	剖面示意图	特点及适用范围
框架锚杆		特点： 1. 由钢筋混凝土框架挡土结构和锚杆组成，为柔性支挡结构，造价低，断面尺寸较小； 2. 抗倾覆和抗滑移稳定主要靠锚杆实现，土压力主要靠锚杆平衡，相对挡土墙结构稳定性好，受力合理 适用范围： 1. 适用 8～15m 高的挖方边坡，可做成多级超高边坡，防止工程挖方引起边坡的隐性滑动，能够使边坡坡度为 70°～85°，节约耕地，减少环境破坏； 2. 可用于非饱和土支挡和非浸水条件的边坡抗滑移支挡，使用时注意边坡有效排水

6.1.2 支挡结构设计的基本原则

要保证湿陷性黄地区油气站场和阀室、油气管线的运行安全，首先支挡结构要保证被挡土体和支挡结构本身的稳定，则要求支挡结构本身要有足够的强度和足够的刚度，同时也要求支挡结构与被挡土体有足够的稳定性，以保证支挡结构的安全使用，同时设计中还要做到支挡结构选型新颖、受力合理、经济实用和对环境破坏较小等要求。因此，支挡结构设计的基本原则是[1]：

① 支挡结构必须保证安全正常使用，应满足：支挡结构不能滑移；支挡结构不能倾覆；支挡结构有足够的强度；支挡结构有足够的刚度；支挡结构的基础满足地基承载力的要求。

② 根据工程要求以及地形地质条件，确定支挡结构的类型以及各构件的截面尺寸、平面布置和高度。

③ 在满足规范规定的条件下尽量使支挡结构与环境协调，减少对环境的破坏。

④ 为保证结构的耐久性，应对永久性支挡结构进行耐久性设计，并在设计中应对使用过程中的维修给出相应的措施。

⑤ 对支挡结构的施工提出指导性意见。

6.1.3 支挡结构设计的方法

支挡结构是由结构与岩土相互作用形成的一种复杂结构，支挡的方法有用结构挡土的方法，有用材料加固土体并与挡土结构挡土的方法，也有用挡土结构加锚固体共同加固边坡的方法。对支挡结构来说，不管使用什么样的挡土方法，其受力都比较复杂，分析方法均涉及挡土结构与岩土协同工作问题。我国《建筑地基基础设计规范》

（GB 50007—2012）、《公路工程地质勘察规范》（JTG C20—2011）、《公路路基设计规范》（JTG D30—2015）、《岩土工程勘察规范》（GB 50021—2009）、《土层锚杆设计与施工规范》（CECS22:90）、《基坑土钉支护技术规程》（CECS96:97）、《边坡工程技术规范》（GB 50330—2013）、《铁路路基支挡结构设计规范》（TB 10025—2006）等，对支挡结构分析和设计的基本原则和方法做出了相关规定，但是这些规范行业条块分割，分析设计方法不统一。本书将尽量考虑行业不同特点，给出边坡支挡结构较为统一的分析与设计方法。

一个大型的支挡工程的完成，需要设计规划、岩土与结构工程师、施工工程师共同合作才能完成。支挡结构设计一般由岩土或结构工程师负责，它与勘察、施工等方面的工作是相互关联的。支挡结构设计一般按以下步骤进行[1]。

（1）支挡结构设计准备工作

1）了解工程背景：

了解工程项目的资金来源、投资规模；了解工程项目的建设规模、用途及使用要求；了解项目中规划、岩土、结构与施工的程序、内容与要求；了解与项目建设有关的各单位的相互关系及合作方式等。这些对于工程师圆满地完成支挡结构设计是有利的。

岩土或结构工程师应尽可能在规划设计阶段就参与对初步设计方案的讨论，并在扩大初步设计阶段发挥积极的作用，为施工图设计奠定良好的基础。

2）取得支挡结构设计所需要的原始资料：

① 工程地质条件：支挡结构的位置及周围环境，支挡结构所在位置的地形、地貌；支挡范围内的土质构成，土层分布状况，岩土的物理力学性质，地基土的承载力，场地类别等；最高地下水位，水质有无侵蚀性等相关地质资料。

② 支挡结构的使用环境和抗震设防烈度：了解和掌握支挡结构使用环境的类别，根据支挡结构的重要性和本地区地震基本烈度确定本项工程的设防烈度。

③ 气象条件：如最高温度、最低温度、季节温差、昼夜温差等；降水，如平均年降雨量、雨量集中期等。

④ 其他技术条件：当地施工队伍的素质、水平；建筑材料、构配件及半成品供应条件；施工机械设备及大型工具供应条件；场地及运输条件；水电动力供应条件；劳动力供应及生活条件；工期要求等。

3）收集设计参考资料：

应收集相关的国家和地方标准，如各种设计规范、规程等，有时甚至要参考国外的标准；常用设计手册、图表；支挡结构设计构造图集；国内外各种文献；以往相近工作的经验；为项目开展的一些专题研究获得的理论或试验成果；支挡结构分析所需要的计算软件及用户手册等。

4）制订工作计划：

支挡结构设计的具体工作内容；工作进度；支挡结构设计统一技术规定、措施等。

（2）确定支挡结构方案

支挡结构方案的确定是支挡结构设计是否合理的关键。支挡结构方案应在确定初步设计阶段即着手考虑，提出初步设想；进入设计阶段后，经分析比较加以确定。

确定支挡结构方案的原则是在规范的限定条件下，满足使用要求、受力合理、技术上可行，尽可能达到综合经济技术指标先进。

支挡结构方案的选择包括两方面的内容：支挡结构选材和支挡结构体系的选定。在方案阶段，宜先提出多种不同方案作为支挡结构方案的初步设想，然后进行方案的经济技术指标比较，综合考虑优选方案。

支挡结构设计的方案确定，主要包括以下几个方面。

① 支挡结构方案与布置：支挡结构方案的选择除考虑支挡的重要性、使用功能、环境地质条件外还应满足规范中表 1.1 给出的各种方案的适用条件。

② 细部结构方案与布置：根据支挡结构作业面上作用的荷载大小、高度和支挡结构类型可确定支挡结构的细部方案与布置方式，如土钉墙的土钉间距、框架预应力锚杆挡墙的锚杆水平和竖向间距等。

③ 基础方案与布置：根据上部支挡结构形式和工程地质条件确定基础类型。

④ 支挡结构主要构造措施及特殊部位的处理。

（3）支挡结构布置和结构计算简图的确定

支挡结构布置就是在支挡结构方案的基础上，确定各支挡结构构件之间的相关关系，如扶壁式挡墙中的扶壁的布置、框架预应力锚杆挡墙中的锚杆间距等。以确定支挡结构的传力路径，初步定出结构的全部尺寸。

确定支挡结构的荷载取值和传力路径，就是使所有荷载都有唯一的传递路径，至少，设计者应在支挡结构的力学模型上确定各种荷载的唯一的传递路径。这就要求合理地确定支挡结构的计算模型。所采用的计算模型应符合下列要求。

① 能够反映结构的实际体型、尺度、边界条件、截面尺寸、材料性能及连接方式等；

② 根据支挡结构的特点及实际受力情况，考虑施工偏差、初始位移即变形位移状况等对计算模型加以修正。

计算简图确定后，结构所承受的荷载的传力路径即可确定。

支挡结构布置所面临的问题是，支挡结构构件的尺寸不是唯一的，也需要人为的给定。可以用一些方法估算出构件的尺寸，但最后还是要由设计者选定尺寸。

支挡结构布置中所面临的这些选择一般要凭经验确定，有一定的技巧性，选择时，可参照有关规范、手册和指南；在没有任何经验可供借鉴的情况下，这种选择则依赖于设计者的直觉判断，带有一定的尝试性。

（4）支挡结构分析与设计计算

1）支挡结构上的荷载计算：

按照支挡结构尺寸计算恒荷载的标准值和按相关规范的规定计算支挡结构上部超载的标准值，一般直接施加于支挡结构的荷载有：支挡结构构件的自重；支挡结构上部超载、挡土结构上的土压力、静水压力、波浪压力、浮力等。

能使支挡结构产生效应的作用还有：基础间发生的不均匀沉降；在温度变化的环境中，结构构件材料的热胀冷缩；地震造成的地面运动，使结构产生加速度反应和外加变形等。

2）支挡结构的承载力和稳定性计算：

进行支挡结构分析时，应遵守以下基本原则。

① 按承载能力极限状态计算时，应按国家现行有关规范标准规定的作用（荷载）对结构的整体进行作用（荷载）效应分析，验算其承载力和整体稳定性。

② 当支挡结构在施工和使用期间不同阶段有多种受力状况时，应分别进行分析，并按规范规定确定其最不利的作用效应组合。

支挡结构可能遭遇地震、爆炸、撞击等偶然作用时，尚应按国家现行有关规范的要求进行相应的结构分析。

③ 支挡结构分析所需的各种几何尺寸，以及所采用的计算简图、边界条件、荷载的取值与组合、材料性能的计算指标、初始应力和变形状况等，应符合结构的实际工作状况，并应具有相应的构造保证措施。

支挡结构分析中所采用的各种简化和近似假定，应有理论或试验的依据，或经工程实践验证。计算结果的准确程度应符合工程设计的要求。

3）构造设计：

构造设计主要是指计算所需之外的构件最小尺寸、配筋（分布钢筋、架立钢筋等）、钢筋的锚固、截断的确定、构件支承条件的正确实现以及腋角等细部尺寸的确定等，这可参考构造手册确定。目前，支挡结构设计的相当一部分内容不能通过计算确定，只能通过构造来确定；每项构造措施都有其原理，因此，构造设计也是概念设计的重要内容。

（5）支挡结构设计的成果

支挡结构设计的成果主要有以下形式。

① 支挡结构方案设计说明书：应对所确定的方案予以说明。

② 支挡结构设计计算书：对支挡结构计算简图的选取、支挡结构所受的荷载、支挡结构内力的分析方法及结果、支挡结构构件主要截面的强度计算、刚度计算和稳定性验算等，都应有明确的说明。如果支挡结构计算是采用商业化软件，应说明具体的软件名称，并应对计算结果作必要的校核。

③ 支挡结构设计图纸：应按施工详图要求绘制，如支挡结构构件施工详图、节点构造、大样等，这部分图纸要求完全反映设计意图，包括正确选用材料、构件具体尺寸规格、各构件之间的相关关系、施工方法、有关采用的标准（或通用）图集编号等，要达到不作任何附加说明即可施工的要求。

6.2　重力式挡土墙构造及设计[1]

6.2.1　重力式挡土墙的构造

挡土墙的构造必须满足强度和稳定性的要求，同时考虑就地取材、结构合理、断面经济、施工养护的方便与安全。常用的重力式挡土墙，一般是由墙身、基础、排水设施和伸缩缝等部分组成。

（1）墙身构造

1）墙背：

重力式挡土墙的墙背，可做成仰斜、俯斜、直立等形式（图6.5）。

仰斜式[图6.5（a）]所受的土压力小，故墙身断面较经济。墙身与开挖面边坡较贴合，故开挖量与回填量均较小，但当墙趾处地面横坡较陡时，会使墙身增高，断面增大。故仰斜墙背适用于路堑墙及墙趾处地面平坦的路肩墙或路堤墙。仰斜墙背的坡度不宜缓于1：0.3，以免施工困难。

俯斜式[图6.5（b）]所受的土压力较大。在地面横坡陡峻时，俯斜式挡土墙可采用陡直的墙面，借以减小墙高。俯斜墙背也可做成台阶形，以增加墙背与填料间的摩擦力。

直立式[图6.5（c）]的特点介于仰斜和俯斜墙背之间。

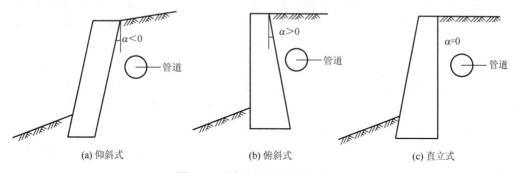

图6.5　重力式挡土墙的断面形式

2）墙面：

墙面一般均为平面，其坡度应与墙背坡度相协调。墙面坡度直接影响挡土墙的高度。因此，在地面横坡较陡时，墙面坡度一般为1：0.05～1：0.20，矮墙可采用陡直墙面；地面平缓时，一般采用1：0.20～1：0.35，较为经济。

3）墙顶：

墙顶最小宽度，浆砌挡土墙不小于500mm，干砌不小于600mm。浆砌路肩墙墙顶一般宜采用粗料石或混凝土做成顶帽，厚400mm。如不做顶帽，则为路堤墙和路堑墙，墙顶应以大块石砌筑，并用砂浆勾缝，或用M7.5砂浆抹平顶面，砂浆厚20mm。干砌挡土墙墙顶500mm高度内，应用M10砂浆砌筑，以增加墙身稳定。干砌挡土墙的高度一般不宜大于 6m。

4）护栏：

为保证交通以及支挡结构附属建筑物环境的安全，在地形险峻地段，或过高过长的路肩墙的墙顶应设置护栏。对于护栏内侧边缘距路面边缘的最小宽度，二、三级路不小于 0.75m，四级路不小于 0.5m。

（2）挡土墙基础

地基不良或挡土墙基础处理不当，往往会引起挡土墙的破坏，因此必须重视挡土墙的基础设计，事先应对地基的地质条件作详细调查，必要时须先作挖探或钻探，然后再来确定基础类型与埋置深度。

1）基础类型：

绝大多数挡土墙直接修筑在天然地基上。当地基承载力不足，地形平坦而墙身较高时，为了减小基底压应力和增加抗倾覆稳定性，常常采用扩大基础[图 6.6（a）]，将墙趾或墙踵部分加宽成台阶，或两侧同时加宽，以加大承压面积。加宽宽度视基底应力需要减少的程度和加宽后的合力偏心距的大小而定，一般不小于 200mm。台阶高度按加宽部分的抗剪、抗弯拉和基础材料刚性角的要求确定（浆砌石 $\beta = 35°$，混凝土 $\beta = 45°$）。

当地基压应力超过地基承载力过多时，需要的加宽值较大，为避免加宽部分的台阶过高，可采用钢筋混凝土底板[图 6.6（a）]，其厚度由剪力和主拉应力控制。

地基为软弱土层（如淤泥、软黏土等）时，可采用砂砾、碎石、矿渣或灰土等材料予以换填，以扩散基底压应力，使之均匀地传递到下卧软弱土层中[图 6.6（b）]。一般换填深度 h_2 与基础埋置深度 h_1 之总和不宜超过 5m。

当挡土墙修筑在陡坡上，而地基又为完整、稳固、对基础不产生侧压力的坚硬岩石时，可设置台阶基础[图 6.6（c）]，以减少基坑开挖和节省圬工。分台高一般约 1m 左右，台宽视地形和地质情况而定，不宜小于 0.5m，高宽比不宜大于 2∶1。最下一个台阶的底宽应满足偏心距的有关规定，不宜小于 1.5～2.0m。

如地基有短段缺口（如深沟等）或挖基困难（如需水下施工等），可采用拱形基础或桩基础的托换方式支撑挡墙。

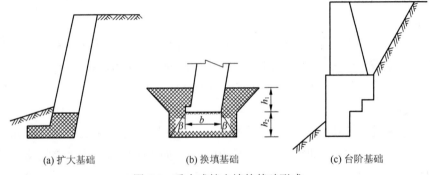

(a) 扩大基础   (b) 换填基础   (c) 台阶基础

图 6.6　重力式挡土墙的基础形式

2）基础埋置深度：

对于土质地基，基础埋置深度应符合下列要求：

① 无冲刷时，应在天然地面以下至少 1m。

② 有冲刷时，应在冲刷线以下至少 1m。

③ 受冻张影响时，应在冻结线以下不少于 0.25m。当冻深超过 1m 时，仍采用 1.25m，但基底应夯填一定厚度的砂砾或碎石垫层，垫层底面亦应位于冻结线以下不少于 0.25m。碎石、砾石和砂类地基，不考虑冻胀影响，但基础埋深不宜小于 1m。

对于岩石地基，应清除表面风化层。当风化层较厚难以全部清除时，可根据地基的风化程度及其容许承载力将基底埋入风化层中。基础嵌入岩层的深度，可参照表 6.2 确定。墙趾前地面横坡较大时，应留出足够的襟边宽度，以防地基剪切破坏。

表 6.2 基础嵌入岩层的深度

地层类型	基础埋深 h/m	襟边宽度 L/m	嵌入示意图
较完整的坚硬岩石	0.25	0.25～0.5	
一般岩石（如砂页岩互层等）	0.6	0.6～1.5	
松散岩石（如千枚岩等）	1.0	1.0～2.0	
砂夹砾石	≥1.0	1.5～2.5	

当挡土墙位于地质不良地段，地基土内可能出现滑动面时，应进行地基抗滑稳定性验算，将基础底面埋置在滑动面以下，或采用其他措施，以防止挡土墙滑动。

（3）排水设施

挡土墙应设置排水措施，以疏干墙后土体和防止地面水下渗，防止墙后积水形成静水压力，减少寒冷地区回填土的冻胀压力，消除黏性土填料浸水后的膨胀压力。

排水措施主要包括：设置地面排水沟，引排地面水；夯实回填土顶面和地面松土，防止雨水及地面水下渗，必要时可加设铺砌；对路堑挡土墙墙趾前的边沟应予以铺砌加固，以防边沟水渗入基础；设置墙身泄水孔，排除墙后水。

浆砌块（片）石墙身应在墙前地面以上设一排泄水孔（图 6.7）。墙高时，可在墙上部加设一排泄水孔。泄水孔的尺寸一般为 50mm×100mm、100mm×100mm、150mm×200mm 的方孔或直径为 50～100mm 的圆孔。孔眼间距一般为 2～3m，渗水量大时可适当加密，干旱地区可适当加大，孔眼上下错开布置。下排排水孔的出口应高出墙前地面 0.3m；若为路堑墙，应高出边沟水位 0.3m；若为浸水挡土墙，应高出常水位 0.3m。为防止水分渗入地基，下排泄水孔进水口的底部应铺设 300mm 厚的黏土隔水层。泄水孔的进水口部分应设置粗粒料反滤层，以免孔道阻塞。当墙背填土透水性不良或可能发生冻胀时，应在最低一排泄水孔至墙顶以下 0.5m 的范围内铺设厚度不小于 300mm 的砂卵石排水层（图 6.7）。

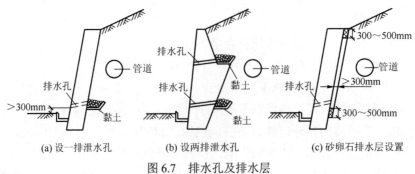

(a) 设一排泄水孔　　　(b) 设两排泄水孔　　　(c) 砂卵石排水层设置

图 6.7　排水孔及排水层

干砌挡土墙因墙身透水，可不设泄水孔。

（4）沉降缝与伸缩缝

为避免因地基不均匀沉陷而引起墙身开裂，需根据地质条件的变异和墙高、墙身断面的变化情况设置沉降缝。为了防止砌体因收缩硬化和温度变化而产生裂缝，应设置伸缩缝。设计时，一般将沉降缝与伸缩缝合并设置，沿路线方向每隔 10～15m 设置一道，兼起两者的作用，缝宽 20～30mm，缝内一般可用胶泥填塞，但在渗水量大填料容易流失或冻害严重地区，则宜用沥青麻筋或涂以沥青的木板等具有弹性的材料，沿缝的内侧、外侧以及墙顶三方填塞，填深不宜小于 200mm，当墙后为岩石路堑或填石路堤时，可设置空缝。

干砌挡土墙，缝的两侧应选用平整石料砌筑，使成垂直通缝。

6.2.2　重力式挡土墙的布置

挡土墙的布置，通常在路基横断面图和墙趾纵断面图上进行。布置前，应现场核对路基横断面图，不足时应补测，测绘墙趾处的纵断面图，收集墙趾处的地质和水文等资料。

（1）挡土墙位置的选定

路堑挡土墙大多数设在边沟旁。山坡挡土墙应考虑设在基础可靠处，墙的高度应保证设墙后墙顶以上边坡的稳定。路肩挡土墙应可充分收缩坡脚，大量减少填方和占地。当路肩墙与路堤墙的墙高或截面圬工数量相近、基础情况相似时，应优先选用路肩墙，按路基宽布置挡土墙位置。若路堤墙的高度或圬工数量比路肩墙显著降低，而且基础可靠时，宜选用路堤墙，并作经济比较后确定墙的位置。

沿河路堤设置挡土墙时，应结合河流情况来布置，注意设墙后仍保持水流顺畅，不致挤压河道而引起局部冲刷。

（2）纵向布置

纵向布置是指墙趾纵断面图的布置，具体内容有以下几个。

① 确定挡土墙的起讫点和墙长，选择挡土墙与路基或其他结构物的衔接方式。

路肩挡土墙端部可嵌入石质路堑中，或采用锥坡与路堤衔接；与桥台连接时，为了防止墙后回填土从桥台尾端与挡墙连接处的空隙中溜出，需在台尾与挡墙之间设置隔墙及接头墙。

在隧道洞口的路堑挡土墙应结合隧道洞门、翼墙的设置情况与其平顺衔接；与路堑边坡衔接时，一般将墙高逐渐降低至 2m 以下，使边坡坡脚不致伸入边沟内，有时也可用横向端墙连接。

② 按地基及地形情况进行分段，确定伸缩缝与沉降缝的位置。

③ 布置各段挡土墙的基础。墙趾地面有纵坡时，挡土墙的基底宜做成不大于 5%的纵坡。但地基为岩石时，为减少开挖，可沿纵向做成台阶。台阶尺寸随纵坡大小而定，但其高宽比不宜大于 1：2。

④ 布置泄水孔的位置，包括数量、间隔和尺寸等。

在布置图上注明各特征点的桩号，以及墙顶、基础顶面、基底、冲刷线、冰冻线非常水位线或设计洪水位的标高等。

（3）横向布置

横向布置，选择在墙高最大处、墙身断面或基础形式有变异处以及其他必需桩号处的横断面图上进行。根据墙型、墙高、地基以及填料的物理力学指标等设计资料，进行挡土墙设计或套用标准图，确定墙身断面、基础形式和埋置深度，布置排水设施等，并绘制挡土墙横断面图。

（4）平面布置

对于个别复杂的挡土墙，如高度较大而且长度方向也较长的沿河曲线挡土墙，应作平面布置，绘制平面图，标明挡土墙与路线的平面位置及附近地貌与地物等情况，特别是与挡土墙有干扰的建筑物的情况。沿河挡土墙还应绘出河道及水流方向，防护与加固工程等。

6.2.3 重力式挡土墙设计

重力式挡土墙可能产生的破坏有滑移、倾覆、不均匀沉陷和墙身断裂等。设计时应验算挡土墙在组合力系作用下沿基底滑动的稳定性，绕基础趾部转动的倾覆稳定性，基底应力及偏心距，以及墙身断面强度。如地基有软弱下卧层存在时，还应验算沿基底下某一可能滑动面的滑动稳定性。重力式挡土墙的设计内容包括：

① 根据支挡环境的需要拟定墙高，以及相应的墙身结构尺寸，在墙体的延伸方向一般取一延长米计算。

② 根据所拟定的墙体结构尺寸，确定结构荷载（墙身自重、土压力、填土重力），由此进行墙体的抗滑、抗倾覆稳定性验算。

③ 地基承载力验算，确认底板尺寸是否满足要求。

④ 圬工砌体的强度验算与墙身结构设计。

（1）抗滑稳定性验算

为保证挡土墙抗滑稳定性，应验算在土压力及其他外力作用下，基底摩阻力抵抗挡土墙滑移的能力，用抗滑稳定系数 K_c 表示，即抗滑力与滑动力之比应满足式（6.1）的要求（见图 6.8），基地摩擦系数可参照表 6.3。

$$K_c = \frac{(G_n + E_{an})\mu}{E_{a\tau} - G_\tau} \geqslant 1.3 \qquad (6.1)$$

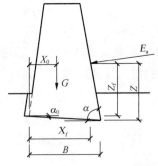

图 6.8　重力式挡土墙计算简图

表 6.3　基底摩擦系数经验值

地基土类型	基底摩擦系数 μ
软塑黏土	0.25
硬塑黏土	0.30
亚砂土、亚黏土、半干硬黏土	0.3～0.4
砂类土	0.4
碎石类土	0.5
软质岩石	0.4～0.6

（2）抗倾覆稳定性验算

为保证挡土墙抗倾覆稳定性，应验算在土压力及其他外力作用下，墙体的重力的抵抗土压力等的倾覆力，用抗倾覆稳定性系数 K_l 表示，即抗倾覆力矩与倾覆力矩之比应满足式（6.2）的要求（见图 6.8）：

$$K_l = \frac{GX_0 + E_{aZ} \cdot X_f}{E_{aX} - Z_f} \geqslant 1.6 \qquad (6.2)$$

$$G_n = G\cos\alpha_0$$
$$G_\tau = G\sin\alpha_0$$
$$E_{an} = E_a \cos(\alpha - \alpha_0)$$
$$E_{a\tau} = E_a \sin(\alpha - \alpha_0)$$
$$E_{aX} = E_a \sin\alpha$$
$$E_{aZ} = E_a \cos\alpha$$
$$Z_f = Z - B\tan\alpha_0$$
$$X_f = B - Z \cdot \cot\alpha$$

式中，　G——挡土墙每延米自重；

E_a——挡土墙每延米上作用的主动土压力；

X_0——挡土墙重心离墙趾的水平距离；

α_0——挡土墙的基底倾角；

α——挡土墙的墙背倾角；

B——基底的水平投影宽度；

Z——主动土压力作用点离墙趾的距离；

μ——挡土墙对基底的摩擦系数。

（3）基底承载力验算

作用于基底的合力偏心距为

$$e_0 = \frac{b}{2} - z_n \qquad (6.3)$$

$$z_n = \frac{Gx_0 + E_{aZ}Z_f - E_{aX}X_f}{G + E_{aZ}} \quad (6.4)$$

$$p_{min}^{max} = \frac{G + E_y}{b}\left(1 \pm \frac{6e_0}{b}\right) \quad (6.5)$$

在偏心荷载作用下，基底的最大和最小法向应力应满足

$$p_{max} \leqslant 1.2 f_a \quad (6.6)$$

$$\frac{p_{max} + p_{min}}{2} \leqslant f_a \quad (6.7)$$

式中，f_a——修正后的地基承载力特征值，kN/m^2；

z_n——基底竖向合力对墙趾的力臂，m；

b——基底宽度，m；

e_0——合力偏心距，m；

p_{max}——基础底面边缘的最大压应力设计值；

p_{min}——基础底面边缘的最小压应力设计值；

G——基础自重设计值和基础上的土重标准值。

当偏心距 $e > b / 6$ 时，p_{max} 按下式计算：

$$p_{max} = \frac{2(E_{aZ} + G)}{3l \cdot a} \quad (6.8)$$

式中，l——为垂直于力矩作用方向的基础底面边长；

a——为合力作用点至基础底面最大压应力边缘的距离。

当基础受力层范围内有软弱下卧层时，应验算其顶面压应力。

（4）墙身承载力验算

构件受压承载力按下式计算：

$$N \leqslant \varphi \cdot f \cdot A \quad (6.9)$$

式中，N——荷载设计值产生的轴向力；

A——墙体单位长度内的水平截面面积；

f——砌体抗压强度设计值；

φ——高厚比 β 和轴向力的偏心距 e 对受压构件承载力的影响系数，按下式计算：

当 $\beta \leqslant 3$ 时

$$\varphi = \frac{1}{1 + 12\left(\dfrac{e}{h}\right)^2} \quad (6.10)$$

当 $\beta > 3$ 时

$$\varphi = \frac{1}{1 + 12\left\{\dfrac{e}{h} + \sqrt{\dfrac{1}{12}\left(\dfrac{1}{\varphi_0} - 1\right)}\right\}^2} \quad (6.11)$$

式中，e——按荷载标准值计算的轴向力偏心距，不宜超过 $0.7y$；

β——构件的高厚比，对矩形截面 $\beta = H_0 / h$；

H_0——受压构件的计算高度；

h——轴向力偏心方向的边长；

Y——截面重心到轴向力所在方向截面边缘的距离；

φ_0——轴心受压稳定系数，$\varphi_0 = \dfrac{1}{1 + 0.0015\beta^2}$。

当 $0.7y < e \leqslant 0.95y$ 时，除按上式进行验算外，并按正常使用极限状态验算：

$$N_K \leqslant \frac{f_{tk}A}{\dfrac{A \cdot e}{W} - 1} \tag{6.12}$$

式中，N_K——轴向力标准值；

f_{tk}——砌体抗拉强度标准值；

W——截面抵抗矩；

e——按荷载标准值计算的偏心距，并不宜超过 $0.7y$。

当 $e \geqslant 0.95y$ 时，按下式进行计算：

$$N \leqslant \frac{f_t A}{\dfrac{A \cdot e}{W} - 1} \tag{6.13}$$

式中，f_t——为砌体抗拉强度设计值。

受剪承载力按下式计算：

$$V \leqslant \left(f_V + 0.18\sigma_k\right)A \tag{6.14}$$

式中，V——剪力设计值；

f_V——砌体抗剪强度设计值；

σ_k——恒载标准值产生的平均压应力，但仰斜式挡土墙不考虑其影响。

（5）设置凸榫基础

在挡土墙基础底面设置混凝土凸榫，与基础连成整体，利用榫前土体所产生的被动土压力以增加挡土墙的抗滑稳定性[图 6.9（a）]。为了增加榫前被动阻力，应使榫前被动土楔不超过墙趾。同时，为了防止因设凸榫而增大墙背的主动土压力，应使凸榫后缘与墙踵的连线同水平线的夹角不超过 φ 角。因此应将整个凸榫置于通过墙趾并与水平线成 $45° - \varphi/2$ 角线和通过墙踵并与水平线成 φ 角线所形成的三角形范围内，如图 6.9（b）所示。

设置凸榫后的抗滑稳定系数为

$$K_c = \frac{\dfrac{\sigma_2 + \sigma_3}{2}b_2\mu + h_T\sigma_p}{E_{ax}} \tag{6.15}$$

当 $\beta = 0$（填土表面水平），$\alpha = 0$（墙背垂直），$\delta = 0$（墙背光滑）时，榫前的单位被动土压力 σ_p 按朗金（Rankine）理论计算：

$$\sigma'_p = \gamma z \tan^2\left(45° + \frac{\varphi}{2}\right) \approx \frac{\sigma_2 + \sigma_3}{2}\tan^2\left(45° + \frac{\varphi}{2}\right) \qquad (6.16)$$

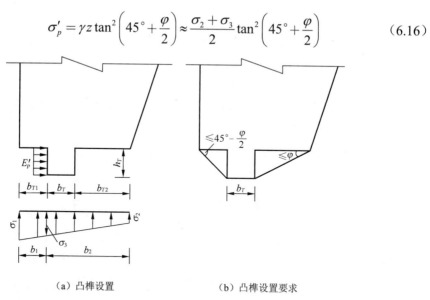

（a）凸榫设置　　　　　　　　　（b）凸榫设置要求

图6.9　墙底凸榫设置

考虑到产生全部被动土压力所需要的墙身位移量大于墙身设计所允许的位移量，为工程安全所不允许，因此有关规范规定，凸榫前的被动土压力按朗金被动土压力的1/3采用，即

$$\sigma_p = \frac{1}{3}\sigma'_p \quad E'_p = \sigma_p h_T \qquad (6.17)$$

在榫前 b_{T1} 宽度内，因已考虑了部分被动土压力，故未计其基底摩阻力。

按照抗滑稳定性的要求，在式（6.15）中取 $K_c = [K_c]$，即可得出凸榫高度 h_T h_T 的计算式：

$$h_T = \frac{[K_c]E_x - \frac{\sigma_2 + \sigma_3}{2}b_{2\mu}}{\sigma_p} \qquad (6.18)$$

凸榫宽度 b_T 根据以下两方面的要求进行计算，取其大者。

① 根据凸榫根部截面的抗拉强度计算：

$$b_T = \sqrt{\frac{6M_T}{f_t}} = \sqrt{\frac{3h_T^2\sigma_p}{f_t}} \qquad (6.19)$$

② 根据凸榫根部截面的抗剪强度计算：

$$b_T = \frac{\sigma_p h_T}{f_t} \qquad (6.20)$$

式中，f_t——混凝土抗拉强度设计值，kN/m^2。

（6）增加抗倾覆稳定性的方法

为增加抗倾覆稳定性，应采取加大稳定力矩和减小倾覆力矩的办法。

① 展宽墙趾：在墙趾处展宽基础以增加稳定力臂，是增加抗倾覆稳定性的常用方

法。但在地面横坡较陡处，会由此引起墙高的增加。

② 改变墙面及墙背坡度：改缓墙面坡度可增加稳定力臂，改陡俯斜墙背或改缓仰斜墙背可减少土压力。

③ 改变墙身断面类型：当地面横坡较陡时，应使墙身尽量陡立。这时可改变墙身断面类型，如改用卸载台式墙或者墙后加设卸荷搭板等，以减少土压力并增加稳定力矩。

6.3 钢筋混凝土悬臂式挡土墙设计[1]

6.3.1 悬臂式挡土墙特点及设计内容

悬臂式挡土墙，如图 6.10 所示，是一种轻型支挡构筑物。其支挡结构的抗滑、抗倾覆主要取决于墙身自重和墙底板以上填筑土体（包括荷载）的重力效应，此外如果在墙底板设置凸榫将大大提高挡墙的抗滑稳定性。由于挡墙采用钢筋混凝土结构，使得其结构厚度减小，自重减轻，钢筋混凝土底板刚度的提高，使得挡墙立臂高度较高且提高了在地基承载力较低条件下的适应性，因此，悬臂式挡土墙的优点主要体现在结构尺寸较小、自重轻、便于在石料缺乏和地基承载力较低的填方地段使用。

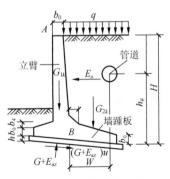

图 6.10 悬臂式挡土墙

悬臂式挡土墙设计包括四个环节：

① 根据支挡环境的需要拟定墙高，以及相应的墙身结构尺寸，在墙体的延伸方向一般取一延长米计算。

② 根据所拟定的墙体结构尺寸，确定结构荷载（墙身自重、土压力、填土重力），由此进行墙体的抗滑、抗倾覆稳定性验算，确认是否需要底板加凸榫设计。

③ 底板地基承载力验算，确认底板尺寸是否满足要求。

④ 墙身结构设计以及裂缝宽度验算。

6.3.2 悬臂式挡土墙的构造要求

悬臂式挡土墙设计的一般规定：

① 悬臂式挡土墙高度不宜大于 6m，当墙高大于 4m 时，宜在墙面板前加肋。

② 悬臂式挡土墙的基础埋置深度应符合下列要求：

a. 一般情况下不小于 1.0m。

b. 当冻结深度不大于 1.0m 时，在冻结深度线以下不小于 0.25m（弱冻胀土除外）同时不小于 1.0m；当冻结深度大于 1.0m 时，不小于 1.25m，还应将基底至冻结线下 0.25m 深度范围内的地基土换填为弱冻胀土或不冻胀土。

c. 受水流冲刷时，在冲刷线下不小于 1.0m。

d. 在软质岩层地基上，不小于 1.0m。

③ 伸缩缝的间距不应小于 20m。在基底的地层变化处，应设置沉降缝，伸缩缝和沉降缝可合并设置。其缝宽均采用 20～30mm，缝内填塞沥青麻筋或沥青木板，塞入深度不得小于 20mm。

④ 挡土墙上应设置泄水孔，按上下左右每隔 2～3m 交错布置。泄水孔的坡度为 4%，向墙外为下坡，其进水侧应设置反滤层，厚度不得小于 0.3m，在最低一排泄水孔的进水口下部应设置隔水层，在地下水较多的地段或有大股水流处，应加密泄水孔或加大其尺寸，其出水口下部应采取保护措施。当墙背填料为细粒土时，应在最低排泄水孔至墙顶以下 0.5m 高度以内，填筑不小于 0.3m 厚的砂砾石或土工合成材料作为反滤层，反滤层的顶部与下部应设置隔水层。

⑤ 墙身混凝土强度等级不宜低于 C20，受力钢筋直径不应小于 12mm。

⑥ 墙后填土应在墙身混凝土强度达到设计强度的 70%后方可进行，填料应分层夯实，反滤层应在填筑过程中及时施工。

⑦ 为便于施工，立臂内侧（即墙背）做成竖直面，外侧（即墙面）可做成 1：（0.02～0.05）的斜坡，具体坡度值将根据立臂的强度和刚度要求确定。当挡土墙墙高不大时，立臂可做成等厚度。墙顶的最小厚度通常采用 200mm。当墙较高时，宜在立臂下部将截面加厚。

⑧ 墙趾板和墙踵板一般水平设置。墙趾板和墙踵板通常做成变厚度，底面水平，顶面则与立臂连接处向两侧倾斜。当墙身受抗滑稳定控制时，多采用凸榫基础。墙踵板长度由墙身抗滑稳定验算确定，并具有一定的刚度。靠近立臂处厚度一般取为墙高的 1/12～1/10，且不应小于 300mm。

⑨ 墙趾板的长度应根据全墙的抗倾覆稳定性稳定、基底应力（即地基承载力）和偏心距等条件来确定，其厚度与墙踵板相同。通常底板的宽度 B 由墙的整体稳定来决定，一般可取墙高度 H 的 0.6～0.8 倍。当墙后地下水位较高，且地基承载力为很小的软弱地基时，B 值可能会增大到 1 倍墙高或者更大。

⑩ 为提高挡土墙抗滑稳定的能力，底板可设置凸榫。凸榫的高度，应根据凸榫前土体的被动土压力能够满足全墙的抗滑稳定要求而定。凸榫的厚度除了满足混凝土的直剪和抗弯的要求以外，为了便于施工，还不应小于 300mm。

6.3.3　悬臂式挡土墙设计

（1）悬臂式挡土墙上的土压力计算

对挡土墙后填土面的有关荷载，如铁路列车活载、公路汽车荷载以及其他地面堆载等均可简化为按等效的均布荷载，再将其转化为具有墙后填土性质的等代土层厚度 h_0，由此来计算作用于挡土墙上的土压力。

1）按库仑理论计算：

用墙踵下缘与立臂板上边缘连线作为假想墙背，按库仑公式计算[图 6.11（a）]。此时，墙背摩擦角 δ 值取土的内摩擦角 φ，ρ 为假想墙背的倾角；计算 $\sum W$ 时，要计入墙背与假想墙背之间 ABC 的土体自重力。

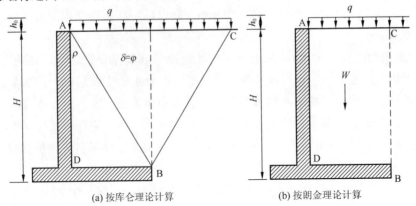

|(a) 按库仑理论计算|(b) 按朗金理论计算|

图 6.11　悬臂挡土墙土压力计算简图

2）按朗金理论计算：

用墙踵的竖直面作为假想墙背，如图 6.11（b）所示，其主动土压力计算见式（6.21）：

$$E_a = \frac{1}{2}\gamma H^2 K_a\left(1+\frac{2h_0}{H}\right) \tag{6.21}$$

式中，$K_a = \tan^2(45° - \varphi/2)$。

3）第二破裂面理论计算：

当墙踵下边缘与立板上边缘连线的倾角大于临界角，在墙后填土中将会出现第二破裂面，则应按第二破裂面理论计算。稳定计算时应记入第二破裂面与墙背之间的土体作用（图 6.12）。

$$E_a = \frac{1}{2}\gamma H^2 K_b\left(1+\frac{2h_0}{H}\right) \tag{6.22}$$

$$K_b = \frac{\tan^2(45° - \varphi/2)}{\cos(45° + \varphi/2)} \tag{6.23}$$

$$\alpha_i = \theta_i = 45° - \frac{\varphi}{2} \tag{6.24}$$

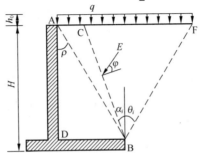

图 6.12　墙背出现第二破裂面的情况

（2）墙身截面尺寸的拟定

根据上节的构造要求，初步拟定出试算的墙身截面尺寸，墙高 H 是根据工程需要确定的，墙顶宽可选用 200mm。墙背取竖直面，墙面取 1∶（0.02～0.05）的倾斜面，因而定出立臂的截面尺寸。

底板在与立臂相接处厚度为（1/12～1/10）H，而墙趾板与墙踵板端部厚度不小于 300mm；底板宽度 B 可近似取（0.6～0.8）H，当遇到地下水位高或软弱地基时，B 值应适当增大。

1）墙踵板长度：

墙踵板长度（图 6.13）的确定应以满足墙体抗滑稳定性的需要为原则，即

$$K_c = \frac{\mu \cdot \sum D}{E_{ax}} \geqslant 1.3 \tag{6.25}$$

当有凸榫时

$$K_c = \frac{\mu \cdot \sum D}{E_{ax}} \geqslant 1.0 \tag{6.26}$$

式中，K_c ——滑安全系数；

μ ——板与地基土之间相互作用的摩擦系数；

E_{ax} ——土压力水平分力，kN/m；

$\sum G$ ——墙身自重力、墙踵板以上第二破裂面（或假想墙背）与墙背之间的土体自重力和土压力的竖向分量之和，一般情况下墙趾板上的土体重力将忽略。

① 当立臂墙顶填土面有均布活荷载 q、且立臂面坡度为零时［图 6.13（a）］，可将均布荷载 q 转化为具有墙后填土性质的等代土层厚度 h_0，并考虑到墙趾板上一般无荷载作用，因而不考虑墙趾板长度 B_1 范围内的抗滑效应，则由式（6.21）得到

$$B_3 = \frac{K_c E_{ax}}{\mu(H+h_0)\eta\gamma} - B_2 \tag{6.27}$$

式中，γ ——重度，kN/m³；

h_0 ——均布活荷载 q 的等代土层厚度，m；

E_{ax} ——主动土压力竖向分力，kN/m；

K_c ——抗滑安全系数；

η ——重度修正系数，由于未考虑墙趾板及其上部土重对抗滑动的作用，因而将填土的重度根据不同的 γ 和 μ 提高 3%～20%，见表 6.4。

表 6.4　重度修正系数

| 重度 γ/ | 摩擦系数 μ | | | | | | | | |
kN/m³	0.30	0.35	0.40	0.45	0.50	0.60	0.70	0.84	1.00
16	1.07	1.08	1.09	1.10	1.12	1.13	1.15	1.17	1.20
18	1.05	1.06	1.07	1.08	1.09	1.11	1.12	1.14	1.16
20	1.03	1.04	1.04	1.05	1.06	1.07	1.08	1.10	1.12

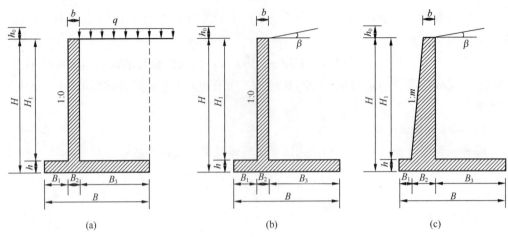

图6.13 墙踵板长度计算简图

② 当立臂墙顶填土面与水平线呈 β 角，立臂面坡的坡度为零时［图 6.13（b）］：

$$B_3 = \frac{K_c E_{ax} - \mu E_{az}}{\mu \cdot (H + \frac{1}{2} B_3 \tan \beta) \eta \gamma} \tag{6.28}$$

③ 当立臂墙顶填土面与水平线呈 β 角，且立臂面坡的坡度为 1：m 时，上两式应加上立臂面坡修正长度 ΔB_3［图 6.13（c）］：

$$\Delta B_3 = \frac{1}{2} m H_1 \tag{6.29}$$

2）墙趾板长度

① 当立臂墙顶填土面有均布荷载 q 且立臂面坡度为零时［图 6.13（a）］：

$$B_1 = \frac{0.5\mu H(2\sigma_0 + \sigma_H)}{K_c(\sigma_0 + \sigma_H)} - 0.25(B_2 + B_3) \tag{6.30}$$

其中，
$$\sigma_0 = \gamma h_0 K$$
$$\sigma_H = \gamma H K$$

② 当立臂墙顶填土面与水平线呈 β 角，立臂面坡的坡度为零时［图 6.13（b）］：

$$B_1 = \frac{0.5(H + B_3 \tan \beta)}{K_c} - 0.25(B_2 + B_3) \tag{6.31}$$

如果由 $B = B_1 + B_2 + B_3$ 计算出的墙体底板基底应力 σ 大于修正后的地基承载力特征值 f_a，即 $\sigma > f_a$；或偏心距 $e > B/6$ 时，应采取加宽基础的方法加大 B_1，使其满足要求。

（3）墙体内力计算

1）立臂的内力：

立臂为固定在墙底板上的悬臂梁，主要承受墙后的主动土压力与地下水压力。假定不考虑墙前土压力作用，而立臂厚度较薄，自重可略去不计，立臂按悬臂梁受弯构件计算。根据立臂受力情况（图 6.14），各截面的剪力、弯矩方程为

$$V_{1z} = \frac{(\sigma_1 + \sigma_2)(1 - z/H_1)z}{2} + \sigma_{1z} \tag{6.32}$$

$$M_{1z} = \frac{z^2}{6}\left[2\sigma_1 + \sigma_2 - (\sigma_2 - \sigma_1)\frac{z}{H_1}\right] \qquad (6.33)$$

式中，V_{1z}，M_{1z} ——z 深度立臂截面的剪力，kN/m，弯矩，kN·m/m；

σ_1，σ_2，σ_z ——立臂顶、底面与 z 深度处的立臂侧压力，kPa/m。

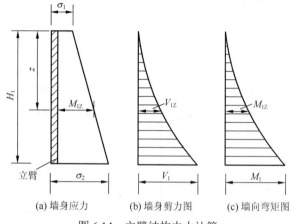

(a) 墙身应力   (b) 墙身剪力图   (c) 墙向弯矩图

图 6.14 立臂结构内力计算

2）墙踵板的内力：

墙踵板是以立臂底端为固定端的悬臂梁。墙踵板上作用有第二破裂面（或假想墙背）与墙背之间的土体（含其上的列车、汽车等活载）的自重力、墙踵板自重力、主动土压力的竖直分量、地基反力、地下水浮托力、板上水重和静水压力等荷载作用。在不考虑地下水作用时，其内力计算如图 6.15 所示。

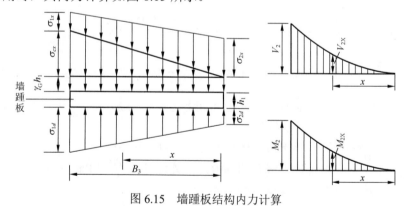

图 6.15 墙踵板结构内力计算

$$V_{2x} = \frac{\left[2\gamma_G h_1 + \sigma_{cx} + \sigma_{1x} + \sigma_{2x} - (\sigma_{1d} + \sigma_{2d})\right](1 - x/B_3)x}{2} + (\gamma_G h_1 + \sigma_{2x} - \sigma_{2d})x \qquad (6.34)$$

$$M_{2x} = \frac{x^2}{6}\left[3\gamma_G h_1 + \sigma_{cx} + \sigma_{1x} + 2\sigma_{2x} - (\sigma_{1d} + 2\sigma_{2d}) - [\sigma_{cx} + \sigma_{1x} - \sigma_{2x} - (\sigma_{1d} - \sigma_{2d})]\frac{x}{B_3}\right] \qquad (6.35)$$

式中，V_{2x}、M_{2x} ——距墙踵为 x 截面处的墙踵板剪力，kN/m，弯矩，kN·m/m；

γ_G ——钢筋混凝土墙踵板的重度，kN/m³；

h_1 ——墙踵板的厚度，m；

H_1 ——立臂高度，m；

σ_{1x} ——第二破裂面或假想墙背上土压力的竖直分量，kPa/m；

σ_{cx} ——当第二破裂面出现时第二破裂面与墙踵板之间土体自重应力，kPa/m；

σ_{1d}，σ_{2d} ——墙踵板后缘、前缘处地基压力，kPa/m；

B_3 ——墙踵板长度，m。

3）墙趾板的内力：

墙趾板的内力计算类似于墙踵板，被视为以立臂底端为固定端的悬臂梁。墙踵板上作用有墙趾板自重、上覆土体自重应力、地基反力等荷载作用。在不考虑地下水作用时，其内力计算如图 6.16 所示。

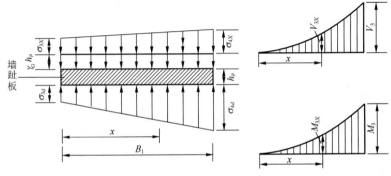

图 6.16　墙趾板结构内力计算

$$V_{3x} = \frac{\left[2\gamma_G h_p + \sigma_{3x} + \sigma_{4x} - (\sigma_{3d} + \sigma_{4d})\right](1 - x/B_1)x}{2} + (\gamma_G h_p + \sigma_{3x} - \sigma_{3d})x \qquad (6.36)$$

$$M_{3x} = \frac{x^2}{6}\left\{3\gamma_G h_p + 2\sigma_{3x} + \sigma_{4x} - (2\sigma_{3d} + \sigma_{4d}) - \left[(\sigma_{4x} + \sigma_{3x}) - (\sigma_{4d} + \sigma_{3d})\right]\frac{x}{B_1}\right\} \qquad (6.37)$$

式中，V_{3x}，M_{3x} ——距墙趾为 x 截面处的墙趾板剪力，kN/m，弯矩，kN·m/m；

h_p ——墙趾板的厚度，m；

σ_{3x}，σ_{4x} ——墙趾板上覆土体自重应力，kPa/m；

σ_{3d}，σ_{4d} ——墙趾板前缘、墙踵板后缘处地基压力，kPa/m；

B_1 ——墙趾板长度，m。

（4）凸榫设计

1）凸榫位置：

为使榫前被动土压力能够完全形成，墙背主动土压力不致因设置凸榫而增大，必须将整个凸榫置于过墙趾与水平成 $45° - \varphi/2$ 角及通过墙踵与水平成 φ 角的直线所包围的三角形范围内（图 6.17）。因此。凸榫位置、高度和宽度必须符合下列要求：

$$B_{T1} \geqslant h_T \tan\left(45° + \frac{\varphi}{2}\right) \qquad (6.38)$$

$$B_{T2} = B - B_{T1} - B_T \geqslant h_T \cos\varphi \qquad (6.39)$$

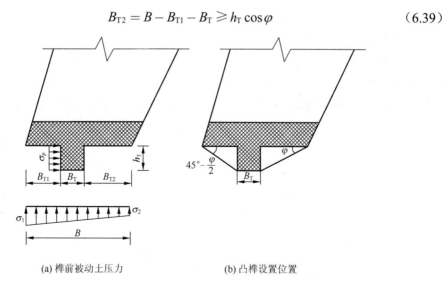

(a) 榫前被动土压力　　　　　　(b) 凸榫设置位置

图 6.17　凸榫的结构设计

凸榫前侧距墙趾的最小距离 B_{T1min}：

$$B_{T1min} \geqslant B - \sqrt{B\left\{B - \frac{2K_c E_x - B\mu\sigma_1}{\sigma_1[\cot(45° + \varphi/2) - \mu]}\right\}} \qquad (6.40)$$

2) 凸榫高度：

$$h_T = \frac{K_c E_x - (B - B_{T1})(\sigma_2 + \sigma_3)\mu/2}{\sigma_p} \qquad (6.41)$$

$$\sigma_p = \frac{\sigma_2 + \sigma_3}{2}\tan^2\left(45° + \frac{\varphi}{2}\right) \qquad (6.42)$$

式中，σ_1、σ_2、σ_3——墙趾、墙踵及凸榫前缘处基底的压应力；

其余符号意义同前。

3) 凸榫宽度：

$$B_T = \sqrt{\frac{3.5KM_T}{f_t}} \qquad (6.43)$$

其中，

$$M_T = \frac{h_T}{2}\left[K_c E_x - \frac{(B - B_{T1})(\sigma_2 + \sigma_3)\mu}{2}\right] \qquad (6.44)$$

式中，K——混凝土受弯构件的强度设计安全系数，取 2.65；

M_T——凸榫所承受的总弯矩，kN·m/m；

f_t——混凝土抗拉设计强度，MPa。

（5）墙身钢筋混凝土配筋设计

1) 立臂配筋设计：

经配筋计算，已确定钢筋的面积。钢筋的设计则是确定钢筋直径和钢筋的布置。

立臂受力钢筋沿内侧竖直放置，一般钢筋直径不小于 12mm，底部钢筋间距一般采用 100～150mm。因立臂承受弯矩越向上越小，可根据材料图将钢筋切断。当墙身立臂较高时，可将钢筋分别在不同高度分两次切断，仅将 1/4～1/3 受力钢筋延伸到板顶。顶端受力钢筋间距不应大于 500mm。钢筋切断部位，应在理论切断点以上再加一钢筋锚固长度，而其下端插入底板一个锚固长度。锚固长度 L_a 一般取（25～30）d（d 为钢筋直径）。配筋如图 6.18 所示。

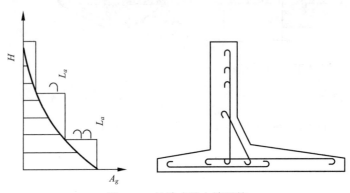

图 6.18　悬臂式挡土墙配筋

在水平方向也应配置不小于 $\phi6$ 的分布钢筋，其间距不大于 400～500mm，截面积不小于立臂底部受力钢筋的 10%。

对于特别重要的悬臂式挡土墙，在立臂的墙面一侧和墙顶，也按构造要求配置少量钢筋或钢丝网，以提高混凝土表层抵抗温度变化和混凝土收缩的能力，防止混凝土表层出现裂缝。

2）底板配筋设计：

墙踵板受力钢筋，设置在墙踵板的顶面。受力筋一端插入立臂与底板连接处以左不小于一个锚固长度；另一端按材料图切断，在理论切断点向外伸出一个锚固长度。

墙趾板的受力钢筋，应设置于墙趾板的底面，该筋一端伸入墙趾板与立臂连接处以右不小于一个锚固长度；另一端一半延伸到墙趾，另一半在 $B_1/2$ 处再加一个锚固长度处切断。

在实际设计中，常将立臂的底部受力钢筋一半或全部弯曲作为墙趾板的受力钢筋。立臂与墙踵板连接处最好做成贴角予以加强，并配以构造筋，其直径与间距可与墙踵板钢筋一致，底板也应配置构造钢筋。钢筋直径及间距均应符合有关规范的规定。

3）裂缝宽度验算：

悬臂式挡土墙的立臂和底板，按受弯构件设计。除构件正截面受弯承载能力、斜截面抗剪承载力需要验算之外，还要进行裂缝宽度验算。其最大裂缝宽度可按下列公式计算：

$$w_{\max} = \alpha_{cr}\psi \frac{\sigma_{sk}}{E_s}\left(1.9c + 0.08\frac{d_{eq}}{\rho_{te}}\right) \tag{6.45}$$

$$\begin{cases} \psi = 1.1 - 0.65\dfrac{f_{tk}}{\rho_{te}\sigma_{sk}} \\[2mm] d_{eq} = \dfrac{\sum n_i d_i^2}{\sum n_i v_i d_i} \\[2mm] \rho_{te} = \dfrac{A_s + A_p}{A_{te}} \\[2mm] \sigma_{sk} = \dfrac{M_k}{0.87 h_0 A_s} \end{cases} \tag{6.46}$$

式中， α_{cr} ——为构件受力特征系数，对于钢筋混凝土受弯构件取 2.1。

ψ ——缝间纵向受拉钢筋应变不均匀系数，当 $\psi < 0.2$ 时，取 $\psi = 0.2$；当 $\psi > 1$ 时，取 $\psi = 1$；对直接承受重复荷载的构件，取 $\psi = 1$。

σ_{sk} ——按荷载效应标准组合计算的钢筋混凝土构件纵向受拉钢筋的应力，kN/m^2。

E_s ——钢筋弹性模量，kN/m^2。

C ——最外层纵向受拉钢筋外边缘至受拉区底边的距离，m。

ρ_{te} ——按有效受拉混凝土截面面积计算的纵向受拉钢筋配筋率，当 $\rho_{te} < 0.01$ 时，取 $\rho_{te} = 0.01$；f_{tk} 混凝土轴心抗拉强度标准值，kN/m^2。

A_{te} ——有效受拉混凝土截面面积，m^2。

A_s ——受拉区纵向钢筋截面面积，m^2。

d_{eq} ——受拉区纵向钢筋的直径，m。

d_i ——受拉区第 i 种纵向钢筋的直径，m。

n_i ——受拉区第 i 种纵向钢筋的根数。

v_i ——受拉区第 i 种纵向钢筋的相对黏结特性系数，光面钢筋取 0.7，螺纹钢筋取 1.0。

M_k ——按荷载效应标准组合计算的弯矩值，kN/m。

h_0 ——截面的有效高度，m。

钢筋面积计算可按下列公式计算

$$A_s = \frac{f_{ck}}{f_y} b h_0 \left(1 - \sqrt{1 - \frac{2M}{f_{ck} b h_0^2}}\right) \tag{6.47}$$

式中， f_{ck} ——混凝土轴心抗压强度标准值，kN/m^2；

f_y ——钢筋的抗拉强度设计值，kN/m^2；

b ——截面宽度，取单位长度，m；

M ——截面设计弯矩，$kN \cdot m$。

6.3.4 悬臂式挡土墙设计实例

设计一无石料地区挡土墙，墙背填土与墙前地面高差为 2.4m，填土表面水平，上有均布标准荷载 $P_k = 10kN/m^2$，地基承载力特征值为 $120kN/m^2$，填土的标准重度 $\gamma = 17\ kN/m^3$，内摩擦力 $\varphi = 30°$，底板与地基摩擦系数 $\mu = 0.45$，由于采用钢筋混凝土挡土墙，墙背竖直且光滑，可假定墙背与填土之间的摩擦角方 $\delta = 0$ 。

（1）截面选择

由于缺石地区，选择钢筋混凝土结构。墙高低于 6m，选择悬臂式挡土墙。尺寸按悬臂式挡土墙规定初步拟定，如图 6.19 所示。

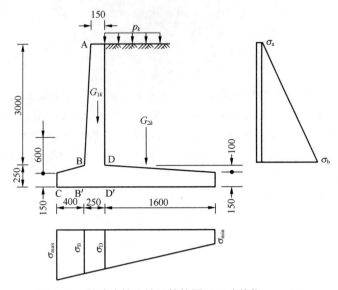

图 6.19　悬臂式挡土墙计算简图（尺寸单位：mm）

（2）荷载计算

1）土压力计算：

沿墙体延伸方向取一延长米。由于地面水平，墙背竖直且光滑，土压力计算选用朗金理论公式计算：

$$K_a = \tan^2\left(45^\circ - \frac{\varphi}{2}\right) = 0.333$$

地面活荷载 P_k 的作用，采用等代土层厚度 $h_0 = P_k/\gamma = 10/17 = 0.588\text{m}$，悬臂底 A 点水平土压力：

$$\sigma_A = \gamma h_0 K_a = 17 \times 0.588 \times 0.333 = 3.33\text{kN}/\text{m}^2;$$

悬臂底 B 点水平土压力：

$$\sigma_B = \gamma\left(h_0 + H_1\right)K_a = 17 \times (0.588 + 3) \times 0.333 = 20.33\text{kN}/\text{m}^2;$$

底板 C 点水平土压力：

$$\sigma_C = \gamma\left(h_0 + H_1 + h\right)K_a = 17 \times (0.588 + 3 + 0.25) \times 0.333 = 21.75\text{kN}/\text{m}^2;$$

土压力合力：

$$E_{ax1} = \sigma_A \times H_1 = 0.333 \times 3 = 10\text{kN}/\text{m};$$

$$z_1 = 3/2 + 0.25 = 1.75\text{m};$$

$$E_{ax2} = (\sigma_C - \sigma_A)H_1/2 = (21.75 - 3.33) \times 3/2 = 25.5\text{kN}/\text{m};$$

$$z_1 = 3/3 + 0.25 = 1.25\text{m};$$

2）竖向荷载计算：

① 立臂板自重力。

钢筋混凝土标准重度 $G'=25\text{kN/m}^3$，其自重 G_{1k} 为

$$G_{1k} = \frac{0.15 + 0.25}{2} \times 3 \times 25 = 15\text{kN/m}$$

$$x_1 = 0.4 + \frac{(0.1 \times 3)/2 + (2 \times 0.10)/3 + 0.15 \times 3 \times (0.10 + 0.15/2)}{(0.1 \times 3)/2 + 0.15 \times 3} = 0.55\text{m}$$

② 底板自重 G_{2k}。

$$G_{2k} = \left(\frac{0.15 + 0.25}{2} \times 0.4 + 0.25 \times 0.25 + \frac{0.15 + 0.25}{2} \times 1.6 \right) \times 25 = 11.56\text{kN/m}$$

$$x_2 = \left[\frac{0.15 + 0.25}{2} \times 0.4 \times \left(\frac{40}{3} \times \frac{2 \times 0.25 + 0.15}{0.25 + 0.15} \right) + 0.25 \times 0.25 \times (0.40 + 0.125) \right.$$
$$\left. + \frac{0.15 + 0.25}{2} \times 1.60 \times \left(\frac{1.60}{3} \times \frac{2 \times 0.15 + 0.25}{0.15 + 0.25} + 0.65 \right) \right] \div 0.4625 = 1.07\text{m}$$

③ 面均布活载及填土的自重力。

$$G_{3k} = (P_k + \gamma_t \times 3) \times 1.60 = (10 + 17 \times 3) \times 1.60 = 97.60\text{kN/m}$$

$$x_3 = 0.65 + 0.80 = 1.45\text{m}$$

（3）抗倾覆稳定验算

稳定力矩：

$$M_{zk} = G_{1k}x_1 + G_{2k}x_2 + G_{3k}x_3 = 15 \times 0.55 + 11.56 \times 1.07 + 97.60 \times 1.45 = 162.14\text{kN} \cdot \text{m/m}$$

倾覆力矩：

$$M_{qk} = E_{x1}z_1 + E_{x2}z_2 = 10 \times 1.75 + 25.5 \times 1.25 = 49.38\text{kN} \cdot \text{m/m}$$

抗倾覆稳定系数：

$$K_0 = M_{zk}/M_{qk} = 162.14/49.38 = 3.28 > 1.6$$

（4）抗滑稳定验算

竖向力之和：

$$G_k = \sum G_{ik} = 15 + 11.56 + 97.6 = 124.16\text{kN/m}$$

抗滑力：

$$G_k \cdot m = 124.16 \times 0.45 = 55.876\text{kN}$$

滑移力：

$$E_{ax} = E_{ax1} + E_{ax2} = 10 + 25.5 = 35.50\text{kN}$$

抗滑稳定系数：

$$K_c = G_k \cdot \mu / E_{ax} = 55.87/35.5 = 1.57 > 1.3$$

（5）地基承载力验算

地基承载力采用设计荷载，分项系数：地面活载 $\gamma_1=1.3$；土体荷载 $\gamma_2=1.2$；结构自重荷载 $\gamma_3=1.2$。

总竖向力到墙趾的距离

$$e_0 = (M_V - M_H)/G_k ;$$

式中，M_v——竖向荷载引起的弯矩；

$$
\begin{aligned}
M_V &= (G_{1k}x_1 + G_{2k}x_2 + \gamma \times 3 \times 1.6 \times x_3) \times g_2 + P_k \times 1.6 \times x_3 \times g_1 \\
&= (15 \times 0.55 + 11.56 \times 1.07 + 17 \times 3 \times 1.6 \times 1.45) \times 1.2 + 10 \times 1.60 \times 1.45 \times 1.3 \\
&= 196.89 \text{kN} \cdot \text{m} / \text{m}
\end{aligned}
$$

M_H——水平力引起的弯矩：

$$
M_H = 1.30 E_{x1}z_1 + 1.20 E_{x2}z_2 = 1.30 \times 10 \times 1.75 + 1.20 \times 25.5 \times 1.25 = 61 \text{kN} \cdot \text{m} / \text{m}
$$

总竖向力：

$$
\begin{aligned}
G_k &= 1.20(G_{1k} + G_{2k} + \gamma \times 3 \times 1.6) + 1.30 \times P_k \times 1.6 \\
&= (15 + 11.56 + 17 \times 3 \times 1.60) \times 1.20 + 10 \times 1.6 \times 1.3 = 150.59 \text{kN} / \text{m}
\end{aligned}
$$

$$
e = (M_V - M_H) / G_k = (196.89 - 61)/150.59 = 0.9 \text{m}
$$

基础底面偏心距：

$$
e_0 = B/2 - e = 2.25/2 - 0.9 = 0.225 \text{m} < B/6 = 2.25/6 = 0.375 \text{m}
$$

地基压力：

$$
\sigma_{min}^{max} = \frac{G_k}{B}\left(1 \pm \frac{6e_0}{B}\right) = \frac{150.59}{2.25}\left(1 \pm \frac{6 \times 0.225}{2.25}\right) = \frac{107.09 \text{kN/m}^2}{26.77 \text{kN/m}^2} < 1.2 f_a = 1.2 \times 100 = 120 \text{kN/m}^2 。
$$

（6）结构设计

立臂与底板均采用 C20 混凝土和 HRB335 级钢筋，$f_{ck} = 13.4 \text{N/mm}^2$，$f_{tk} = 1.54 \text{N/mm}^2$，$f_y = 300 \text{N/mm}^2$，$E_s = 2 \times 10^5 \text{N/mm}^2$。

1）立臂设计：

底部截面设计弯矩：

$$
M = 10 \times 1.5 \times 1.3 + 25.5 \times 1 \times 1.20 = 50.1 \text{kN} \cdot \text{m} / \text{m}
$$

标准弯矩：

$$
M_k = 10 \times 1.5 + 25.5 \times 1 = 40.50 \text{ kN} \cdot \text{m} / \text{m}
$$

强度计算：取 $h_0 = 250 - 40 = 210 \text{mm}$，$b = 1000 \text{mm}$；

$$
A_s = \frac{f_{ck}}{f_y}bh_0\left(1 - \sqrt{1 - \frac{2M}{f_{ck}bh_0^2}}\right) = \frac{13.4}{300} \times 1000 \times 210 \times \left(1 - \sqrt{1 - \frac{2 \times 50.1 \times 10^6}{13.4 \times 1000 \times 210^2}}\right) = 832 \text{mm}^2
$$

取 $\phi 12 @ 250$，$A_s = 942 \text{mm}^2$

裂缝验算：$\rho_{te} = \dfrac{A_s}{A_{te}} = \dfrac{942}{0.5 \times 1000 \times 250} = 0.0075$，取 $\rho_{te} = 0.01$

$$
\sigma_{sk} = \frac{M_k}{0.87 h_0 A_s} = \frac{40.5 \times 10^6}{0.87 \times 210 \times 942} = 235 \text{N} / \text{mm}^2
$$

$$
\psi = 1.1 - 0.65\frac{f_{tk}}{\rho_{te}\sigma_{sk}} = 1.1 - \frac{0.65 \times 1.54}{0.01 \times 235} = 0.67
$$

最大裂缝宽度：$a_{cr} = 2.10$，$c = 35 \text{mm}$，$d_{eq} = 12 \text{mm}$

$$
w_{max} = 2.10 \times 0.67 \times \frac{235}{2 \times 10^5} \times \left(1.9 \times 35 + 0.08 \times \frac{12}{0.01}\right) = 0.27 \text{mm} > 0.20 \text{mm}
$$

改用 $\phi 12@100$，$A_s = 1131\text{mm}^2$

$$\rho_{te} = \frac{A_s}{A_{te}} = \frac{1131}{0.5 \times 1000 \times 250} = 0.009\text{，取} \rho_{te} = 0.01$$

$$\sigma_{sk} = \frac{M_k}{0.87 h_0 A_s} = \frac{40.5 \times 10^6}{0.87 \times 210 \times 1131} = 196\text{N}/\text{mm}^2$$

$$\psi = 1.1 - 0.65\frac{f_{tk}}{\rho_{te}\sigma_{sk}} = 1.1 - \frac{0.65 \times 1.54}{0.01 \times 196} = 0.59$$

$$w_{\max} = 2.10 \times 0.59 \times \frac{196}{2 \times 10^5} \times \left(1.9 \times 35 + 0.08 \times \frac{12}{0.01}\right) = 0.19\text{mm} < 0.20\text{mm}$$

2）底板设计：

墙踵板根部 D 点的地基压力设计值：

$$\sigma_D = \sigma_{\min} + \frac{\sigma_{\max} - \sigma_{\min}}{B} \times 1.60 = 26.77 + \frac{107.09 - 26.77}{2.25} \times 1.60 = 83.89\text{kN/m}^2$$

墙趾板根部 B 点的地基压力设计值：

$$\sigma_B = \sigma_{\min} + \frac{\sigma_{\max} - \sigma_{\min}}{B} \times 1.85 = 26.77 + \frac{107.09 - 26.77}{2.25} \times 1.85 = 92.81\text{kN/m}^2$$

墙踵板根部 D 点设计弯矩：

$$M_D = 0.32 \times 25 \times 0.733 \times 1.2 + 17 \times 3 \times 1.6 \times 0.8 \times 1.2 + 10 \times 1.6 \times 0.8 \times 1.3 - 26.77$$
$$\times 1.6 \times 0.8 - (83.89 - 26.77) \times (1.6/2) \times (1.6/3) = 43.37\text{kN} \cdot \text{m/m}$$

墙趾板根部 B 点设计弯矩：

$$M_B = 92.81 \times 0.4 \times 0.20 + \frac{108.09 - 92.81}{2} \times 0.4 \times \frac{2 \times 0.4}{3} = 8.72\text{kN} \cdot \text{m/m}$$

标准弯矩计算，由前面计算可知，标准荷载作用时：

$$e = (M_{zk} - M_{qk})/G_k = (162.14 - 49.38)/124.16 = 0.91\text{m}$$

基础底面偏心距：

$$e_0 = B/2 - e = 2.25/2 - 0.91 = 0.215\text{m}$$

此时地基压力：

$$\sigma_{\min}^{\max} = \frac{G_k}{B}\left(1 \pm \frac{6e_0}{B}\right) = \frac{124.16}{2.25}\left(1 \pm \frac{6 \times 0.215}{2.25}\right) = \frac{86.63}{23.73}\text{kN/m}^2$$

$$M_D = 0.32 \times 25 \times 0.733 + 17 \times 3 \times 1.6 \times 0.8 + 10 \times 1.6 \times 0.8 - 23.73 \times 1.6 \times 0.8$$
$$- (68.46 - 23.73) \times (1.60/2) \times (1.60/3) = 34.49\text{kN} \cdot \text{m/m}$$

墙踵板强度计算：取 $h_0 = 250 - 40 = 210\text{mm}, b = 1000\text{mm}$

$$A_s = \frac{f_{ck}}{f_y}bh_0\left(1 - \sqrt{1 - \frac{2M}{f_{ck}bh_0^2}}\right) = \frac{13.4}{300} \times 1000 \times 210 \times \left(1 - \sqrt{1 - \frac{2 \times 43.37 \times 10^6}{13.4 \times 1000 \times 210^2}}\right) = 716\text{mm}^2$$

取 $\phi 12@250$，$A_s = 942\text{mm}^2$

裂缝验算：$\rho_{te} = \frac{A_s}{A_{te}} = \frac{942}{0.5 \times 1000 \times 250} = 0.0075$，取 $\rho_{te} = 0.01$

$$\sigma_{sk} = \frac{M_k}{0.87h_0 A_s} = \frac{34.49 \times 10^6}{0.87 \times 210 \times 942} = 200 \text{N}/\text{mm}^2$$

$$\psi = 1.1 - 0.65\frac{f_{tk}}{\rho_{te}\sigma_{sk}} = 1.1 - \frac{0.65 \times 1.54}{0.01 \times 200} = 0.59$$

最大裂缝宽度：

$$a_{cr} = 2.10, \quad c = 35\text{mm}, \quad d_{eq} = 12\text{mm},$$

$$w_{\max} = 2.10 \times 0.59 \times \frac{200}{2 \times 10^5} \times \left(1.9 \times 35 + 0.08 \times \frac{12}{0.01}\right) = 0.19\text{mm} < 0.20\text{mm}$$

（7）施工图（挡土墙大样图）（图6.20）

材料：垫层为C15混凝土，立臂及底板混凝土C20。

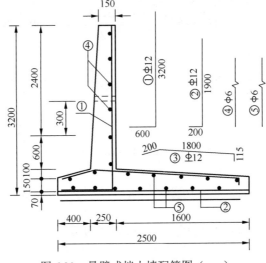

图6.20 悬臂式挡土墙配筋图（mm）

6.4 扶壁式挡土墙设计[1]

6.4.1 扶壁式挡土墙特点及设计内容

对于悬臂式挡土墙而言，当其沿墙的纵向方向变形较大时，可考虑在立臂墙面板后设置扶壁板，即构成扶壁式挡土墙（图6.21）。扶壁式挡土墙由墙面板、墙趾板、墙踵板和扶壁组成，通常还设置凸榫。墙趾板和凸榫的构造与悬臂式挡土墙相同。

墙面板通常为等厚的竖直板，与扶壁和墙踵板固结相连。对于其厚度，低墙取决于板的最小厚度，高墙则根据配筋要求确定。墙面板的最小厚度与悬臂式挡土墙相同。

墙踵板与扶壁的连接为固结，与墙面板的连接考虑铰接较为合适，其厚度的确定方式与悬臂式挡土墙相同。

扶壁为固结于墙踵板的T型变截面悬臂梁，墙面板可视为扶壁的翼缘板。扶壁的经济间距一般为墙高的 1/3～1/2，应根据试算确定。其厚度取决于扶壁背面配筋的要求，通常为两扶壁间距的 1/8～1/6，但不得小于 300mm。

扶壁两端墙面板悬出部分的长度，根据悬臂端的固端弯矩与中间跨固端弯矩相等的原则确定，通常采用两扶壁间净距的 0.41 倍。

扶壁式挡土墙设计环节与悬臂式挡土墙类似，具体设计内容与过程见图 6.22。

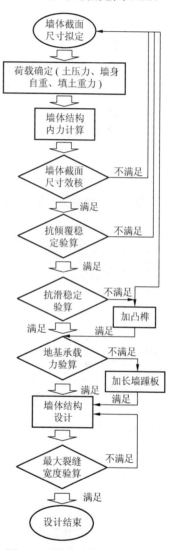

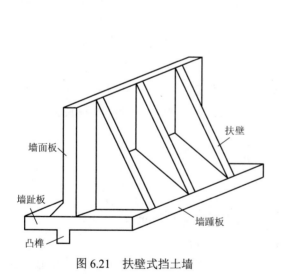

图 6.21 扶壁式挡土墙 　　　　　　　图 6.22 扶壁式挡土墙设计程序

6.4.2 扶壁式挡土墙的构造要求

同悬臂式挡土墙。

6.4.3　扶壁式挡土墙设计

（1）土压力计算

同悬臂式挡土墙。

（2）墙踵板与墙趾板长度的确定

同悬臂式挡土墙。

（3）墙身内力计算

由于扶壁式挡土墙为多向结构的组合，结构类型为空间结构。在墙身内力计算时，一般采用简化的平面问题，按近似的方法计算各个构件的弯矩和剪力。

1）墙趾板：

同悬臂式挡土墙。

2）墙面板：

墙面板为三向固结板。在计算时，通常将墙面板沿墙高和墙长方向划分为若干个单位宽度的水平和竖直板条，分别计算两个方向的弯矩和剪力。

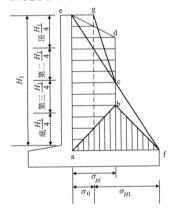

图 6.23　墙面板等代土压力图形

① 墙面板的土压力荷载计算：在计算墙面板的内力时，为考虑墙面板与墙踵板之间固结状态的影响，采用如图 6.23 所示的替代土压应力图形。图 6.23 中，图形 afge 为按土压力公式计算的法向土压应力；梯形 abde 部分的土压力由墙面板传至扶壁，在墙面板的水平板条内产生水平弯矩和剪力；图形 afb 部分的土压力通过墙面板传至墙踵板，在墙面板竖直板条的下部产生较大的弯矩。在计算跨中水平正弯矩时，采用图形 abde，在计算扶壁两侧固结端水平负弯矩时，采用图形 abce。由图 6.23 可知

$$\sigma_{pj} = \frac{\sigma_{H1}}{2} + \sigma_0 \tag{6.48}$$

式中，σ_{pj}——梯形 abde 部分的土压力大小；

σ_{H1}——墙面板底端由填料引起的法向土压应力，kN/mm^2；

σ_0——均布荷载引起的法向土压应力，kN/mm^2。

② 墙面板的水平内力：在计算时，假定每一水平板条为支承在扶壁上的连续梁，荷载沿板条按均匀分布，其大小等于该板条所在深度的法向土压应力。

各板条的弯矩和剪力按连续梁计算。为了简化设计，也可按图 6.24 中给出的弯矩系数，计算受力最大板条跨中和扶壁两侧边的弯矩和剪力，然后按此弯矩和剪力配筋。跨中正弯矩

$$M_{中} = \frac{\sigma_{pj}L^2}{20} \qquad (6.49)$$

扶壁两侧边负弯矩：

$$M_{端} = -\frac{\sigma_{pj}L^2}{12} \qquad (6.50)$$

式中，$M_{中}$、$M_{端}$——受力最大板条跨中和扶壁两端的弯矩；

　　　　L ——扶壁之间的净距；

　　　　σ_{pj}——墙面板受力最大板条的法向土压应力。

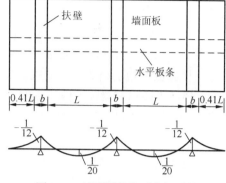

图 6.24　墙面板的水平弯矩系数

水平板条的最大剪力发生在扶壁的两端，其值可假设等于两扶壁之间水平板条上法向土压力之和的一半。受力最大板条扶壁两端的剪力为

$$V_{端} = -\frac{\sigma_{pj}L}{2} \qquad (6.51)$$

③ 墙面板的竖直弯矩：作用于墙面板的土压力（图 6.23 中的 afb 部分）在墙面板内产生竖直弯矩。

墙面板跨中竖直弯矩沿墙高的分布如图 6.25（a）所示。负弯矩使墙面板靠填土一侧受拉，发生在墙面板的下 1/4 范围内，最大负弯矩位于墙面板的底端，其值按下述经验公式计算：

$$M_{底} = -(0.03\sigma_{pj} + \sigma_0)H_1L \qquad (6.52)$$

式中，$M_{底}$——墙面板底端的竖直负弯矩；

　　　　H_1——墙面板的高度。

最大正弯矩位于墙面板的下 $H_1/4$ 分点附近，其值等于最大竖直负弯矩的 1/4。板的上 $H_1/4$ 弯矩为零。

墙面板竖直弯矩沿墙长方向呈抛物线分布，如图 6.25（b）所示，设计时，可采用中部 $2L/3$ 范围内的竖直弯矩不变，两端各 $L/6$ 范围内的竖直弯矩较跨中减少一半的简化办法。

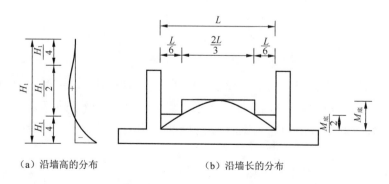

（a）沿墙高的分布　　　　　　（b）沿墙长的分布

图 6.25　墙面板的竖直弯矩

3）墙踵板：

① 墙踵板的计算荷载：作用于墙踵板的外力，除了作用在悬臂式挡土墙墙踵板上四种外力以外。尚需考虑墙趾板弯矩在墙踵板上引起的等代荷载。

墙趾板弯矩引起的等代荷载的竖直压应力可假设为抛物线分布，如图 6.26（a）所示。该应力图形在墙踵板内缘点的应力为零，墙踵处的应力 σ 根据等代荷载对墙踵板内缘点的力矩与墙趾板弯矩 M_{3B} 相等的原则求得，即

$$\sigma = 2.4M_{3B}/B_3^2 \tag{6.53}$$

式中，M_{3B}——墙趾板在与墙面板衔接处的弯矩；

B_3——墙踵板的长度。

将上述荷载在墙踵板上引起的竖直压应力叠加，即可得到墙踵板的计算荷载，如图 6.26（b）所示。图中图形 CDE（或 CD′E）为叠加后作用于墙踵板的竖直压应力。由于墙面板对墙踵板的支撑约束作用，在墙踵板与墙面板衔接处，墙踵板沿墙长方向板条的弯曲变形为零，向墙踵方向变形逐渐增大，故可近似地假设墙踵板的计算荷载为三角形分布，如图 6.26（b）中的 CFE。墙踵处的竖直压应力为

$$\sigma_w = \sigma_{y2} + \gamma_k h_1 - \sigma_2 + 2.4M_{3B}/B_3^2 \tag{6.54}$$

式中，σ_{y2}——墙踵处的竖直土压应力；

γ_k——钢筋混凝土的重度；

h_1——墙踵板的厚度；

σ_2——墙踵处地基压力；

B——指底板宽度。

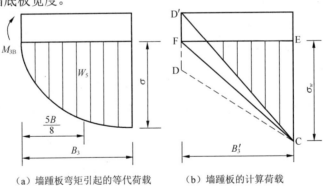

（a）墙踵板弯矩引起的等代荷载　　（b）墙踵板的计算荷载

图 6.26　墙踵板的计算荷载

② 墙踵板的内力计算：由于假设了墙踵板与墙面板为铰支连接，作用于墙面板的水平土压力主要通过扶壁传至墙踵板，故不计算墙踵板横向板条的弯矩和剪力。

墙踵板纵向板条弯矩和剪力的计算与墙面板相同。计算荷载取墙踵板的计算荷载即可。

4）扶壁：

扶壁承受相邻两跨墙面板中点之间的全部水平土压力，扶壁自重和作用于扶壁的竖直土压力可忽略不计。另外，虽然在计算墙面板内力时，考虑图 6.23 中图形 afb 所示的

土压力通过墙面板传至墙踵板的影响,但在计算扶壁内力时,可不考虑这一影响。各截面的弯矩和剪力按悬臂梁计算,计算方法与悬臂式挡土墙的立板相同。

(4)墙身钢筋混凝土配筋设计

扶壁式挡土墙的墙面板、墙趾板和墙踵板按一般受弯构件(板)配筋,扶壁按变截面的 T 型梁配筋。墙趾板配筋设计同悬臂式挡土墙。

1)墙面板配筋设计:

水平受拉钢筋设计。墙面板的水平受拉钢筋分为内侧和外侧钢筋两种。

内侧水平受拉钢筋 N_2,布置在墙面板靠填土的一侧,承受水平负弯矩。该钢筋沿墙长方向的布置情况如图 6.27(b)所示;沿墙高方向的布筋,从图 6.23 所示的计算荷载 abde 图形可以看出,距墙顶 $H_1/4$ 至 $7H_1/8$ 范围,按第三个 $H_1/4$ 墙高范围板条(即受力最大板条)的固端负弯矩 $M_端$ 配筋,其他部分按 $M_端/2$ 配筋,如图 6.27(a)所示。

外侧水平受拉钢筋 N_3,布置在中间跨墙面板临空一侧,承受水平正弯矩。该钢筋沿墙长方向通长布置,如图 6.27 所示,但为了便于施工,可在扶壁中心切断,沿墙高方向的布筋,从图 6.23 所示的计算荷载 abce 图形可以看出,从距墙顶 $H_1/8$ 至 $7H_1/8$ 范围,应按图中 $H_1/2$ 墙高范围板条也即受力最大板条的跨中正弯矩 $M_中$ 配筋。如图 6.27(a)中其他部分按 $M_中/2$ 配筋。

竖直纵向受力钢筋设计。墙面板的竖直纵向受力钢筋,也分为内侧和外侧钢筋两种。

内侧竖直受力钢筋布置在墙面板靠填土一侧,承受墙面板的竖直负弯矩。该钢筋向下伸入墙踵板不少于一个钢筋锚固长度,向上在距墙踵板顶面 $H_1/4$ 加钢筋锚固长度处切断,如图 6.27(a)所示。沿墙长方向的布筋从图 6.27(b)可以看出,在跨中 $2L/3$ 范围内按跨中的最大竖直负弯矩 $M_底$ 配筋,其两侧各 $L/6$ 部分按 $M_端/2$ 配筋。两端悬出部分的竖直内侧钢筋可参照上述原则布置。

外侧竖直受力钢筋 N_3,布置在墙面板的临空一侧,承受墙面板的竖直正弯矩,按 $M_底/4$ 配筋。该钢筋可通长布置,兼做墙面板的分布钢筋之用。

面板与扶壁之间的 U 形拉筋设计。钢筋 N_6[图 6.28(a)]为连接墙面板和扶壁的水平 U 形拉筋,其开口朝扶壁的背侧。该钢筋的每一肢承受宽度为拉筋间距的水平板条的板端剪力 $V_端$,在扶壁的水平方向通长布置[图 6.27(a)]。

2)墙踵板配筋设计:

顶面横向水平钢筋设计。墙踵板顶面横向水平钢筋,是为了使墙面板承受竖直负弯矩的钢筋 N_4 得以发挥作用而设置。该横向水平钢筋位于墙踵板顶面,并与墙面板垂直,如图 6.27(a)所示,承受与墙面板竖直最大负弯矩相同的弯矩。钢筋 N_7 沿墙长方向的布置与 N_4 相同,在垂直于墙面板方向,一端伸入墙面板一个钢筋锚固长度,另一端延长至墙踵,作为墙踵板顶面纵向受拉钢筋 N_8 的定位钢筋。如果钢筋 N_7 较密,其中一半可以在距墙踵板内缘 $B_3/2$ 加钢筋锚固长度处切断。

钢筋 N_8 和 N_9[图 6.27(a)]为墙踵板顶面和底面的纵向水平受拉钢筋,承受墙踵板扶壁两端负弯矩和跨中正弯矩。钢筋 N_8 和 N_9 沿墙长方向的切断情况与 N_2 和 N_3 相同;

在垂直墙面板方向，可将墙踵板的计算荷载划分为 2～3 个分区，每个分区按其受力最大板条的法向压应力配置钢筋。

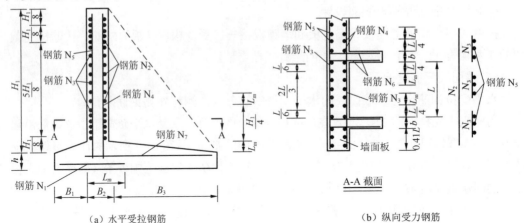

（a）水平受拉钢筋　　　　　　　　　　　　　　　（b）纵向受力钢筋

图 6.27　墙面板钢筋布置示意图

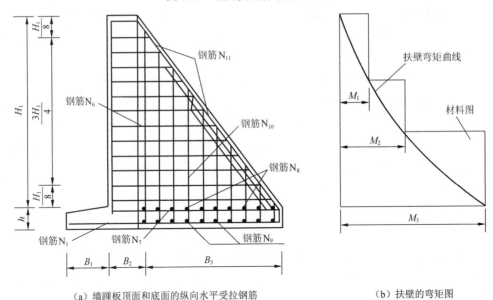

（a）墙踵板顶面和底面的纵向水平受拉钢筋　　　　　（b）扶壁的弯矩图

图 6.28　墙踵板与扶壁钢筋布置示意图

墙踵板与扶壁之间的 U 形拉筋设计。钢筋 N_{10} 为连接墙踵板和扶壁的 U 形拉筋，其开口朝上。该钢筋的计算方法与墙面板和扶壁之间的水平拉筋 N_6 相同；向上可在距墙踵板顶面一个钢筋锚固长度处切断，也可延至扶壁顶面，作为扶壁两侧的分布钢筋之用；在垂直墙面板方向的分布与墙踵板顶面的纵向水平钢筋 N_8 相同。

3）扶壁配筋设计：

钢筋 N_{11} 为扶壁背侧的受拉钢筋。在计算 N_{11} 时，通常近似地假设混凝土受压区的合力作用在墙面板的中心处。扶壁背侧受拉钢筋的面积可按下式计算：

$$A_s = M / f_y h_0 \cos\theta \tag{6.55}$$

式中，A_s——扶壁背侧受力钢筋面积；

$\qquad$ M——计算截面的弯矩；

$\qquad$ f_y——钢筋的抗拉强度设计值；

$\qquad$ h_0——扶壁背侧受拉钢筋重心至墙面板中心的距离；

$\qquad$ θ——扶壁背侧受拉钢筋与竖直方向的夹角。

在配置钢筋 N_{11} 时，一般根据扶壁的弯矩图[图 6.28（b）]选择取 2～3 个截面，分别计算所需受拉钢筋的根数。为了节省混凝土，钢筋 N_{11} 可按多层排列，但不得多于三层，而且钢筋间距必须满足规范的要求，必要时可采用束筋。各层钢筋上端应较按计算不需要此钢筋的截面处向上延长一个钢筋锚固长度，下端埋入墙底板的长度不得少于钢筋的锚固长度，必要时可将钢筋沿横向弯入墙踵板的底面。

6.5　加筋土挡土墙

加筋土挡土墙时由墙面板、拉筋和填料三部分组成（如图 6.29 所示）。其工作原理是依靠填料与拉筋之间的摩擦力，来平衡墙面所承受的水平土压力，并以拉筋、填料的复合结构抵抗拉筋尾部填料所产生的土压力，从而保证挡土墙的稳定[1,2]。

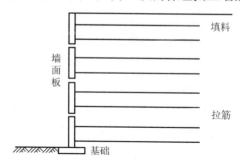

图 6.29　加筋土挡土墙剖面示意图

加筋土挡土墙的优点是墙可做得很高。它对地基土得承载力要求较低，适合在软弱地基上建造。由于施工简便，可保证质量，施工速度快，造价低，占地少，外形美观，因而得到较广泛地应用，但地震区的高烈度区和强烈腐蚀环境不宜使用。加筋土挡土墙，一般应用于支挡填土工程，在公路、铁路工程、煤矿工程中应用较多。

6.5.1　加筋土挡土墙的构造要求

加筋土挡土墙主要是由竖立的墙面板、填料及埋在填料内的具有一定抗拉强度并与面板相连接的拉筋所组成。

面板的主要作用是防止拉筋间填土从侧向挤出，并保护拉筋、填料。墙面板构成一个具有一定形状的整体。面板具有足够的强度，保证拉筋端部土体稳定。目前采用的面板有金属面板和钢筋混凝土面板。通常做成十字形、槽形、六角形、L 形、矩形等。板边一般应有楔口相互衔接，并用短钢筋插入小孔，将每块墙板从上、下、左、右串成整体墙面。墙面板应预留泄水孔。

拉筋对于加筋土挡土墙至关重要。拉筋应具有较高的抗拉强度、有韧性、变形小且与填土间有较大摩阻力，而且要抗腐蚀，便于制作，价格低廉。目前一般采用的有扁钢、钢筋混凝土板、聚丙烯土工带和土工布等。扁钢用 Q235，宽度部小于 30mm，厚度部小于 3mm，表面镀锌或采取防锈措施。钢筋混凝土拉筋板用 C20 级以上混凝土，钢筋直径大于 8mm，断面用矩形，宽 100～250mm，厚 60～100mm。我国目前采用的整板式拉筋和串联式拉筋，其表面粗糙，与填土间有较大的摩阻力。加之，筋带较宽，故拉筋长度可缩短，因而造价也较低。公路修建的挡土墙工程，多用聚丙烯土工带为拉筋。由于其施工简便而受到工程界的欢迎，但此材料式一种低模量、高蠕变材料，其抗拉强度受蠕变控制。一般可按容许应力法计算其值，可取断裂强度的 1/5～1/7，延伸率控制在 4%～5%。断裂强度不宜小于 200kPa，断裂时伸长率部应大于 10%。

面板与拉筋之间除了有必要的坚固可靠连接，面板还应有与拉筋相同的耐腐蚀性能。钢筋混凝土拉筋与墙面板之间、串联式钢筋混凝土拉筋节与节之间一般采用焊接。金属薄板与墙面之间的连接一般采用圆孔内插入螺栓连接。对聚丙烯拉筋与板的连接，可用拉环，也可以直接穿在面板的预留空中。对于埋于土中的接头拉环都以浸透沥青的玻璃丝布绕裹两层防护。

填料为加筋土挡土墙的主体材料，必须易于填充和压实，使拉筋之间有可靠的摩擦力，且不应对拉筋有腐蚀性。

墙板下的基础应采用混凝土灌注基础或用浆砌片石砌筑基础。

由于加筋土挡土墙地基的沉陷和面板的收缩膨胀可能会引起结构变形，基础下沉，面板开裂，不但影响外观，也影响工程使用，因此在每隔 10～20m 应设沉降缝。

6.5.2 加筋土挡土墙的设计

（1）基本假定[3,4]

① 墙面板承受填料产生的主动土压力，每块面板承受其相应范围内的土压力，这些土压力由面板上拉筋的拉力来平衡。

② 挡土墙内部加筋体部分为滑动面和稳定区，这两区的分界面为土体的破裂面。此破裂面与竖直的夹角小于非加筋土的主动破裂角。改为"破裂面"可按（图 6.30 所示）0.3H 折线来确定。

靠近面板的滑动区内的拉筋长度 L_f 为无效长度，作用于板面上的土压力由稳定区的拉筋与填料之间的摩阻力平衡，所以在稳定区内拉筋长度 L_a 为有效长度。

③ 拉筋与填料之间的摩擦系数在拉筋的全长范围内相同。

④ 压在拉筋有效长度上的填料自重及荷载对拉筋均产生有效摩擦力。

（2）土压力计算[4]

1）作用于加筋土挡土墙的土压力强度 p_i（填料和墙顶面以上活荷载所产生的土压

力之和）：

① 墙后填料作用于墙面板上土压力强度 p_{i1}：由于加筋土为各向异性复合材料，计算理论还不成熟，根据国内为实测资料表明，土压力值接近静止土压力，而应力图形成折线形分布（图6.31）。

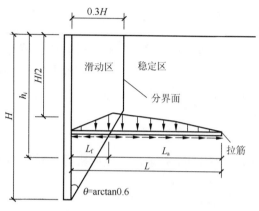

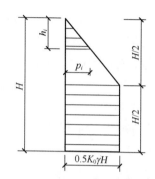

图6.30　加筋土挡土墙破裂面　　　图6.31　墙面板上土压力分布

当 $h_i \leqslant \dfrac{H}{2}$ 时，
$$p_{i1} = K_0 \gamma h_i \qquad (6.56)$$

当 $h_i > \dfrac{H}{2}$ 时，
$$p_{i1} = 0.5 K_0 \gamma H \qquad (6.57)$$

式中，　γ——填料重度，kN/m³；

　　　　K_0——静止土压力系数，$K_0 = 1 - \sin\varphi$；φ 为土的内摩擦角。

② 墙顶面上荷载产生的土压力 p_{i2}：由实测可知，离墙顶面越大，荷载的影响越小。为简化计算，其值可由荷载引起的竖向土压力强度与静止土压力系数乘积而得。竖向土压力强度可按应力扩散角法计算。

$$p_{i2} = K_0 \frac{\gamma h_0 L_0}{L_i'} \qquad (6.58)$$

式中，　L_0——荷载换算土柱宽度；

　　　　h_0——荷载换算土柱高度；

　　　　L_i'——第 i 层拉筋深度处，荷载在土中的扩散宽度。

当 $h_i \leqslant a \tan 60°$ 时，　　$L_i' = L_0 + 2 h_i \tan 30°$

当 $h_i > a \tan 60°$ 时，　　$L_i' = a + L_0 + h_i \tan 30°$

式中，　a——荷载内边缘至墙背的距离；

　　　　h_i——第 i 层拉筋到墙顶的深度。

$$p_i = p_{i1} + p_{i2} \qquad (6.59)$$

2）作用于拉筋所在位置的竖向压力强度 p_{vi}（填料自重应力与荷载引起的压应力之和）：

$$p_{vi} = p_{vi1} + p_{vi2} \qquad (6.60)$$

① 墙后填料的自重应力

$$p_{vi1} = \gamma h_i \qquad (6.61)$$

② 荷载作用下拉筋上的竖向压应力，采用扩散角法计算（一般取 30°）

$$p_{vi2} = \frac{\gamma h_0 L_0}{L_i'} \qquad (6.62)$$

（3）墙面设计

墙面板的形状、大小通常根据施工条件和其他要求来确定。设计时只计算厚度。其方法是取墙面板所在位置上土压力强度的最大值作为平均荷载，根据面板上拉筋的位置和根数，对面板可作为外伸简直板计算。当墙高大于 8cm 时，墙面板可设计为两种形式的板。

（4）拉筋长度计算

拉筋的长度应保证在拉筋的设计拉力下不被拔出，拉筋总长度应由有效长度的无效长度组成。

1）拉筋无效长度：

$$\left. \begin{aligned} &\text{当 } h_i \leqslant \frac{H}{2} \text{ 时，} \qquad L_{fi} = 0.3H \\ &\text{当 } h_i > \frac{H}{2} \text{ 时，} \qquad L_{fi} = 0.3H \frac{H - h_i}{0.5H} = \frac{3}{5}(H - h_i) \end{aligned} \right\} \qquad (6.63)$$

2）拉筋的有效长度：

① 钢板、钢筋混凝土拉筋

$$\left. \begin{aligned} L_{ai} &= \frac{T_i}{2\mu' B p_{vi}} \\ T_i &= K p_i s_x s_y \end{aligned} \right\} \qquad (6.64)$$

式中，L_{ai}——拉筋有效段长度；

μ'——填料与拉筋的摩擦系数；

B——拉筋宽度；

p_{vi}——第 i 层拉筋上竖向土压力强度；

T_i——第 i 层拉筋的设计拉力；

K——安全系数，一般取 1.5；

p_i——与第 i 层拉筋对应墙面板中心处水平土压力强度；

s_x、s_y——拉筋之间的水平和竖向距离。

② 拉筋为聚丙烯土工带或土工布

当采用聚丙烯土工带为拉筋时，其有效段长度计算公式为

$$L_{ai} = \frac{T_i}{2nB\mu' p_{vi}} \qquad (6.65)$$

式中，n——拉筋拉带根数。

（5）拉筋截面设计

① 钢板拉筋和钢筋混凝土拉筋

$$A_s \geqslant \frac{T_i}{f_y} \qquad (6.66)$$

② 聚丙烯土工带为拉筋

聚丙烯土工带按中心受拉构件计算，通常根据试验测得每根拉筋的极限强度，取极限强度的 $\frac{1}{5} \sim \frac{1}{7}$ 为每根拉筋的设计强度。

（6）拉筋抗拔稳定验算

全墙抗拔稳定验算

$$K_b = \frac{\sum S_{fi}}{\sum E_i} \geqslant 2 \qquad (6.67)$$

式中，K_b——全墙抗拔稳定系数；

$\sum S_{fi}$——各层拉筋所产生的摩擦力总和；

$\sum E_i$——各层拉筋承担的水平拉力总和。

6.5.3 全墙抗拔稳定系数

把拉筋的末端与墙面板之间的填料视为一整体墙。按一般重力式挡土墙的设计方法，验算全墙的抗滑移稳定、抗倾覆稳定和地基承载力，也可滑移面理论计算墙的整体稳定性。也可采用滑移面理论计算加筋土挡墙的整体静力和动力稳定性[2]。

6.6　土钉墙设计

土钉墙是由喷射钢筋混凝土薄墙和加固土体的土钉组成，土钉可由钢筋或钢棒钻孔植入，然后压力满孔注浆形成土中狼牙棒。土钉能够在土体稳定区与挡土薄墙之间产生很大的拉力，以阻止土体滑移和坍塌（图 6.32）。土钉墙往往被看成是一种被动加固土体方法，因为只有基坑或边坡产生变形，形成滑移区和稳定区（图 6.32），土钉才会进入工作状态。一般土钉墙可用作油气管线沿坡敷设的边坡稳定、高层建筑深基坑支护、高速公路和铁路边坡支护以及临近建筑的边坡支护等。尽管土钉墙是一种较新的支挡结构，然而它已经在欧洲、美国和中国等地得到了广泛的应用[5-7]。

土钉墙属一种柔性支挡结构，由于挡土结构刚度较小，挡土结构自身在工作状态下有较大变形，这种支挡结构可用作深基坑支护和边坡加固[5,8]。黄土地区管线沿坡跟方向敷设的边坡稳定性加固和站场挖方边坡均可采用土钉墙或复合土钉墙。

像土钉墙这种形式的支挡结构特别适用于美国西部、中西部和中国西北部的黄土与湿陷性黄土地区。湿陷性黄土是一种容易受到风雨残蚀的粉土，在自然状态下，湿陷性黄土颗粒之间具有黏聚力，这些含有钙盐成分的颗粒结构，遇水能够溶解。因此，遇水

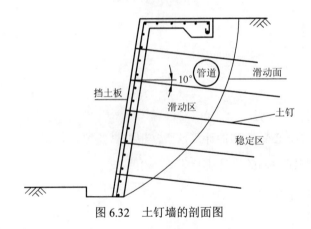

图 6.32　土钉墙的剖面图

时，湿陷性黄土就会受到侵蚀而湿陷。而土钉墙可以防止水从坡面和顶部侵入，减少边坡由于遇水可能产生的湿陷破坏，而且，土钉墙是一种协同工作性能极好的支挡结构，局部个别湿陷失效也不会造成墙体的整体破坏。

土钉支护可用于边坡的稳定，特别适用于黏性土、弱胶结砂土以及破碎软弱岩质路堑边坡加固。不宜用于含水丰富的粉细砂层、砂砾卵石层和淤泥质土。土钉墙作为土体开挖的临时支护和永久性挡土结构，高度不宜大于 18m，当其与其他支护形式如锚杆联合使用时，高度可适当增加。

土钉墙采取自上而下分层修建的方式，分层开挖的最大高度取决于土体可以直立而不破坏的能力，砂性土为 0.5～2.0m，黏性土可以适当增大一些，分层开挖高度一般与土钉竖向间距相同，常用 1m。分层开挖的纵向长度，取决于土体维持不变形的最长时间和施工流程的相互衔接，一般多为 10m 左右。按照我国《建筑基坑支护技术规程》（JGJ 120—2012）[9] 土钉墙设计应考虑以下内容。

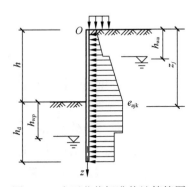

图 6.33　水平荷载标准值计算简图

6.6.1　土钉墙的设计计算

（1）土钉墙荷载计算

1）支护结构水平荷载值 e_{ajk} 计算（图 6.33）：

① 对于碎石土及砂土。

a. 计算点位于地下水位以上时，

$$e_{ajk} = \sigma_{ajk} K_{ai} - 2c_{ik}\sqrt{K_{ai}} \qquad (6.68)$$

b. 当计算点位于地下水位以下时，

$$e_{ajk} = \sigma_{ajk} K_{ai} - 2c_{ik}\sqrt{K_{ai}} + [(z_j - h_{wa}) - (m_j - h_{wa})\eta_{wa} K_{ai}]\gamma_w \qquad (6.69)$$

② 对于粉土及黏性土，

$$e_{ajk} = \sigma_{ajk} K_{ai} - 2c_{ik}\sqrt{K_{ai}} \qquad (6.70)$$

③ 当 e_{ajk} 按上式计算小于零时，$e_{ajk} = 0$。

2）第 i 层土的主动土压力系数 K_{ai} ：

$$K_{ai} = \tan^2 \left(45° - \frac{\varphi_{ik}}{2} \right) \tag{6.71}$$

3）边坡外侧竖向应力标准值 σ_{ajk} ：

$$\sigma_{ajk} = \sigma_{rk} + \sigma_{0k} + \sigma_{1k} \tag{6.72}$$

① 计算点处自重竖向应力标准值 σ_{rk} 。

a. 当计算点位于边坡开挖底面以上时，

$$\sigma_{rk} = r_{mj} z_j \tag{6.73}$$

b. 当计算点位于边坡开挖底面以下时，

$$\sigma_{rk} = r_{mh} h \tag{6.74}$$

② 任意深度附加竖向应力标准值 σ_{0k} 。

当支护结构外侧地面作用满布附加荷载 q_0 时（图 6.34），

$$\sigma_{0k} = q_0 \tag{6.75}$$

4）任意深度条形荷载附加竖向应力标准值 σ_{1k} ：

当距支护结构 b_1 外侧，地表作用有宽度为 b_0 的条形附加荷载 q_1 时（图 6.35），

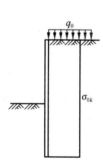

图 6.34 均布附加竖向应力计算简图

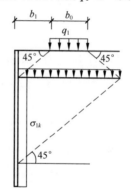

图 6.35 局部荷载附加竖向应力计算简图

$$\sigma_{1k} = q_1 \frac{b_0}{b_0 + 2b_1} \tag{6.76}$$

式中，K_{ai} ——第 i 层的主动土压力系数；

σ_{ajk} ——作用于深 z_j 处的竖向应力标准值；

c_{ik} ——三轴试验快剪黏聚力标准值；

z_j ——计算点深度；

m_j ——计算参数，当 $z_j < h$ 时，取 z_j ，当 $z_j > h$ 时，取 h ；

h_{wa} ——边坡外侧水位深度；

γ_w ——水的重度；

η_{wa} ——计算系数，当 $h_{wa} \leqslant h$ 时，取 1.0，否则取 0；

φ_{ik} ——三轴快剪内摩擦角标准值；

γ_{mj} ——深度 z_j 以上土的加权平均天然重度；

γ_{mh}——开挖面以上土的加权平均天然重度。

（2）土钉抗拉承载力计算

土钉抗拉承载力计算主要包括以下几个方面。

1）单根土钉受拉荷载标准值可按下式计算：

$$T_{jk} = \zeta e_{ajk} s_{xj} s_{zj} / \cos \alpha_j \qquad (6.77)$$

$$\zeta = \tan \frac{\beta - \varphi_k}{2} \left[\frac{1}{\tan \dfrac{\beta + \varphi_k}{2}} - \frac{1}{\tan \beta} \right] \Big/ \tan^2 \left(45° - \frac{\varphi}{2} \right) \qquad (6.78)$$

式中，ζ——荷载折减系数；

e_{ajk}——第 j 根土钉位置处水平荷载标准值；

s_{xj}，s_{zj}——第 j 根土钉与相邻土钉的平均水平、垂直间距；

α_j——第 j 根土钉与水平面的夹角；

β——土钉墙坡面与水平面的夹角。

2）对于安全等级为二级的土钉抗拉承载力设计值应按试验确定，安全等级为三级时可按下式计算（图 6.36）：

$$T_{uj} = \frac{1}{\gamma_s} \pi d_{nj} \sum q_{sik} l_i \qquad (6.79)$$

式中，γ_s——土钉抗拉抗力分项系数，取 1.3；

d_{nj}——第 j 根土钉锚固体直径；

q_{sik}——土钉穿越第 i 层土土体与锚固体极限摩阻力标准值，应由现场试验确定或为低压或无压注浆时参考表 6.5 取值，高压注浆时可按表 6.6 取值；

l_i——第 j 根土钉在直线破裂面外穿越第 i 稳定土体内的长度，破裂面与水平面的夹角为 $(\beta + \varphi_k)/2$。

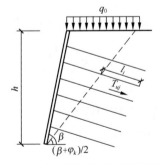

图 6.36　土钉抗拉承载力计算简图

3）单根土钉抗拉承载力计算应符合下式要求：

$$1.25 \gamma_0 T_{jk} \leqslant T_{uj} \qquad (6.80)$$

式中，T_{jk}——第 j 根土钉受拉荷载标准值；

T_{uj}——第 j 根土钉抗拉承载力设计值。

表 6.5 土钉锚固体与土体极限摩阻力标准值[9]

土的名称	土的状态	q_{sik}/kPa
填土		16～20
淤泥		10～16
淤泥质土		16～20
黏性土	$I_L > 1$	18～30
	$0.50 < I_L < 0.75$	30～40
	$0.25 < I_L < 0.50$	40～53
	$0 < I_L < 0.25$	53～65
	$I_L < 0$	65～73
		73～80
粉土	$0.75 < e < 0.9$	20～40
	$e < 0.75$	40～60
		60～90
粉细砂	稍密	20～40
	中密	40～60
	密实	60～80
中砂	稍密	40～60
	中密	60～70
	密实	70～90
粗砂	稍密	60～90
	中密	90～120
	密实	120～150
砾砂	中密、密实	130～160

表 6.6 锚杆的极限黏结强度标准值[9]

土的名称	土的状态或密实度	q_{sik}/kPa	
		一次常压注浆	二次压力注浆
填土		16～30	30～45
淤泥质土		16～20	20～30
黏性土	$I_L > 1$	18～30	25～45
	$0.75 < I_L \leqslant 1$	30～40	45～60
	$0.50 < I_L < 0.75$	40～53	60～70
	$0.25 < I_L < 0.50$	53～65	70～85
	$0 < I_L < 0.25$	65～73	85～100

土的名称	土的状态或密实度	q_{sik} /kPa	
		一次常压注浆	二次压力注浆
黏性土	$I_L < 0$	73~90	100~130
粉土	$e > 0.90$	22~44	40~60
	$0.75 \leqslant e \leqslant 0.90$	44~64	60~90
	$e < 0.75$	64~100	80~130
粉细砂	稍密	22~42	40~70
	中密	42~63	75~110
	密实	63~85	90~130
中砂	稍密	54~74	70~100
	中密	74~90	100~130
	密实	90~120	130~170
粗砂	稍密	80~130	100~140
粗砂	中密	130~170	170~220
	密实	170~220	220~250
砾砂	中密、密实	190~260	240~290
风化岩	全风化	80~100	120~150
	强风化	150~200	200~260

注： 1. 采用泥浆护壁成孔工艺时，应按表取低值后再根据具体情况适当折减；
2. 采用套管护壁成孔工艺时，可取表中高值；
3. 采用扩孔工艺时，可在表中数值基础上适当提高；
4. 采用二次压力分段劈裂注浆工艺时，可在表中二次压力注浆数值基础上适当提高；
5. 当砂土中的细粒含量超过总质量的30%时，表中数值应乘以0.75；
6. 对有机质含量为5%~10%的有机土，应按表取值后适当折减；
7. 对锚杆锚固段长度大于16m时，应对表中数值适当折减。

6.6.2 土钉墙整体稳定性验算

通常的土钉墙设计，由于计算量较大，设计人员往往将土层参数简化，凭借经验进行设计，对土钉墙稳定性分析不够深入，往往导致工程事故的出现。对于土钉墙的设计，现行的基坑支护技术规程中只给了基本的设计方法，特别是整体稳定性计算，给设计人员带来了很多困难。为了解决这个问题，石林珂等进行了研究和探讨，给出一种新的方法，但对于圆弧滑移面圆心所在的区域仍未确定。通常情况下，设计人员往往按简单土坡计算中采用的经验公式确定圆弧圆心所在区域。在考虑土钉作用的情况下，边坡受力情况发生改变，这种方法存在不合理性。张明聚[10]、朱彦鹏、李忠[11]等提出用几何控制参数确定最危险滑动面的计算机算法。对于土钉墙支护设计软件的开发，近年来我国一些科研机构和高校基于不同的分析模型及计算机开发环境，已有多种深基坑工程设计软件，其中都包括了土钉墙支护设计，有些软件实现了商品化，并得到一定的范围的推广。如同济启明星软件中的FRMSV4.0、中国建筑科学研究院地基所的RSDV3.0、北京理正软件设计研究所开发的F-SPW、兰州理工大学开发的深基坑支护软件V1.0等，但由于基坑工程地区性的差异的限制，这些软件各有所长，各有侧重，各有其适用条件，目前还没有软件能通用于各地区的基坑支护结构的设计中。在西北黄土地区，土钉墙支护技术近年来被迅速推广应用，为了便于开发能结合本地特征，通用性好的设计软件，兰州理工大学对土钉墙整体稳定性分析方法进行了改进，并采用面向对象的编程思想，以VC++6.0为平台，编写了上述算法方法类，开发了基坑土钉支护设计软件。

土钉墙的设计主要包括以下几个方面：①支护结构荷载计算；②土钉抗拉承载力计算；③土钉墙整体稳定性验算；④土钉墙的构造、施工与检测。前三者为设计中主要问题。支护结构荷载计算和土钉抗拉承载力计算。以下针对土钉墙整体稳定性验算方法进行了改进，推导了滑移面搜索的计算模型。

（1）建立滑移面搜索模型[11]

两个假定：圆弧上任意点切线与水平面夹角介于 0~90° 之间，就是假定圆心出现在直线 OC 右侧和直线 OE 下方的可能性近似为 0；最危险滑移面圆弧通过基坑底面角点 A 处，如图 6.37 所示。

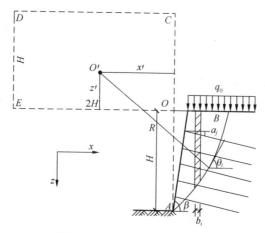

图 6.37 整体稳定性分析简图

（2）建立计算模型

根据《建筑深基坑支护技术规范》（JGJ 120—2012）[9]，采用圆弧滑动简单条分法进行整体稳定性验算，为了便于计算机计算，对整体稳定性分析的改进如图 6.37 所示，建立直角坐标系，$O'(-x', -z')$ 为圆心位置，$O(0,0)$ 为坐系原点,矩形区域 OCDE 为圆弧圆心 O' 所在的区域。在考虑土钉作用的影响下，圆心位置随着设计参数的变化为动态变化，最危险滑移面的确定必须借助于计算机搜索，以确定圆弧的圆心位置。整体搜索过程中，涉及多个变量的求解，可以方便地建立圆心 O' 坐标与其余变量之间的函数关系 $Var(-x', -z')$，其中关键的几个变量求解公式如下。

1）圆弧半径：

如图 6.38 所示，O' 点处为圆弧滑移面的圆心，O 点为基坑顶面角点，根据假定第二条基本假定可知，则圆弧半径为 $O'A$。由此，以 O 点为原点，令 O' 点相对坐标为

$(-x',-z')$，得

$$R = \sqrt{(x')^2 + (H+z')^2} \qquad (6.81)$$

2）圆弧上任意点处切线与水平面夹角：

如图 6.38 所示，在圆弧上任意点 $M(x_i, z_i)$ 处，切线与水平面夹角为 θ_i，由几何关系可知 θ_i 即为角 $O'MN$，由此得

$$\sin\theta_i = \frac{x'+x_i}{R} \qquad 或 \qquad \cos\theta_i = \frac{z'+z_i}{R} \qquad (6.82)$$

$$\theta = \arcsin\left(\frac{x'+x_i}{R}\right) \qquad 或 \qquad \theta = \arccos\left(\frac{z'+z_i}{R}\right) \qquad (6.83)$$

3）土钉在圆弧面外穿越土体的长度：

如图 6.39 所示，第 j 根土钉与圆弧交点 $C(x_j, z_j + \Delta z_j)$，lf_j 为圆弧内土钉长度，ln_j 为土钉在圆弧外长度，则土钉的总长

$$l_j = lf_j + ln_j \qquad (6.84)$$

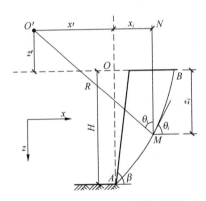

图 6.38 切线与水平面夹角计算

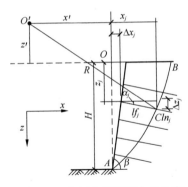

图 6.39 土钉在圆弧面内外长度

由于 C 点在圆弧上则必有

$$(x'+x_j)^2 + (z'+z_j+\Delta z_j)^2 = R^2 \qquad (6.85)$$

$$x_j = \Delta x_j + lf_j \cos\alpha_j \qquad (6.86)$$

$$\Delta x_j = (H-z_j)\tan(90° - \beta) \qquad (6.87)$$

$$\Delta z_j = lf_j \sin\alpha_j \qquad (6.88)$$

式中，H ——开挖深度；

$\quad\quad$ β ——土钉坡面与水平面夹角；

$\quad\quad$ z_j ——第 j 根土钉头部到地面的距离；

$\quad\quad$ α_j ——第 j 根土钉与水平面的夹角。

lf_j 采用迭代的方法，设计定步长 Δlf_j，初始长度设计为 0，则在第 n 次迭代时有

$$lf_j = n \cdot \Delta lf_j \qquad (6.89)$$

由此，联合式（6.85）～式（6.88）代入式（6.84）中，当满足圆弧方程时，可求得

土钉在圆弧内长度lf_j，土钉总长为设计参数，给定后即可由式（6.84）求得ln_j为土钉在圆弧外长度。

4）第i条分土重量：

如图6.40所示，第i条分重度的计算如下：

$$k = \begin{cases} 1-(H-x_i/\tan(90°-\beta))/z & (H-x_i/\tan(90°-\beta)) > 0 \\ 1 & (H-x_i/\tan(90°-\beta)) < 0 \end{cases} \quad (6.90)$$

$$z_i = \sqrt{R^2 - (x' + x_i)^2} - z' \quad (6.91)$$

$$w_i = kz_ib_is\gamma \quad (6.92)$$

式中，k——在土钉坡面内条分土重量计算系数；

　　　z_i——第i条带底部中点至原点竖向距离；

　　　x_i——第i条带顶部中点至原点的水平距离；

　　　β——土钉坡面与水平面夹角；

　　　b_i——第i条分宽度；

　　　w_i——第i条分土重。

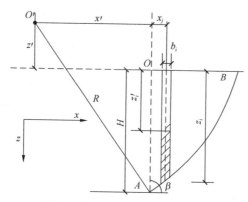

图6.40　第i条分土重计算简图

5）最危险滑移面确定：

通过确定上述的几个关键变量后，则在给定圆心后，可求得该圆弧所对应安全系数F_s。在考虑土钉作用的影响下，F_s计算公式如下[5, 9]：

$$F_s = \frac{\sum\limits_{i=1}^{n} c_{ik}L_is + s\sum\limits_{i=1}^{n}(w_i + q_0b_i)\cos\theta_i \cdot \tan\varphi_{ik} + \sum\limits_{j=1}^{m} T_{nj} \times \left[\cos(\alpha_j + \theta_j) + \frac{1}{2}\sin(\alpha_j + \theta_j) \cdot \tan\varphi_{jk}\right]}{s\gamma_0 \sum\limits_{i=1}^{n}(w_i + q_0 \cdot b_i)\sin\theta_i}$$

$$(6.93)$$

式中，s——滑动体单元的计算厚度；

　　　γ_0——基坑重要性系数。

如图6.37所示，矩形$OCDE$为圆心所在区域，利用网格法在区域内给定$n \times n$个圆心（n为网格划分数），从$n \times n$个圆心中寻找使得安全系数最小者即为最危险滑移面圆心。因此，矩形 $OCDE$ 区域的范围必须足够大，以保证求得最危险滑移面的准确性。通过在程序中动态的调解搜索区域的大小发现，当矩形 $OCDE$ 为 $2H \times H$ 时，在土体参数及开挖深度改变的情况下，搜索得到的圆心都在此区域内部，再扩大搜索范围已无必要；当圆心到达搜索区域边界时，则可将动态调解区域大小，使得搜索得到的圆心在此区域内部，其位置关系如图 6.37 所示。

（3）软件的开发

按照以上方法开发的面向对象的设计法，开发了便于数据输入、数据传递、数据输出和数据处理的土钉墙结构优化设计软件，本设计软件可理解性强，具有易重用性、易维护性、易扩充性的特点。

该软件的主要功能组织及稳定性分析界面如图 6.41 和图 6.42 所示。

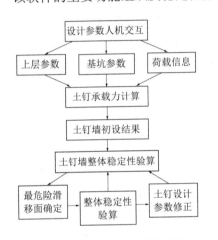

图 6.41　软件的主要功能组织

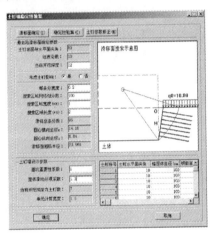

图 6.42　稳定性分析界面

6.6.3　土钉墙的优化设计[12]

像土钉墙这种形式的支挡结构特别适用于美国西部、中西部和中国西北部的湿陷性黄土地区。湿陷性黄土是一种粉土，在自然状态下，其颗粒结构遇水能够溶解。因此，湿陷性黄土遇水就会受到侵蚀而湿陷。而土钉墙可以防止水从坡面和顶部侵入，减少边坡由于遇水可能产生的湿陷破坏，并且，土钉墙是一种协同工作性能极好的支挡结构，局部个别湿陷失效也不会造成墙体的整体破坏。

现行常用的土钉墙设计方法可分为两种，第一种方法是将土钉墙看成一个重力式挡土墙计算它的强度和稳定性[6,7]，第二种方法时基于极限平衡的整体稳定性计算和基于承载力的土钉强度设计的强度和稳定性设计法[5,7,13]，第一种计算方法目前已很少使用。

但是，对土钉墙设计来说，目前常用的第二种方法至少存在两个缺陷[9,11,12]，第一，这种方法忽略了危险滑移面位置与土钉长度和土钉直径变化之间的内在联系，即如果确定了危险滑移面以后，而稳定性不能满足要求，需要改变土钉的长度或者直径，这时最危险滑移面的位置也随着改变，但这种算法只确定一次最危险滑移面，当土钉长度和直径改变时不再改变最危险滑移面的位置，这样当然使稳定性分析变得简单，但是确定的危险滑移面不一定为最危险滑移面，使稳定性验算不可靠；第二，这种算法的另一缺陷是一般只进行最终开挖深度的稳定性验算，而忽略了开挖过程中的稳定性问题，即通常不进行每个开挖深度的整体稳定行验算，这样会导致出现开挖过程的稳定性破坏问题。

有些研究工作虽然对开挖工作面的稳定性给予了一定的关注，可是在研究工作当中未考虑土钉对最危险滑移面的影响[13]，或者虽然考虑了土钉的影响但未考虑土钉支护稳定性计算的最危险滑移面是随土钉间距、长度和直径变化一个动态过程[14]。

作者多年观察和分析发现，在湿陷性黄土地区和其他土质边坡土层中存在软弱层时，这些缺陷往往有时会导致施工过程的稳定性破坏。为了克服这些缺陷，建议采用一种新的设计方法，这种方法用到多个土钉墙的破坏分析当中，确定了土钉墙破坏原因，并用来进行多个土钉墙的设计计算，验证了建议的方法安全可靠，经济效益明显。这种方法能够保证施工开挖过程和使用阶段的土钉承载力的强度要求；能够保证土钉墙施工每个开挖阶段和使用当中的整体稳定性的要求；并采用一种迭代优化法使土钉墙所用的土钉达到最经济，这种方法可考虑土钉对稳定性的影响，建立各个施工开挖阶段和使用过程土钉墙的最危险滑移面的确切位置与每层土钉长度和直径的动态关系。这种方法与现行的国内外土钉墙的设计方法相比在安全性和经济性方面有明显的优势。最后讨论了一个这样的工程案例，会在安全方面给土钉墙结构设计者一个警示作用。

对于给定的圆弧滑移面，通常是用条分法来计算极限平衡条件墙体的稳定性问题，而稳定性安全系数是确定在极限平衡条件下土钉墙和它支挡的土体稳定性（图 6.43）

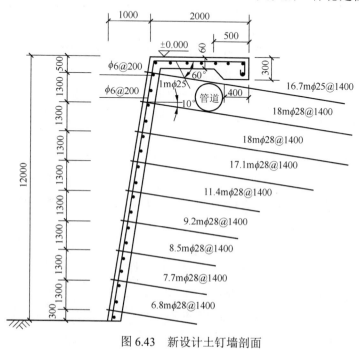

图 6.43　新设计土钉墙剖面

的判别标准。现行的设计方法，仅仅只对最后开挖深度的最危险滑移面的稳定性进行验算。分级开挖制作的土钉墙，应该对每个开挖深度土钉墙的整体稳定性进行验算才可保证土钉墙在施工和使用当中安全，开发的计算程序实现了每个开挖深度的稳定性验算和土钉长度及直径优化设计[11, 12]。

考虑土钉影响的分级开挖的土钉墙的整体稳定性安全系数 F_s 可由公式（6.93）计算。

（1）土钉墙的优化设计方法

土钉墙优化设计法为，首先按照土钉的抗拉承载力式（6.79）计算，取最终开挖深度根据初步给定的土钉水平和竖向间距、土钉注浆棒的直径等设计各层土钉的长度和直径，把此设计值作为土钉墙稳定计算的初值，然后从第一开挖层开始逐个验算每个开挖层土钉墙的稳定性，对第一开挖层而言，按照下节所述的最危险滑移面的计算方法，求出稳定性验算的安全系数的最小值 $F_{s\min}$，则 $F_{s\min}$ 对应的滑移面为最危险滑移面，此时，如果稳定性安全系数大于等于给定的安全系数[F_s]容许值，则稳定性验算进入下一开挖层，如果稳定性安全系数小于给定的安全系数[F_s]容许值，则采用给定增量，用迭代方法增加土钉长度，土钉长度增加一个增量，则要重新确定最危险滑移面，重新搜索最危险滑移面计算抗滑移安全系数 K 最小值，当 K 满足要求时迭代搜索停止，土钉长度增加从最下一层开始，直到本层土钉达到土钉钢筋的极限强度，然后在加长上一层土钉，直到所有各层都达到土钉钢筋的极限强度后，稳定性安全系数 $F_{s\min}$ 仍不满足要求，则从最下一层安增量要求增加土钉的直径及相应的长度，这样依次类推直到 K 满足要求，第二层及其他各层同样重复上述步骤，当基坑或者边坡开挖越深则上述步骤则越多，这种大量重复的迭代过程完成以后则可得到土钉墙的最优设计解，值得注意的是这个过程土钉长度和直径与最危险滑移面之间是一个动态的变化过程，而实现这个大量重复迭代的计算过程，只有通过开发相应计算机软件才能完成。

根据以上思路，下面将这种土钉墙的优化设计计算方法和步骤叙述如下：

初步设定土钉水平和竖向间距和注浆体直径，按照式（6.80）抗拉承载力要求，设计计算各层土钉直径和长度，把承载力设计结果作为土钉墙稳定性验算的初值，即取其长度和直径分别为 $\{l_{j0}\}$ 和 $\{d_{j0}\}$；其中 $\{l_{j0}\}$ 为各层土钉长度的设计初值，$\{d_{j0}\}$ 为各层土钉直径的设计初值。

按照开挖层厚度计算第一开挖层的稳定性，事实上第一开挖层无土钉，为土坡稳定问题，由于第一层开挖深度较浅（1~2m），非饱和黄土边坡一般不存在稳定性问题，因此我们把做了第一层土钉并开始第二层开挖的边坡叫作第一层开挖深度，然后对其稳定性进行验算，其验算方法是：

① 将承载力设计结果，土钉长度 $\{l_{j0}\}$ 和直径 $\{d_{j0}\}$ 作为稳定验算初值，搜索最危险滑移面，搜索方法见 6.6.2 或下节简述，验算稳定性安全系数，若给定的稳定性安全系数容许值为[F_s]，若满足公式（6.94）：

$$F_{s,\min} = \min F_s \geq [F_s] \tag{6.94}$$

则转入下一步验算第二级开挖的稳定性条件。

② 如不满足条件式（6.94），则对初步设计进行修改，修改的方法如下。

a. 由于现在仅有 1 层土钉，设给定土钉长度增量为 Δl_1，则第一次修正后土钉长度为

$$l_{11}^1 = l_{10} + \Delta l_1 \tag{6.95}$$

搜索新的最危险滑移面，验算钢筋抗拉强度条件式（6.96）和稳定性安全系数条件式（6.94）均满足，即

$$f_y A_{s1} \geq T_{n1} \tag{6.96}$$

式中，f_y——土钉钢筋的抗拉强度；

A_{s1}——第一行土钉的截面积。

则转入下一步验算第二级开挖的稳定性条件。

b. 若不满足式（6.94），则进入下一轮设计修正，现假定经过 i 轮修正后，土钉长度为

$$l_{11}^i = l_{11}^{i-1} + \Delta l_i \tag{6.97}$$

再搜索新的最危险滑移面，验算抗拉承载力条件式（6.96）和稳定性安全系数条件式（6.94）均满足，则转入下一步验算第二级开挖的稳定性条件。

c. 若出现条件式（6.96）和式（6.94）都得不到满足，则转入对土钉的直径和长度同时进行修改，此时可将修正的土钉长度作为初值，开始新的迭代搜索。

$$d_{11}^1 = d_{10} + \Delta d_1 \tag{6.98}$$

然后重复以上步骤 a，b 直到式（6.94）和式（6.96）同时满足，若式（6.94）和式（6.96）还得不到满足则将土钉直径看成初值，再重复步骤 c，直到式（6.94）和 式（6.96）最终得到满足，土钉长度和直径为第 1 开挖土层稳定性验算的修改结果 $\{l_{j1}\}$ 和 $\{d_{j1}\}$，然后转入下一步验算第二级开挖的稳定性条件。

③ 开挖至 k 层共有 j 行土钉，本层稳定性验算取上一轮验算的最后结果 $\{l_{j,k-1}\}$ 和直径 $\{d_{j,k-1}\}$ 为新初值，搜索新的危险滑移面，验算稳定性条件，若稳定性验算满足式（6.94），则转入下一步验算第 $k+1$ 级开挖层的稳定性条件验算。

④ 如不满足式（6.94），则对上步设计进行修改，修改的方法是：

a. 由于本层验算有 j 行土钉，$j-1$ 行以上土钉已在上一层稳定性验算中进行了修改，本层修改设计先从 j 行开始，设给定土钉长度增量为 Δl_j，则第一次修正后土钉长度为

$$l_{jk}^1 = l_{j,k-1} + \Delta l_j \tag{6.99}$$

搜索新的最危险滑移面，验算抗拉承载力式（6.100）和稳定性安全系数式（6.94）均满足，即

$$f_y A_{sj} \geq T_{nj} \tag{6.100}$$

式中，A_{sj}——第 j 行土钉的截面积。

则转入下一步验算第 $k+1$ 级开挖的稳定性条件。

b. 若不满足式（6.88），则进入下一轮设计修正，现假定经过 i 轮修正后，土钉长度为

$$l_{jk}^i = l_{jk}^{i-1} + \Delta l_i \tag{6.101}$$

再搜索新的最危险滑移面，验算抗拉承载力条件式（6.100）和稳定性安全系数条件式（6.94）均满足，则转入下一步验算第 $k+1$ 级开挖的稳定性条件。

c. 若出现式（6.100）和式（6.94）都得不到满足，则转入对 $j-1, j-2, \cdots, 1$ 各行土钉长度的修改，直到满足式（6.100）和式（6.94），则转入下一步验算第 $k+1$ 级开挖的稳定性条件。

d. 当所有土钉长度修改完成以后，式（6.94）条件还得不到满足，则土钉的直径和长度同时进行修改，本层修改设计同样先从 j 行开始，设给定土钉直径的增量为 Δd_j，则第一次修正后 j 行土钉直径为

$$d_{jk}^1 = d_{j,k-1} + \Delta d_j \qquad (6.102)$$

然后重复以上步骤a，b，c直到式（6.100）和式（6.94）同时满足，若式（6.100）和式（6.94）还得不到满足，则转入对 $j-1, j-2, \cdots, 1$ 各行土钉直径的修改，直到满足。土钉长度和直径为第 k 土层稳定性验算的修改结果 $\{l_{jk}\}$ 和 $\{d_{jk}\}$，然后转入下一步验算第 $k+1$ 级开挖的稳定性条件；

⑤ 重复迭代a～d直到第 1 到第 n 开挖层（最后开挖深度）稳定性验算修改设计完成，最后得到的设计结果 $\{l_{jn}\}$ 和 $\{d_{jn}\}$ 为最终土钉墙设计结果。

这种方法设计的土钉墙将能保证土钉墙在施工和使用阶段的安全，而且设计的土钉墙造价最省。

（2）土钉墙优化设计例题

一个长度为 141m，高度为 12m 的高边坡，其土层分布最上层为回填土厚度 2m，第二层为粉质黄土厚度 3m，第三层为粉砂厚度 2m，以下为卵石层厚度大于 10m，各土层相关参数见表 6.7。边坡支护采用土钉墙，按照《边坡支护技术规程》中给出的方法设计，土钉墙面与水平面夹角为 80°。土钉竖向和水平间距分别为 1.3m 和 1.4m，注浆体直径为 100mm，土钉与水平面夹角为 10°。当基坑开挖至 7m 进入粉砂层时出现滑移破坏。破坏开始于坑边粉砂层外鼓，地表出现裂缝，紧接着土钉墙出现整体滑移，基坑支护失效。基坑破坏时预计在土钉墙上部地面有 10kPa 均布荷载。基坑破坏后对破坏原因进行分析，表 6.8 为按照最终开挖深度设计的土钉墙，施工中采用此方案，其设计方法是取 12m 深基坑，分别按照土钉抗拉承载力和整体滑移稳定性进行设计，抗滑移稳定性安全系数取 1.3，施工采用承载力和稳定性计算结果中较大值，本工程采用稳定性计算结果。

表 6.7 现场土层参数

土层序号	土层名称	土层厚度/m	内摩擦角 $\varphi/(°)$	黏聚力 c/kPa	重度 $\gamma/(kN \cdot m^{-3})$	极限摩阻力 q_{isk}/kPa
1	杂填土	2.0	15	5	16.0	30
2	黄土	3.0	20	10	16.0	40
3	粉砂	2.0	15	0	16.5	30
4	卵石	10.0	40	5	18.0	100

表6.8 土钉墙按照最终开挖深度的承载力和稳定性设计结果

土钉层号	钢筋直径/mm		土钉长度/m	
	按抗拉承载力设计	按照稳定性设计	按抗拉承载力设计	按照稳定性设计
1	18	18	6.93	6.93
2	18	18	7.82	7.82
3	20	20	7.50	7.50
4	20	20	9.89	9.89
5	22	22	9.67	9.67
6	22	22	6.85	6.85
7	25	28	6.24	8.50
8	28	32	6.22	9.50
9	32	36	6.31	10.07

按照开挖层设计优化法检查破坏基坑的设计结果，算出每个开挖层的稳定性安全系数，滑移面半径如表6.9所示，结果表明不同开挖层的最危险滑移面对应的稳定性安全系数不同，开挖深度在6~9m和11m时稳定性安全系数小于1.3，尤其在破坏点7m开挖深度时其稳定性安全系数仅为0.83，但最后一级开挖的稳定性安全系数为1.32。因此这就告诉我们如果对土钉墙仅按最终开挖深度进行承载力和稳定性设计，土钉墙产生稳定性破坏就很难避免，按照开挖层进行稳定性设计才能保证施工和使用过程的安全可靠。

表6.9 土钉墙按照每层开挖深度的稳定性设计结果（开挖层厚1m）

开挖层数	开挖深度 /m	包含土钉层数	稳定性安全系数	危险滑移面半径/m
1	1	1~2	2.51	4.181
2	2	1~2	1.35	3.530
3	3	1~3	1.38	4.652
4	4	1~4	1.33	8.677
5	5	1~5	1.18	9.326
6	6	1~5	0.83	7.826
7	7	1~6	1.06	19.716
8	8	1~7	1.28	21.869
9	9	1~8	1.42	25.121
10	10	1~8	1.24	28.874
11	11	1~9	1.32	30.792

土钉墙破坏后，按照开挖层设计方法对此边坡还未施工的其他土钉墙支护进行重新设计，这种方法的本质是验算每个开挖层稳定性，按照前述方法对抗拉承载力设计的每层土钉的长度和直径进行修正，重新设计取与原设计相同土钉间距、相同墙面坡度、土钉夹角和相同注浆直径，最后的设计结果如表6.10所示，整个设计结果由稳定性控制。

每一级开挖的稳定性安全系数最小值（minF_s），最危险滑移面半径如表 6.11 所示。新设计边坡开挖至 7m 时滑移稳定性安全系数最小，为 1.33（按优化设计法此值应为 1.3，但是由于钢筋直径的突变使此值很难达到预定最小值），这个设计结果才是一个边坡的完整设计，所有各级开挖的稳定性安全系数均满足要求。

表 6.10　土钉墙按照开挖层优化设计方法的设计结果（开挖层厚 1m）

土钉层号	钢筋直径/mm	土钉长度/m	
		安抗拉承载力设计	按照稳定性设计
1	25	6.93	16.70
2	28	7.82	18.00
3	28	7.50	18.00
4	28	9.89	17.10
5	28	9.67	11.40
6	28	6.85	9.20
7	28	6.24	8.50
8	28	6.22	7.70
9	28	6.31	6.80

表 6.11　土钉墙按照开挖层的稳定性验算结果（开挖层厚 1m）

开挖层数	开挖深度 /m	包含土钉层数	稳定性安全系数	危险滑移面半径/m
1	1	1～2	5.46	4.001
2	2	1～2	2.45	3.810
3	3	1～3	2.45	4.214
4	4	1～4	2.32	5.250
5	5	1～5	1.93	6.030
6	6	1～5	1.33	7.089
7	7	1～6	1.60	9.162
8	8	1～7	1.72	18.746
9	9	1～8	1.73	20.025
10	10	1～8	1.46	13.555
11	11	1～9	1.42	14.611

现场的其他土钉墙按照新设计施工后安全可靠，没有出现任何破坏，土钉墙的剖面如图 6.43 所示。

（3）土钉墙的优化设计方法的特点

土钉墙优化设计法有如下特点：

① 土钉受拉承载力和对每级开挖深度的土钉墙抗滑移稳定性都会得到满足。

② 每个土钉拉力都不会超过土钉的极限承载力。

③ 按照这种方法设计的土钉墙土钉钢筋的长度和直径大小是最经济的。

这种方法认为在搜索最危险滑移面时，土钉长度和直径变化与土钉墙最危险滑移面之间是一个动态的变化过程，也就是说滑移面的改变将会引起土钉在稳定区长度和直径的改变，反过来，土钉在稳定区长度和直径的改变也会引起最危险滑移面位置的改变，根据这种思想编写的计算机软件可自动地搜索每级开挖过程中这种动态变化的最危险滑移面的位置，自动设计土钉的长度和直径大小。

用这种设计方法分析了黄土地区土钉墙支护破坏的实例。这个案例是一个 12m 深的高层建筑的深边坡土钉支护，当开挖至 7m 时原设计土钉墙出现了滑移稳定破坏，对破坏情况分析证明，按现行国内外设计方法存在着设计缺陷，用建议的方法重新设计边坡内其他部分土钉墙支护，施工中和施工后均未出现问题。

6.7　框架预应力锚杆支护结构设计

框架预应力锚杆支护结构是最近几年随着支护结构的发展而被提出的一种新型支护结构。它由框架、挡土板、锚杆和墙后土体组成，属于轻型挡土结构，其立面和剖面分别如图 6.44 和图 6.45 所示。挡土板的作用是挡土，它与一系列间距相等的框架刚性连接而成为连续板；框架的作用是其立柱为挡土板的支座，横梁将两侧的挡土板连接成整体保持挡土墙的稳定；锚杆的外端与框架连接，内端锚固在土体中，挡土板所受的土压力通过锚头传至钢拉杆，再由拉杆周边砂浆握裹力传递至水泥砂浆中，然后再通过锚固段周边地层的摩擦力传递到锚固区的稳定地层中，以承受土压力或水压力对结构所施加的压力，从而利用地层深处的锚固力。另外，框架与锚杆构成空间框架，协同钢筋混凝土挡土板一起共同承担边坡或山体的土压力，即墙后土体产生的土压力通过框架横梁和立柱传给锚杆。事实上，在框架预应力锚杆支护结构中，锚杆在一定的锚固区域内形

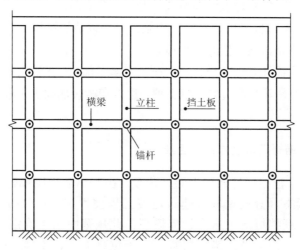

图 6.44　框架预应力锚杆柔性支护结构立面

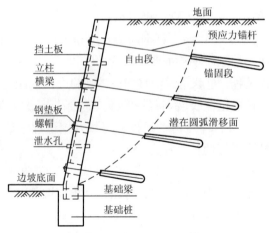

图 6.45　框架预应力锚杆柔性支护结构剖面

成压应力带，通过框架挡墙及挡土板形成压力面，从根本上改善土体的力学性能，变传统支护结构的被动挡护为充分利用土体本身自稳能力的主动挡护，有效地控制了土体位移，随边坡向外破坏力的增大，支护力随之增大，直至超出极限平衡而破坏，支护力随锚杆拔出逐步减弱，形成柔性支护结构[16, 17]。

框架预应力锚杆柔性支护结构与传统的桩锚支护结构或锚杆肋梁支护结构相比有以下优点[18]：

① 改变了受力原理。传统的桩锚或锚杆肋梁支护结构是被动受力结构，只有当边坡或边坡发生位移后，土压力作用在支护结构上，才能起到支护或加固的作用。而框架预应力锚杆柔性支护结构是主动受力结构，施加的预应力提高了边坡的稳定性。

② 克服了传统边坡支护结构的支护高度受限制、造价高、工程量大、稳定性差等缺点，同时在施工过程中对边坡的扰动较小。

③ 可以有效地控制边坡或边坡的侧移。锚杆上施加的预应力可以使框架产生沿土体方向的位移，对严格控制边坡或高边坡的变形十分有效。

④ 在公路和铁路边坡采用该支护结构施工完毕以后还可以结合一定的绿化措施，这比较符合公路、铁路边坡的生态支护理念。

由于框架预应力锚杆柔性支护结构存在以上诸多优点，尽管它的作用机理和理论研究还不是很成熟，但是其在深边坡开挖支护、边坡和桥台加固等工程实践当中已经得到了广泛的应用。

6.7.1　框架预应力锚杆挡墙上作用的土压力

土压力是作用于框架锚杆挡墙上的外荷载。由于墙后土层中有锚杆的存在，造成比较复杂的应力状态。分析选取《建筑边坡工程技术规范》（GB 50330—2013）[19]中所推荐的关于锚杆挡墙的土压力计算模型。此规范中指出确定岩土自重产生的锚杆挡土墙侧压力分布，应考虑锚杆层数、挡墙位移大小、支挡结构刚度和施工方法等因素，可简化为三角形、梯形或当地经验图形，而对岩质边坡以及坚硬、硬塑状黏土和密实、中密砂土类边坡，当采用逆作法施工的、柔性结构的多层锚杆挡墙时，侧压力分布可近似按图 6.46 确定，图中 e_{hk} 按下式计算

对岩质边坡，

$$e_{hk} = \frac{E_{hk}}{0.9H} \quad (6.103)$$

对土质边坡，

$$e_{hk} = \frac{E_{hk}}{0.875H} \quad (6.104)$$

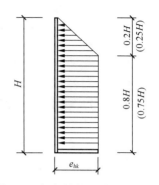

图 6.46 框架锚杆挡墙侧压力分布
（括号内适用于土质边坡）

式中，e_{hk}——侧向岩土压力水平分力标准值，kN/m²；

H——挡墙高度，m；

E_{hk}——侧向岩土压力合力水平分力标准值，kN/m，E_{hk} 取值按边坡外侧各土层水平荷载标准值的合力之和 $\sum E_{ai}$。

关于 E_{hk} 的计算，可以采用库仑土压力理论，计算时可用等代内摩擦角 φ_D 代替 c 和 φ，库仑土压力系数 K_a 为

$$K_a = \frac{\cos^2(\varphi_D - \alpha)}{\cos^2\alpha \cos(\alpha+\delta)\left[1+\sqrt{\frac{\sin(\varphi_D+\delta)\sin(\varphi_D-\beta)}{\cos(\alpha+\delta)\cos(\alpha-\beta)}}\right]^2} \quad (6.105)$$

式中，φ_D——等效内摩擦角，（°）；

α——墙背倾角，（°）；

δ——填土与墙面的摩擦角，（°）；

β——填土面与水平面之间的倾角，（°）。

总的主动土压力计算为

$$E_k = \frac{1}{2}\gamma(H+q/\gamma)^2 K_a \quad (6.106)$$

式中，q——地面附加荷载或邻近建筑物基础底面附加荷载，kN/m²。

主动土压力的水平分量为

$$E_{hk} = E_k \cos(\alpha+\delta) \quad (6.107)$$

在按库仑土压力理论计算作用在挡土墙上的土压力时，填土与墙面的摩擦角 δ 的选用，不仅应考虑到墙面的粗糙程度，而且应考虑到墙面的倾斜情况，对于挖方式挡土墙，摩擦角的 δ 值可以取 0。

对于多级挡土墙，可将上级挡土墙视为荷载作用于下级挡土墙上，或利用延长墙背法分别计算每一级的墙背土压力。

在实际工程中，边坡或边坡周围一般为成层土结构（图 6.47）。分层土的土压力计算一般以分层土的重力密度 γ_i，内摩擦角 φ_i，黏聚力 c_i 应用式（16.108）计算

$$E_{an} = \left(q_n + \sum_{i=1}^{n} \gamma_i h_i \right) \tan^2 \left(45° - \frac{\varphi_n}{2} \right) - 2c_n \tan \left(45° - \frac{\varphi_n}{2} \right) \qquad （6.108）$$

式中，q_n——为地面附加荷载 q 传递到第 n 层土底面的垂直荷载，kN/m^2；

γ_i——为第 i 层土的天然重力密度，kN/m^3；

h_i——为第 i 层土的厚度，m；

φ_n——为第 n 层土的内摩擦角，（°）；

c_n——为第 n 层土的黏聚力，kN/m^2。

第 n 层土底面对墙的被动土压力为

$$E_{pn} = \left(\sum_{j=1}^{n=m+1} \gamma_j h_j \right) \tan^2 \left(45° + \frac{\varphi_n}{2} \right) + 2c_n \tan \left(45° + \frac{\varphi_n}{2} \right) \qquad （6.109）$$

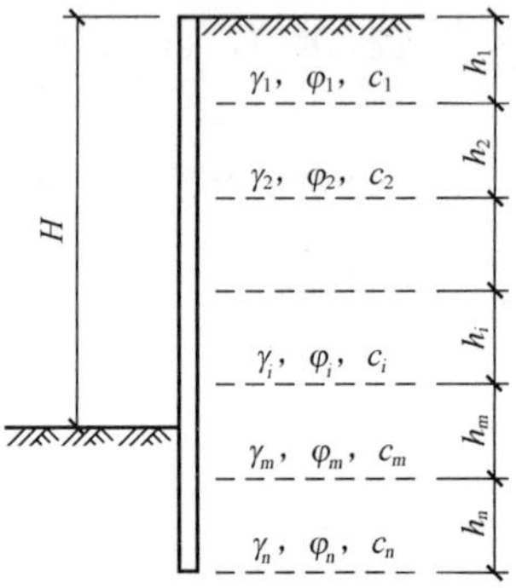

图 6.47　分层土土压力计算示意图

6.7.2　框架预应力锚杆挡墙结构设计计算

框架结构主要由挡土板、立柱、横梁组成，三者整体连接形成类似楼盖的竖向梁板结构体系。框架锚杆挡墙结构设计计算主要包括以下几个方面[20]：

（1）挡土板计算

通常情况下，立柱间距和横梁间距相近，挡土板的计算可按双向板结构计算方法计算，按支承情况主要有两种：一种是三边固定，一边简支；另一种是四边固定；但是，框架锚杆挡墙区格划分相对楼盖较小，且挡土板的设计在框架锚杆挡墙中属于次要因素，实际计算时按构造设定板的厚度及配筋即可满足设计要求。

（2）立柱和横梁计算[20, 21]

框架锚杆挡墙结构的受力状态类似于楼盖设计中的梁板结构体系，在施工时采用逆作法施工，从上到下，立柱、横梁和挡土板现浇构成了一个整体。在对整体结构进行设计计算时，根据立柱、横梁作用的荷载将整个结构划分为立柱计算单元和横梁计算单元，然后将立柱和横梁分别按各自的计算简图单独计算，单元划分如图 6.48 所示。图中 S_x 为立柱间距，一般按均匀布置；S_y 为横梁间距，根据锚杆位置可任意布置；η_1 为立柱计算系数；η_2 为横梁计算系数；一般取 0.75 进行计算。

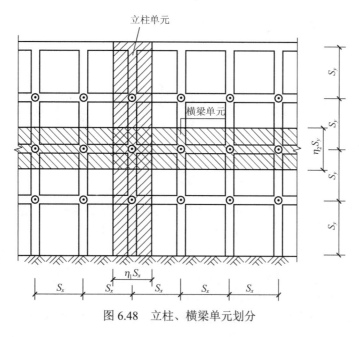

图 6.48　立柱、横梁单元划分

1）立柱计算：

① 立柱计算简图：根据以上立柱单元的划分及受力状况，将立柱按多跨连续梁进行计算，计算简图如图 6.46 所示。其中，q_1 为立柱上作用荷载，且 $q_1 = \eta_1 e_{hk} S_x$。

② 立柱计算方法：多跨连续梁属于超静定结构，通过矩阵位移法对立柱进行计算，并根据图 6.49 对计算简图进行了等效，将立柱悬挑部分等效为等效力偶作用，q_1 的大小不变，但将荷载突变点位置从 $0.25H$ 处移至 s_{y0} 处，如图 6.50 所示，以便于建立矩阵位移法求解模型。图中 M_0 按下式进行计算

$$M_0 = \frac{2}{3} q_1 S_{y0}{}^3 / H \qquad (6.110)$$

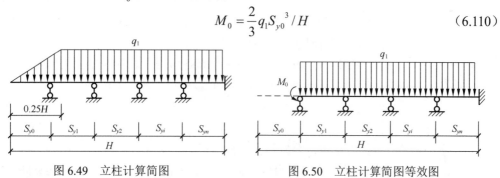

图 6.49　立柱计算简图　　　　　　图 6.50　立柱计算简图等效图

根据图 6.51 所示的连续梁计算简图，由矩阵位移法求解多跨连续梁，主要过程为形成连续梁整体刚度矩阵、求等效荷载、建立位移法基本方程、求解内力。结点位移及单元编码如图 6.51 所示[25]。

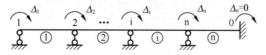

图 6.51　结点位移编码及单元编码

a. 按照单元集成法形成整体刚度矩阵如下

$$[K] = \begin{bmatrix} 4i_1 & 2i_1 & & & \\ 2i_1 & 4i_1 + 4i_2 & 2i_2 & & \\ & 2i_2 & O & O & \\ & & O & 4i_{i-1} + 4i_i & 2i_i \\ & & & 2i_i & 4i_i + 4i_n \end{bmatrix} \qquad (6.111)$$

式中，i_i——为第 i 梁单元的线刚度；

K——整体刚度矩阵。

b. 等节点荷载：将梁上部作用的荷载换成与之等效的结点荷载，等效的原则是要求这两种荷载在基本体系中产生相同的结点约束力，如下式所示

$$\{P\} = -\{F_p\} \qquad (6.112)$$

式中，$\{P\}$——等效结点荷载；

$\{F_p\}$——原荷载在基本体系中引起的结点约束力。

c. 位移法基本方程：把整体刚度方程中的结点约束力 $\{F\}$ 换成等效结点荷载 $\{P\}$，即得到位移法基本方程如下式所示[26]

$$[K]\{\Delta\} = \{P\} \qquad (6.113)$$

d. 框架结构内力求解：各单元的杆端内力由两部分组成：一是在结点位移被约束住的条件下的杆端内力，即各杆的固端约束力；二是结构在等效结点荷载作用下的杆端内力。由以上两部分叠加即可求得各杆端内力。

e. 立柱截面承载力计算：根据以上求的结构内力，依据现行《混凝土结构设计规范》（GB 50010—2010）进行设计计算。

2）横梁计算方法：

① 计算简图：横梁可以看成是以立柱为铰支座的多跨连续梁，并将横梁的计算模型简化为等跨的五跨连续梁进行计算，如图 6.52 所示。

② 内力计算：如图 6.51 所示的计算简图，计算各跨跨中、支座截面的弯矩和支座截面的剪力，均布荷载作用下等跨连续梁弯矩和剪力可按下式计算

$$M = \alpha q_2 l_0^2 \qquad (6.114)$$

$$V = \beta q_2 l_n \qquad (6.115)$$

式中，α，β——弯矩和剪力系数，分别按图 6.53（a）、（b）采用；

q_2——作用在横梁上的均布土压力荷载，$q_2 = e_{hk}\eta_2 s_y$，且 e_{hk} 为横梁竖向所在位置的侧向土压力取值，S_y 为横梁布置间距；

l_0，l_n——计算跨度和净跨。

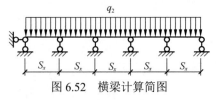

图 6.52　横梁计算简图

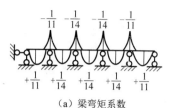

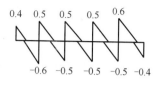

（a）梁弯矩系数　　　　　　（b）梁剪力系数

图 6.53　弯矩、剪力系数示意图

③ 横梁截面承载力计算：根据以上求的结构内力，依据现行《混凝土结构设计规范》（GB 50010—2010）进行设计计算。

（3）锚杆承载力计算

① 安全等级为一级及缺乏地区经验的二级边坡侧壁，应进行锚杆的基本试验，锚杆轴向受拉承载力设计值可取基本试验确定的极限承载力除以抗力分项系数 γ_s，受拉抗力分项系数可取 1.3。

② 边坡安全等级为二级且有邻近工程经验时，可按式（6.116）计算锚杆轴向受拉承载力设计值，并应进行锚杆的验收试验：

$$N_u = \frac{\pi}{\gamma_s}\Big[d\sum q_{sik}l_i + d_1\sum q_{sjk}l_j + 2c_k(d_1^2 - d^2) \Big] \qquad (6.116)$$

式中，　N_u——锚杆轴向受拉承载力设计值；

　　　　d_1——扩孔锚固体直径；

　　　　d——非扩孔锚或扩孔锚杆的直孔段锚固体直径；

　　　　l_i——第 i 层土中直孔部分锚固段长度；

　　　　l_j——第 j 层土中扩孔部分锚固段长度；

q_{sik}，q_{sjk}——土体与锚固体的极限摩阻力标准值，应根据当地经验值；当无经验时可
　　　　　　按表 6.6 取值；

　　　　c_k——扩孔部分土体黏聚力标准值；

　　　　γ_s——锚杆轴向受拉抗力分项系数，可取 1.3。

（4）基础埋深设计

框架预应力锚杆支护结构属于多支点支护结构，计算其基础埋深的方法有二分之一分割法、分段等值梁法、静力平衡法和布鲁姆（Blum）法。其中，二分之一分割法是将各道支撑之间的距离等分，假定每道支撑承担相邻两个半跨的侧压力，这种办法缺乏精确性；分段等值梁法考虑了多支撑支护结构的内力与变形随开挖过程而变化的情况，计算结果与实际情况吻合较好，但是计算过程复杂；布鲁姆法是将支护结构嵌入部分的被动土压力以一个集中力代替。此处采用静力平衡法，即设定一个埋置深度 H_d（图 6.54），求出相应的被动土压力，以嵌入部分自由端的转动为求解条件，即可求得 H_d。

由 $\sum M_{O'} \geqslant 0$ 得

$$R_1\left(H - S_0 + H_d\right) + R_2\left(H - S_0 - S_y + H_d\right) + \cdots + R_n\Big[H - S_0 - (n-1)S_y + H_d\Big]$$

$$+ E_p \cdot \frac{1}{3}H_d - 1.2\gamma_0\left(E_{a1} \cdot H_{a1} + E_{a2} \cdot H_{a2}\right) \geqslant 0$$

经整理化简得

$$\sum_{j=1}^{n} R_j \left[H - S_0 - (j-1)S_y + H_d \right] + \frac{1}{3} E_p \cdot H_d - 1.2\gamma_0 \sum_{i=1}^{2} \left(E_{ai} \cdot H_{ai} \right) \geqslant 0 \qquad (6.117)$$

式中，R_j——第 i 排锚杆的轴向拉力的水平分力；

E_p——嵌入部分被动土压力，且 $E_p = 0.25\gamma \cdot K_p \cdot S_x \cdot H_d^2$；

γ_0——支护结构的重要性系数；

E_{a1}——主动土压力三角形荷载的合力，且 $E_{a1} = 0.0625 e_{hk} \cdot H \cdot S_x$；

H_{a1}——主动土压力三角形荷载的合力作用点至嵌入底端的距离，且

$\quad H_{a1} = (5H + 6H_d)/6$；

E_{a2}——主动土压力矩形荷载的合力，且 $E_{a2} = 0.125 e_{hk} \cdot (3H + 4H_d) \cdot S_x$；

H_{a2}——主动土压力矩形荷载的合力作用点至嵌入底端的距离，且

$\quad H_{a2} = (3H + 4H_d)/8$。

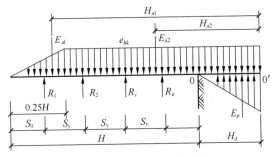

图 6.54   基础埋深计算简图

6.7.3   框架预应力锚杆挡墙结构的整体稳定性验算

框架预应力锚杆挡墙的稳定性应分为两个方面，一是单层锚杆的自身稳定和框架预应力锚杆的整体倾覆稳定；二是框架预应力锚杆挡墙整体滑移稳定性验算，滑移稳定通常采用通过墙底土层的圆弧滑动面计算，对于具有多层锚杆的支护结构的深层滑移的稳定性验算，德国学者克朗兹所推荐的方法都是图解法，不利于计算求解，本书给出了边坡滑裂面的位置确定方法和稳定性计算方法可解决这个问题。

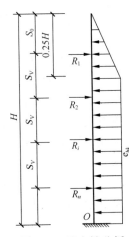

图 6.55   稳定性分析

（1）单层锚杆的稳定和框架预应力锚杆挡墙的整体倾覆稳定

对于框架预应力锚杆支护结构的稳定问题，应考虑了两个方面：一是单排锚杆的力极限平衡问题；二是整个支护结构绕边坡坡脚转动的极限平衡问题（图 6.55），其要满足的基本条件如下[16]：

1）单排锚杆的极限平衡稳定：

当 $j=1$ 时

$$R_1 \geqslant \frac{3S_0^2}{2H} S_h e_{hk} \qquad (6.118)$$

当 $j \geqslant 2$ 时

$$\sum_{i=1}^{j} R_i \geqslant \frac{3}{32} \left[8S_0 + 8(j-1)S_v - H \right] S_h e_{hk} \qquad (6.119)$$

2）多层锚杆的整体稳定：

由 $\sum M_{O'} \geqslant 0$ 可得

$$\sum_{j=1}^{n} R_j \left[H - S_0 - (j-1)S_v \right] - \frac{37}{128} e_{hk} S_h H^2 \geqslant 0 \qquad (6.120)$$

（2）框架预应力锚杆挡墙的整体滑移稳定验算

上一小节中所给出的框架预应力锚杆柔性支护结构的平面模型求解中虽然考虑了支护结构的局部稳定和整体倾覆稳定的计算方法，但是却不能评价支护结构的滑移稳定性。黄土中一般可采用圆弧滑动简单条分法进行土钉墙滑移稳定性验算的公式，但是没有给出框架预应力锚杆支护结构的滑移稳定性分析方法。通常情况下，在边坡稳定分析中，设计人员往往按照简单土坡计算中采用的经验公式确定圆弧滑动面的圆心所在的区域，其采用的方法通常有瑞典圆弧法、Bishop 条分法[22]、Janbu 条分法[23]、不平衡推力传递系数法[24]以及有限元法[25]等。但是，在考虑了预应力锚杆的作用以后，边坡土体的力学性能得到改善，从而引起边坡的受力状态发生变化，仍将其按简单土坡处理是不合理的。李忠、朱彦鹏[26, 27]等对框架预应力锚杆边坡支护结构内部稳定性分析方法进行了改进，借助圆弧滑动条分法的思想，基于极限平衡理论和圆弧滑动破坏模式，利用条分法建立了框架预应力锚杆边坡支护结构的内部稳定性安全系数计算模型和最危险滑移面搜索模型，并使用网格法对最危险滑移面的圆心进行动态搜索和确定，最后利用 VC++6.0 语言编制了框架预应力锚杆边坡支护结构的稳定性分析程序。

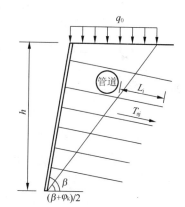

图 6.56 稳定性验算简图

1）框架预应力锚杆挡墙的整体滑移稳定性安全系数：

对于土质边坡和较大规模的碎裂结构岩质边坡宜采用圆弧滑动法计算。如图 6.56 所示，整体稳定性验算采用圆弧滑动条分法，在给定一个滑移面的情况下稳定性系数按下式进行计算[24, 25]：

$$K_s = \frac{M_R}{M_T} \qquad (6.121)$$

$$
\begin{aligned}
M_R = & \left[\sum_{i=1}^{n} c_{ik} L_i S + S \sum_{i=1}^{n} (w_i + q_0 b_i) \cos\theta_i \cdot \tan\varphi_{ik} \right] R \\
& + \sum_{j=1}^{m} T_{nj} \times \left[\cos(\alpha_j + \theta_j) + \frac{1}{2} \sin(\alpha_j + \theta_j) \cdot \tan\varphi_{jk} \right] R + F(Y + H)
\end{aligned} \qquad (6.122)
$$

$$M_T = \left[S\gamma_0 \sum_{i=1}^{n} (w_i + q_0 \cdot b_i) \sin\theta_i \right] R \qquad (6.123)$$

其中，

$$T_{nj} = \pi d_{nj} \sum q_{sik} l_{ni} \qquad (6.124)$$

式中，　K_s——稳定性系数；

　　　　M_R——滑动面上抗滑力矩总和；

　　　　M_T——滑动面上总下滑力矩总和；

　　　　n——滑动体分条数；

　　　　i——锚杆层数；

　　　　γ_0——支护结构重要性系数；

　　　　w_i——第 i 分条土重；

　　　　b_i——第 i 分条宽度；

　　　　c_{ik}——第 i 分条滑裂面处黏聚力标准值；

　　　　φ_{ik}——第 i 分条滑裂面处内摩擦角标准值；

　　　　θ_i——第 i 分条滑裂面处切线与水平面夹角；

　　　　α_j——锚杆与水平面之间的夹角；

　　　　L_i——第 i 分条滑裂面处弧长；

　　　　S——计算滑动体单元厚度；

　　　　R——滑移面圆弧半径；

　　　　F——框架锚杆底部水平推力设计值；

　　　　H——边坡支护高度；

　　　　Y——圆心距地表面距离；

　　　　T_{nj}——第 j 层锚杆在圆弧滑裂面外锚固体与土体的极限抗拉力；

　　　　l_{ni}——第 j 层锚杆在圆弧滑裂面外穿越第 i 层稳定土体内的长度，$\sum l_{ni}$ 总和为 l_{nj}，l_{nj} 为滑裂面以外锚杆锚固段总长度。

2）滑移面搜索模型：

采用圆弧滑动法条分法进行稳定性分析，在给定滑移面的情况下，可求得对应的稳定性系数，因此确定了最危险滑移面，即可求得最小稳定系数，则可判断该系数是否满足稳定性验算要求。对于最危险滑移面的确定方法，如下所述。

① 两个假定。

a. 假定圆心出现在直线 OC 右侧和直线 OE 下方的可能性近似为零。由几何关系，就是圆弧上任意点切线与水平面夹角介于 $0 \sim 90°$。

b. 边坡最危险滑移面圆弧通过边坡底面角点 A 处，如图 6.57 所示。

② 建立滑移面搜索模型。如图 6.58 所示，建立直角坐标系，$O'(-x', -z')$ 为圆心位置，$O(0,0)$ 为坐标系原点，矩形区域 $OCDE$ 为圆弧圆心 O' 所在的区域，R 为圆弧半径。在搜索过程中，通过变化圆心位置，对滑移面进行搜索，并计算对应的稳定系数。在图 6.57 所示的坐标系下，建立圆心 O' 的坐标与稳定性计算公式之间的函数关系 $Var(-x', -z')$，

其中关键的变量求解公式如下所述。

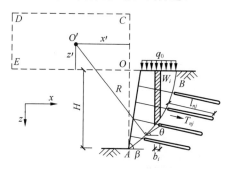
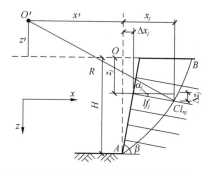

图 6.57　滑移面搜索模型简图　　　图 6.58　锚杆在滑移面外长度计算简图

③ 锚杆在圆弧面外锚固体的长度：如图 6.56 所示，第 j 层锚杆与圆弧交点 $C(x_j, z_j + \Delta z_j)$，lf_j 为滑移面内锚杆长度，ln_j 为锚杆在滑移面外长度，锚杆的总长

$$l_j = lf_j + ln_j \tag{6.125}$$

由于 C 点在圆弧上则必有

$$(x' + x_j)^2 + (z' + z_j + \Delta z_j)^2 = R^2 \tag{6.126}$$

其中，

$$\Delta x_j = (H - z_j) \tan(90° - \beta) \tag{6.127}$$

$$x_j = \Delta x_j + lf_j \cos \alpha_j \tag{6.128}$$

$$\Delta z_j = lf_j \sin \alpha_j \tag{6.129}$$

式中，H——开挖深度；

$\quad\beta$——边坡面与水平面夹角；

$\quad z_j$——第 j 根锚杆端头到地面的距离；

$\quad\alpha_j$——第 j 层锚杆与水平面的夹角；

$\quad lf_j$——采用迭代的方法，设计定步长 Δlf_j，则在第 n 次迭代时有

$$lf_j = n \cdot \Delta lf_j \tag{6.130}$$

由此，联合式（6.126）～式（6.129）代入式（6.130）中，可求得锚杆在滑移面内长度 lf_j，锚杆总长为设计参数，验算时为已知量，由式（6.125）求得锚杆在圆弧外长度。按上述方法求得的 lf_j、ln_j 即分别为锚杆的自由段长度和锚固段长度；但在通常情况下，设计时的自由段长度要大于计算求得的长度，以保证自由段穿越滑移体到达稳定土层，锚固段长度则参考计算值，可以适当的加大，保证提供足够的锚固力。

④ 第 i 条分土重量：如图 6.59 所示，第 i 条分重度的计算如下

$$k = \begin{cases} 1 - (H - x_i / \tan(90° - \beta)) / z_i, & H - x_i / \tan(90° - \beta) > 0 \\ 1, & H - x_i / \tan(90° - \beta) < 0 \end{cases} \tag{6.131}$$

$$z_i = \sqrt{R^2 - (x' + x_i)^2} - z' \tag{6.132}$$

$$w_i = k z_i b_i s \gamma \tag{6.133}$$

式中，k——在边坡面内条分土重量计算系数；

　　　z_i——第 i 条带底部中点至原点竖向距离；

　　　x_i——第 i 条带顶部中点至原点的水平距离；

　　　β——边坡面与水平面夹角；

　　　b_i——第 i 条分宽度；

　　　w_i——第 i 条分土重。

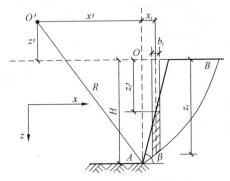

图 6.59　第 i 条分土重计算简图

⑤ 确定最危险滑移面圆心：在给定一个圆心后，由力矩极限平衡法，可求得该圆弧所对应安全系数 K_s。如图 6.58 中所示，矩形 $OCDE$ 为圆心所在区域，如此可以利用网格法在区域内给定 $n \times n$ 个圆心（n 为网格划分数），从 $n \times n$ 个圆心中寻找使得安全系数最小者即为最危险滑移面圆心。通过在程序中动态的调解圆心搜索区域的大小，当搜索得到的圆心都在此区域内部，再扩大搜索范围已无必要时，则由搜索得到的圆心进行边坡稳定性验算；当搜索得到的圆心到达区域边界时，扩大搜索范围，继续搜索，再由搜索得到的圆心进行边坡稳定性验算。如此的循环，则实现了滑移面的计算机动态搜索。

（3）软件设计[26]

1）软件设计：

该软件的开发以面向对象的程序设计语言 VC++6.0 为平台，实现了界面友好、操作简便、计算快捷的人机交互式框架锚杆支护结构辅助设计。主要的特点在于采用了面向对象的程序设计方法，抽象了框架锚杆设计与分析类，利用 MFC 类库方便地建立了面向对象的窗口图形化界面以及框架预应力锚杆设计与分析的程序体系，稳定性验算界面如图 6.60 所示[27,28]。

2）工程算例：

① 工程概况：兰州下西园资金中心开发楼边坡支护，边坡分为上下两级，第二级边坡采用框架锚杆支护，支护高度 12m，边坡重要性系数取 1.0，安全系数取 1.3，边坡土体参数如表 6.12 中所示。

② 支护方法及设计结果：采用框架锚杆预应力锚杆支护，进行结构计算及整体稳定性验算。经过反复的验算，满足稳定性要求后，框架锚杆支护设计剖面如图 6.61

所示，具体分析过程省略。

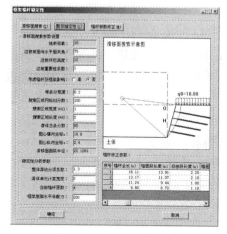

图 6.60　稳定性计算界面

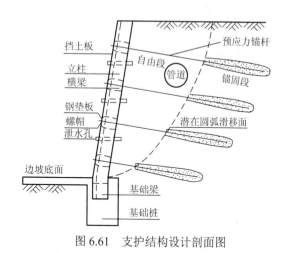

图 6.61　支护结构设计剖面图

6.7.4　框架锚杆挡墙构造要求

（1）构造要求

1）灌浆锚杆：

① 锚杆的总长度应为锚固段、自由段和外锚段的长度之和，并应满足下列要求。

a. 锚杆自由段长度按外锚头到潜在滑面的长度计算；预应力锚杆自由段长度不应小于 3~5m，且宜超过潜在滑裂面不小于 1.0m。

b. 锚固段的计算长度一般在 4.0~10.0m 之间。当计算长度小于最小长度时，考虑到实际施工期锚固区地层局部强度可能降低，或岩体中可能存在不利组合结构面，锚杆被拔出的危险性增大，结合国内外有关经验，应取 4.0m；当计算长度大于最大长度时，锚杆的抗拔力与锚固长度不再成正比关系，故应采取改善锚固段岩体质量、改变锚头构造或扩大锚固段直径等技术，提高锚固力。

② 锚杆隔离架（对中支架）应沿锚杆轴向方向每隔 1~3m 设置一个，对土层应取小值，岩层应取大值。考虑到锚杆钢筋应与灌浆管同时插入，锚杆钻孔的直径必须大于灌浆管、钢筋及支架高度的总和。

③ 当锚固段岩层破碎、渗水量大时，宜对岩体作固结灌浆处理，以达到封闭裂隙、封阻渗水、提高锚固性能的目的。

④ 锚杆的使用寿命应与被加固的构筑物和所服务的公路的使用年限相同，其防腐等级也应达到相应的要求。

⑤ 锚杆防腐处理的可靠性及耐久性是影响锚杆使用寿命的重要因素，"应力腐蚀"和"化学腐蚀"双重作用将使杆体锈蚀速度加快，大大降低锚杆的使用寿命，防腐处理应保证锚杆各段均不出现局部腐蚀的现象。

⑥ 永久性锚杆的防腐应符合下列规定[21]。

a. 非预应力锚杆的自由段，应除锈、刷沥青船底漆并用沥青玻璃纤布缠裹不少于两层。

b. 对采用精轧螺纹钢制作的预应力锚杆的自由段可按上述方法进行处理后装入聚乙烯塑料套管中；套管两端 100~200mm 长度范围内用黄油充填，外绕扎工程胶布固定；也可采用除锈、刷沥青后绕扎塑料布再涂润滑油、装入塑料套管、套管两端黄油充填；

c. 位于无腐蚀性岩土层内的锚固段应除锈，砂浆保护层厚度不应小于 25mm。

d. 位于腐蚀性岩土层内的锚杆的锚固段和非锚固段，应采取特殊防腐处理。

e. 经过防腐处理后，非预应力锚杆的自由段外端应埋入钢筋混凝土构件内 50mm 以上；对预应力锚杆，其锚头的锚具经除锈、三度涂防腐漆后应采用钢筋网罩并现浇混凝土封闭。混凝土强度等级不应低于 C30，厚度不应小于 100mm，混凝土保护层厚度不应小于 50mm。

⑦ 临时锚杆的防腐蚀可采取下列措施。

a. 非预应力锚杆的自由段，可采用除锈后刷沥青防锈漆处理。

b. 预应力锚杆的自由段，可采用除锈后刷沥青防锈漆或加套管处理。

c. 外锚头可采用外涂防腐材料或外包混凝土处理。

2）框架和挡土板：

① 框架。

a. 框架锚杆挡墙立柱截面尺寸除应满足强度、刚度和抗裂要求外，还应满足挡土板的支座宽度（最小搭接长度不小于 100mm）、锚杆钻孔和锚固等要求。立柱宽度不宜小于 300mm，截面高度不宜小于 400mm。

b. 装配式立柱，应考虑立柱在搬动、吊装过程以及施工中锚杆可能出现受力不均等不利因素，故在立柱内外两侧不切断钢筋，应配置通长的受力钢筋。

c. 当立柱的底端按自由端计算时，为防止底端出现负弯矩，在受压侧应适当配置纵向钢筋。

② 挡土板。

a. 考虑到现场立模和浇注混凝土的条件较差，为保证混凝土的施工质量，现浇挡土板的厚度不宜小于 100mm。

b. 在岩壁上一次浇注混凝土板的长度不宜过大，以避免当混凝土收缩时岩石的约束作用产生拉应力，导致挡土板开裂，此时应采取减短浇筑长度等措施。

c. 挡土板上应设置泄水孔，当挡土板为预制时，泄水孔和吊装孔可合并设置。

3）锚杆与立柱连接：

锚杆与立柱的连接见图 6.62 所示。

4）其他方面：

① 永久性框架锚杆挡墙现浇混凝土构件的温度伸缩缝间距不宜大于 20~25m。

② 锚杆挡墙的锚固区内有建（构）筑物基础传递的较大荷载时，除应验算挡土墙

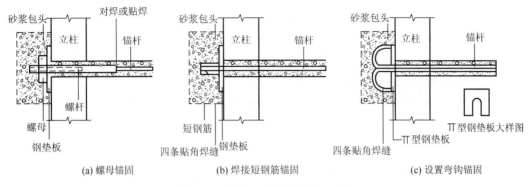

图 6.62　锚杆和立柱的连接示意图

的整体稳定外，还应适当加长锚杆，并应采用长短相间的设置方法。

（2）材料要求

1）灌浆锚杆：

① 由于锚杆每米直接费用中钻孔所占比例较大，因此，在设计中应适当减少钻孔量，采用承载力低而密的锚杆是不经济的，应选用承载力较高的锚杆，同时也可避免"群锚效应"的不利影响。锚杆材料可根据锚固工程性质、锚固部位和工程规模等因素，选择 HRB335 级、HRB400 级普通带肋钢筋。预应力锚杆可选择高强精轧螺纹钢筋。不宜采用镀铸钢材。钢筋每孔不宜多于 3 根，其直径宜为 18～36mm。

② 灌浆材料性能应符合下列规定。

a. 水泥应使用普通硅酸盐水泥，必要时可使用抗硫酸盐水泥。

b. 砂浆的含泥量按重量计不得大于 3%，砂中云母、有机物、硫化物及硫酸盐等有害物质的含量按重量计不得大于 1%。

c. 水中不应含有影响水泥正常凝结和硬化的有害物质，不得使用污水。

d. 外掺剂的品种及掺入量应由试验确定。

e. 浆体配制的灰砂比宜为 0.8～1.5，水灰比宜为 0.38～0.5。

f 用于全黏结锚杆的浆体材料 28d 的无侧限抗压强度不应低于 25～30MPa。

③ 防腐材料应满足下列要求。

a. 在锚杆的使用年限内，保持耐久性。

b. 在规定的工作温度内或张拉过程中不得开裂、变脆或成为流体。

c. 应具有化学稳定性和防水性，不得与相临材料发生不良反应。

④ 套管材料应满足下列要求。

a. 具有足够的强度，保证其在加工和安装的过程中不致损坏。

b. 具有抗水性和化学稳定性。

c. 与水泥砂浆和防腐剂接触无不良反应。

2）框架和挡土板：

① 对于永久性锚杆挡土墙立柱、挡土板和横梁采用的混凝土，其强度等级不应小

于 C30；临时性框架锚杆挡墙混凝土强度等级不应小于 C20。

② 钢筋宜采用 HRB 400 级和 HRB 335 级钢筋。

③ 立柱基础位于稳定的岩层内，可采用独立基础、条形基础或桩基等形式。立柱的基础应采用 C15 混凝土或 M7.5 水泥砂浆砌片石。

④ 各分级挡墙之间的平台顶面，宜用 C15 混凝土封闭，其厚度为 150mm，并设 2% 横向排水坡度。

3）锚具：

① 锚具应由锚环、夹片和承压板组成，应具有补偿张拉和松弛的功能。

② 预应力锚具和连接锚杆的部件，其承载能力不应低于锚杆体极限承载力的 95%。

③ 预应力锚具、夹具和连接器必须符合现行行业标准《预应力筋用锚具、夹具和连接器应用技术》（JGJ 85）的规定。

6.7.5 框架锚杆挡墙设计、施工注意事项

（1）锚杆设计中有关注意事项

① 立柱和板为预制构件的装配立柱式锚杆挡土墙适用于岩层较好的挖方地段。

② 钢筋混凝土框架式锚杆挡土墙：墙面垂直型适用于稳定性、整体性较好的Ⅰ、Ⅱ类岩石边坡，在坡面现浇网格状的钢筋混凝土格架梁，立柱和横梁的节点上设锚杆，岩面可加钢筋网并喷射混凝土作支挡和封面处理；墙面后仰型可用于各类岩石边坡和稳定性较好的土质边坡，格架内墙面根据稳定性可作封面、支挡或绿化。

③ 钢筋混凝土预应力锚杆挡土墙：当挡土墙的变形需要严格控制时，宜采用预应力锚杆。锚杆的预应力也可增大滑面或破裂面上的静摩擦力，并使岩土压实挤密，更有利于坡体的稳定。

④ 锚杆的布置应符合的规定。

a. 锚杆上下排间距不宜小于 2.5m，水平间距不宜小于 2m。

b. 当锚杆间距小于上述规定或锚固段岩土层稳定性较差时，锚杆应采用长短相间的方式布置。

c. 第一排锚杆锚固体的上覆土层厚度不宜小于 4m，上覆岩层的厚度不宜小于 2m。

d. 第一锚固点位置可设于坡顶下 1.5～2.0m 处。

e. 锚杆布置尽量与边坡走向垂直。

f. 立柱位于土层时宜在立柱底部附近设置锚杆。

（2）施工注意事项

① 稳定性一般的高边坡，当采用大爆破、大开挖、开挖后不及时支护或存在外倾结构面时，均有可能发生边坡局部失稳和局部岩体塌方，此时应采用自上而下分层开挖和分层锚固的逆作法施工。框架预应力锚杆支挡结构施工的工艺原理在于路堑坡面形成后，采用干作业法钻孔，高压风清孔，此后将锚杆钢筋放入孔内，灌注水泥砂浆。用高压风清扫坡面，同时对孔外钢筋即伸入护面及立柱部分钢筋进行防锈处理。挂网

喷混凝土，在立柱、横梁的位置，待喷混凝土初凝后，用刮板将粗糙的表面大致整平，使立柱、横梁底面与护面之间夹的一层塑料薄膜不致损坏，以保自由接触，然后进行立柱、横梁、封端施工，全部工序完成后，形成封闭框架，压在混凝土护面上如此循环进行，直至挡墙完成。

框架预应力锚杆支挡结构施工的操作要点如下。

a. 施工准备。

b. 排除地表水及坡面防水防风化。

c. 路堑开挖。

d. 钻孔及清孔。

e. 锚杆的加工及入孔。

f. 灌注水泥砂浆。

g. 挂网喷混凝土。

h. 喷混凝土整平及立柱、横梁、封端施工。

② 锚杆施工前应作好下列准备。

a. 应掌握锚杆施工区其他建筑物的地基和地下管线情况。

b. 应判断锚杆施工对临近构筑物和地下管线的不良影响，并拟定相应预防措施。

c. 应检验锚杆的制作工艺和张拉锁定方法与设备。

d. 应确定锚杆注浆工艺并标定注浆设备。

e. 应检查原材料的品种、质量和规格型号，以及相应的检验报告。

③ 下列情况下锚杆应进行基本试验。

a. 采用新工艺、新材料或新技术的锚杆。

b. 无锚固工程经验的岩土层内的锚杆。

c. 一级边坡工程的锚杆。

④ 锚孔施工应符合下列规定。

a. 锚孔定位偏差、锚孔偏斜度和钻孔深度偏差各规范有不同的规定，设计时按相关的规范执行。

b. 锚孔应用清水洗净，严格执行灌浆施工工艺要求，当用水冲洗影响锚杆的抗拔强度时，可用高压风吹净。

⑤ 锚杆机械应考虑钻孔通过的岩土类型、成孔条件、锚固类型、锚杆长度、施工现场环境、地形条件、经济性和施工速度等因素进行选择。

⑥ 预应力锚杆的锚头承压板及其安装应符合下列要求。

a. 承压板应安装平整、牢固，承压面应与锚孔轴线垂直。

b. 承压板底部的混凝土应填充密实，并满足局部抗压要求。

⑦ 锚杆的灌浆应符合下列要求。

a. 灌浆前应清孔，排放孔内积水。

b. 注浆管宜与锚杆同时放入孔内，注浆管端头到孔底的距离宜为100mm。

c. 根据工程条件和设计要求确定灌浆压力，确保浆体灌注密实。

⑧ 必须待锚孔砂浆达到 70% 以上设计强度后，方可安装立柱或墙面板。

⑨ 预应力锚杆的张拉与锁定应符合下列规定。

a. 锚杆张拉宜在锚固体强度大于 20MPa 并达到设计强度的 80% 后进行。

b. 锚杆张拉顺序应避免临近锚杆相互影响。

c. 锚杆张拉控制应力不宜超过 0.65 倍钢筋强度标准值。

⑩ 锚杆未锚入地层部分必须做好防锈处理。锚杆钢筋防止锈蚀的方法，目前国内采用以防锈油漆为底漆，再包扎两层沥青玻璃丝布的方法。

6.7.6 框架锚杆挡墙设计案例之一

（1）工程概况

某湿陷性黄土地区站场边坡，黄土分布均匀，边坡支护分为上下两级，第一级支护采用土钉墙，高度 13m，坡度 60°，第二级边坡采用框架锚杆挡墙支护，支护高度 12m，坡度 85°，边坡重要性系数取 1.0，安全系数取 1.3，边坡土体参数见表 6.12。

表 6.12　边坡土体物理参数表

边坡及土体参数	边坡高度：H=13.0m				
	黏聚力/kPa	内摩擦角/（°）	天然重度/(kN/m²)	极限摩阻力/kPa	边坡角/（°）
	15	20	16.5	50	70

（2）设计依据

① 工程总平面图，以及初步给定的基础埋置深度和基础外边线。

② 工程《建设用地地质灾害危险性评估报告》。

③ 实测建筑场地平面图。

④《建筑桩基技术规范》（JGJ 94—2008）。

⑤《建筑基坑支护技术规程》（JGJ 120—2012）。

⑥《边坡工程技术规范》（GB 50330—2013）。

⑦ 深边坡支护结构设计软件 V1.0。

（3）支护结构方案设计及施工要求

边坡下一级采用框架预应力锚杆挡墙支护。框架预应力锚杆挡墙采用分段施工，从东西两侧向中间推进，施工好两根支护框架柱和地上部分四层锚杆，并将中间框架梁施工完毕后方可继续下两根框架柱施工，切不可追求速度大面积开挖。具体施工步骤如下。

① 预留台阶 2.5m，作为上部土钉墙的排水台阶和土钉墙的基础。向下开挖 3m，坡度 80°，制作第一层锚杆，浇注圈梁和 2m 左右长度范围内支护框架柱。

② 在东端第一、二根支护框架柱设计位置竖向开槽，开槽竖向高度至 5~6m。开

槽宽度 5~6m（以提供两根支护框架柱位置宽度），槽内制作框架柱及横梁模板。

③ 在槽内绑扎框架柱、框架梁钢筋骨架，横梁钢筋从柱两侧伸出长度以方便施工和方便以后焊接为准。浇筑混凝土。

④ 制作第二排和第三排锚杆，张拉锚固后灌浆封堵。

⑤ 竖向开槽至柱底，开槽长度以不妨碍制作基础为宜，在槽底和横梁端头支模板，以防止混凝土将钢筋头全部包裹，制作最后一排锚杆并完成成孔、灌浆、张拉、灌浆封堵。

⑥ 按照步骤①~⑤在距离第一开挖槽 5~6m 处开挖第二个槽，并完成各层锚杆的张拉与锚固。

⑦ 重复步骤①~⑤，将整个开挖面形成锯齿状。待槽内支护框架柱及锚杆全部制作完毕以后开挖槽间土体，开挖过程与槽内土体开挖过程相同。

⑧ 上部支护框架柱及锚杆全部制作完毕以后，在支护框架柱基础设计位置人工挖孔，在孔内绑扎钢筋骨架，拆除支护框架柱柱底模板，将柱内钢筋和桩内钢筋焊接连接。

⑨ 绑扎桩上部大梁钢筋骨架，绑扎钢筋混凝土面板钢筋网片。浇注大梁、桩和钢筋混凝土地面。

（4）支护结构安全监测

围护及土方开挖施工是信息化施工，其中围护的监测十分重要，监测数据能起到指导施工的作用，并保证围护体系的安全。

该工程围护安全监测的内容：围护体系的水平变位和沉降观测。安全监测应与施工过程紧密结合，在土方开挖过程中，应贯彻动态监测原则，即该处边壁开挖较深时，开挖该边壁下一层后，必须增加监测次数，一天数次，甚至间隔时间更短，直到该边壁稳定，稳定后监测密度约为 1 天/次，视边壁稳定情况调整。期间若遇大雨或异常情况，监测密度应适当加密。围护监测结果应及时报送有关单位，为下一步的施工起指导作用。由于四周不存在重要管线、重要古建筑，对监测没有特别要求，只在四周中间（最大位移点），距开挖线 1.5m 左右设置四个观测点，就可满足监测要求。

根据《建筑桩基技术规范》（JGJ 94—2008）、《建筑基坑支护技术规程》（JGJ 120—2012）的要求，必须对锚杆和土钉的设计参数进行实验测定，以保证工程的安全可靠。该工程需要有专门用于测试其强度的非工作土钉和锚杆。本设计要求测试非工作土钉和锚杆各 3 根，另外对工作状态中的各层土钉和锚杆也需要选择合适位置进行应力应变监测。实验测试及施工监测方案另行设计。

（5）支护方法及设计结果

采用框架锚杆挡墙支护，进行结构计算及整体稳定性验算，上部土钉墙和下部框架锚杆设计最终设计结果分别见表 6.13。

表 6.13 框架锚杆挡墙支护设计结果

边坡及土体参数		边坡高度：*H*=12.0m				
		黏聚力/kPa	内摩擦角/（°）	天然重度/(kN/m²)	极限摩阻力/kPa	边坡角/（°）
		16	20	16.5	50	80
框架设计	挡土板	板厚/mm	板纵向配筋		板横向配筋	
		100	8@200		8@200	
框架设计	立柱	立柱间距	截面尺寸（*b×h*）	受弯正筋配置	受弯负筋配置	箍筋配置
		2.5	400×300	3Φ18	3Φ20	8@200
	横梁	横梁间距	截面尺寸（*b×h*）	受弯正筋配置	受弯负筋配置	箍筋配置
		2.5	300×300	3Φ22	3Φ22	8@200
锚杆设计	锚杆层数	锚杆位置	自由段长度	锚固段长度	锚固体直径/mm	杆体直径/mm
	1	2.0	7.0	10.0	200	36
	2	10.5	5.0	11.0	200	36
	3	7.0	3.8	11.2	200	36
	4	9.5	2.5	11.5	200	36

6.7.7 框架锚杆挡墙设计案例之二

涩宁兰天然气输气管道刘化支线 k19+800 段不稳定斜坡位于甘肃省永靖县境内，地处黄河右岸一级沟谷支沟小台沟左岸，区内地形陡峻，沟谷侵蚀强烈，地层岩性破碎，天然气输气管线自沟床沿山坡通至坡顶阶地平台，局部地段小规模滑塌、滑坡分布。勘察区地处黄河Ⅳ级阶地一小台台缘，有简易公路可达工作区，交通相对便利，工作区位置如图 6.63 所示。

勘察区由于沟谷侵蚀切割强烈，沟道狭窄，沟道宽度仅 5～10m,在小台沟两侧形成了平均坡度在 40°以上的较陡边坡。刘化支线 K19+800 段不稳定斜坡平均坡度 42°，坡顶黄河阶地平台至小台沟构底高差 60m，坡体物质均为黄土，土体结构疏松，垂直节理发育，稳定性差，在降雨的影响下沟底两侧都发生了不同程度的滑塌,坡体上也因雨水下渗而形成了大量落水洞。继续发展，在降雨或地震的影响下，斜坡很有可能发生较大规模的滑坡，因此采取工程措施以保证管道的安全运营。

（1）地质环境条件

刘化支线 K19+800 段不稳定斜坡位于甘肃省永靖县境内,黄河右岸一级沟谷支沟小台沟左岸，区内地形陡峻，沟谷侵蚀强烈，地层岩性破碎，局部地段小规模滑塌、滑坡分布。主要受地形条件，坡体物质结构和降雨等的影响，输气管道通过段形成高陡不稳定斜坡，严重威胁输气管道的安全。

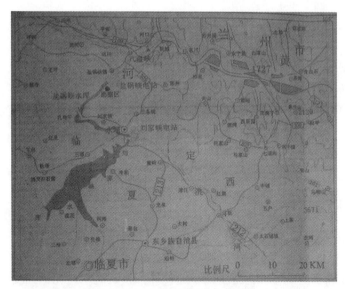

图 6.63　刘化支线 K19+800 段不稳定斜坡地理位置图

1）气象：

永靖县属温带干旱、半干旱气候。气候干燥、降水量少，其降水量具有年内、年际分配不均，区域差异性较大的特征。

区内历史最低气温为-18.2℃，最高气温 35.8℃，多年平均气温 9.9℃。根据区内各气象站资料统计，多年平均降水量 200～500mm 之间，且集中于 7～9 三个月，占年降水量的 53%～63%。降雨往往以一次或几次大雨、暴雨的形式降落，年均发生大（暴）雨日数 32 天，连续降雨日数长达 10 天。雾宿山一带降水量最为丰富，年均 490mm，盐锅峡年均降水量在 300mm 光照时间长，全年无霜期为 170～200 天，蒸发强烈。

2）水文：

黄河为治理区内唯一一条常年流水河流，位于勘察区西侧，由南向北径流，刘化支线 K19+800 段不稳定斜坡底部小台沟为一季节性洪水、泥流沟，流域面积 0.9 km²，主沟长约 1.5km，由东向西径流，主沟比降约 12%，如遇强降雨，沟谷洪水、被石流泛滥，冲刷沟床、沟岸。

3）地形地貌：

刘化支线 K19+800 段为黄土丘陵地貌，位于黄河东岸Ⅳ级阶地区，勘察区沟道侵蚀强烈，区内发育的大台沟与小台沟将南北长约 4km 的黄河阶地平台分割成了三个台塬，输气管道由北向南沿台塬与沟道地形走势布设，由于沟道狭窄，相对高差大，沟底冲蚀深度较大。刘化支线 K19+800m 段不稳定斜坡位于黄河Ⅳ级阶地后缘，黄河右岸一级沟谷支沟一小台沟左岸，沟底宽度约 5～10m，天然气输气管线自沟底沿坡面直通到坡顶阶地平台。该输气管线布设山段地形陡峻，山体平均坡度 42°，下部坡度相对较缓，平均约 36°。山顶黄河Ⅳ级阶地台面高程 1760m，小台沟沟床高程 1693m，最大相对高差为 67m。该管线在该斜坡中部通过时由于管沟开挖形成低洼负地形，坡面水流汇集入渗，管沟处的土体已变形失稳，该斜坡上部及两侧山坡发育有小规模滑塌。

4）地层岩性：

勘察区地层岩性相对简单，出露的主要地层有马兰黄土、冲洪积黄土与第四系重力堆积土。现由新至老分述如下：

① 重力堆积土（Q_4^{col}）：分布于小台沟沟谷两岸坡脚地带及两侧的支沟中，主要为岸坡风化剥蚀物及小规模滑塌、滑坡等形成的堆积物。岩性由粉土、粉质黏土等组成，厚度一般为2～5m。

② 马兰黄土（Q_3^{2eol}）：是分布最广的地层，呈被覆状广布于坡顶和高阶地冲积层之上，灰黄色，成分以粉粒为主，粉粒含量65%左右，均匀，疏松多孔，垂直节理发育，遇水易软化，摇震反应迅速，无光泽反应，干强度低，韧性低。具较强湿陷性，该层土厚度40m左右。

③ 冲洪积黄土（Q_3^{al-pl}）：分布于马兰黄土之下，呈浅桔黄色，土质不均，具水平层理，含砂和砂砾石的透镜体，自上而下透镜体减少，遇水软化，强度低，局部夹薄层粉质黏土，该层土上部为弱湿陷。下部稍密，具水平层理，无湿陷性。该斜坡出露厚度约25m左右。

本区最大冻土层深度为0.92m，2～3月份为解冻期。

5）地质构造：

勘察区位于祁连造山带东段，属昆仑—秦岭地槽褶皱系祁连山隆起地带。在燕山期构造的基础上，新近纪末的喜马拉雅运动是本区地质历史中一次重要的时间，使中、新生代陆相河口—民和盆地消亡，以断块构造堆叠形式抬升、造山，形成隆起于凹陷（盆地）相间的构造格局，使隆起更高，基底底层大量出露。

区域上发育有北西西向、北东向和北北西向三组断裂带。勘察区位于北西西向雾宿山断裂带西端，北东向黄河沿岸（西岸）断裂带南侧，短小的北西西向断裂在区内发育。

区内新构造运动强烈，历史上民和县及临近甘肃省永登县、景泰县、天祝县等地曾多次发生过强震，地震多次波及该区。根据《建筑抗震设计规范》（GB 50011—2011）和《中国地震动参数区划图》（GB 18306—2015）资料，勘察区设计地震分组为第二组，抗震设防烈度为Ⅶ度，设计基本地震加速度值为0.15g，地震动反应谱特征周期为0.45s。

6）土体的物理力学性质：

根据坡面出露、探井揭露，该斜坡地层主要为重力堆积土、粉土。根据岩土层的特征、物理力学性质的差异，将场地地层分为2层。按从新到老的顺序将各层土的岩性特征分述如下。

① 重力堆积土（Q_4^{col}）：分布于小台沟沟谷两岸坡脚地带及两侧的支沟中主要为岸坡风化剥蚀物及小规模滑塌、滑坡等形成的堆积物，以粉土、粉质黏土等为主。结构松散，工程地质性质较差，物理力学性质不稳定。

② 粉土 Q_3：马兰黄土（Q_3^{2eol}）：呈被盖状广布于坡顶和高阶地冲积层之上，疏松多孔，垂直节理发育，遇水易软化，具较强湿陷性，该层厚度40m左右。平均天然含水量4.5%，天然密度为13.8～15.2 kN/m³，平均为14.51 kN/m³；天然孔隙比0.849～1.064，

平均为0.948；湿陷系数为0.100~0.131，自重湿陷系数为0.016~0.033，黄土湿陷等级为Ⅲ~Ⅳ级，湿陷性的数据均主要参考了环境监测院2004年7月编写的《涩宁兰天然气管线（青海民和—甘肃永靖段）不稳定斜坡勘察报告》中的试验结果，湿陷土层厚度20m左右；黏聚力为5.1~25.9kPa，平均为12.5kPa；内摩擦角32.2°~38.1°，平均为36.0°；承载力特征值120kPa。

③ 冲洪积黄土（Q_3^{al-pl}）：分布于马兰黄土之下，土质不均，具水平层理，含砂和砂砾石的透镜体，自上而下透镜体减少，层理也差，呈稍密，遇水软化，强度低，天然含水量小于10%，天然密度为14.3kN/m³，天然孔隙比0.999；黏聚力15.8kPa，内摩擦角39.0°左右，承载力特征值150kPa。

马兰黄土与冲洪积黄土的物理力学性质指标分别统计如表6.14和表6.15所示。

表6.14 马兰黄土主要物理力学性质指标统计表

项目	统计个数	最大值	最小值	平均值	标准差	变异系数
含水率 W/%	7	5.7	3.2	4.49	0.84	0.187
重度 γ/(kN/m³)		15.2	13.8	14.5	0.04	0.031
孔隙率 e_0		1.064	0.849	0.95	0.07	0.070
塑限 W_p		17.1	16.6	16.79	0.13	0.008
液限 W_l		26.6	24.2	25.01	0.59	0.024
a_{1-2}/MPa⁻¹		0.32	0.14	0.23	0.09	0.391
E_{s1-2}/MPa		14.46	6.45	10.46	4.01	0.383
黏聚力 C/kPa	7	25.9	5.1	12.49	4.78	0.383
内摩擦角 Φ/°		38.1	32.2	36.01	1.76	0.033

表6.15 冲洪积黄土主要物理力学性质指标统计表

项目	统计个数	最大值	最小值	平均值	标准差	变异系数
含水率 W/%	7	5.4	5.2	5.3	0.07	0.013
重度 γ/(kN/m³)		14.8	13.8	14.27	0.04	0.025
孔隙率 e_0		1.07	0.928	0.999	0.05	0.048
塑限 W_p		17.1	16.6	16.87	0.18	0.011
液限 W_l		26.4	24.1	25.4	0.87	0.034
a_{1-2}/MPa⁻¹		0.21	0.05	0.113	0.06	0.569
E_{s1-2}/MPa		38.56	9.53	24.65	10.08	0.409
黏聚力 C/kPa	7	21.4	10.3	15.83	3.71	0.234
内摩擦角 Φ/(°)		40.9	37.1	38.97	1.29	0.033

7）水文地质条件：

勘察区地处构造侵蚀低山地带，地形破碎，切割强烈，排泄条件较好，再加上本区气候干旱，降水量小，地下水补给来源有限，因此，斜坡区无地下水分布。

8）人类工程活动对地质环境的影响：

斜坡区主要的人类工程活动为管沟开挖，开挖后改变了原有坡体的地形，坡体上管沟处形成了地势较低的洼地，容易汇集降雨对管沟形成冲刷，对坡体稳定性造成较大影响，进而影响管道的安全运营；开挖弃土堆积于小台沟沟底，堵塞沟道，容易在强降雨时拦截上游汇水，形成小型堰塞湖。其次刘化支线 K19+800 段不稳定斜坡上部阶地平台为绿化区，对面 K19+905 段斜坡阶地平台上为农田，两处坡体上部都在进行灌溉，灌溉水容易沿坡体上发育的节理和裂隙下渗，软化和潜蚀斜坡土体，影响不稳定斜坡段管道的安全运营。

（2）地质灾害的类型、特征与稳定性分析

1）不稳定斜坡的特征：

涩宁兰天然气输气管道 K19+800 段不稳定斜坡位于甘肃省永靖县境内，地处黄河右岸一级支沟一小台沟左岸，坡顶Ⅳ级阶地平台处高程为 1760.43m，小台沟沟底Ⅰ级阶地高程约为 1700.32m，中间Ⅱ、Ⅲ级阶地缺失。斜坡相对高差约为 60m，坡向为 30°，斜坡平均坡度为 42°，下部稍缓约为 36°。地层岩性顶部为风成马兰黄土，疏松多孔，垂直节理发育，遇水易软化，干强度低，韧性低，具较强湿陷性，该层土厚度为 40m 左右；其下为冲洪积黄土，土质不均，具水平层理，含砂砂砾石的透镜体，上部有弱湿陷性，下部稍密、无湿陷性，该层土出露厚度约为 25m。

斜坡底部小台沟为一近东西走向的季节性洪水、泥流沟，沟底两侧山坡坡度较陡，加之坡体物质结构疏松，小规模黄土滑塌时有发生，如遇强降雨，沟谷洪水、泥流泛滥，冲刷沟床、沟岸。管道埋设时由于管沟开挖形成的大量弃土直接倾倒于小台沟沟底，堵塞沟道，遇强降雨后大量雨水汇集后在此形成了小型堰塞湖，浸润坡脚，引发沟底两侧斜坡底部土体滑塌，降低了两侧斜坡的稳定性。

2）崩塌、滑坡灾害发育状况：

经野外实地调查，斜坡区内发育的主要地质灾害类型为滑塌、滑坡和落水洞灾害 3 种类型，共发育 6 处滑塌、1 处滑坡和 11 处落水洞。6 处滑塌滑体均为黄土，滑塌规模 60～900m³，厚 1～1.5m（表 6.16），滑体形态为舌形或不规则形，滑壁高 1～1.5m。这些滑塌和滑坡虽然体积不大，但是失稳滑动后滑壁后部小型裂隙发育，遇强降雨后雨水易沿这些裂隙下渗，雨水渗入后加重坡体负荷，容易造成再次失稳，对斜坡的，整体稳定性构成较大威胁。

表 6.16　滑塌和滑坡特征一览表

编号	位置	类型			长度/m	宽度/m	厚度/m	体积/m³
		岩性	成因	规模				
HT1	管道东侧坡脚	黄土	水流冲刷	小型	30	20	1.5	900
HT2	管道东侧坡脚	黄土	水流冲刷	小型	25	20	1.5	750
HT3	管道东侧坡脚	黄土	水流冲刷	小型	30	15	1	450

编号	位置	类型			长度/m	宽度/m	厚度/m	体积/m³
		岩性	成因	规模				
HT4	管道东侧坡脚	黄土	水流冲刷	小型	20	10	1	200
HT5	管道东侧坡脚	黄土	水流冲刷	小型	15	8	1	120
HT6	管道东侧坡脚	黄土	水流冲刷	小型	12	5	1	60
HP1	管道东侧斜坡下部	黄土	水流冲刷	小型	45	80	2	7200

勘察区虽然降雨量不大，但是降雨较集中，加之区内湿陷性黄土的特殊性质，往往在台塬和斜坡坡体上形成一些陷坑及落水洞，这些落水洞一般呈圆、椭圆和不规则多边形，洞口直径一般 3m×5m，最大 10m×12m，深 1～5m（表 6.17）。水流在落水洞底部汇集后不断掏蚀下部土体，邻近的落水洞下部由于水流的潜蚀，形成贯通连续的串珠状落水洞，改变了斜坡的结构，降低了斜坡的稳定性，进一步发展将对管道造成较严重的威胁。

表 6.17　落水洞特征一览表

编号	位置	洞径（m×m）	深度/m	体积/m³
D1	管道西侧坡顶	10×12	5	600
D2	管道西侧坡顶	1×2	1.5	3
D3	管道东侧坡顶	1×2	2	4
D4	管道东侧坡顶	2×2	2	8
D5	管道西侧中上部	2.5×6	3	45
D6	管道东侧中上部	3×4	3	36
D7	管道东侧中上部	3×5	1.5	22.5
D8	管道东侧中上部	4.5×10	5	225
D9	管道东侧中部	3×5	2	30
D10	管道西侧中部	3×5	2	30
D11	管道东侧中部	3×5	2	30
D12	管道东侧中下部	5×6	5	150

3）影响斜坡稳定性的因素分析：

该不稳定斜坡的形成条件生要有内在因素和外部因素。内在因素为地形地貌条件、地层岩性、岩土体工程性质等；外部因素主要有降水和地震。

① 高陡的地形条件：勘察区的不稳定斜坡的高度约 60m，平均坡度达 42°，高陡斜坡的稳定性差，为滑塌和滑坡的发育提供了有利的地形地貌条件。

② 不良的岩土体工程性质：勘察区不稳定斜坡主要由风积马兰黄土和冲洪积黄土组成，土质疏松，遇水易软化，抗剪强度低；垂直节理发育，渗透性较强，雨水下渗以

后潜蚀坡体黄土，易形成落水洞。

③ 降水条件：勘察区气候干燥、蒸发强烈，自然降水量较小，但是降水较为集中，使土体易软化，强度降低，并增大自重，是引发滑塌、滑坡和落水洞等灾害的主要自然因素。

④ 沟道洪水冲刷侵蚀坡脚：小台沟沟道狭窄，宽度仅 5～10m 雨水在沟内汇集以后不断冲刷侵蚀两侧斜坡坡脚，导致坡脚角度不断加大，长时间继续冲蚀后将导致滑坡、滑塌等灾害的发生。

⑤ 地震：区内新构造运动强烈，历史上民和县及临近甘肃省永登县、景泰 县、天祝县等地曾多次发生过强震，地震多次波及该区。地震增加了土体动荷载，破坏了土体的原有平衡，是引发滑塌和滑坡灾害的又一自然因素。

4）斜坡稳定性评价：

根据不稳定斜坡勘测、现场调查结果，对刘化支线 K19+800 段不稳定斜坡分别采用定性和定量两种法进行稳定性评价。

该斜坡主要由粉土组成，斜坡的岩性结构决定了具有不稳定性特点。上部马兰黄土厚 40m，含水量小于 10%，垂直裂隙发育、疏松，落水洞、小型滑塌和滑坡发育，该层为斜坡的主要易滑地层。斜坡坡顶到坡底高差 60m，平均坡度 42°，具当地的经验数值，一般小于 35°的斜坡才基本稳定，因此该斜坡处于不稳定状态，斜坡区里然降雨量不大，但是降雨较集中，易使土体软化，并加重土体负荷，加剧斜坡的不稳定性。由于斜坡底部小台沟沟道狭窄，降雨形成的汇水易在沟底汇集，冲刷侵蚀坡脚，降低斜坡稳定性。

斜坡稳定性计算中，土体的重度、内摩擦角、黏聚力等参数对计算结果影响选取十分重要。本计算中的有关参数是在试验资料的基础上，根据本场地区不同地段斜坡的实际情况，并参考了有关经验值综合确定的，不同地段斜坡稳定性计算所选用的参数见表 6.18。

表 6.18　斜坡稳定性计算参数表

岩土层	重度/(kN/m²)	黏聚力/kPa	内摩擦角/(°)
马兰黄土	14.4	12	32
冲洪积黄土	16.2	30	33

本次滑坡稳定性计算是利用 Slide 滑坡稳定性计算软件，计算断面和有关参数，由计算机进行计算。计算多个计算剖面的不同工况条件下不稳定边坡的最危险的潜在滑动面位置、形状和相应的稳定系数。

刘化支线 K19+800 不稳定斜坡相对高差大，一旦失稳将严重影响输气管道安全，破坏后果严重，按照《建筑边坡工程技术规范》（GB 50330—2013）中表 3.2.1 的判别标准，本边坡的安全等级为一级，利用圆弧滑动法计算的边坡稳定安全系数要求大于 1.3。

由表 6.19 边坡稳定性计算结果看出，现状条件下 2 条斜坡剖面的稳定系数分别为

1.066 和 1.179，均小于 1.3，不满足《建筑边坡工程技术规范》（GB 50330—2013）的规定。该段斜坡整体稳定性较差，在地震、降水等作用下，大部分斜坡将失稳破坏。尤其是在降雨的影响下，斜坡会由于雨水入渗加重坡体负荷而发生变形破坏，可能滑动土层最大厚度约 10～11m，将严重影响输气管道的安全运营，应采取必要的防护对策，确保输气管道的安全运营。

表 6.19 斜坡稳定性计算结果表

剖面号 工况条件	1—1	2—2
正常	1.066	1.179
地震	1.003	1.105

（3）治理工程措施

1）设计依据：

① 中国石油管道公司兰州输气分公司下达的《涩宁兰输气管道刘化支线 K19+800 不稳定斜坡治理工程勘查及施工图设计》委托书。

② 2008 年 111 甘肃省科学院地质自然灾害防治研究所提交的《涩宁兰输气管道刘化支线 K19+800 不稳定斜坡治理工程勘查报告》。

③《建筑边坡工程技术规范》（GB 50330—2013）。

④《岩土锚杆（索）技术规程》（CECS 22：2005）。

⑤《铁路路基支挡结构设计规范》（TB 10025—2006）。

⑥《建筑地基基础设计规范》（GB 50007—2011）。

⑦《建筑地基处理技术规范》（JGJ 79—2012）。

⑧《湿陷性黄土地区建筑规范》（GB 50007—2004）。

⑨《建筑抗震设计规范》（GB 50011—2010）。

⑩《混凝土结构设计规范》（GB 50010—2011）。

2）设计原则：

① 以管道安全为主。

② 以支挡加固为主，排水和防护相结合。

③ 考虑环境保护。

④ 工程治理后斜坡的稳定安全系数正常条件下达到 1.30，地震条件下达到 1.05。

⑤ 在满足相关规范规定、保证斜坡稳定的同时，尽量减小工程量，降低工程造价。

3）治理工程措施：

刘化支线 K19+800 段不稳定斜坡位于山体的中部，山体陡峭，不稳定斜坡体下部小台为一季节性洪水、泥流沟；不稳定斜坡体上部为耕地，若采取削方减重措施，则减少管道上部覆土层的厚度，势必使管道外露，影响管道安全运营，山体坡度在 40°以上，且管道横穿不稳定斜坡体，不利于抗滑桩工程的实施和发挥效能。根据滑坡的性质、成因、变形现状、稳定程度和发展趋势，并结合所处的环境特点和施工的可行性，经过研究、分析、计算和方案比选，拟采用预应力锚索框架、地表排水、拦挡坝、挡土墙及沟道整治等治理措施来稳定不稳定斜坡，以保安全。具体工程措施如下：

① 框架预应力锚索锚固工程。预应力锚索框架主要布设在不稳定斜坡体上，是提高稳定性的主体支挡工程措施（见图 6.64 和图 6.65 剖面）。

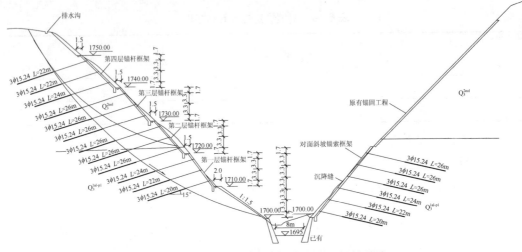

图 6.64　1—1′框架预应力锚索支护工程断面图

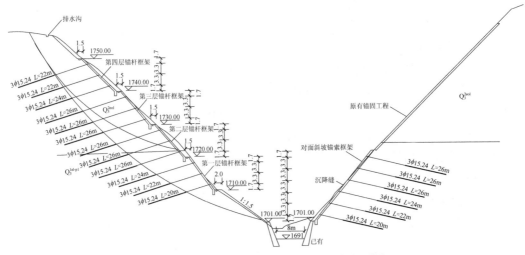

图 6.65　2—2′框架预应力锚索支护工程断面图

a. 框架锚索设计：根据刘化支线 K19+800 段不稳定斜坡的岩土结构特点和不稳定斜坡最危险滑动面位置，在坡体南坡上采用四级锚索框架加固，每级锚索框架上设 3 排锚索，在北坡上采用一级锚索框架加固，上设 6 排锚索。锚索水平间距 3.0m，垂直间距 3.3m，锚固段终孔孔径 ϕ150mm，倾角 15°，单孔设计拉力 210kN。

b. 锚索设计：

$$A \geqslant \frac{\gamma_0 \gamma_Q N_{ak}}{\xi_2 f_{py}}$$

γ_0 取 1.1，γ_Q 取 1.3，ξ_2 取 0.69，N_{ak} 为 210kN。经计算，锚索框架的锚筋采用 $3\phi15.24$ 高强度低松弛预应力钢绞线制作。

c. 锚固段长度设计：

$$l_a = \frac{N_{ak}}{\xi_1 \pi D f_{rb}}$$

锚固段主要设在冲洪积黄土中，D 为 0.15m，f_{rb} 取 40kPa，ξ_1 取 1.0。经计算，锚索的锚固段为 11.2m，取 12m。

② 不稳定斜坡南坡。第一级锚索框架的锚索长度自上而下为 24m、22m 和 20m，各种深度的锚索孔数量均为 9 孔。根据框架梁的受力情况和滑体土的承载力情况，框架梁截面尺寸 0.4m×0.4m，采用 C25 混凝土浇筑。

第二级斜坡采用锚索框架的锚索长度均为 26m，锚索孔数量均为 9 孔，框架梁截面尺寸 0.4m×0.4m，采用 C25 混凝土浇筑。

第三级斜坡采用锚索框架的锚索长度均为 26m，锚索孔数量均为 8 孔。框架梁截面尺寸 0.4m×0.4m，采用 C25 混凝土浇筑。

第四级斜坡采用锚索框架的锚索长度自上而下为 22m、22m 和 24m，锚索孔数均为 8 孔。框架梁截面尺寸 0.4m×0.4m，采用 C25 混凝土浇筑。

锚索框架一般以横向间距 6m 为一片，即 2 根竖肋为一片。

第一、二级锚索框架为 4 片（其中靠近沟道下游处的一片为 3 根竖肋，整片长度为 9m），第三、四级锚索框架 4 片，分布在管道两侧。框架梁横向一般每隔 6m 设一道伸缩缝，宽 2cm，用沥青木板填塞。以上锚索框架在现有坡面上设置，但必须清除坡面浮土，清顺坡面，框架内采用植草防护（图 6.67）。

③ 不稳定斜坡北坡。采用锚索框架长度自上而下为 26m、26m、26m、24m、22m 和 20m，锚孔数量为 9 孔，共 54 孔，框架梁截面尺寸 0.4m×0.4m，采用 C25 混凝土浇筑。框架梁横向一般每隔 6m 设一道伸缩缝，宽 2cm，用沥青木板填塞。也就是每级锚索框架横向 6m 为一片，靠近 2—2′剖面的一片为 3 根竖肋（整片长度为 9m），锚索框架在现有坡面上设置，但必须清除坡面浮土，清顺坡面，框架内采用植草防护。

锚索施工前，需进行锚索现场基本试验，试验组数一组（3 根），暂定按 24m 长锚索（$3\phi15.24$）进行试验，但要保证试验部位的锚固段地层与工程锚索的锚固段地层相同，具体可根据现场情况进行相应调整。锚索基本试验采用循环加、卸荷法，具体要求及规定见《建筑边坡工程技术规范》（GB 50330—2013）。

④ 地表排水。地表排水是滑坡、崩塌及泥石流防治的重要措施之一，在坡体顶部及锚索框架两侧设截面尺寸为 0.5m×0.5m，长度为 298m 的浆砌石排水沟。

浆砌石排水沟每 10m 左右设一条宽 2cm 的伸缩缝，用沥青麻筋填塞密实。排水沟陡坡段设消力齿和防滑齿。

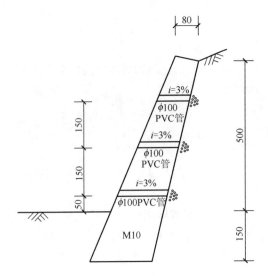

图 6.66　挡土墙剖面图（共长 77m）

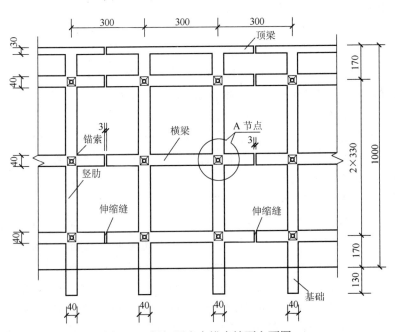

图 6.67　框架预应力锚索坡面立面图

在每级锚索框架平台的位置设置截水沟，截面尺寸为 0.25m×0.25m，采用 C25 混凝土现浇，每级截水沟均与排水沟相连。截水沟总长度 169m。

排水沟下部做正方形的 M10 浆砌石消力池，消力池内径 1.2m，池壁及池底均为 0.5m 厚，一侧与排水沟相连，一侧开口将汇聚来的水溢流。

以上加固边坡稳定性分析可参考文献《柔性支挡结构的静动力稳定性分析》[2]。

⑤ 拦挡坝。在小台沟沟道、锚索框架#下游处，设置一道拦挡坝，防护沟谷洪水、泥流对斜坡底部土体的冲刷侵蚀，稳固坡脚、拦挡坝（图 6.68 和图 6.69）。

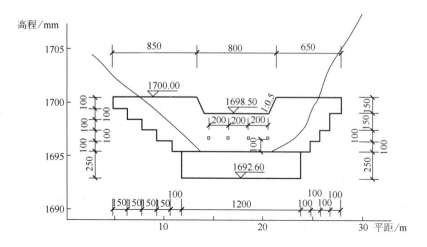

图 6.68 拦挡坝断面图

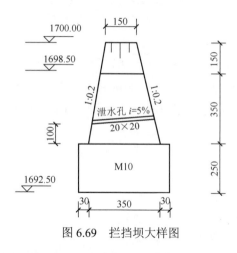

图 6.69 拦挡坝大样图

a. 坝高设计：根据坝址的工程地质条件，确定挡坝主坝高度为 5.0m。

b. 坝基设计：坝肩的稳定性直接关系着拦挡坝的安全，为了避免水流冲刷坝体两侧的斜坡使坝肩悬空，以致破坏，坝肩均嵌入坡体内一定深度。坝址两侧山坡为稳定致密的土体，坝肩嵌入坡体内不小于 2m；坝址两侧山坡为较松散的堆集体或浅层变形体时，坝肩嵌入坡体内深度根据具体情况调整加深。基础埋深根据冲刷计算并参考以往经验确定，坝高小于 10m 时，基础埋深 2.5m。根据各坝的高度、受力大小及稳定性验算的要求，确定坝体断面形式如下：设计坝顶宽 1.5m，迎水坡、背水坡均采用 1：0.2；坝体设有梅花形分布的 0.2m×0.2m 的泄水孔。为了提高坝基稳定及抗倾覆能力，坝体迎水面及背水面均设有 0.3m 的坝趾。

坝体坝基上每 8m 左右设一道宽 2cm 的伸缩缝，用沥青麻丝充填，充填深度 30cm。

c. 溢流口设计：根据各坝址处治后的流量和流速，淤积后沟床坡降及宽度确定的溢流口断面尺寸：溢流口高 1.5m，长 8.0m。

⑥ 截水墙设计。为了保证拦挡坝的稳定性，在拦挡坝下游设置截水墙，截水墙位于拦挡坝下游 7m 的位置。截水墙顶宽 1m，基础深度为 2m，截水墙高均为 1m，上边设置与拦挡坝同尺寸的溢流口。

拦挡坝长 23m，截水墙长 12.5m，整体均采用 M10 浆砌石砌筑。

⑦ 挡土墙。为了稳固坡脚，防止水流冲蚀坡脚及拦挡坝坝肩，在沟道的两侧设置挡土墙，考虑沟道走向，在沟道南侧的位置设置的挡土墙长 59.5m，沟道北侧的挡土墙17.5m。挡土墙高 6.5m，地上部分 5.0m，基础埋深 1.5m，墙体顶宽 0.8m，胸坡 1：0.4，背坡 1：0.25，墙体上使用 $\phi100$ 的 PVC 管设置泄水孔，垂直间距为 1.5m，水平间距 2.0m，PVC 管后端放置透水土工布包裹的滤水砂砾。墙体采用 M10 的浆砌石砌筑，挡土墙可在稳固坡脚的同时，起到汇流的作用，挡土墙剖面见图 6.66。

⑧ 植被恢复工程。工程施工结束后，由于有一定的削方及坡面整饰，工程区出现"白化"，为保持水土，需要在工程区做植被恢复工程，在锚索框架内部铺设三维网固土后撒 草籽，植草绿化。绿化灌溉方式采用喷灌，草籽撒播完毕并浇水后，上边覆薄膜进行养护，以保证植草的成活率。

⑨ 其他工程。台沟沟道内由于洪水淤积，不稳定斜坡体滑塌淤塞，个别地段已经形成了小型的堰塞湖，如不及时治理，势必威胁到下游处拦挡坝及挡土墙的安全。沟道内部需要进行整饰，清理淤积土近 1.0m 厚，清理方量约 450 m³。

参 考 文 献

[1] 朱彦鹏, 罗晓辉, 周勇. 支挡结构设计[M]. 北京：高等教育出版社, 2008.

[2] 朱彦鹏, 董建华. 柔性支挡结构的静动力稳定性分析[M]. 北京：科学出版社, 2015.

[3] 贾亮. 加筋挡土墙的地震作用和动力稳定性分析[D]. 兰州理工大学, 2011.

[4] 山西省交通厅. 公路加筋土工程设计规范（JTJ 015—91）[S]. 北京：人民交通出版社, 1992.

[5] Byrne R J Cotton D, Porterfied J,et al. Manual for design and construction monitoring of soil nail walls, FHWA-SA-96-069R, Federal Highway Administration, Washington, D.C, 1998.

[6] Turner, J.P, Jensen, W G. Landslide stabilization using soil nail and mechanically stabilized earth walls: Case study, J. of Geotech. and Geoenvirn. Eng., ASCE, 2005, 131（2）：141-150.

[7] 陈肇元, 崔京浩. 土钉支护在基坑工程中的应用[M]. 2版. 北京：中国建筑工业出版社, 2000.

[8] Plumelle C, Schlosser F, Delage P, et al. French national research project on soil nailing: Clouterre. Proc., Design and Performance of Earth Retaining Structures[J]. Geotch. Spec. Publ., ASCE, New York, 1990, 25：660-675.

[9] 中国建筑科学研究院. 建筑基坑支护技术规程（JGJ 120—2012）[S]. 北京：中国建筑工业出版社, 2012.

[10] 张明聚, 宋二祥, 陈肇元. 基坑土钉支护稳定分析方法及其应用[J]. 工程力学, 1998, 15（3）：36-43.

[11] 朱彦鹏, 李忠. 深基坑土钉支护稳定性分析方法的改进及软件开发[J]. 岩土工程学报, 2005, 26（8）：939-943.

[12] 朱彦鹏, 王秀丽, 李忠, 等. 土钉墙的一种可靠性自动优化设计法[J]. 岩石力学与工程学报, 2006, 25（S.1）：3123-3130.

[13] Sheahan TC, and Ho CL. Simplified trial wedge method for soil nailed wall analysis[J]. J. of Geotech. and Geoenvirn. Eng., ASCE, 2003, 129（2）：117-124.

[14] 清华大学土木工程系. 基坑土钉支护技术规程（CECS 96：97）[S]. 北京：中国计划出版社, 1997.

[15] Oral T, Sheahan T C. The use of soil nails in soft clays, Design and construction of earth retaining system, R.J.Finno, Y. Hashash, C. L. Ho, and B. Sweeney, eds., Goetechnical Special Publication No.83, ASCE, Reston, Va., 1998: 26-40.

[16] Zhu Yanpeng, Law KT and Li Zong. An optimal design method for soil nailed walls, K. Y. Lo Symposium, London（Canada, 2005）.

[17] Zhu Yanpeng, Zhou Yong. Analysis and Design of Frame Supporting Structure with Pre-stressed Anchor Bars on Loess Slope, ACMSM, 2004.

[18] 周勇. 框架预应力锚杆柔性支护结构的理论分析与试验研究[D]，兰州理工大学，2007.

[19] 重庆城乡建筑委员会. 建筑边坡工程技术规范（GB 50330—2013）[S]. 北京：中国建筑工业出版社，2014.

[20] 朱彦鹏，郑善义，张鸿，等. 黄土边坡框架预应力锚杆支挡结构的设计计算研究[J]. 岩土工程学报，2006，28（S）：1582-1585.

[21] 郑善义. 框架预应力锚杆支护结构的设计与分析研究[D]. 兰州理工大学，2007.

[22] Bishop, A. W. The use of slip circle for the stability analysis of slopes[J]. Geotechnique, 1955, 5（1）：7-17.

[23] Janbu N. Slope stability computations[J]. Embankment-Dam Engineering, 1973.

[24] 陈忠汉，黄书秩，程丽萍. 深基坑工程[M]. 2版. 北京：机械工业出版社，2003.

[25] 王瑁成，邵敏. 有限单元法基本原理和数值方法[M]. 2版. 北京：清华大学出版社，1997.

[26] 李忠，朱彦鹏. 框架预应力锚杆边坡支护结构稳定性计算方法及其应用[J]. 岩石力学与工程学报，2005，24（21）：3922-3926.

[27] 朱彦鹏，郑恒. 框架预应力锚杆边坡支护结构稳定性分析[J]. 岩土力学，2006，27（S）：746-750.

[28] 石林珂，贺为民，孙懿斐，等. 深基坑稳定分析中的等弧长条分法及可视化软件设计[J]. 岩石力学与工程学报，2002，21（10）：1568-1572.

7 湿陷性黄土地区油气管线水毁及泥石流防治结构设计

7.1 概　述

我国黄土与湿陷性黄土地区大多为山区，油气管线经过的地方常发生泥石流和洪水，泥石流和洪水每年都在威胁管线的运营安全[1]，解决泥石流和洪水灾害对油气管线安全威胁的方法，除做好工程合理选线外，唯一的方法就是采用土木工程措施防灾减灾。

防治湿陷性黄土地区洪水和泥石流对管线危害的重要措施一般有两种。第一种方法是排导的方法，这种方法就是将泥石流和洪水排导到下游河沟，主要工程措施是渡槽和排导槽。第二种方法主要是拦挡的方法，这种方法主要是通过拦挡防止洪水和泥石流管线周围及附近的冲刷，主要的工程措施是各种不同形式的拦挡坝[2, 3, 4]和防冲坎。采用排导或拦挡，一般要根据管线经过地区的地形和环境条件确定。

各种拦挡和排导的新型泥石流防治结构很多学者进行了大量的研究，包括各种泥石流防治结构的静动力稳定性分析，新型泥石流防治结构开发应用研究等方面取得一大批相关研究成果，并在泥石流防治中得到应用[5~12]，对洪水泥石流的土木工程防灾减灾起到了有力的推动作用。

湿陷性黄土地区油气管线洪水泥石流灾害防治中，经过工程技术人员的摸索，总结出各种有效防治结构形式，例如，水泥土防冲坎，灰土防冲坎，编织袋和草袋挡墙等多种形式，有时在快速救灾中发挥了很好的作用，由于这些结构设计构造简单，施工方便，但作为永久防治结构还存在很多问题，本书中将不进行研究。

在湿陷性黄土地区油气管线防治洪水泥石流灾害防治中，重力式拦挡坝、宾格坝在防冲坎设计、洪水泥石流拦挡、排洪沟和河沟护岸中普遍采用，本章将分别研究重力式拦挡坝和格宾坝的设计计算法。在以上各种防治拦挡手段不能奏效时，也可采用洪水泥石流渡槽或排导槽，由于排导槽设计需解决防冲刷和满足流量问题，和结构设计关联性较小，本章将不研究排导槽的设计问题，黄土地区油气管线防灾中常用渡槽仅有梁板式渡槽，本章将研究梁板式渡槽的结构分析和设计方法。

7.1.1 管线穿越各种不同地形条件下的洪水泥石流拦挡结构

黄土高原地区地势复杂，荒山丘陵密布，沟壑纵横，油气管线穿越这些地区的方式众多，总结归纳其拦挡结构防护方式，一般有以下几种防护方法。

① 当管线穿越排洪沟时，管线与排洪沟水流方向垂直，沟底相对平坦（图 7.1），

一般可采用挡墙加固陡坎，水流下游增加防冲坎（泥石流淤积坝）进行防护，如图 7.2 所示。

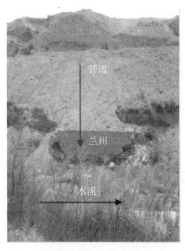

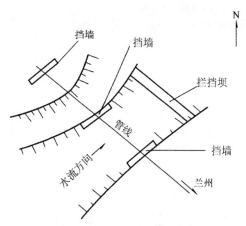

图 7.1　管线埋置与排洪沟的关系　　　　图 7.2　挡墙与拦挡结构等防治结构设置方式

② 当管线穿越陡坎时，排洪沟较深，管线与排洪沟水流方向垂直（图 7.3），一般可采用挡墙加固边坡，水流下游增加防冲坎（泥石流淤积坝）进行防护，如图 7.4 所示。

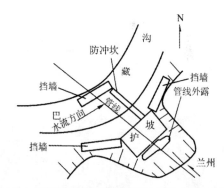

图 7.3　管线埋置与排洪沟的关系　　　　图 7.4　挡墙与拦挡结构等防治结构设置方式

③ 当管线穿越较大排洪沟时，管线与排洪沟水流方向垂直（图 7.5），一般可采用挡墙加固护岸，挡墙可采用重力式浆砌片石或者采用格宾坝，水流下游增加防冲坎（泥石流淤积拦挡坝）进行防护，如图 7.6 所示。

④ 当管线穿越连续松散的黄土边坡时，管线与边坡顺坡，坡底水流与管线垂直（图 7.7），一般可采用多级挡墙连续加固成台阶型，挡墙可采用重力式浆砌片石或者采用格宾坝，挡墙可起到边坡稳定和防水流冲刷的双重作用，如图 7.8 所示。

图 7.5 管线埋置与排洪沟的关系

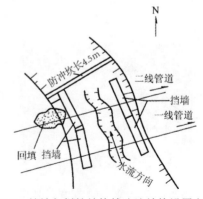
图 7.6 挡墙与拦挡结构等防治结构设置方式

图 7.7 管线埋置与排洪沟的关系

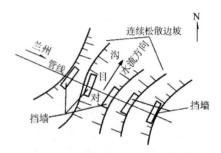
图 7.8 挡墙与拦挡结构等防治结构设置方式

⑤ 当管线同时穿越黄土高边坡和河沟时，管线与边坡顺坡，坡底水流与管线垂直（图 7.9），一般可采用多级截水挡墙连续加固，沟底采用护岸挡墙加固，挡墙可采用重力式浆砌片石或者采用格宾坝，挡墙可起到边坡稳定和防水流冲刷的双重作用，如图 7.10 所示。

图 7.9 管线埋置与排洪沟的关系

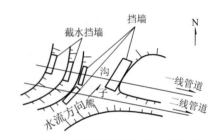
图 7.10 挡墙与拦挡结构等防治结构设置方式

⑥ 当双管线同时穿越黄土边坡和排洪沟时，管线与排洪沟道垂直（图 7.11），双管

线穿越排洪沟），一般边坡可采用挡墙加固，沟底下游挡墙拦挡形成防冲坎，挡墙可采用重力式浆砌片石或者采用格宾坝，挡墙可起到边坡稳定和防水流冲刷的双重作用，防治示意见图 7.12。

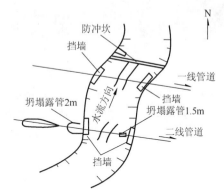

图 7.11　管线埋置与排洪沟的关系　　　图 7.12　挡墙与拦挡坝等防治结构设置方式

⑦ 当双管线同时穿越黄土高山坡和河沟时，管线顺坡方向并与沟道垂直（图 7.13，双管线穿越排洪沟），一般高山坡可采用底部挡墙加框架预应力锚杆加固，沟底下游挡墙拦挡形成防冲坎，挡墙可采用重力式浆砌片石或者采用格宾坝，沟底挡墙可起到边坡稳定和防水流冲刷的双重作用，拦挡坝主要起到防冲刷的作用，如图 7.14 所示。

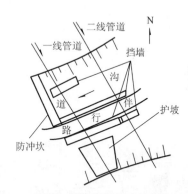

图 7.13　管线埋置与排洪沟的关系　　　图 7.14　挡墙与拦挡坝等防治结构设置方式

⑧ 当双管线同时穿越黄土地区河流和灌渠时，管线与河流方向垂直（图 7.15，双管线穿越河流），一般河流两侧护岸可采用挡墙加固，河流下游挡墙拦挡形成防冲坎，挡墙可采用重力式浆砌片石或者采用格宾坝，护岸挡墙可起到边坡稳定和防水流冲刷的双重作用，拦挡坝主要起到防冲刷的作用，如图 7.16 所示。

⑨ 当两条斜交管线同时穿越黄土地区洪水沟道时，管线自身斜交并与排洪沟道斜交（图 7.17，双管线穿越排洪沟），一般排洪沟两侧护岸可采用挡墙加固，沟道下游挡墙拦挡形成防冲坎，挡墙可采用重力式浆砌片石或者采用格宾坝，护岸挡墙可起到边坡

稳定和防水流冲刷的双重作用，拦挡坝主要起到防冲刷的作用，如图 7.18 所示。

图 7.15　管线埋置与河流沟道的关系

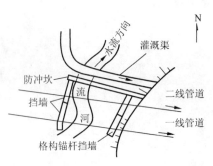

图 7.16　挡墙与拦挡坝等防治结构设置方式

图 7.17　管线埋置与河流沟道的关系

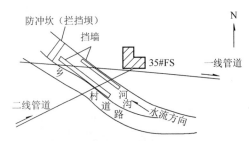

图 7.18　挡墙与拦挡坝等防治结构设置方式

⑩ 当管线在沟道中，沟道坡降大，管线与沟道洪水水流方向一致时，管线与排洪沟道平行（图 7.19），一般在排洪沟中要连续设置多道挡墙拦挡，拦挡结构形成防冲坎，沟口要设置一道较高的挡墙，防止下切冲刷，挡墙可采用重力式浆砌片石或者采用格宾坝，如图 7.20 所示。

图 7.19　管线埋置与河流沟道的关系

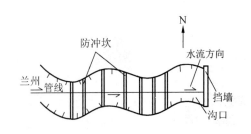

图 7.20　挡墙与拦挡坝等防治结构设置方式

⑪ 当管线穿越河流时，管线与沟道洪水水流方向垂直，河流冲刷严重（图 7.21），

一般在河流两岸除设置挡墙护岸，加固高边坡外，在管线下游附近要设拦挡坝防冲刷，拦挡坝下也要设护坦防止冲刷破坏坝基，护岸和拦挡坝以及护坦可采用浆砌片石或者采用格宾坝，如图 7.22 所示。

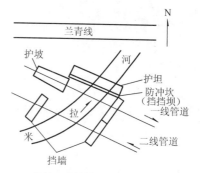

图 7.21　管线埋置与河流沟道的关系　　　　图 7.22　挡墙与拦挡坝等防治结构设置方式

　　黄土地区地形复杂，沟壑纵横，管线埋置方式千变万化，防治工程一般都不是单一结构，多数是多种防治结构的组合，有边坡稳定与防洪水泥石流的组合，也有护岸与沟底防冲刷组合。总之，黄土地区油气管线灾害防治是一个复杂、多学科、多专业综合防治工程，需要专业人员根据地形地貌、管线敷设方式、水文地质条件和当地的材料供应条件等综合考虑，采用经济、合理、耐久和可行的综合放置方式，保证管线的安全运营。

7.1.2　各种不同地形条件下洪水泥石流排导结构

　　当油气管线穿越较大型泥石流沟底时可采用洪水泥石流排导渠保护管线（图 7.23，管线垂直穿越排导槽），也可采用泥石流渡槽让管线从槽下穿越（图 7.24，管线在泥石流渡槽下穿越），这两种管线保护方法虽然一次投入较大，但可以起到永久保护的目的，在较特殊地形地貌条件下可考虑采用。

图 7.23　管线在泥石流排导槽下穿越　　　　图 7.24　管线在泥石流渡槽下穿越

　　黄土地区油气管线防灾中渡槽和排导槽的使用有很多情况，由于排导槽、渡槽造价较高，选择使用要考虑多种条件，当其他治理措施不能产生效果时，一般才选用排导槽和渡槽防治，下面举例说明其使用方法。

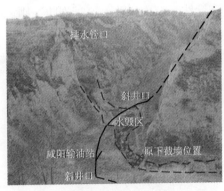

图 7.25 输油管线在黄土沟壑处水毁

（1）案例一

一输油管线敷设于黄土高原，该段为黄土沟壑地貌，管道沿黄土冲沟沟底敷设，沿沟敷设管段长 90m，沟底宽 30～40m，深约 50m。管道北侧冲沟岸坡顶为一果汁厂排水管出口，排水冲沟从管道上方排泄。目前管道南侧沟底下切处有长 32m 的袋装土临时护坡，部分已失效，管道裸露，下游 10m 处被果汁厂排水下蚀形成冲沟，导致管道悬空 9.5m 长，冲沟下游处下拦挡坝被冲毁，由于坡降较大，河水下蚀及侧蚀作用强烈，该段冲沟已下切

深 5～8m，宽 7～12m。管道南侧沟底在上方排水管排水及雨季冲沟汇水冲蚀下，已下切深 3～5m，宽 9～16m，管道顺沟底南侧铺设穿过河沟道水毁湿陷区（图 7.25）。由于排水冲刷下切速度快，对管线危害较大，其他治理措施不能有效保护管线运行安全，因此，根据此处的地形地貌、排水量的大小等，决定采用排导槽处理。处理方法可在排水口位置设置洪水泥流排导槽，排导槽拟用钢筋混凝土结构，如图 7.26 所示，湿陷部分回填处理。

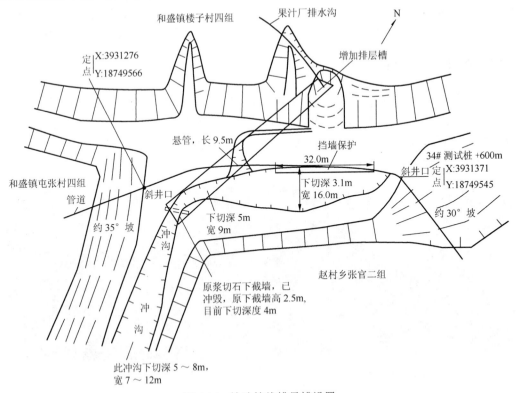

图 7.26 输油管线排导槽设置

（2）案例二

一输油管线穿越黄土沟壑地貌区，管道近垂直沟道方向采用大开挖方式敷设，管道

穿越和盛东沟段水毁部位出露第四系上更新统马兰黄土，由于开挖铺设管道，表层土体较为松散。冲沟切割深 25～30m，两岸为陡斜坡，局部陡立，沟道坡降较大、沟道狭窄，且常年作为污水排放沟，下切和侧蚀能力较强。沟道下蚀深 5～8m，侧蚀也较为严重，导致沟底敷设段管道悬空，悬空高 2～5m，长 10m。两岸草袋护坡均出现垮塌，其中北岸中上部两级草袋护坡垮塌，护坡宽 2m，高均为 4m；南岸上部草袋护坡垮塌，护坡宽 2m，高 6m。在持续降雨、强降雨、排污等作用下，水毁的范围也将不断扩大，可能导致岸坡整体垮塌，沟道近一步下切加深，对管道形成危害（图 7.27）。此处洪水流量大，沟底下切速度快，其他防治方法不能有效的保护管线运行安全，选择洪水泥石流渡槽可永久解决安全隐患。处理方法可在管线上方设置洪水渡槽，渡槽用钢筋混凝土结构，与上部沟底顺接，跨越管线上方，将沟道洪水泥流排至下方，渡槽设置如图 7.28 所示，湿陷部分回填处理。

图 7.27 输油管线在黄土沟壑处水毁

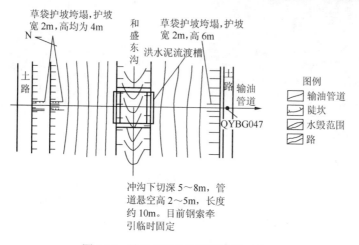

图 7.28 输油管线设置渡槽保护示意

在黄土沟壑地区其他防治措施不能有效的解决管线运行安全，地形地貌复杂时，可选择使用洪水泥石流排导槽和渡槽，可永久解决管线运行的安全隐患。排导槽和渡槽的设计要考虑地形地貌、洪水泥石流流量、冲击力大小等条件。

7.1.3 各种不同地形条件下油气管线的地表排水

黄土高原地区油气管线灾害防治，除了采用结构防治以外，还要做好防治工程的防排水工作，这是保证防治结构安全，管线周围黄土不湿陷的重要措施，一般管线灾害防治工程排水措施有以下几种。

① 当管线穿越洪水较大的排洪沟时，管线上部沟道可设置排水渠，管线穿越沟底相对平坦处加大排洪沟截面尺寸（图 7.29），下游排洪沟应延伸至沟底部无冲刷部位，

如图 7.30 所示。

　　② 当管线穿越高山梁边坡时，管线两侧受洪水侵袭应设置排水渠，以保证管线两侧山体的安全稳定（图 7.31），边坡支挡结构和排水工程如图 7.32 所示。

图 7.29　管线在沟底穿越时地表排水渠

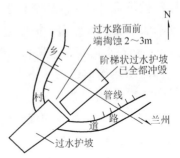

图 7.30　管线在洪水沟底穿越时排水设计

图 7.31　管线穿越高山梁边坡

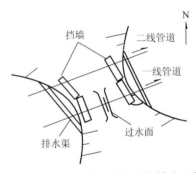

图 7.32　管线穿越高山梁边坡时防治和排水工程设计

　　③ 当管线穿越高山坡时，为保证管线安全稳定，加设了护坡工程，为保证护坡安全，一般在护坡上部应设置排水渠，以保证管线穿越山体的安全稳定（图 7.33），边坡支挡结构和排水工程如图 7.34 所示。

图 7.33　管线穿越高山坡的工程防护

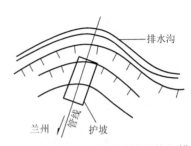

图 7.34　管线穿越高山坡时边坡防护和排水工程

　　④ 当管线穿越陡坎时，为保证管线安全稳定，在陡坎边加设挡墙，为保证挡墙的安全，一般在挡墙上部应设置排水渠，以保证管线穿越陡坎的安全稳定（图 7.35），陡坎的挡墙和排水工程如图 7.36 所示。

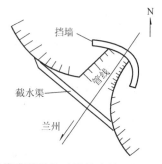

图 7.35 管线穿越陡坎　　　　图 7.36 管线穿越陡坎时挡墙防护和排水工程

　　排水工程是防治工程的配套工程，排水工程设置到位有时会产生事半功倍的效果，因此，黄土地区油气管线防灾工程要特别关注防排水工程，要根据地形地貌、防治流域面积、气象因素、洪水流量和防治工程的形式选择合理防排水工程措施和方法。

7.2　重力式拦挡坝

　　拦挡结构（防冲坎）在黄土地区管线防灾中是一种最为常见防治结构，它的重要作用是防止洪水泥石流的下切冲刷，在拦挡结构上部产生淤积，保证管线的埋深，这种结构最为常见的是浆砌片石重力拦挡坝、混凝土拱坝[4]和格宾坝[13]。

　　浆砌片石拦挡坝是一种最常用的坝型。坝体截面一般为梯形，下游面垂直。为尽快排出坝后积水，坝体纵横方向每隔 1~1.5m 设一泄水孔，泄水孔面积较大时可加装铁栅。对于较长的拦挡坝有时将泄水口做成自上到下贯通的一条窄缝，称窄缝式拦挡坝。

7.2.1　拦挡坝的设计计算指标

　　拦挡坝主要设计的两种结构类型：重力坝、拱坝，油气管线中一般使用较多的是重力坝。重力坝一般可做成浆砌片石坝、混凝土坝或钢筋混凝土坝[7][8]。一般跨度从几米到几十米，高度从几米到 20m 左右，根据现场地形地貌等条件确定拦挡坝的跨度及高度，初步得出宽高比的变化范围，选择合适的结构类型。拦挡坝常用几何尺寸见表 7.1。

表 7.1　拦挡坝常用几何尺寸

高(H)/m \ 宽(W)/m		10	15	20	30
<10	3	3.3	5	6.6	10
	5	2	3	4　　β>3	6
	7	1.4	2.1	1<β≤3　2.8	4.3
>10	10	1.0	1.5	2	3
	15	0.6	β≤1　1	1.3	2
	20	0.5	0.75	1	1.5

根据上表及拱坝设计要求，设 $\beta=\dfrac{W}{H}$：

当 $\beta\leqslant 1$ 时，均以拱坝设计；

当 $1<\beta\leqslant 3$，且 $H>10$ 时，作两种方案（重力坝、拱坝）比较，选择较优设计；

当 $\beta>3$，且 $H<10$ 时，均以重力坝设计。

7.2.2 重力坝分析

重力坝的设计主要是底面宽度的确定。其设计计算步骤如下：

（1）建立计算模型

取沿宽度方向每米长度的坝为计算单元，重力坝截面如图 7.37 所示。

（2）计算方法

采用计算重力式挡土墙的计算方法。

（3）受力分析、荷载计算及组合

1）受力分析：

主要计算泥石流的冲击力，土压力和水压力共同作用下，坝体承载力和稳定性。

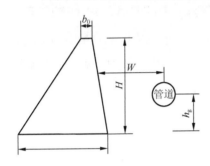

图 7.37　重力坝截面形状

2）荷载计算：

① 坝体自重的计算，$W=\gamma V$。

② 上游堆积物静压力，对于稀性泥石流，包括土压力和水压力，土压力计算如下：

$$P_{\pm}=\gamma_{ys}(H-z)\dfrac{\cos^2(\phi-\alpha)}{\cos^2\alpha\cdot\cos(\alpha+\delta)\left[1+\sqrt{\dfrac{\sin(\phi+\delta)\sin(\phi-\beta)}{\cos(\phi+\delta)\cos(\alpha-\beta)}}\right]^2} \tag{7.1}$$

$$P_{水}=\gamma_w(H-z)$$
$$P_{稀}=P_{\pm}+P_{水}$$
$$\gamma_{ys}=\gamma_{ds}-\gamma_w$$

式中，γ_{ds}——泥石流堆积物容重；

　　　γ_w——为水容重；

　　　γ_{ys}——泥石流堆积物浮容重；

　　　H——坝体高度；

其余参数意义参见库伦土压力计算。

对于黏稠性泥石流，主要包括土压力，计算如下：

$$P_{黏}=\gamma_c\cdot(H-z)\dfrac{\cos^2(\varphi-\alpha)}{\cos^2\alpha\cdot\cos(\alpha+\delta)\left[1+\sqrt{\dfrac{\sin(\varphi+\delta)\sin(\varphi-\beta)}{\cos(\varphi+\delta)\cos(\alpha-\beta)}}\right]^2} \tag{7.2}$$

式中，γ_c——黏性泥石流堆积物的容重；其余参数意义参见库伦土压力计算。

由于其透水性不强，所以不单独计算水压力。

3）荷载组合：

对于重力坝来说，由于高度较低，宽度较大，发生一次或少数几次泥石流就将部分坝段填满的概率相对较大，所以考虑荷载时，仅考虑一种情况——偶然组合。

偶然组合：考虑发生特大泥石流，一次就可将坝库装满，此时限定原始淤积物堆积量介于空库与半库之间，最不利的受荷状况是将库内淤积物全部视为泥浆体，即考虑空库时泥石流发生一次就可装满的情况，此时必须在整个坝高作用范围内考虑冲击影响，可将浆体沿坝高产生的压力均乘以冲击系数。受力过程及受力如图7.38所示。

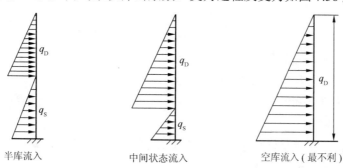

图7.38　泥石流受力过程和简图

图注：q_S——原始淤积物产生的静压力；

　　　q_D——发生大型泥石流时考虑冲击影响后坝受到的压力。

7.2.3　重力坝计算及设计

如图7.39所示的重力坝计算图，墙高为H，墙顶宽为b_0，上游面墙底投影宽度为b_1，下游面墙底投影宽度为b_2（不需计算确定其值），整个底面宽度为$b_0+b_1+b_2$，墙面上作用的力有水平方向分力P_1和竖直方向分力P_2，水平分力作用点距墙底面的高度$y=1/3H$。若b_0、b_2、H、P_1和P_2值已经确定，则坝的计算是确定b_1的最小宽度。

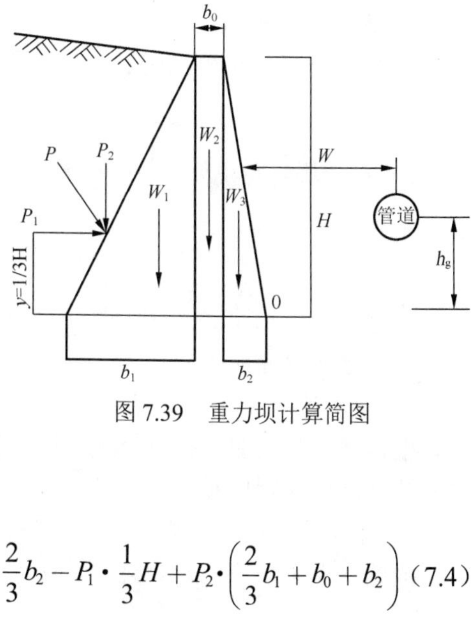

（1）自重的计算

$$\sum W = W_1 + W_2 + W_3 + P_2 \quad (7.3)$$

其中，$W_1=\frac{1}{2}\gamma Hb_1$，$W_2=\gamma b_0 H$，$W_3=\frac{1}{2}\gamma Hb_2$

式中，γ——坝体的容重；

$\sum W$——竖直方向的合力。

图7.39　重力坝计算简图

（2）坝体上作用力对墙基脚点O的力矩

$$\sum M = W_1 \cdot \left(b_0+b_2+\frac{1}{3}b_1\right) + W_2 \cdot \left(b_2+\frac{1}{2}b_1\right) + W_3 \cdot \frac{2}{3}b_2 - P_1 \cdot \frac{1}{3}H + P_2 \cdot \left(\frac{2}{3}b_1+b_0+b_2\right) \quad (7.4)$$

代入 W_1、W_2、W_3 并整理可得

$$\sum M = \frac{1}{2}\gamma H\left[b_1(b_0+b_2)+\frac{1}{3}b_1^2+\left(2b_0b_2+b_0^2+\frac{2}{3}b_2^2\right)\right]+\frac{2}{3}P_2b_1-\frac{1}{3}P_1H+P_2(b_0+b_2) \quad (7.5)$$

作用在坝体上作用力的合力距墙底面中心点的偏心距为

$$e=\frac{b_0+b_1+b_2}{2}-\frac{\sum M}{\sum W} \quad (7.6)$$

（3）坝的抗滑稳定性

坝体沿地基面的抗滑稳定安全系数为

$$K_c=\frac{\mu\cdot\sum W}{P_1}\geqslant K_1 \quad (7.7)$$

式中，K_c——坝体沿地基面的抗滑稳定安全系数；

μ——坝底面与地基土的摩擦系数；

$\sum W$——竖直方向的合力；

P_1——水平分力；

K_1——满足抗滑稳定要求的最小安全系数。

将 $\sum W$ 代入式（7.7）经整理可得 b_1。

（4）坝的抗倾覆稳定性

坝体的抗覆稳定安全系数为

$$K_y=\frac{\sum W_y}{M_c}\geqslant K_2 \quad (7.8)$$

式中，K_y——坝体的抗覆稳定安全系数；

$\sum M_y$——抗倾力矩；

M_c——倾覆力矩；

K_2——满足抗覆稳定安全系数要求的最小安全系数。

而，

$$\sum M_y=W_1\cdot\left(b_0+b_2+\frac{1}{3}b_1\right)+W_2\cdot\left(b_2+\frac{1}{2}b_1\right)+W_3\cdot\frac{2}{3}b_2+P_2\cdot\left(\frac{2}{3}b_1+b_0+b_2\right) \quad (7.9)$$

$$M_c=\frac{1}{3}P_1H \quad (7.10)$$

将 $\sum M_y$，M_c 代入式（7.8）整理求得 b_1。

（5）坝底底面应力

1）最大应力：

根据底面最大应力计算公式，代入各相关值，整理求解，可得满足最大应力允许条件的挡土墙底面宽度 b_1。

2）平均应力：

根据底面平均应力计算公式，代入各相关值，整理求解，可得满足平均应力允许条

件的挡土墙底面宽度 b_1。

（6）坝底底面宽度的确定

坝体的底面宽度必须同时满足以上几种条件下的要求，分别计算得 b_1 值，从中取最大值，即得到满足抗滑、抗倾覆和地基承载力条件时的坝体最小底面宽度值。

7.2.4　拦挡坝设计计算案例

马惠宁输油管道 K132 沟河道水毁地质灾害风险消除方案。

（1）基本情况

灾害治理统一编号：SH028。

地点：宁夏回族自治区盐池县萌城镇

灾害名称：K132 沟河道水毁

灾害基本特征及与管道等附属设施的空间关系。灾害区内地貌类型主要由峁状黄土丘陵为主，其次还有梁峁残塬等，由于北部沙漠南移，风蚀沙化严重，沙丘和片状流沙零星分布，地层主要为 Q_3^{al+pl}、Q_4^{al+pl} 和 K_1，即马兰黄土、次生黄土和白垩系砂质泥岩。管道在 132# 桩处穿越萌城河，萌城河属于黄河的一级支流苦水河的上游，流量较大，该管段出露的岩性为浅黄色粉砂质黄土，结构疏松，抗冲蚀能力弱，加之过水面年久失修，造成过水面基本全部破坏，管线外露、悬空达 15m，严重威胁管线安全。为保证管道的安全，长庆输油分公司已建 2 个支撑墩，但管道仍长距离裸露。该区人类工程活动活跃，输油管道易意外受损，在洪水期间易受漂浮物撞击，导致输油管道破损，破坏情况如图 7.40 所示。

（a）管线底部冲空　　　　　　　　　　　　　　（b）管线下游冲刷严重

图 7.40　马惠 K132 沟河道水毁灾害点照片

（2）灾害风险消除措施

该区人类工程活动活跃，输油管道易意外受损，在洪水期间易受漂浮物撞击，导致输油管道破损。灾害风险等级较高（按照本书第二章风险分析计算）。

建议风险消除方案：在该处修建丁坝和双拦挡坝。拦挡坝基础嵌入河床 2m 以下稳定持力层，并在下拦挡坝后方设护坦。马惠 K132 沟河道水毁灾害防治风险消除措施如图 7.41 所示，拦挡坝立面如图 7.42 所示。

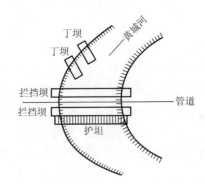

图 7.41　马惠 K132 沟河道水毁防治示意图

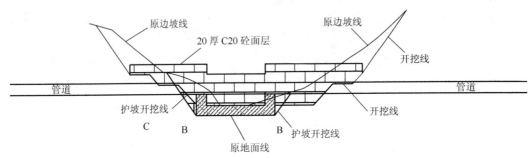

图 7.42　马惠 K132 沟河道水毁灾害防治拦挡坝立面图

（3）方案分析

1）丁坝作用：

在管道上游设置两道下挑丁坝，改变水流方向，减轻水流对岸堤的冲击和侧蚀。

2）上拦挡坝作用：

① 洪水期间拦挡大块岩石及漂浮物。

② 拦挡泥沙。

3）下拦挡坝作用：

① 拦挡泥沙，抬升河床高度，保护管道。

② 防止河流下切。

通过增设拦挡坝，能较好地阻止河流的下切，阻挡洪水期漂浮物或较大石块对输油管线的撞击破坏；双拦挡坝能有效地抬高河床高度，将外露管线掩埋，减少人工活动造成过的意外受损。

（4）设计计算

1）丁坝：

根据《堤防工程设计规范》（GB 50286—2013）[14]的规定及工程经验，采用非淹没下挑丁坝，坝轴线与水流流向的夹角为 45°，丁坝的长度取为 4m，丁坝在垂直水流方向的投影长为 2.8m。两丁坝间距取为 8m，下游丁坝距上拦挡坝的距离也取为 8m。丁坝坝顶高程高于河床 1.5m，基础深入河床 2m。结合当地实际情况，采用浆砌片石砌筑，坝顶宽 1.0m，上下游坝坡度取 1:0.5，并采用圆形坝头。

① 土压力采用以下公式计算。

主动土压力

$$E_a = \frac{1}{2}\gamma'H^2K_a$$

其中，主动土压力系数

$$K_a = \frac{\cos^2(\phi - \alpha)}{\cos^2\alpha\cos(\delta + \alpha)\left[1 + \sqrt{\dfrac{\sin(\phi + \delta)\sin(\phi - \beta)}{\cos(\delta + \alpha)\cos(\alpha - \beta)}}\right]^2}$$

坝前被动土压力

$$E_p = \frac{1}{2}\gamma'H^2K_p$$

其中，被动土压力系数

$$K_p = \frac{\cos^2(\phi + \alpha)}{\cos^2\alpha\cos(\delta - \alpha)\left[1 - \sqrt{\dfrac{\sin(\phi + \delta)\sin(\phi + \beta)}{\cos(\delta - \alpha)\cos(\alpha - \beta)}}\right]^2}$$

式中，γ'——丁坝墙后填土的浮重度，kN/m^3；

　　　H——丁坝墙背高度，m；

　　　ϕ——填料的内摩擦角，（°）；

　　　δ——丁坝墙背摩擦角，（°）；

　　　β——丁坝墙背填土与水平面的夹角，（°）；

　　　α——丁坝墙背倾角，（°），当墙背俯斜时 α 值为正，仰斜时为负。

土压力计算见图 7.43 和图 7.44。

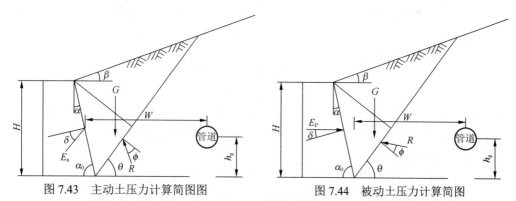

图 7.43　主动土压力计算简图图　　　　图 7.44　被动土压力计算简图

该处土为马兰黄土，故可取其浮重度为 $13kN/m^3$；丁坝高 $H=2m$；取 $\phi = 30°$，$\alpha = 26.6°$，$\beta = 0°$，$\delta = 10°$。

计算得，

$$K_a = \frac{\cos^2(\phi - \alpha)}{\cos^2\alpha\cos(\delta + \alpha)\left[1 + \sqrt{\dfrac{\sin(\phi + \delta)\sin(\phi - \beta)}{\cos(\delta + \alpha)\cos(\alpha - \beta)}}\right]^2} = 0.556$$

$$K_p = \frac{\cos^2(\phi + \alpha)}{\cos^2 \alpha \cos(\alpha - \delta)\left[1 - \sqrt{\dfrac{\sin(\phi + \delta)\sin(\phi + \beta)}{\cos(\alpha - \delta)\cos(\alpha - \beta)}}\right]^2} = 2.64$$

$E_a = \dfrac{1}{2} \times 13 \times 2^2 \times 0.556 = 14.5 \text{kN/m}$ ， $E_p = \dfrac{1}{2} \times 13 \times 2^2 \times 2.64 = 68.7 \text{kN/m}$ 。

② 动水压力计算。

$$p_d = K\gamma_w w \frac{v_2}{g} \frac{1 - \cos\alpha}{\sin\alpha}$$

式中，p_d——作用于丁坝上的动水压力；

　　　γ_w——水的重度，一般取 10kN/m^3；

　　　K——水流绕流系数，与挡土墙形状与关，一般取1.0；

　　　w——水流作用于挡土墙的面积；

　　　α——水流流向与挡土墙之间的夹角；

　　　v——水流平均速度，m/s；

　　　g——重力加速度，9.8 m/s^2。

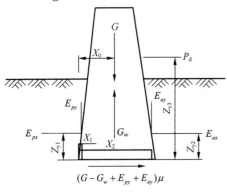

图7.45　丁坝稳定性计算简图

动水压力分布，可假定为倒三角形，其合力作用点到水平面为水深的 1/3。每延米w为 1.5m^2，取α为45°，v为 2.5m/s，经计算得p_d为 4.0kN/m。

③ 抗滑移验算。《油气输送管道线路工程水工保护设计规范》（SY/T 6793—2010）[15] 中规定抗滑移稳定性系数 K_c 不应小于1.3。

丁坝抗滑移稳定系数 K_c（图7.45）应按下式计算：

$$K_c = \frac{E_{px} + (G - G_w + E_{py} + E_{ay})\mu}{E_{ax} + P_d}$$

式中，G——丁坝自重，kN；$G = \gamma V_1$，γ 为挡土墙的重度；V_1 为每延米墙的体积。

　　　G_w——丁坝墙身的总浮力，kN；$G_w = \gamma_w V_2$，γ_w 为水的重度；V_2 为墙体水下部分的体积。

　　　E_{px}——丁坝墙后被动土压力的水平分力，kN，$E_{px} = E_p \cos(\alpha_0 - \delta)$。

　　　E_{py}——丁坝墙后被动土压力的竖直分力，kN，$E_{py} = E_p \sin(\alpha_0 - \delta)$。

　　　E_{ax}——丁坝墙前主动土压力的水平分力，kN，$E_{ax} = E_a \cos(\alpha_0 - \delta)$。

　　　E_{ay}——丁坝墙前主动土压力的竖直分力，kN，$E_{ay} = E_a \sin(\alpha_0 - \delta)$。

　　　μ——基底与地层间的摩擦系数。

浆砌石容重取 $\gamma = 23\text{kN/m}^3$，$G = \gamma V_1 = 23 \times 9.6 = 221.4\text{kN}$；

水的重度取 $\gamma_w = 10\text{kN/m}^3$，$G_w = \gamma_w V_2 = 10 \times 7 = 70\text{kN}$；取 $\mu = 0.25$

$E_{px} = E_p \cos(\alpha_0 - \delta) = 68.7 \times \cos 53.4° = 41.0\text{kN/m}$

$$E_{py} = E_p \sin(\alpha_0 - \delta) = 68.7 \times \sin 53.4° = 53.4 \text{kN/m}$$

$$E_{ax} = E_a \cos(\alpha_0 - \delta) = 14.5 \times \cos 53.4° = 8.6 \text{kN/m}$$

$$E_{ay} = E_a \sin(\alpha_0 - \delta) = 14.5 \times \sin 53.4° = 11.6 \text{kN/m}$$

$$K_c = \frac{E_{px} + (G - G_w + E_{py} + E_{ay})\mu}{E_{ax} + P_d} = \frac{41.0 + (221.4 - 70 + 53.4 + 11.6) \times 0.25}{8.6 + 4.0} = 7.5 > 1.3$$

故抗滑移稳定性满足要求。

④ 抗倾覆验算。《油气输送管道线路工程水工保护设计规范》（SY/T 6793—2010）中规定抗倾覆稳定性系数 K_0 不应小于 1.6。

挡土墙抗倾覆稳定系数 K_0（图 7.9）应按下式计算，

$$K_y = \frac{\sum M_y}{\sum M_0} = \frac{G'x_0 + E_{px}Z_{y1} + E_{py}x_1 + E_{ay}x_2}{P_d Z_{y3} + E_{ax}Z_{y2}}$$

式中，$\sum M_y$——稳定力系对丁坝墙趾的总力矩，kN·m；

$\sum M_0$——倾覆力系对丁坝墙趾的总力矩，kN·m；

G'——挡土墙自重，应计入浮力，kN，$G' = G - G_w = 151.4$kN；

x_0——丁坝墙身重力重心到墙趾的距离，m；

x_1——丁坝墙后被动土压力的竖直分力到墙趾的距离，m；

x_2——丁坝墙前主动土压力的竖直分力到墙趾的距离，m；

Z_{y1}——墙后被动土压力到墙趾的距离，m；

Z_{y2}——墙前主动土压力到墙趾的距离，m；

Z_{y3}——动水压力到墙趾的距离，m。

经计算得，x_0=2.25m，x_1=0.58m，x_2=3.92m，Z_{y1}=Z_{y2}=0.67m，Z_{y3}=2.5m。

$$\begin{aligned} K_y &= \frac{\sum M_y}{\sum M_0} = \frac{G'x_0 + E_{px}Z_{y1} + E_{py}x_1 + E_{ay}x_2}{P_d Z_{y3} + E_{ax}Z_{y2}} \\ &= \frac{151.4 \times 2.25 + 41.0 \times 0.67 + 53.4 \times 0.58 + 11.6 \times 3.92}{4.0 \times 2.5 + 8.6 \times 0.67} \\ &= 28.2 > 1.6 \end{aligned}$$

故抗倾覆稳定性满足要求。

⑤ 基底压应力验算。基底合力偏心距 e 对于土质地基不应大于 $B/6$；基底压应力 σ 的最大值不大于地基的容许承载力 1.2$[\sigma]$，基地平均压应力不应大于地基的容许承载力 $[\sigma] = 110 \text{kN/m}^2$。

丁坝基底合力的偏心距 e（见图 7.46）应按下列公式计算：

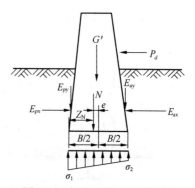

图 7.46 坝底压应力计算简图

$$e = \frac{B}{2} - Z_N = \frac{B}{2} - \frac{\sum M_y - \sum M_0}{\sum N} = \frac{4.5}{2} - \frac{444.6 - 15.8}{216.4}$$

$$= 0.27\text{m} < \frac{B}{6} = 0.75\text{m}$$

式中，e——基底合力的偏心距，m；

Z_N——合力作用点至基础底面最大压应力边缘的距离，m；

$\sum N$——考虑了浮力的竖向合力，$\sum N = G' + E_{py} + E_{ay}$；

B——基底宽度，m，倾斜基底为其斜宽。

基底压应力（图 7.46）应按下列公式计算，

$|e| \leqslant \frac{B}{6}$ 时，

$$\sigma_1^2 = \frac{G' + E_{py} + E_{ay}}{B}\left(1 \pm \frac{6e}{B}\right)$$

式中，σ_1——挡土墙基底最大压应力，kPa；

σ_2——挡土墙基底最小压应力，kPa；

经计算得，

$$\sigma_1 = \frac{G' + E_{py} + E_{ay}}{B}\left(1 + \frac{6e}{B}\right) = \frac{151.4 + 53.4 + 11.6}{4.5} \times \left(1 + \frac{6 \times 0.27}{4.5}\right)$$

$$= 65.4\text{kN}/\text{m}^2 < 1.2[\sigma] = 132\text{kN}/\text{m}^2$$

$$\sigma_2 = \frac{G' + E_{py} + E_{ay}}{B}\left(1 - \frac{6e}{B}\right) = \frac{151.4 + 53.4 + 11.6}{4.5} \times \left(1 - \frac{6 \times 0.27}{4.5}\right)$$

$$= 30.8\text{kN}/\text{m}^2 < 1.2[\sigma] = 132\text{kN}/\text{m}^2$$

$$\sigma = \frac{\sigma_1 + \sigma_2}{2} = \frac{65.4 + 30.8}{2} = 48.1\text{kN}/\text{m}^2 < [\sigma] = 110\text{kN}/\text{m}^2$$

故基地压应力满足要求。

2）拦挡坝：

拦挡坝可按重力式浸水挡土墙设计、计算。拦挡坝设置见图 7.47，该拦挡坝采用浆砌片石砌筑。参照《油气输送管道线路工程水工保护设计规范》（SY/T 6793—2010）的规定。拦挡坝坝顶距管道顶部的距离取 1.5m 以上，拦挡坝基础置于原始河床以下 2m，故拦挡坝高取 3m。拦挡坝两端嵌入原始岸坡各 0.5m，故拦挡坝全长取 25m。拦挡坝顶宽度取 1m。拦挡坝坡度取为 1∶0.3。在拦挡坝长 12m 处设置一道缝宽 25mm 的伸缩缝，伸缩缝填深取 300mm。两拦挡坝净间距取为 6m。

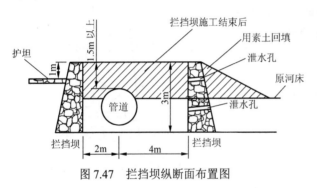

图 7.47 拦挡坝纵断面布置图

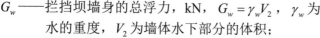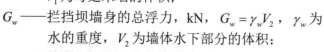

① 土压力计算。

经计算得，

$$K_a = \dfrac{\cos^2(\phi-\alpha)}{\cos^2\alpha\cos(\delta+\alpha)\left[1+\sqrt{\dfrac{\sin(\phi+\delta)\sin(\phi-\beta)}{\cos(\delta+\alpha)\cos(\alpha-\beta)}}\right]^2} = 0.556$$

$$E_a = \dfrac{1}{2}\gamma'H^2K_a = \dfrac{1}{2}\times 13\times 3.5^2\times 0.556 = 44.3\text{kN/m}。$$

② 抗滑移计算。拦挡坝抗滑移稳定系数 K_c（见图 7.48）应按下式计算，

$$K_c = \dfrac{(G-G_w+E_y)\mu}{E_x}$$

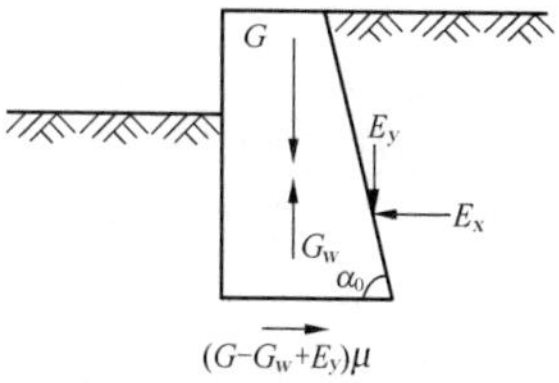

图 7.48 抗滑移稳定性计算简图

式中，G——拦挡坝自重，kN，$G=\gamma V_1$，γ 为挡土墙的重度，V_1 为每延米墙的体积；

G_w——拦挡坝墙身的总浮力，kN，$G_w=\gamma_w V_2$，γ_w 为水的重度，V_2 为墙体水下部分的体积；

μ——基底与地层间的摩擦系数；

E_x——墙后主动土压力的水平分力，kN，$E_x=E_a\cos(\alpha_0-\delta)$；

E_y——墙后主动土压力的竖直分力，kN，$E_y=E_a\sin(\alpha_0-\delta)$；

浆砌石容重取 $\gamma=23\text{kN/m}^3$，$G=\gamma V_1=23\times 4.58=105.3\text{kN}$；水的重度取 $\gamma_w=10\text{kN/m}^3$，$G_w=\gamma_w V_2=10\times 4.58=45.8\text{kN}$；取 $\mu=0.3$；

经计算得，

$$E_x = E_a\cos(\alpha_0-\delta) = 44.3\times\cos 63.3° = 19.9\text{kN/m}$$

$$E_y = E_a\sin(\alpha_0-\delta) = 44.3\times\sin 63.3° = 39.6\text{kN/m}$$

$$K_c = \dfrac{(G-G_w+E_y)\mu}{E_x} = \dfrac{(105.3-45.8+39.6)\times 0.3}{19.9} = 1.50 > 1.3$$

故抗滑移稳定性满足要求。

③ 抗倾覆验算。《油气输送管道线路工程水工保护设计规范》（SY/T 6793—2010）中规定抗倾覆稳定性系数 K_0 不应小于 1.6。

拦挡坝抗倾覆稳定系数 K_0（图 7.49）应按下式计算：

$$K_0 = \dfrac{\sum M_y}{\sum M_0} = \dfrac{G'x_0+E_yZ_x}{E_xZ_y}$$

式中，$\sum M_y$——稳定力系对墙趾的总力矩，kN·m；

$\sum M_0$——倾覆力系对墙趾的总力矩，kN·m；

G'——挡土墙自重，应计入浮力，kN，$G'=G-G_w=59.5\text{kN}$；

x_0——墙身重力重心到墙趾的距离，m；

Z_x——墙后主动土压力的竖向分力到墙趾的距离，m；

Z_y——墙后主动土压力的水平分力到墙趾的距离，m。

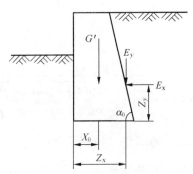

图 7.49　抗倾覆稳定性计算简图

经计算得：

$$x_0 = \frac{1 \times 3.5 \times 0.5 + 3.5 \times 1.05 \times (1/2) \times 1.35}{1 \times 3.5 + 3.5 \times 1.05 \times (1/2)} = 0.79\text{m}, \ Z_x = 1.7\text{m}, \ Z_y = 1.2\text{m}$$

$$K_y = \frac{\sum M_y}{\sum M_0} = \frac{G'x_0 + E_y Z_x}{E_x Z_y} = \frac{59.5 \times 0.79 + 39.6 \times 1.7}{19.9 \times 1.2} = 4.8 > 1.6$$

故抗倾覆稳定性满足要求。

④ 基底压应力验算。参照《油气输送管道线路工程水工保护设计规范》（SY/T 6793—2010）中规定，基底合力偏心距 e 对于土质地基不应大于 $B/6$；基底压应力 σ 的最大值不大于地基的容许承载力 $1.2[\sigma]$，基地平均压应力不应大于地基的容许承载力 $[\sigma] = 110\text{kN/m}^2$。

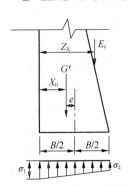

图 7.50　基地压应力计算简图

挡土墙基底合力的偏心距 e（见图 7.50）应按下列公式计算：

$$e = \frac{B}{2} - Z_N = \frac{B}{2} - \frac{\sum M_y - \sum M_0}{\sum N}$$

$$= \frac{2.05}{2} - \frac{114.3 - 23.9}{99.1} = 0.1\text{m} < \frac{B}{6} = \frac{2.05}{6} = 0.34\text{m}$$

基底压应力（见图 7.50）应按下列公式计算，

$|e| \leqslant \dfrac{B}{6}$ 时，　　　　　　　　$\sigma_1^2 = \dfrac{G' + E_y}{B}\left(1 \pm \dfrac{6e}{B}\right)$

经计算得：

$$\sigma_1 = \frac{G' + E_y}{B}\left(1 + \frac{6e}{B}\right) = \frac{59.5 + 39.6}{2.05} \times \left(1 + \frac{6 \times 0.1}{2.05}\right) = 62.3\text{kN/m}^2 < 1.2[\sigma] = 1.2 \times 110$$

$$= 132\text{kN/m}^2$$

$$\sigma_2 = \frac{G' + E_y}{B}\left(1 - \frac{6e}{B}\right) = \frac{59.5 + 39.6}{2.05} \times (1 - 2.05) = 34.3\text{kN/m}^2 < 1.2[\sigma] = 1.2 \times 110$$

$$= 132\text{kN/m}^2$$

$$\sigma = \frac{\sigma_1 + \sigma_2}{2} = \frac{62.3 + 34.2}{2} = 48.2\text{kN/m}^2 < [\sigma] = 110\text{kN/m}^2$$

故基地压应力满足要求。

7.3　格　宾　坝

黄土地区管线防灾中拦挡结构（防冲坎）在是一种最为常见防治结构，其作用是防止洪水泥石流的下切冲刷，在拦挡结构上部产生淤积，保证管线的埋深，这种结构最为常见的是浆砌片石重力拦挡坝、和格宾坝。由于格宾坝对基础承载力和变形要求较低，特别适用于管线快速救灾。另外，格宾坝施工条件要求较低，占用空间较小，施工速度快，造型美观[16]，而且具有良好的抗震性能[17, 18]，在日本、意大利等国洪水泥石流有大量的使用[19]，我国在水利工程和油气管线防灾中也有使用[1, 4]。格宾坝除用作拦挡结构外，也可用做河沟和排洪沟保护管线的护岸。

7.3.1　简介

格宾坝由格宾网箱和放入其中的块石或卵石组成，格宾网是将覆塑镀锌的钢丝由机械绞合编织成六边形网箱。对于卵石或块石则选择粒径在 100~300mm 之间，片、条状等形状的石料不宜采用，风化岩石、泥岩等亦不得用作充填石料。施工时只需要对原来的沟开挖至设计的深度，做好排水工作，基槽（坑）底夯实压平直接放置格宾网，无需再对基础进行施工[19, 20]。

7.3.2　计算分析要点

（1）格宾拦挡坝计算分析

1）稳定性验算内容：

坝体稳定性分析：格宾坝实质上还是一重力式拦挡坝，因此将坝体受力的复杂空间问题简化成平面问题，将被验算块体为整体，取沿坝体走向方向每延长米计算，计算方法采用刚体极限平衡计算法，格宾坝的受力状态如图 7.51 所示。

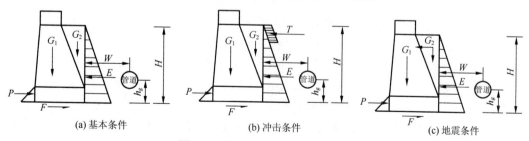

图 7.51　泥石流格宾坝受力示意图

图注：E——主动土压力合力，图内所示为主动土压力随深度的变化；

　　　P——被动土压力合力，图内所示为被动土压力的分布；

　　　T——泥石流单宽冲击力，是泥石流冲击力的合力，泥石流冲击力随泥深的分布如图中所示；

G_1——格宾坝重，kN·m；

G_2——坝体上回淤物重，kN·m；

F——基底摩擦力（包括格宾坝与坝体上回淤物重的摩擦力，以及坝下游格宾护坦提供的摩擦力两部分），kN·m；

F_1——作用于坝体的水平地震力，kN·m；

F_2——作用于坝体回淤物的水平地震力，kN·m；

F_3——作用于坝体前护坦的水平地震力，kN·m。

各参数取值标准：主动土压力合力 E 按两种情况考虑：

在正常情况下：

$$E = 0.5\gamma_1 H^2 \tan^2(45° - \phi/2) \qquad (7.11)$$

在地震情况下：

$$E' = 0.5\gamma_1 H^2 \tan^2(45° - \phi'/2) \qquad (7.12)$$

式中，γ_1——坝体上淤积泥沙重度，取 17.5kN·m³；

　　ϕ——淤积物内摩擦角（取 20°）；

　　ϕ'——地震条件下淤积物内摩擦角（取 17°）；

　　H——坝前土层厚度，m；

　　P——被动土压力合力，$P = 0.5\gamma_1 h^2 \tan^2(45° + \phi/2)$；

　　T——泥石流单宽冲击力；

$$G_1 = V_1\gamma_2$$

式中，V_1——格宾坝体单宽体积；

　　γ_2——格宾坝体重。

$$G_2 = V_2\gamma_2$$

式中，V_2——坝体上淤积泥沙的单宽体积；

　　γ_2 格宾坝体重。

$$G_3 = V_3\gamma_2$$

式中，V_3——格宾护坦单宽体积；

　　γ_2——格宾坝体重。

$$F = (G_1 + G_2 + G_3)f \qquad (7.13)$$

式中，f——摩擦系数，泥石流堆积物取 0.5，基岩取 0.65。

$$F_1 = C_z(a/g)G_1 \approx G_1 \sin\theta;$$
$$F_2 = C_z(a/g)G_2 \approx G_2 \sin\theta;$$
$$F_3 = C_z(a/g)G_3 \approx G_3 \sin\theta。$$

式中，C_z——地震作用综合影响系数，取 0.25；

　　a——设计地震基本加速度，地震设防烈度Ⅶ、Ⅷ和Ⅸ度区分别取 0.1g、0.20g 和 0.4g；

　　θ——地震角，Ⅶ、Ⅷ和Ⅸ度区取 2°、3°和 5°。

坝体稳定性验算：坝体稳定性验算分为三种情况分别计算。第一种为坝淤满的基本荷载条件下；第二种为受泥石流冲击力作用下，按其作用在坝顶部时的不利情况计算；

第三种为坝淤满后的地震条件下，后两者均为特殊荷载条件。

2）抗滑稳定性验算：

坝体的抗滑移稳定性系数 K_1 是基底面上抗滑力与滑移推力的比值，

基本条件：

$$K_1 = [(G_1 + G_2 + G_3)f + P]/E \geqslant 1.3 \qquad (7.14)$$

冲击力条件：

$$K_1' = [(G_1 + G_2 + G_3)f + P]/(E + T) \geqslant 1.2 \qquad (7.15)$$

地震条件：

$$K_1'' = [(G_1 + G_2 + G_3)f + P]/(E' + C_z(\alpha/g)(G_1 + G_2 + G_3)) \geqslant 1.2 \qquad (7.16)$$

上述各式中，等号右侧数据为本工程给定的各种条件下的抗滑稳定安全系数，用于对计算所得稳定性系数进行比较。

3）抗倾覆稳定性验算：

坝体的抗倾覆稳定性系数 K_2 是作用在倾覆支点（基底外缘）上抗倾覆力矩与倾覆力矩的比值，

基本条件：

$$K_2 = [(G_1 L_{G1} + G_2 L_{G2} + P L_P)/(E L_E) \geqslant 1.3 \qquad (7.17)$$

冲击力条件：

$$K_2' = [(G_1 L_{G1} + G_2 L_{G2} + P L_P)/(E L_E + T L_T) \geqslant 1.2 \qquad (7.18)$$

地震条件：

$$K_1'' = (G_1 L_{G1} + G_2 L_{G2} + P L_P)/[(E' L_E' + C_z(\alpha/g)(G_1 L_{G2}' + G_2 L_{G2}')] \geqslant 1.2 \qquad (7.19)$$

上述各式中，L 为各力力臂。各式等号右侧数据为本工程给定的各种条件下的抗倾覆稳定安全系数，用于对计算所得稳定性系数进行比较。

格宾坝的抗滑移与抗倾覆稳定性系数见表 7.2。

表 7.2 格宾坝稳定性系数表

工况	基本条件		冲击力条件		地震条件	
	抗滑移 K_1	抗倾覆 K_2	抗滑移 K_1'	抗倾覆 K_1'	抗滑移 K_1''	抗倾覆 K_2''
限值要求	>1.3	>1.3	>1.2	>1.2	>1.2	>1.2

（2）格宾护岸计算分析

护坡的稳定计算包括整体稳定和边坡内部稳定计算两种情况。根据《堤防工程设计规范》（GB 50286—2013）[14]附录 D 公式 D.1.1—1 进行计算。

1）整体稳定计算：

沿护坡底面的滑动简化成沿护坡底面通过堤基的折线整体滑动，滑动面为 FABC，计算时，先假定不同滑动深度 t 值，变动点 B，按极限平衡法求出滑动安全系数，从而找出最危险的滑动面。计算简图如图 7.52 所示。

土体 BCD 的稳定安全系数计算，

$$K = \frac{W_3 \sin\alpha_3 + W_3 \cos\alpha_3 \tan\varphi + ct/\sin\alpha_3 + p_2 \sin(\alpha_2 + \alpha_3)\tan\varphi}{p_2 \cos(\alpha_2 + \alpha_3)} \qquad (7.20)$$

$$p_2 = W_2 \sin\alpha_2 - W_2 \cos\alpha_2 \tan\varphi - ct/\sin\alpha_2 + p_1 \sin(\alpha_1 - \alpha_2) \qquad (7.21)$$

$$p_1 = W_1 \sin\alpha_1 - f_1 w_1 \cos\alpha_1 \qquad (7.22)$$

式中，K——护坡稳定安全系数；

$\quad$ f_1——护坡与土坡的摩擦系数，取 0.3；

$\quad$ φ——基础土的摩擦角，取 37°；

$\quad$ c——基础土的凝聚力，kN/m^2，取 $0\ kN/m^2$；

$\quad$ t——滑动深度，m；

$\quad$ w_1——护坡体重量，kN；

$\quad$ w_2, w_3——基础滑动体重量，kN。

经过上述计算，$K=1.21>1.1$，满足规范要求，堤坡稳定。

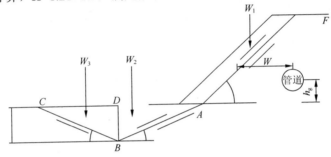

图 7.52　边坡整体滑动计算简图

2）边坡内部稳定计算：

一般不稳定破坏发生在枯水期，护坡体和岸坡是两种不同抗剪强度的材料，水位较低时，往往沿抗剪强度较低的接触面向下滑动，计算时假定滑动面经过坡前水位和坡岸滑动裂面的交点，全滑动面为 abc 折线，折点 b 以上的护坡体产生滑动力，依靠下部坡体的内部摩擦阻力平衡。计算简图如图 7.53，维持极限平衡所需的护坡体内部摩擦系

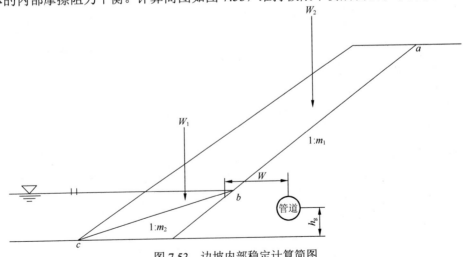

图 7.53　边坡内部稳定计算简图

数 f_2 值按下列公式计算：

$$Af_2 - bf_2 + c = 0 \tag{7.23}$$

$$A = \frac{nm_1(m_2 - m_1)}{\sqrt{1 + m_1^2}} \tag{7.24}$$

$$B = \frac{m_2 w_2}{w_1}\sqrt{1 + m_1^2} + \frac{m_2 - m_1}{\sqrt{1 + m_1^2}} + \frac{n(m_1^2 m_2 - m_1)}{\sqrt{1 + m_1^2}} \tag{7.25}$$

$$C = \frac{w_2}{w_1}\sqrt{1 + m_1^2} + \frac{1 + m_1 m_2}{\sqrt{1 + m_1^2}} \tag{7.26}$$

其中，

$$n = f_1 / f_2$$

式中，m_1——折点 b 以上护坡内坡的坡率；

m_2——折点 b 以下护坡内坡的坡率；

f_1——护坡和基土之间的摩擦系数；

f_2——维持极限平衡所需的护坡体内部摩擦系数；

w_1, w_2——护坡体质量。

护坡稳定安全系数按下式计算：

$$K = \tan\phi / f_2 \tag{7.27}$$

式中，ϕ——护坡体内摩擦角。

混凝土内摩擦系数为 0.55，故 $\tan\phi = 0.55$。

3）护坡堤身稳定计算：

各种条件下护堤稳定系数取值见表 7.3。

表 7.3 护堤稳定系数表

工况	正常情况		非常情况	
	设计洪水位不稳定渗流期	设计洪水位骤降期	多年平均水位遭遇地震	
	背水侧堤坡	迎水侧堤坡	迎水侧堤坡	背水侧堤坡
规范值[K]	1.1/1.15	1.1/1.15	1.05	1.05

正常情况：①设计洪水位不稳定渗流期背水侧堤坡；②设计洪水位骤降期迎水侧堤坡；

非正常情况：多年平均水位时遭遇地震的临水、背水侧堤坡。

4）渗流计算：

工程区洪水是由局部暴雨造成，干流洪水过程多以单峰为主，中小洪水历时一般较短，峰型尖瘦。洪水回落时间很短，一场洪水一般持续时间 t 为 1～2h，难以形成稳定渗流，所以按不稳定渗流计算。计算公式如下：

渗流在背水坡脚出现的时间 T

$$T = n_0 \times H \times (m_1 + m_2 + b'/H)2 / (4 \times k) \tag{7.28}$$

式中，k——堤身渗透系数，m/s；

n_0——土的有效空隙率；

m_1, m_2——堤身上下游边坡系数；

H——迎水面水面高度，m。

7.3.3 关键技术

目前，国内格宾用于泥石流拦挡坝的应用实例较为少见。格宾网结构简单，耐腐蚀性、耐久性和透水性好，有较强的抗冲刷和抗风浪袭击的能力；产生的扬压力小；对地基不均匀沉降的适应性好；对基础要求相对宽松，可以减少基础开挖；与浆砌片石和混凝土坝体相比，其对施工水平的要求不高；施工受气候的影响小；其由多个格宾单元组成，在损伤后易于替换或修复；其内部填石可就地取材，造价相对较低。鉴于格宾具有以上众多的优点，将其应用于泥石流灾害防治工程中，作为工程示范，通过合理地设计、施工，充分发挥其优越性。

7.3.4 构造措施

（1）安装和填充

清基完成后，将组装好的格宾放置在基础上，相邻格宾间应充分绞合以保证构成一个连续的整体。格宾应该面对面或背对背放置，其目的是为了便于填充及绞合盖板。填充用石头可以购买、就地取材或任何其他方式获得，但选用的石头需坚硬、无锋利棱角且不易风化。

填充石头粒径为 100～300mm。1m 高格宾应每次填充 300mm 高度的石头。且已填充的格宾单元不得比相邻格宾单元已填充石头表面高出 300mm 以上。每一层石头填充完毕后应采用必要的手工操作，以最大限度减少空隙率，面墙石头应采用人工摆放，以减少空隙率并增强美观效果。

装填格宾面墙时，应每隔 1/3 高度在面板与背板间拉加强钢丝。格宾结构的端墙也需拉加强钢丝。当用于护坡或衬砌时，即使 0.5m 的格宾也不需要拉加强钢丝。考虑到自然沉降问题，需要多填充 25～40mm。格宾顶部需调整基本平整，尽量降低空隙率，并应确保盖板容易绞合。

（2）闭合

当格宾上表面被基本整平，且空隙率已尽量降低后，将盖板下折，将相邻盖板的边缘拉至一起，应使用合适的工具将相邻格宾的盖板拉紧，盖板上突出的边缘钢丝应在面板边缘钢丝上至少缠绕两圈，将盖子边上伸出来的钢丝在面板边上的钢丝上缠绕两圈，并保证盖板所有边缘与相邻面板边缘充分绞合，同时将相邻的盖板充分绞合。钢丝所有伸出部分应插入完成的格宾结构中去。

7.3.5 工程实例

见宕昌县红河沟泥石流灾害治理工程——吉那沟 2#格宾坝设计。

（1）工程概况

宕昌县位于甘肃省东南部，处于秦岭东西向复杂构造带与祁吕贺山字型构造体系的复合部位，境内山高谷深，沟壑纵横，地形起伏强烈，构造裂隙发育，岩体破碎，生态环境十分脆弱，暴雨频繁，以泥石流、滑坡为主的地质灾害极为发育，且危害严重。红河沟流域位于宕昌县城北部，据史料记载，该沟历史上曾多次发生大规模泥石流，1950—2006年，发生大小规模泥石流次数达 15 次之多，其中 8 次为严重的灾害性泥石流，给县城及流域内居民屡次造成人员伤亡和重大经济损失。据统计，仅 2000 年 5 月 31 日发生的泥石流灾害就造成 31 人死亡，17 人受伤，530 余间房屋被毁，冲毁河堤 1 300m，红河桥中桥墩部分毁坏，桥身变形，毁坏公路 17km，农田 1 640 亩，县城供电线路及通信设施严重受损，使县城交通、通讯、电力中断 5 天之久，各类财产损失严重，直接经济损失 1 100余万元。目前，随着经济建设的不断发展，城区人口激增，危险区内的建筑不断增多，而城区防灾设施严重滞后，防灾形势严峻。为确保宕昌县城人民生命及财产的安全，科学、合理、有效的防治泥石流灾害，为县区创造一个良好的安全的自然环境，进而促进当地经济的发展，开展红河沟泥石流灾害治理工程十分必要和迫切，具有重要的防灾减灾意义。

2014 年 6 月 9 日，监测院组成项目组，对宕昌红河沟流域做了详细勘察和深入分析，提出了治理工程方案，确定了 26 个拦挡坝坝址，兰州理工大学土木工程学院承担了其中 2 个新型拦挡坝的设计，坑沟 2#格宾坝是其中之一。

在吉那沟布置格宾拦挡坝的目的是通过拦蓄沟内上游的部分泥石流冲出物，阻止沟内大量泥沙出沟，减少其进入将台沟的泥沙量，并通过布置格宾坝下游护坦与护坡防止泥石流对两岸及沟口的冲蚀、淤埋，减轻主沟下游排导沟的压力，从而较好地治理泥石流灾害。

格宾拦挡坝为低坝，其断面构造详见图 7.54～图 7.56，设计坝高 5.0m，格宾坝的详细设计尺寸说明如表 7.4 所示。拦挡坝形式为设溢流口的格宾重力式拦挡坝，坝身采用

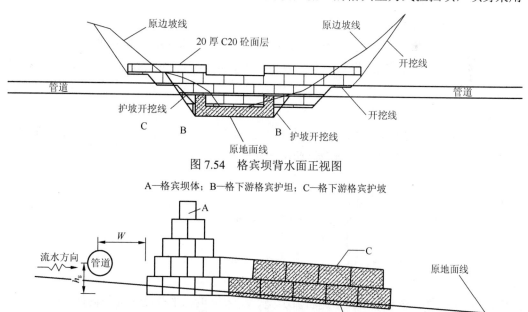

图 7.54　格宾坝背水面正视图

A—格宾坝体；B—格下游格宾护坦；C—格下游格宾护坡

图 7.55　格宾坝纵断面示意图

A—格宾坝体；B—格下游格宾护坦；C—格下游格宾护坡

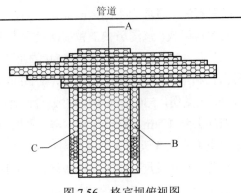

图 7.56　格宾坝俯视图

A—格宾坝体；B—格下游格宾护坦；C—格下游格宾护坡

统一规格的格宾堆砌，坝顶、溢流口以及所有过流格宾顶面均设 C20 混凝土保护层，保护层厚度为 20cm。

表 7.4　格宾坝设计断面尺寸

拦挡工程	坝高/m	坝顶宽/m	坝底宽/m	基础宽/m	基地长/m	基础深/m	坝顶长/m	坝底长/m	溢流口高度/m	溢流口顶宽/m	溢流口底宽/m	坝胸坡(1:n)	坝背坡(1:n)
吉那沟格宾坝	5.0	1.0	5.0	5.0	6.0	0.5	18.0	6.0	1.0	1.0	1.0	0.5	0.5

（2）计算分析与设计

1）基本设计参数：

① 泥石流流量：泥石流设计重度取 17.0 kN/m³，治理后重度取 14.5 kN/m³。

② 按配方法计算的吉那沟 50 年一遇的泥石流流量为 5.0m³/s，布设格宾坝处泥石流流量仍然按照 5.0m m³/s 设计。

2）格宾坝处泥石流冲击力：

泥石流冲击力是格宾坝承受的主要外力之一，它的大小直接决定了格宾坝体的各种设计参数和工程量。具体的冲击力值通常采用下式确定，

$$F = \gamma_c V_c^2 / g$$

式中，F——冲击力，kN/m²；

γ_c——泥石流重度，kN/m³，取 17.0 kN/m³；

g——重力加速度，9.8m/s²；

V_c——泥石流流速，m/s，

$$V_c = m_c H_c^{2/3} i_c^{1/2}$$

式中，m_c——沟道糙率系数。据泥石流类型、沟床纵坡、平整度、堆积物性状、泥深等要素查表取值，11.0；

H_c——断面处平均泥深，m；

i_c——断面沟床纵坡坡降，%。

由上述公式得到的格宾坝承受的最大冲击力见表7.5。

表 7.5 格宾坝所承受的最大冲击力一览表

坝号	坝前坡降 i_c /%	沟床宽 /m	泥深 /m	流速 /(m/s)	流量 /(m³/s)	重度 /(kN/m³)	冲击力 /(kN/m²)	单宽冲击力 /(kN/m)
吉那沟格宾坝	6.0	5.8	2.71	5.24	5.0	17.0	47.57	128.91

3)坝高设计:

根据吉那沟泥石流固体松散物质补给特征,坝高的设计根据回淤后稳定其上游的变形体、拦蓄泥砂、拓宽沟床及保护上一级拦挡坝等综合确定设计坝高,见表7.6。

表 7.6 格宾坝坝高设计值

坝号	综合确定淤距 L_1/m	原沟床纵坡 i_o/%	回淤纵坡 i'/%	设计坝高 H/m
吉那沟格宾坝	83	6.0	2.5	5.0

本次工程统一使用的格宾笼规格为2m×1m×1m,因此按照每层1m的高度码放格宾,并且保证格宾与其相邻格宾之间用绞合钢丝或者钢环可靠连接,并保证整体结构中不出现上下通缝,如有局部通缝加强连接,因此每个格宾与相邻格宾错开1m布置,增强坝体整体性。

4)坝基设计:

坝肩:坝肩的稳定性直接关系着格宾坝的安全,为了避免因泥石流冲刷坝体两侧斜坡而使坝肩悬空,以致破坏,本次设计坝肩嵌入两侧滑坡堆积碎石土2.0m。

基础:格宾坝坝基土体均为滑坡堆积碎石土,平均厚度超过10m,基础深度根据冲刷计算并参考以往其他重力式拦挡坝的工程经验,以及结合本次设计坝高综合确定。考虑到格宾网格自身为柔性防护结构,适应地基不均匀沉降性能较好,对基础要求较低,故本次设计的一座格宾坝基础埋深为0.5m。

5)断面设计:

格宾坝坝体的断面形式由其所受力的大小及稳定性验算要求确定,格宾坝坝顶宽1.0m,底宽5.0m;迎水坡与背水坡均采用1:0.5。为保护坝脚位置,考虑在坝脚下游位置设置10m长格宾护坦,并且沿坝脚沟床两侧由格宾做10m长护坡各一道。

6)溢流口设计:

溢流口的宽度基本上与格宾坝下游沟槽一致,并考虑格宾网格尺寸限制,在有可能的条件下,尽量加宽以减小流深。溢流口采用矩形断面,两侧边坡设计均为1:1.0。溢流口过流深度按下列经验公式估算

$$h = 0.501(Q'_c / b^2)^{1/3}$$

式中, h ——溢流口过流深度,m;

Q'_c ——坝址处治理后50年一遇泥石流流量,取5.0m³/s;

b ——溢流口平均宽度,m。

经计算,吉那沟格宾坝溢流口的过流深度为0.26m,取以适当的安全超高值(0.5~1.0m),则格宾坝溢流口深度为1.0m,为防止泥石流磨蚀破坏,溢流口底部与两侧壁均铺设20cm厚C20混凝土保护层。

7）护坦设计：

对溢流口下泄泥石流采用底流消能时，本次设计在格宾坝下游设置护坦，促使高速泥石流在消力池范围内产生水跃，以进一步削减泥石流的剩余动能，保护河床免受水流的危害性冲。由于其受力情况复杂，所以要求护坦具有足够的重量、强度和抗冲耐磨能力，保证在外力作用下不被浮起或冲毁。护坦的厚度通常需要参考已建工程的运用经验，按照本工程所在地的水文资料情况以及格宾网格的规格，由 2m×1m×1m 的格宾网格铺设而成，基础埋深 0.5m，并考虑网格间缝错开，增强格宾网格护坦的整体稳定性。具体参数如表 7.7 所示。

表 7.7　格宾网格护坦设计断面尺寸

护坦	长度/m	宽度/m	基础深/m	基础长/m
吉那沟格宾坝	10	6	0.5	10

8）护坡设计：

保护格宾坝下游沟岸，在沟岸两侧一定范围内设置格宾护坡[20]。与传统干砌块石、浆砌块石等护坡相比：格宾护坡属于柔性结构，不会因地基不均匀沉降与排水不良导致的护坡破损；施工与后期维修较为方便；并且能够迅速绿化，与周边环境融合，环保美观，具有良好的生态性。格宾护坡设计尺寸详见表 7.8。

表 7.8　格宾护坡设计尺寸

护坡	长度/m	宽度/m	基础深/m	基础长/m
吉那沟格宾护坡	10	2	0.5	10

9）格宾坝稳定性验算：

① 坝体稳定性分析

格宾坝实质上还是重力式拦挡坝，因此将坝体受力的复杂空间问题简化成平面问题，将被验算块体为整体，取沿坝体走向方向每延长米计算，计算方法采用刚体极限平衡计算法。

格宾坝的受力状态如图 7.57 所示。

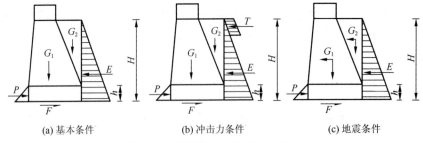

(a) 基本条件　　　(b) 冲击力条件　　　(c) 地震条件

图 7.57　泥石流格宾坝受力示意图

图注：E——主动土压力合力，图内所示为主动土压力随深度的变化；

　　　P——被动土压力合力，图内所示为被动土压力的分布；

T——泥石流单宽冲击力，是泥石流冲击力的合力，泥石流冲击力随泥深的分布如图中所示；

G_1——格宾坝重，kN/m；

G_2——坝体上回淤物重，kN/m；

F——基底摩擦力（包括格宾坝与坝体上回淤物重的摩擦力，以及坝下游格宾护坦提供的摩擦力两部分），kN/m；

F_1——作用于坝体的水平地震力，kN/m；

F_2——作用于坝体回淤物的水平地震力，kN/m。

各参数取值标准：主动土压力合力 E 按两种情况考虑：

在正常情况下：$E = 0.5\gamma_1 H^2 \tan^2(45° - \phi/2) = 68.64\text{kN}$；

在地震情况下：$E' = 0.5\gamma_1 H^2 \tan^2(45° - \phi'/2) = 76.65\text{kN}$

式中，γ_1——坝体上淤积泥沙重度，取 17.5 kN/m³；

ϕ——淤积物内摩擦角，取 20°；

ϕ'——地震条件下淤积物内摩擦角，取 17°；

H——坝前土层厚度，m；

P——被动土压力合力，$P = 0.5\gamma_1 H^2 \tan^2(45° + \phi'/2) = 4.46\text{kN}$；

T——泥石流单宽冲击力，取为 128.91 kN/m；

$$G_1 = V_1\gamma_2 = 245\text{kN/m}$$

式中，V_1——格宾坝体单宽体积（取为 14m³/m），

γ_2——格宾坝体重（取为 17.5kN/m³）。

$$G_2 = V_2\gamma_2 = 52.5\text{kN/m}$$

式中，V_2 为坝体上淤积泥沙的单宽体积（取为 3m³/m），γ_1 同前；

$$G_3 = V_3\gamma_2 = 175\text{kN/m}$$

式中，V_3 为格宾护坦单宽体积（取为 10 m³/m），γ_2 为格宾坝体重度（取为 17.5 kN/m³）；

$$F = (G_1 + G_2 + G_3)f = 236.5\text{kN/m}$$

式中，f 为摩擦系数，泥石流堆积物取 0.5，基岩取 0.65；

$$F_1 = C_z(a/g)G_1 \approx G_1\sin\theta = 12.82\text{kN/m}$$

$$F_2 = C_z(a/g)G_2 \approx G_2\sin\theta = 2.75\text{kN/m}$$

$$F_3 = C_z(a/g)G_3 \approx G_3\sin\theta = 9.16\text{kN/m}$$

式中，C_z——地震作用综合影响系数，取 0.25；

a——设计地震基本加速度，地震设防烈度Ⅷ度区取 0.20g；

θ——地震角，Ⅷ度区取 3°。

② 坝体稳定性验算

坝体稳定性验算分为三种情况分别计算。第一种为坝淤满的基本荷载条件下；第二种为受泥石流冲击力作用下，按其作用在坝顶部时的不利情况计算；第三种为坝淤满后的地震条件下，后两者均为特殊荷载条件。

抗滑稳定性验算：

坝体的抗滑移稳定性系数 K_1 是基底面上抗滑力与滑移推力的比值，其中：

基本条件下：$K_1 = [(G_1 + G_2 + G_3)f + P]/E \geq 1.3$；

冲击力条件下： $K_1' = [(G_1 + G_2 + G_3)f + P]/(E + T) \geqslant 1.2$ ；

地震条件下： $K_1'' = [(G_1 + G_2 + G_3)f + P]/[E' + C_z(a/g)(G_1 + G_2 + G_3)] \geqslant 1.2$ 。

上述各式等号右侧数据为本工程给定的各种条件下的抗滑稳定安全系数，用于对计算所得稳定性系数进行比较。

抗倾覆稳定性验算：

坝体的抗倾覆稳定性系数 K_2 是作用在倾覆支点（基底外缘）上抗倾覆力矩与倾覆力矩的比值，其中：

基本条件下： $K_2 = [(G_1 L_{G1} + G_2 L_{G2} + PL_P)/(EL_E) \geqslant 1.3$ ；

冲击力条件下： $K_2' = [(G_1 L_{G1} + G_2 L_{G2} + PL_P)/(EL_E + TL_T) \geqslant 1.2$ ；

地震条件： $K_2 = (G_1 L_{G1} + G_2 L_{G2} + PL_P)/[E'L_E' + C_z(a/g)(G_1 L_{G1}' + G_2 L_{G2}')] \geqslant 1.2$ 。

上述各式中， L 为各力力臂。各式等号右侧数据为本工程给定的各种条件下的抗倾覆稳定安全系数，用于对计算所得稳定性系数进行比较。格宾坝的抗滑移与抗倾覆稳定性系数计算结果见表7.9，经验算，格宾坝体稳定。

表 7.9　格宾坝稳定性计算结果一览表

工况	基本条件		冲击力条件		地震条件	
	抗滑移 K_1	抗倾覆 K_2	抗滑移 K_1'	抗倾覆 K_2'	抗滑移 K_1''	抗倾覆 K_2''
限值要求	>1.3	>1.3	>1.2	>1.2	>1.2	>1.2
吉那沟格宾坝	3.51	9.29	1.21	1.96	2.37	5.80

10）主要工程量：

主要工程量见表7.10。

表 7.10　泥石流治理工程数量表

工况	序号	项目名称	单位	数量	备注
吉那沟格宾坝	1	人工开挖土方（Ⅳ类）	m³	543	
	2	人工夯填土方（Ⅳ类）	m³	313	
	3	现浇 C20 砼	m³	15.6	格宾坝顶面、溢流口保护层
	4	格宾	m³	310	规格 2m×1m×1m
	5	格宾填石	m³	310	粒径 10~30cm

（3）主要施工顺序与注意事项

1）格宾坝施工注意事项：

① 采用全站仪按照设计坐标放线，用白灰放出控制边线供开挖时控制。坝肩基础开挖时，必须按已实际测算的实际比降控制高程。格宾砌筑安装时应挂线严格控制格宾各层高程使之平顺美观。

② 坝肩以及格宾坝基础均采用人工开挖，挖时要严格控制断面尺寸和高程，基础

表面务求平整，尽量避免超挖。

③ 现浇砼所用砂为中砂，采用级配良好、质地坚硬、颗粒清洁的天然河沙较好，或用硬质岩石轧碎的人工砂，要求质地坚硬、颗粒洁净、耐久性好，人工砂的细度模数宜在 2.40～2.80 范围内，天然砂的细度模数控制在 2.20～3.00 内，含泥量小于 3%，含水量小于 4%。

④ 现浇砼的配合比应满足强度、抗冻、抗渗及和易性要求。砼施工配合比必须通过实验，并经审批后方可使用。配合比中水灰比的最大允许值为 0.6。

⑤ 正常气温下，砼浇筑后 6～18h 养护，养护办法采用在砼的表面覆盖湿草帘、湿芦席等物。养护要勤洒水，始终保持砼表面湿润状态；并且每 10m 预留伸缩缝防止温度应力影响开裂。

⑥ 基槽回填必须在晴天进行，并采用透水性能良好的砂质土或砂砾石分层夯实。

2）格宾注意事项：

① 材料运输：格宾单元在运输时是被折叠并成捆束状态。为方便运输加筋格宾单元捆束在工厂内即被压实被捆扎牢固。绞合钢丝另外成卷提供，加固钢环成箱包装。工地运输主要采用人工装卸方法，用胶轮架子车直接运到已挖好的施工渠段，轻装轻下。由于格宾由钢丝网面组成，构件较薄，装卸、运输过程中构件受力不均匀，容易造成构件的断裂和损坏，因此在搬运工程中要特别注意，尽可能减少损耗。

② 组装：将格宾单元从捆束中取出并放置在坚硬且平整的地面上，并按原始折叠线展开。将格宾打开，沿折叠处展开，压成本来的形状。将面板、背板和底板竖起，组成一个开口箱体形状。所有相邻面板的突出边缘钢丝都需绞合在一起。应将格宾竖起，并用相同的方式固定。隔板与端板所有与底板及前板相邻的边缘都必须完全绞合。

③ 加固过程：每次绞合的最大长度不得超过 1 m（绞合后的实际长度而不是绞合钢丝的长度）。较长的边缘需用数段绞合钢丝连接在一起。绞合应以不超过 15cm 的间距交替单圈绞合及双圈绞合。在绞合时应拉紧网面，且绞合钢丝的另一端在与边缘钢丝绞合后应再缠绕在自身上。在绞合钢丝的尽头应利用钳子打结。当用钢环固定时，可以使用手动或气动加固工具。在末端与中心隔板的连接处的顶端及底端处扣紧钢环，然后沿着所有的边缘以最大 200 mm 的间隔依次扣紧。

④ 清基：放置格宾基础应按照设计要求基本平整、表面无明显不规则现象，无过分疏松土质且清除表面植被。根据具体项目的不同，基础部分应考虑适当的滤层或排水设施（如过滤布排水管等）。

⑤ 安装和填充：清基完成后，将组装好的格宾放置在基础上，相邻格宾间应充分绞合以保证构成一个连续的整体。格宾应该面对面或背对背放置，其目的是为了便于填充及绞合盖板。填充用石头可以购买、就地取材或任何其他方式获得，但选用的石头需坚硬、无锋利棱角且不易风化。填充石头粒径应在 100mm 和 300mm 之间。1m 高格宾应每次填充 300mm 高度的石头。且已填充的格宾单元不得比相邻格宾单元已填充石头表面高出 300mm 以上。每一层石头填充完毕后应采用必要的手工操作，以最大限度减

少空隙率，面墙石头应采用人工摆放，以减少空隙率并增强美观效果。装填格宾面墙时，应每隔 1/3 高度在面板与背板间拉加强钢丝。格宾结构的端墙也需拉加强钢丝。当用于护坡或衬砌时，即使 0.5m 的格宾也不需要拉加强钢丝。考虑到自然沉降问题，需要多填充了大约 25～40mm。格宾顶部需调整基本平整，尽量降低空隙率，并应确保盖板容易绞合。

⑥ 闭合：当格宾上表面被基本整平，且空隙率已尽量降低后，将盖板下折，将相邻盖板的边缘拉至一起，应使用合适的工具将相邻格宾的盖板拉紧，盖板上突出的边缘钢丝应在面板边缘钢丝上至少缠绕两圈，将盖子边上伸出来的钢丝在面板边上的钢丝上缠绕两圈，并保证盖板所有边缘与相邻面板边缘充分绞合，同时将相邻的盖板充分绞合。钢丝所有伸出部分应插入完成的格宾结构中去。

（4）关键技术示范

目前，国内格宾用于泥石流拦挡坝的应用实例较为少见。格宾网结构简单，耐腐蚀性、耐久性和透水性好，有较强的抗冲刷和抗风浪袭击的能力；产生的扬压力小；对地基不均匀沉降的适应性好；对基础要求相对宽松，可以减少基础开挖；与浆砌块石和混凝土坝体相比，其对施工水平的要求不高；施工受气候的影响小；其由多个格宾单元组成，在损伤后易于替换或修复；其内部填石可就地取材，造价相对较低。鉴于格宾具有以上众多的优点，将其应用于泥石流灾害防治工程中，作为工程示范，通过合理地设计、施工，充分发挥其优越性，施工现场如图 7.58 所示。

（a）格宾坝施工过程　　　　　　　　　　　　（b）格宾坝完工后

图 7.58　格宾坝施工过程和完工后图

7.4　梁板式渡槽

当油气管线穿越较大型泥石流沟底时可采用洪水泥石流渡槽保护管线，让管线从槽下穿越（图 7.24），这管线保护方法虽然一次投入较大，但可以起到永久保护的目的，在较特殊地形地貌条件下可考虑采用。渡槽一般有梁板式渡槽，也有拱式渡槽，在油气管线洪水泥石流防治中，需要的渡槽跨度一般较小，因此，建议尽量使用梁板式渡槽[21]。

7.4.1 梁板式渡槽结构分析

渡槽设计需要确定设计参数，荷载计算，渡槽结构分析和结构设计等步骤[21]。

（1）设计参数确定

泥石流重度取 2.1t/m³=21kN/m³，满载考虑，动载乘冲击系数 1.3，坡度 25%，钢筋混凝土自重取 25kN/m³。油气管线防治采用水工建筑物级别为 2 级或 3 级（查《水利水电枢纽工程等级划分及设计标准》），相应的结构安全级别为 II 级。一般油气管线所处环境条件为二类，由此可得结构重要性系数 γ_0=1.0。

作用（荷载）分项系数按《水工建筑物荷载设计规范》（SL191—2008）[22]取用，未予规定的永久荷载 γ_G=1.05，可变荷载 γ_Q=1.20；结构系数 γ_d=1.20（钢筋混凝土结构）；对于偶然组合，作用分项系数取为 1.0；

最大裂缝宽度允许值（环境条件为二级的）：短期组合为 0.30mm（0.25 mm），长期组合为 0.25mm（0.20mm）（注：当保护层厚度>50mm 时，以上数值可增加 0.05 mm）。

渡槽槽身最大允许挠度值：

当 l_0≤10m 短期组合时取 l_0/400，长期组合时取 l_0/450

当 l_0>10m 短期组合时取 l_0/500，长期组合时取 l_0/550

式中，l_0——为计算跨度。

耐久性要求：环境条件为二类，钢筋级别为 HRB335、RRB400 级时，混凝土最低为 C20，有抗冲耐磨要求时，最低为 C25，对露天梁、柱最低为 C25。

受拉钢筋和受压混凝土同时达到强度设计值时的界限受压区高度：

$$\xi_b = \frac{x_b}{h_0} = \frac{0.8}{1+\dfrac{f_y}{0.0033E_s}} \tag{7.29}$$

钢筋混凝土渡槽中纵向受力钢筋最小配筋率：混凝土强度≤C35 时，取 0.15%，混凝土强度为 C40~C60 时，取 0.2%。

短、长期荷载效应：

$$\begin{cases} S_{KS} = C_G G_K + C_{Q1} Q_{1k} \\ S_{Kl} = C_G G_K + \psi_{qi} C_{Qi} Q_{ik} \\ \psi_{qi} = 0.4 \end{cases} \tag{7.30}$$

钢筋混凝土中箍筋的配置：

① 对高度大于 300mm 的梁，当按计算不需设置抗剪筋时，仍应沿全梁设置箍筋；

② 当 $V>V_c/\gamma_d$ 时，箍筋配筋率 ρ_{sv} 不应小于 0.08%（二级钢）；

③ 对于梁高 h>800mm 的梁，箍筋直径不宜小于 8mm；

④ 梁中箍筋最大间距：

h>1200mm 且 $V<V_c/\gamma$ 时，S_{max}=500mm

h>1200mm 且 $V>V_c/\gamma$ 时，S_{max}=350mm

钢筋混凝土中纵筋的配置：

① 受拉钢筋直径 $d>22\text{mm}$ 时，不宜采用绑扎接头。

② 当跨度 $l>6\text{m}$ 时，所设置的架立筋的直径不宜小于 10mm。

③ 受力钢筋间的净距大于等于受力钢筋直径且 $\geqslant25\text{mm}$。

④ 板内钢筋间距距离在 70～200mm 内，当 $h>150\text{mm}$ 时，间距 $\leqslant1.5h$，且每米宽度内不小于三根。

⑤ 板的分布筋：截面面积不应小于受力筋截面的 15%，且每米宽度内不少于三根。

⑥ 采用焊接接头时，在接头左右 35d 且不小于 500mm 的区段内，接头的受拉筋截面积与受拉筋总截面的比值不宜超过 1/2。

（2）渡槽设计的构造规定

① 钢筋混凝土板中受力筋的间距：$h>150\text{mm}$ 时，不应大于 $0.2h$ 且不大于 400mm。钢筋弯起后，板中受力筋直通伸入支座的截面面积不应小于跨中钢筋截面面积的 1/3，其间距不宜大于 400mm。

② 简支梁下部的受力筋伸入支座内的锚固长度 l_{as} 应符合下列条件：

当 $V\leqslant V_c/\gamma_d$ 时，$l_{as}\geqslant5\text{d}$

当 $V>V_c/\gamma_d$ 时，螺纹钢筋 $l_{as}\geqslant10\text{d}$；月牙纹钢筋 $l_{as}\geqslant12\text{d}$；光面钢筋 $l_{as}\geqslant15\text{d}$；

③ 在梁的受拉区，弯起钢筋的弯起点应设在按正截面受弯承载力计算该钢筋的强度被充分利用的截面以外，其距离不小于 $h_0/2$，同时，弯起钢筋与梁中线的交点应位于按计算不需要该钢筋的截面以外，且前后排弯起点、弯终点的距离不应大于 350mm（$h>1200\text{mm}$ 时）。

裂缝宽度验算：需进行裂缝宽度验算的结构构件，应按荷载效应的短期组合和长期组合两种情况分别进行验算，其最大裂缝宽度不应超过设计允许值。

（3）设计计算

1）计算模型：

梁板式渡槽取简支梁形式（图 7.59），截面形式（图 7.60），可简化为倒 T 形梁形式，如图 7.61。

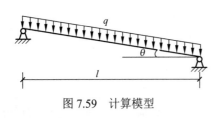

图 7.59　计算模型

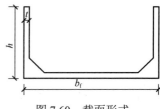

图 7.60　截面形式

2）荷载取值：

常考虑的荷载有渡槽物及固定设备的自重，包括：①槽内泥石流重；②作用于槽架（墩）的压力；③作用于槽台（边跨）的土压力；④渡槽上设交通桥时的人群、车辆荷载等。

已知壁厚 t，底宽 b，跨度 l，坡度 θ，壁高 h，钢筋混凝土重度 γ_c 等常数。槽身自

重为

$$g_0 = S_0 \times \gamma_c \qquad (7.31)$$

式中，S_0——渡槽截面混凝土净面积，$S_0 = 2h \times t + (b-2t) \times t$；

S_1——渡槽内截面面积，$S_1 = (b-2t) \times (h-t)$。

渡槽内泥石流线自重

$$g_1 = S_1 \times \gamma_n \qquad (7.32)$$

式中，γ_n——泥石流重度。

则渡槽上均布荷载标准值为 $q_k = g_0 + g_1$，均布荷载设计值为 $q_c = \gamma_G g_0 + \gamma_Q g_1$。

3）计算内力：

内力分解到垂直于杆轴线方向，则内力分解之后的计算模型如图7.62所示，则渡槽内弯矩和剪力分别见式（7.33）和式（7.34）：

$$M_{\max} = \frac{1}{8} q' l'^2 \qquad (7.33)$$

$$V_{\max} = \frac{1}{2} q' l' \qquad (7.34)$$

式中，$q' = q\cos\theta$，$l' = l/\cos\theta$。

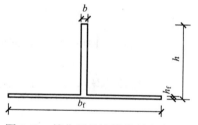

图 7.61 简化后的渡槽截面形式

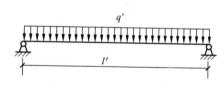

图 7.62 渡槽计算简图

4）配筋计算：

① 正截面承载力计算，按单筋矩形截面计算配筋，参照《混凝土结构设计规范》（GB 50010—2010）[20]。

$$A_s = \frac{M_{\max}}{\gamma_s f_y h_0} \qquad (7.35)$$

其中，

$$\gamma_s = \frac{1 + \sqrt{1 - 2\alpha_s}}{2} \qquad (7.36)$$

$$\alpha_s = \frac{M_{\max}}{\alpha_1 f_c b h_0^2} \qquad (7.37)$$

式中，α_1——系数，按照《混凝土结构设计规范》（GB 50010—2010）[20]取值。

② 斜截面承载力计算。

验算截面尺寸，若 $\dfrac{h_w}{b} = \dfrac{h_0 - b_f}{b} \geqslant 6.0$，

$$V \leqslant \frac{1}{\gamma_d}(0.20 f_t b h_0) \qquad (7.38)$$

式中，V——支座边缘截面的剪力设计值；

b——倒 T 形截面的腹板宽度；

h_w——截面的腹板高度，取有效高度减翼缘高度；

γ_d——钢筋混凝土结构的结构系数，此处取 1.20。

当仅配有箍筋时，按下式计算：

$$V \leqslant \frac{1}{\gamma_d}\left(0.07f_t + \frac{f_{yv}A_{sv}}{s}h_0\right) \tag{7.39}$$

③ 正常使用极限状态验算。

a. 最大裂缝宽度验算：本工程按允许出现裂缝的构件进行验算裂缝宽度，最大裂缝宽度限制为

$$\begin{cases} 短期组合:[\omega]=0.3 \\ 长期组合:[\omega]=0.25 \end{cases}, \quad 即\ \omega_{max} \leqslant [\omega]。 \tag{7.40}$$

按《水工混凝土结构设计规范》（SL191—2008），荷载的标准值组合（并考虑部分长期作用影响）及长期组合所求得的最大裂缝宽度 ω_{max} 不应超过规定允许值。

$$\omega_{max} = \alpha_1 \alpha_2 \alpha_3 \frac{\sigma_{ss}}{E_s}\left(3c + 0.10\frac{d}{\rho_{te}}\right) \tag{7.41}$$

式中，α_1——考虑构件受力特征的系数，对受弯构件取 1.0。

α_2——考虑钢筋表面形状的系数，对变形钢筋，取 $\alpha_2 = 1.0$；对光面钢筋，取 $\alpha_2 = 1.4$。

α_3——考虑荷载长期作用影响的系数，对荷载效应的短期组合，取 $\alpha_3 = 1.5$；对荷载效应的长期组合，取 $\alpha_3 = 1.6$。

c——最外层纵向受拉钢筋外缘至受拉区底边的距离（mm）；当 $c<20$mm 时，取 $c=20$mm；当 $c>65$mm 时，取 $c=65$mm。

d——钢筋直径（以 mm 计）当钢筋用不同直径时，式中的 d 改用换算直径 $\frac{4A_s}{\mu}$

此处，μ 为受拉钢筋的截面总周长。

ρ_{te}——纵向受拉钢筋的有效配筋率，按 $\rho_{te} = \frac{A_s}{A_{te}}$ 计算，当 $\rho_{te} < 0.03$ 时，取 $\rho_{te} < 0.03$。

A_{te}——有效受拉混凝土截面面积，对受弯、偏心受拉及大偏心受压混凝土构件，A_{te} 取为其重心与受拉钢筋 A_s 中心相一致的混凝土面积，即 $A_{te} = 2a_s b$，其中 a_s 为 A_s 重心至截面受拉边缘距离，b 为矩形截面的宽度，对有受拉翼缘的倒 T 形截面，b 为受拉翼缘宽度，对全截面受拉的偏心受拉构件，A_{te} 取拉应力较大一侧钢筋的相应有效受拉混凝土截面面积。

A_s——手拉区纵向钢筋截面面积，对受弯、偏心受拉及大偏心受压构件，A_s 取受拉区纵向钢筋截面面积。

σ_{ss}，σ_{sl}——按荷载效应的短期组合及长期组合计算的构件纵向受拉钢筋应力，按下式

计算：（受弯构件） $\sigma_{ss} = \dfrac{M_s}{0.87 h_0 A_s}$ 及 $\sigma_{sl} = \dfrac{M_l}{0.87 h_0 A_s}$。

b. 受弯构件挠度验算：钢筋混凝土受弯构件在正常使用极限状态下的挠度，可根据构件的刚度用结构力学的方法计算。在等截面构件中，可假设个同号弯矩区段内的刚度相等，并取用该段内最大弯矩处的刚度。

受弯构件的挠度应分别按荷载效应的短期组合（并考虑部分荷载的长期作用的影响）及长期组合所对应的长期刚度 B_l 进行计算，所得的挠度计算值不应超过规定的允许值。

对应于荷载效应的短期组合（并考虑部分荷载的长期作用的影响）时

$$B_l = \frac{M_s}{M_l(\theta - 1) + M_s} B_s \tag{7.42}$$

对应于荷载效应的长期组合时

$$B_l = \frac{B_s}{\theta} \tag{7.43}$$

式中，B_s——受弯构件的短期刚度，按式（7.43）计算；

θ——考虑和在长期作用对挠度增大的影响系数，按下列规定采用：当 $\rho' = 0$ 时，$\theta = 2.0$；当 $\rho' = \rho$ 时，$\theta = 1.6$；当 ρ' 为中间数值时，θ 按直线内插法取用。此处，ρ' 为纵向钢筋受压配筋率，$\rho' = \dfrac{A'}{bh_0}$；ρ 为纵向受拉钢筋配筋率，$\rho = \dfrac{A_s}{bh_0}$。对翼缘在受拉区的倒 T 形截面，θ 应增加 20%。

短期刚度 B_s 计算：

不出现裂缝的构件

$$B_s = 0.85 E_c I_0$$

出现裂缝的矩形、T 形及 I 形截面构件

$$B_s = (0.025 + 0.28 \alpha_E \rho)(1 + 0.55 \gamma_f' + 0.12 \gamma_f) E_c b h_0^3$$

式中，γ_f——受拉翼缘面积与腹板有效面积的比值，$\gamma_f = \dfrac{(b_f - b) h_f}{bh_0}$。

7.4.2 板式渡槽算例

设计一个长度 18m、宽 6m、槽深 4m 的洪水泥石流渡槽，保护槽下输油管线，按最危险满槽泥石流设计。

（1）计算模型

取简支梁形式如图 7.63 所示。截面形式如图 7.64 所示，简化图如图 7.65 所示。

（2）基本资料

泥石流自重取 2.1t/m³=21kN/m³，满载考虑，动载乘 1.3 冲击系数。槽身自重：取壁高 4m，底宽 6m，跨度 18.5m，坡度：25%。底板厚取为 400mm，壁厚 500mm，钢筋混凝土自重取 25kN/m³，故取：壁厚 $t=500$mm，$b=2t=1000$mm，底宽 $b_f=6000$mm，跨度 $l=18500$mm，坡度 $\theta = \arctan(1/4)$，$\cos\theta = 0.97$，壁高 $h=4000$mm，保护层厚度

$a_s=40\text{mm}$，$h_0=4000-40=3960\text{mm}$，钢筋混凝土容重 $\gamma_c=25\text{kN}/\text{m}^3=2.5\times10^{-5}\text{N}/\text{mm}^3$，$\gamma_n=21\times1.3\text{kN}/\text{m}^3=2.73\times10^{-5}\text{N}/\text{mm}^3$，$h_f=400\text{mm}$。

（3）槽身纵向计算

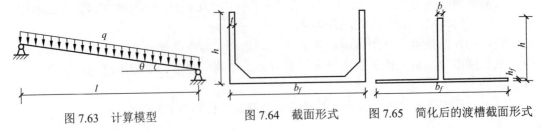

图 7.63　计算模型　　　　图 7.64　截面形式　　　图 7.65　简化后的渡槽截面形式

按《水工混凝土荷载设计规范》采用：永久荷载分项系数 $\gamma_G=1.05$；可变荷载分项系数 $\gamma_Q=1.20$；结构系数 $\gamma_d=1.20$；结构重要性系数 $\gamma_0=1.0$；混凝土取 C30：$f_c=14.3\text{N}/\text{mm}^2$，$E=3.0\times10^4\text{N}/\text{mm}^2$；钢筋取为 HRB335 级钢，$f_y=300\text{N}/\text{mm}^2$。

渡槽截面混凝土净面积

$$S_0=h\times b+b_f\times t=4000\times1000+6000\times400=6.4\times10^6\text{mm}^2$$

渡槽内截面面积

$$S_1=(b_f-b)\times(h-h_f)=(4000-1000)\times(4000-400)=1.8\times10^7\text{mm}^2$$

槽身自重

$$g_0=S_0\times\gamma_c=6.4\times10^6\times2.5\times10^{-5}=160\text{N}/\text{mm}$$

渡槽内泥石流线自重

$$g_1=S_1\times\gamma_n=1.8\times10^7\times2.73\times10^{-5}=4.91\times10^2\text{N}/\text{mm}$$

则均布荷载标准值

$$q_k=g_0+g_1=160+378=538\text{N}/\text{mm}$$

均布荷载设计值

$$q_c=\gamma_G g_0+\gamma_Q g_1=1.05\times160+1.2\times4.91\times10^2=757.2\text{N}/\text{mm}$$

1）计算内力：

$$M_{\max}=\frac{ql^2}{8\cos\theta}=\frac{757.2\times(18500)^2}{8\times0.97}=3.34\times10^{10}\text{N}\cdot\text{mm}$$

$$V_{\max}=\frac{1}{2}ql=0.5\times757.2\times18500=7.0\times10^6\text{N}$$

$$M_s=\frac{q_k l^2}{8\cos\theta}=\frac{538\times18500^2}{8\times0.97}=2.37\times10^{10}\text{N}\cdot\text{mm}$$

$$M_l=\frac{(g_0+\psi_q g_1)l^2}{8\cos\theta}=\frac{(160+0.5\times4.91\times10^2)\times18500^2}{8\times0.97}=1.79\times10^{10}\text{N}\cdot\text{mm}$$

2）配筋计算：

① 按单筋矩形截面计算纵向配筋。

$$\alpha_s=\frac{M}{f_c b h_0^2}=\frac{3.34\times10^{10}}{14.3\times1000\times3960^2}=0.147$$

$$\xi = 1 - \sqrt{1 - 2\alpha_s} = 1 - \sqrt{1 - 0.147 \times 2} = 0.160$$

$$A_{s0} = \xi b h_0 f_c / f_y = \frac{0.160 \times 1000 \times 3960 \times 15}{300} = 30492 \text{mm}^2$$

选配Φ25钢筋

根数 $\qquad \dfrac{30492}{490.9} \approx 63(根)$

钢筋间距约为95mm。

$$A_s = 490.9 \times 63 = 30927 \text{mm}^2$$

$$\rho = \frac{A_s}{s_0} = \frac{30927}{6.4 \times 10^6} = 0.005 = 0.5\%$$

$$\rho_{max} = \xi_b f_c / f_y = 0.544 \times 15 / 300 = 0.027 = 2.7\%$$

$$\rho_{min} = 0.2\% \leqslant \rho \leqslant \rho_{max} = 2.7\%$$

满足要求。

② 斜截面承载力计算。

验算截面尺寸

$$\frac{h_w}{b} = \frac{h_0 - h_f}{b} = \frac{3960 - 400}{1000} = 3.92 < 4.0$$

属厚腹梁，应满足 $\qquad V < 0.25\beta_c f_c b h_0$

$$V = 7.0 \times 10^6 \text{N}$$

$$0.25\beta_c f_c b h_0 = 0.25 \times 1.0 \times 14.3 \times 1000 \times 3960 = 1.5 \times 10^7 \text{N}$$

满足上式。

主要以配箍筋为主，尽量少用弯起筋。

当仅配有箍筋时

$$V \leqslant \frac{1}{\gamma_d}(V_c + V_{sv})$$

$$V_c = 0.7 f_t b h_0 = 0.7 \times 1.43 \times 1000 \times 3960 = 4.16 \times 10^6 \text{N}$$

$$V_{sv} = 1.2 \times 7.0 \times 10^6 - 4.16 \times 10^6 = 4.24 \times 10^6 \text{N}$$

$$\frac{f_{yv} A_{sv}}{s} = h_0 = V_{sv},$$

所以， $\qquad \dfrac{A_{sv}}{s} = \dfrac{V_{sv}}{f_{yv} h_0} = \dfrac{4.24 \times 10^6}{200 \times 3960} = 5.35$

取箍筋为Φ12@20

$$\frac{A_{sv}}{s} = \frac{113.1}{20} = 5.66 > 5.35$$

满足要求。

3）正常使用极限状态验算:

本工程按允许出现裂缝的构件进行验算裂缝宽度，最大裂缝宽度限制为

$$\begin{cases} 短期组合下[\omega]=0.3 \\ 长期组合下[\omega]=0.25 \end{cases}, 即 \omega_{max} \leqslant [\omega]$$

受弯构件的裂缝宽度验算。对于螺纹钢筋 $c_1=1.0$，短期静荷载作用时 $c_2=1.0$；长期荷载作用时，$c_2=1.2$，当为具有腹板的受弯构件时，$c_3=1.0$。

当 $d=25mm$ 时

$$\mu = \frac{A_s}{bh_0 + (b_f - b)h_f} = \frac{30927}{1000 \times 3960 + (6000 - 1000) \times 400} = 0.005$$

$$\mu < 0.006；取 \mu = 0.006，$$

$$\sigma_{gs} = \frac{M_s}{0.87 A_g h_0} = \frac{2.37 \times 10^{10}}{0.87 \times 30927 \times 3960} = 222.4 N/mm^2$$

$$\sigma_{gl} = \frac{M_l}{0.87 A_g h_0} = \frac{1.79 \times 10^{10}}{0.87 \times 30927 \times 3960} = 167.8 N/mm^2$$

最大裂缝宽度计算：

$$\omega_s = c_1 c_2 c_3 \frac{\sigma_{gs}}{E_g} \left(\frac{30+d}{0.28+10\mu} \right) = 1.0 \times 1.0 \times 1.0 \times \frac{222.4}{2.0 \times 10^5} \times \left(\frac{30+25}{0.28+10 \times 0.006} \right) = 0.178mm$$

$$\omega_l = c_1 c_2 c_3 \frac{\sigma_{gl}}{E_g} \left(\frac{30+d}{0.28+10\mu} \right) = 1.0 \times 1.2 \times 1.0 \times \frac{167.8}{2.0 \times 10^5} \times \left(\frac{30+25}{0.28+10 \times 0.006} \right) = 0.163mm$$

$$\omega_s = 0.178mm < [\omega]_s = 0.3mm$$

$$\omega_l = 0.163mm < [\omega]_l = 0.25mm$$

满足要求。

（4）槽身侧壁计算

1）取计算模型（图7.66，图7.67）：

取沿槽身纵向 1cm 长度计算。计算模型为悬臂梁（图7.66）。

计算截面为单筋矩形截面，按单筋截面进行设计。

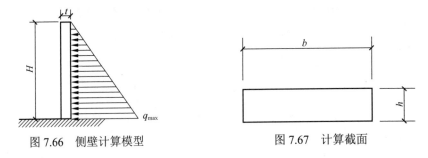

图7.66 侧壁计算模型　　　　　图7.67 计算截面

2）基本资料：

泥石流自重取 $2.1t/m^3=21kN/m^3$，满载考虑，动载乘冲击系数1.3。悬臂梁悬臂长度为 $H=4000-400=3600mm$，截面高度 $h=500mm$，截面宽度 $b=1000mm$，保护层厚度 $a_s=40mm$，有效截面高度 $h_0=500-40=460mm$，钢筋混凝土容重 $\gamma_c=25kN/m^3=2.5\times10^{-5}N/mm^3$，泥石流重度重 $\gamma_n=21\times1.3kN/m^3=2.73\times10^{-5}N/mm^3$

按《水工混凝土荷载设计规范》采用以下分项系数：永久荷载分项系数 $\gamma_G = 1.05$，可变荷载分项系数 $\gamma_Q = 1.20$，结构系数 $\gamma_d = 1.20$，结构重要性系数 $\gamma_0 = 1.0$。混凝土取 C30：f_c=14.3N/mm²，$\alpha_1=1.0$，E=3.0×10⁴N/mm²。钢筋取为 II 级钢（直径 d≥25mm 时），f_y=300N/mm²，取受拉和受压钢筋屈服强度相等，即 $f_y = f_y'$。

三角形分布荷载：$q_{max} = \gamma_O \gamma_n Hb = 1.2 \times 2.73 \times 10^{-5} \times 3600 \times 1000 = 11.79 \text{N/mm}$

3）内力计算：

截面剪力为

$$V_{max} = \frac{Hq_{max}}{2} = \frac{4000 \times 117.9}{2} = 2.36 \times 10^5 \text{N}$$

截面弯矩为

$$M_{max} = V_{max} \cdot \frac{1}{3} \cdot H = 2.36 \times 10^5 \times \frac{1}{3} \times 3600 = 2.83 \times 10^8 \text{N} \cdot \text{mm}$$

4）配筋计算：

① 按单筋矩形截面计算配筋。

$$\alpha_s = \frac{M}{f_c b h_0^2} = \frac{2.83 \times 10^8}{14.3 \times 1000 \times 460^2} = 0.094$$

$$\xi = 1 - \sqrt{1 - 2\alpha_s} = 1\sqrt{1 - 0.094 \times 2} = 0.099$$

$$A_{s0} = \xi b h_0 f_c / f_y = \frac{0.099 \times 1000 \times 460 \times 14.3}{300} = 2170 \text{mm}^2$$

选配 6Φ22 钢筋，

$$A_s = 380.1 \times 6 = 2281 \text{mm}^2$$

$$\rho = \frac{A_s}{s} = \frac{2281}{1000 \times 460} = 0.005 = 0.5\%$$

$$\rho_{max} = \xi_b f_c / f_y = 0.544 \times 14.3 / 300 = 0.027 = 2.7\%$$

$$\rho_{min} = 0.2\% \leqslant \rho \leqslant \rho_{max} = 2.7\%$$

满足要求。

② 斜截面承载力计算。

验算截面尺寸

$$\frac{h_w}{b} = \frac{h_0}{b} = \frac{460}{1000} - 0.46 < 4.0$$

属厚腹梁，应满足：

$$V < 0.25\beta_c f_c b h_0$$
$$V = 2.36 \times 10^5 \text{N}$$

$$0.25\beta_c f_c b h_0 = 0.25 \times 1.0 \times 14.3 \times 1000 \times 460 = 1.6 \times 10^6 \text{N}$$

满足要求。

当仅配有箍筋时：

$$V \leqslant \frac{1}{\gamma_d}(V_c + V_{sv})$$

$$V_c = 0.7 f_t b h_0 = 0.7 \times 1.43 \times 1000 \times 460 = 4.6 \times 10^5 \text{N} > \gamma_d V = 2.83 \times 10^5$$

所以仅需按构造配箍筋。

5）正常使用极限状态验算：

本工程按允许出现裂缝的构件进行验算裂缝宽度，最大裂缝宽度限制为

$$\left\{ \begin{array}{l} \text{短期组合，} [\omega]=0.3 \\ \text{长期组合，} [\omega]=0.25 \end{array} \right., \text{即} \omega_{max} \leq [\omega]$$

受弯构件（螺纹钢）的裂缝宽度验算：

$$M_s = V_{max\,k} \cdot \frac{1}{3} \cdot H = \frac{2.36 \times 10^5}{1.2} \times \frac{1}{3} \times 3600 = 2.36 \times 10^8 \,N \cdot mm$$

$$M_l = \psi_q \cdot V_{max\,k} \cdot \frac{1}{3} \cdot H = 0.5 \times \frac{2.36 \times 10^5}{1.2} \times \frac{1}{3} \times 3600 = 1.18 \times 10^8 \,N \cdot mm$$

对于螺纹钢筋 c_1=1.0；

短期静荷载作用时 c_2=1.0；

长期荷载作用时，c_2=1.2；

当为具有腹板的受弯构件时，c_3=1.0；

$$d = 22mm$$

$$\mu = \frac{A_s}{bh_0} = \frac{2281}{1000 \times 460} = 0.005$$

$$\mu < 0.006, \text{取} \ \mu = 0.006$$

$$\sigma_{gs} = \frac{M_s}{0.87 A_g h_0} = \frac{2.36 \times 10^8}{0.87 \times 2281 \times 460} = 258.5 N/mm^2$$

$$\sigma_{gl} = \frac{M_l}{0.87 A_g h_0} = \frac{1.18 \times 10^8}{0.87 \times 2281 \times 460} = 129.3 N/mm^2$$

最大裂缝宽度计算：

$$\omega_s = c_1 c_2 c_3 \frac{\sigma_{gs}}{E_g} \left(\frac{30+d}{0.28+10\mu} \right) = 1.0 \times 1.0 \times 1.0 \times \frac{258.5}{2.0 \times 10^5} \times \left(\frac{30+22}{0.28+10 \times 0.006} \right) = 0.198mm$$

$$\omega_l = c_1 c_2 c_3 \frac{\sigma_{gl}}{E_g} \left(\frac{30+d}{0.28+10\mu} \right) = 1.0 \times 1.2 \times 1.0 \times \frac{129.3}{2.0 \times 10^5} \times \left(\frac{30+22}{0.28+10 \times 0.006} \right) = 0.119mm$$

$$\omega_s = 0.198mm < [\omega]_s = 0.3mm$$

$$\omega_l = 0.119mm < [\omega]_l = 0.25mm$$

满足要求。

7.2.3 梁式渡槽案例

（1）槽身纵向计算

1）计算模型：

计算模型取简支梁形式（图 7.68），截面形式可简化为 T 形梁形式（图 7.69，不考虑侧壁在抗弯中的有利作用），简化后截面取图 7.70。

2）基本资料：

泥石流自重取 2.1t/m³=21kN/m³，满载考虑，动载乘冲击系数 1.3。槽身自重：取壁

高 4m ($t_d + h_2 = 4000mm$)，底宽 6m，跨度 18.5，坡度：25%。底板厚取为 300mm，壁厚 300mm，钢筋混凝土自重取 25kN/m³，故取：壁厚 $t=300mm$，取单根梁截面宽度 $b' = 600mm$，单根梁高 $h' = 1800mm$ ($t_d + h_2 = 1800mm$)，$b = 5b' = 5 \times 600 = 3000mm$，T 形梁（考虑底板的有利作用）取翼缘宽度 $b'_f = 1350mm$，翼缘总宽 $b_f = 4 \times 1350 = 5400mm$，跨度 $l = 18500mm$，坡度 $\theta = \arctan(1/4)$，$\cos\theta = 0.97$，壁高 $h = 4000mm$，保护层厚度 $a_s = 40mm$，$h_0 = 1800 - 40 = 1760mm$，翼缘厚 $h_f = t_d = 300mm$，钢筋混凝土容重 $\gamma_c = 21 \times 1.3 kN/m^3 = 2.5 \times 10^{-5} N/mm^3$，$\gamma_n = 21 \times 1.3 kN/m^3 = 2.73 \times 10^{-5} N/mm^3$。

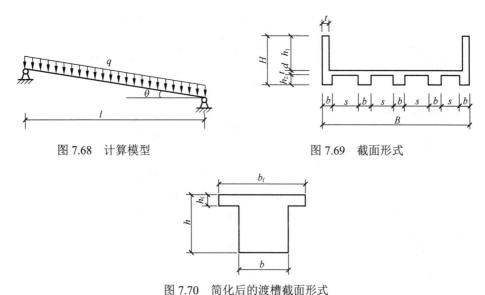

图 7.68 计算模型 　　　　　图 7.69 截面形式

图 7.70 简化后的渡槽截面形式

按《水工混凝土荷载设计规范》规定，永久荷载分项系数 $\gamma_G = 1.05$，可变荷载分项系数 $\gamma_Q = 1.20$，结构系数 $\gamma_d = 1.20$，结构重要性系数 $\gamma_0 = 1.0$，混凝土取 C30：$f_c = 14.3 N/mm^2$，$E = 3.0 \times 10^4 N/mm^2$。钢筋取为 II 级钢（直径 $d \geqslant 25mm$ 时），$f_y = 300 N/mm^2$。

渡槽截面混凝土净面积

$$S_0 = h_2 \times b + b_f \times h_f + 2h_1 t$$

$$= (4000 \times 2 + 6000 - 600) \times 200 + 5 \times 1500 \times 600 = 9.53 \times 10^6 mm^2$$

渡槽内截面面积

$$S_1 = (6000 - 2 \times 300) \times (4000 - 300) = 2.0 \times 10^7 mm^2$$

槽身自重

$$g_0 = S_0 \times \gamma_c = 9.53 \times 10^6 \times 2.5 \times 10^{-5} = 238.3 N/mm$$

渡槽内泥石流线自重

$$g_1 = S_1 \times \gamma_n = 2.0 \times 10^7 \times 2.73 \times 10^{-5} = 5.46 \times 10^2 N/mm$$

则均布荷载标准值

$$q_k = g_0 + g_1 = 238.3 + 546 = 784.3 N/mm$$

均布荷载设计值

$$q_c = \gamma_G g_0 + \gamma_Q g_1 = 1.0^5 \times 238.3 + 1.2 \times 5.46 \times 10^2 = 905.4 \text{N}/\text{mm}$$

3）计算内力：

$$M_{max} = \frac{ql^2}{8\cos\theta} = \frac{905.4 \times (18500)^2}{8 \times 0.97} = 3.99 \times 10^{10} \text{N} \cdot \text{mm}$$

$$V_{max} = \frac{1}{2}ql = 0.5 \times 905.4 \times 18500 = 8.4 \times 10^6 \text{N}$$

$$M_s = \frac{q_k l^2}{8\cos\theta} = \frac{784.3 \times 18500^2}{8 \times 0.97} = 3.45 \times 10^{10} \text{N} \cdot \text{mm}$$

$$M_l = \frac{(g_0 + \psi_q g_1)l^2}{8\cos\theta} = \frac{(238.3 + 0.5 \times 5.46 \times 10^2) \times 18500^2}{8 \times 0.97} = 2.26 \times 10^{10} \text{N} \cdot \text{mm}$$

4）配筋计算：

① 按单筋矩形截面计算纵向配筋。

$$\alpha_s = \frac{M}{f_c b_f h_0^2} = \frac{3.99 \times 10^{10}}{14.3 \times 5400 \times 1760^2} = 0.17$$

$$\xi = 1 - \sqrt{1 - 2\alpha_s} = 1 - \sqrt{1 - 0.17 \times 2} = 0.19$$

$$A_{s0} = \xi b h_0 f_c / f_y = \frac{0.19 \times 3000 \times 1760 \times 14.3}{300} = 47819 \text{mm}^2$$

选配 Φ25 钢筋

根数 $\frac{47819}{490.9} \approx 98(\text{根})$

$$A_s = 490.9 \times 98 = 48108 \text{mm}^2$$

$$\rho = \frac{A_s}{s_0} = \frac{48108}{9.53 \times 10^6} = 0.005 = 0.5\%$$

$$f_y A_s = 48108 \times 300 = 1.44 \times 10^7 \text{N} \cdot \text{mm} < \alpha_1 f_c b_f h_f = 1.0 \times 14.3 \times 5400 \times 300 = 2.3 \times 10^7 \text{N} \cdot \text{mm}$$

所以，属于第一种 T 形截面，计算公式适合。

$$\rho_{max} = \xi_b f_c / f_y = 0.544 \times 15 / 300 = 0.027 = 2.7\%$$

$$\rho_{min} = 0.2\% \leqslant \rho \leqslant \rho_{max} = 2.7\%$$

满足要求。

② 斜截面承载力计算。

验算截面尺寸：

$$\frac{h_w}{b} = \frac{h_0 - h_f}{b} = \frac{1760 - 300}{5400} = 0.27 < 4.0$$

属厚腹梁，应满足：

$V < 0.25\beta_c f_c b h_0$。

$$V = 8.4 \times 10^6 \text{N}$$

即，

$$0.25\beta_c f_c b h_0 = 0.25 \times 1.0 \times 14.3 \times 5400 \times 1760 = 3.4 \times 10^7 \text{N}$$

满足要求。

抗剪主要以配箍筋为主，尽量少用弯起筋。

当仅配有箍筋时

$$V \leqslant \frac{1}{\gamma_d}(V_c + V_{sv})$$

$$V_c = 0.7 f_t b_f h_0 = 0.7 \times 1.43 \times 5400 \times 1760 = 9.51 \times 10^6 \, \text{N}$$

$$V_{sv} = 1.2 \times 8.4 \times 10^6 - 9.51 \times 10^6 = 5.7 \times 10^5 \, \text{N}$$

所以

$$\frac{A_{sv}}{s} = \frac{V_{sv}}{f_{yv}h_0} = \frac{5.7 \times 10^5}{300 \times 1760} = 1.08 \quad \frac{A_{sv0}}{s_0} = \frac{V_{sv}}{1.25 f_{yv}h_0} = \frac{5.7 \times 10^5}{1.25 \times 210 \times 1760} = 1.23$$

取箍筋为 Φ10@60

$$\frac{A_{sv}}{s} = \frac{113.1}{100} = 1.13 > 1.08$$

满足要求。

5）正常使用极限状态验算：

本工程按允许出现裂缝的构件进行验算裂缝宽度，最大裂缝宽度 $\omega_{\max}$ 应满足

$$\begin{cases} \text{短期组合：} [\omega]=0.3 \\ \text{长期组合：} [\omega]=0.25 \end{cases}, \quad \text{即} \; \omega_{\max} \leqslant [\omega]$$

受弯构件的裂缝宽度验算：对于螺纹钢筋 $c_1=1.0$，短期静荷载作用时 $c_2=1.0$，长期荷载作用时 $c_2=1.2$，当为具有腹板的受弯构件时 $c_3=1.0$。

d=25mm 时，

$$\mu = \frac{A_s}{bh_0 + (b_f - b)h_f} = \frac{48108}{3000 \times 1760 + (5400 - 3000) \times 300} = 0.008$$

$\mu > 0.006$ 取 $\mu = 0.008$

$$\sigma_{gs} = \frac{M_s}{0.87 A_g h_0} = \frac{3.45 \times 10^{10}}{0.87 \times 48108 \times 1760} = 468.3 \, \text{N/mm}^2$$

$$\sigma_{gl} = \frac{M_l}{0.87 A_g h_0} = \frac{2.26 \times 10^{10}}{0.87 \times 48108 \times 1760} = 206.8 \, \text{N/mm}^2$$

最大裂缝宽度计算：

$$\omega_s = c_1 c_2 c_3 \frac{\sigma_{gs}}{E_g}\left(\frac{30+d}{0.28+10\mu}\right) = 1.0 \times 1.0 \times 1.0 \times \frac{468.2}{2.0 \times 10^5} \times \left(\frac{30+25}{0.28+10 \times 0.008}\right) = 0.30 \, \text{mm}$$

$$\omega_l = c_1 c_2 c_3 \frac{\sigma_{gl}}{E_g}\left(\frac{30+d}{0.28+10\mu}\right) = 1.0 \times 1.2 \times 1.0 \times \frac{206.8}{2.0 \times 10^5} \times \left(\frac{30+25}{0.28+10 \times 0.008}\right) = 0.189 \, \text{mm}$$

$\omega_s = 0.3 \, \text{mm} \leqslant [\omega]_s = 0.3 \, \text{mm}$

$\omega_l = 0.189 \, \text{mm} < [\omega]_l = 0.25 \, \text{mm}$

满足要求。

（2）槽身侧壁计算

1）取计算模型：

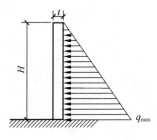

图 7.71 侧壁计算模型

取沿槽身纵向一米长度计算。计算模型为一悬臂梁（图 7.71）。计算截面为单筋矩形截面，按单筋截面进行设计。

2）基本资料：

泥石流自重取 21.t/m³=21kN/m³，满载考虑，动载乘冲击系数 1.3。悬臂梁悬臂长度为 H=4000−300=3700mm，截面高度 h=300mm，截面宽度 b=1000mm，保护层厚度 a_s=40mm，有效截面高度 h_0=300−40=260mm，钢筋混凝土容重 $\gamma_c = 25\text{kN}/\text{m}^3 = 2.5 \times 10^{-5}\text{N}/\text{mm}^3$，泥石流容重 $\gamma_n = 21 \times 1.3\text{kN}/\text{m}^3 = 2.73 \times 10^{-5}\text{N}/\text{mm}^3$。按《水工混凝土荷载设计规范》采用以下分项系数：永久荷载分项系数 $\gamma_G = 1.05$，可变荷载分项系数 $\gamma_Q = 1.20$，结构系数 $\gamma_d = 1.20$，结构重要性系数 $\gamma_0 = 1.0$，混凝土取 C30：$f_c = 14.3\text{N}/\text{mm}^2$，$\alpha_1 = 1.0$，$E = 3.0 \times 10^4\text{N}/\text{mm}^2$。钢筋取为 II 级钢（直径 $d \geqslant 25\text{mm}$），$f_y = 300\text{N}/\text{mm}^2$，取受拉和受压钢筋屈服强度相等，即 $f_y = f_y'$。

3）内力计算：

三角形分布荷载

$$q_{\max} = \gamma_Q \gamma_n Hb = 1.2 \times 2.73 \times 10^{-5} \times 3600 \times 1000 = 11.79\text{N}/\text{mm}$$

截面剪力为

$$V_{\max} = \frac{Hq_{\max}}{2} = \frac{4000 \times 117.9}{2} = 2.36 \times 10^5\text{N}$$

截面弯矩为

$$M_{\max} = V_{\max} \cdot \frac{1}{3} \cdot H = 2.36 \times 10^5 \times \frac{1}{3} \times 3700 = 2.83 \times 10^8\text{N} \cdot \text{mm}$$

4）配筋计算：

① 按单筋矩形截面计算配筋。

$$\alpha_s = \frac{M}{f_c b h_0^2} = \frac{2.83 \times 10^8}{14.3 \times 1000 \times 260^2} = 0.293$$

$$\xi = 1 - \sqrt{1 - 2\alpha_s} = 1 - \sqrt{1 - 0.293 \times 2} = 0.356$$

$$A_{s0} = \xi b h_0 f_c / f_y = \frac{0.356 \times 1000 \times 260 \times 14.3}{300} = 4412\text{mm}^2$$

选配 12Φ22 钢筋

$$A_s = 380.1 \times 12 = 4561\text{mm}^2$$

$$\rho = \frac{A_s}{s} = \frac{4561}{1000 \times 260} = 0.005 = 0.5\%$$

$$\rho_{\max} = \xi_b f_c / f_y = 0.544 \times 14.3 / 300 = 0.027 = 2.7\%$$

$$\rho_{\min} = 0.2\% \leqslant \rho \leqslant \rho_{\max} = 2.7\%$$

满足要求。

② 斜截面承载力计算。

验算截面尺寸：

$$\frac{h_w}{b} = \frac{h_0}{b} = \frac{260}{1000} - 0.26 < 4.0$$

属厚腹梁，应满足：$V < 0.25\beta_c f_c bh_0$，

$$V = 2.36 \times 10^5 \text{N}$$

$$0.25\beta_c f_c bh_0 = 0.25 \times 1.0 \times 14.3 \times 1000 \times 260 = 9.3 \times 10^5 \text{N}$$

满足要求。

主要以配箍筋为主，尽量少用弯起筋。

当仅配有箍筋时：

$$V \leqslant \frac{1}{\gamma_d}(V_c + V_{sv})$$

$$V_c = 0.7 f_t bh_0 = 0.7 \times 1.43 \times 1000 \times 260 = 2.6 \times 10^5 \text{N}$$

$$V_{sv} = 1.2 \times 2.36 \times 10^5 - 2.6 \times 10^5 = 2.32 \times 10^4 \text{N}$$

所以，

$$\frac{A_{sv}}{s} = \frac{V_{sv}}{f_{yv}h_0} = \frac{2.32 \times 10^4}{200 \times 260} = 0.45$$

取箍筋为 $\Phi10@100$

$$\frac{A_{sv}}{s} = \frac{78.5}{100} = 0.79 > 0.45$$

满足要求。

所以仅需按构造要求配箍筋。

5）正常使用极限状态验算：

本工程按允许出现裂缝的构件进行验算裂缝宽度，最大裂缝宽度限制为

$$\begin{cases} 短期组合下[\omega]=0.3 \\ 长期组合下[\omega]=0.25 \end{cases}, \quad 即 \omega_{\max} \leqslant [\omega]$$

受弯构件螺纹钢的裂缝宽度验算：

$$M_s = V_{\max k} \cdot \frac{1}{3} \cdot H = \frac{2.36 \times 10^5}{1.2} \times \frac{1}{3} \times 3700 = 2.43 \times 10^8 \text{N} \cdot \text{mm}$$

$$M_l = \psi_q \cdot V_{\max k} \cdot \frac{1}{3} \cdot H = 0.5 \times \frac{2.36 \times 10^5}{1.2} \times \frac{1}{3} \times 3700 = 1.21 \times 10^8 \text{N} \cdot \text{mm}$$

对于螺纹钢筋 $c_1=1.0$；短期静荷载作用时 $c_2=1.0$；长期荷载作用时，$c_2=1.2$；当为具有腹板的受弯构件时，$c_3=1.0$。

当 $d=22\text{mm}$ 时

$$\mu = \frac{A_s}{bh_0} = \frac{4561}{1000 \times 260} = 0.018$$

$\mu > 0.006$,取 $\mu=0.018$。

$$\sigma_{gs} = \frac{M_s}{0.87 A_g h_0} = \frac{2.43 \times 10^8}{0.87 \times 4561 \times 260} = 235.5\text{N}/\text{mm}^2$$

$$\sigma_{gl} = \frac{M_l}{0.87 A_g h_0} = \frac{1.21 \times 10^8}{0.87 \times 4561 \times 260} = 117.3 \text{N}/\text{mm}^2$$

最大裂缝宽度计算：

$$\omega_s = c_1 c_2 c_3 \frac{\sigma_{gs}}{E_g} \left(\frac{30+d}{0.28+10\mu} \right) = 1.0 \times 1.0 \times 1.0 \times \frac{235.5}{2.0 \times 10^5} \times \left(\frac{30+22}{0.28+10 \times 0.018} \right) = 0.133 \text{mm}$$

$$\omega_l = c_1 c_2 c_3 \frac{\sigma_{gl}}{E_g} \left(\frac{30+d}{0.28+10\mu} \right) = 1.0 \times 1.2 \times 1.0 \times \frac{117.3}{2.0 \times 10^5} \times \left(\frac{30+22}{0.28+10 \times 0.018} \right) = 0.066 \text{mm}$$

$$\omega_s = 0.133 \text{mm} < [\omega]_s = 0.3 \text{mm}$$
$$\omega_l = 0.066 \text{mm} < [\omega]_l = 0.25 \text{mm}$$

满足要求。

参 考 文 献

[1] 付攀升，刘高，等. 湿陷性黄土区某长输管道黄土陷穴灾害研究[J]. 西部探矿工程，2010（2）：21-24.

[2] 周必凡，李德基，罗德富，等. 泥石流防治指南[M]. 北京：科学出版社，1991.

[3] 中国科学院水利部成都山地灾害与环境研究所. 中国泥石流[M]. 北京：商务印书馆，2000：318-321.

[4] 王秀丽，李俊杰，吕志刚. 基于 ANSYS/LS-DYNA 的带支撑新型泥石流拦挡坝抗冲击性能研究[J]. 防灾减灾工程学报，2014，34（6）：663-671

[5] 王丽丽，郑国足. 新型带弹簧支撑抗冲击研究及其在泥石流拦挡坝中的应用，中国安全科学学报，2013，23（2）：3-9.

[6] 王秀丽，黄兆升. 冲击荷载下泥石流拦挡坝动力响应分析，中国地质灾害与防治学报，2013，24（4）：61-66.

[7] 王永胜，朱彦鹏，金培豪. 泥石流排导结构耦合磨损随机过程建模及分析[J]. 吉林大学学报（地球科学版），2013，43（5）：1556-1562.

[8] 王永胜，朱彦鹏. 近场高烈度区新型地锚扶壁式泥石流格挡坝地震响应分析[J]. 水利学报，2012，43：162-167.

[9] 王秀丽，关彬林，李俊杰. 泥石流块冲击下新型钢管混凝土桩林坝"品"单元动力响应分析[J]，中国地质灾害与防治学报，2015（3）.

[10] 王秀丽，胡志明，崔晓燕. 泥石流巨石冲击下的钢构格栅坝动力响应分析[J]，中国地质灾害与防治学报，2014，25（4）：30-37

[11] 王秀丽，韩飞. 泥石流作用下新型楔挡分流结构的流-固耦合动力分析[J]. 自然灾害学报，2014，23（2）：61-67.

[12] 周勇，刘贞良，王秀丽，周凤玺. 泥石流冲击荷载下拦挡坝的动力响应分析[J]. 振动与冲击，2015，34（8）：118-123.

[13] 樊建锋. 格宾网在汾河太原城区段治理美化二期工程中的应用[J]. 水利水电技术，2007，38（5）：31-32.

[14] 水利部水利水电规划设计院. 堤防工程设计规范（GB 50286—2013）[S]. 北京：中国计划出版社，2013

[15] 中国石油天然气集团公司. 油气输送管道线路工程水工保护设计规范（SY/T 6793-2010）[S]. 北京：石油工业出版社，2010

[16] 李昀，杨果林，林宇亮. 加筋格宾挡墙地震反应与动土压力分析[J]. 四川大学学报（工程科学版），2009，41（4）：63-69.

[17] 林宇亮，杨果林，李昀，等. 绿色加筋格宾挡墙工程特性试验研究[J]. 岩土力学，2010，31（10）：3113-3119.

[18] 李昀. 格宾加筋挡土墙动力特性试验研究及数值分析[D]. 中南大学，2010.

[19] 杨果林，高礼，杜勇立. 不同掺土量格宾网加筋煤矸石的残余强度试验研究[J]. 中南大学学报（自然科学版），2013，44（12）：5060-5067.

[20] 顾俊周. 宾格拦坝在治理泥石流中的应用[J]. 水土保持研究，1997，4（1）：187-190.

[21] 朱彦鹏，郑善义，等. 非常规荷载作用下泥石流板式渡槽的优化设计[J]. 公路交通科技，2007，24（7）：24-27.

[22] 水利部水利水电规划设计总院. 水工混凝土结构设计规范（SL191—2008）[S]. 北京：中国水利水电出版社，2009.

[23] 中国建筑科学研究院. 混凝土结构设计规范（GB 50010—2010）[S]. 北京：中国建筑工业出版社，2011.

BC